U0197556

现代化学基础丛书　*2*

催化作用基础
（第三版）

甄开吉　王国甲　毕颖丽
李荣生　阚秋斌　　编著

科学出版社

北京

内 容 简 介

本书在第二版的基础上进行了较大幅度的修改,以满足催化科学和化学工业迅速发展的需要。全书包括 15 章,主要讲述催化作用基础知识、基本规律、主要催化反应类型、主要催化剂分类以及催化化学的分支领域,如光催化、酶催化、环境催化以及催化过程的耦合技术等的基本知识。

本书可作为化学专业本科高年级学生和催化专业研究生的教材,也可供催化领域的科研技术人员参考。

图书在版编目(CIP)数据

催化作用基础/甄开吉等编著.—3 版.—北京:科学出版社,2005

(现代化学基础丛书 2/朱清时主编)

ISBN 978-7-03-014629-8

Ⅰ.催⋯　Ⅱ.甄⋯　Ⅲ.催化　Ⅳ.O643.3

中国版本图书馆 CIP 数据核字(2004)第 121522 号

责任编辑:周巧龙　胡华强 / 责任校对:张　琪
责任印制:吴兆东 / 封面设计:王　浩

科 学 出 版 社 出版

北京东黄城根北街 16 号
邮政编码:100717
http://www.sciencep.com

北京九州迅驰传媒文化有限公司 印刷
科学出版社发行　各地新华书店经销

*

1980 年 3 月第 一 版　开本:B5(720×1000)
1990 年 9 月第 二 版　印张:25 3/4
2005 年 2 月第 三 版　字数:478 000
2023 年 1 月第十七次印刷

定价:68.00元

(如有印装质量问题,我社负责调换)

第三版序

　　直至 20 世纪末，催化科学的发展，进一步推动了整个化学工业的飞跃。许多与催化专业有关的青年科技人员希望了解与学习催化科学的基础理论，而那些以催化科学为自己专业方向的青年科技人员的这种愿望就更为强烈了。

　　《催化作用基础》（第二版）于 1990 年出版以来，已过了 14 年，催化科学领域无论在基础方面还是在应用方面都有了质和量的进展，出现了不少新的概念、新的推论、新的催化剂体系、新的催化反应以及新的研究手段等等，这便促使作者与时俱进，对《催化作用基础》（第二版）进行修订。

　　在该书修订的过程中，作者采纳了曾使用过该书的大专院校和科研院所的专家、学者提出的宝贵建议，除对《催化作用基础》（第二版）的内容进行适当的调整、补充和修改外，还增加了一些催化新材料、催化反应中与之耦合的技术以及治理和保护环境可以采取的催化手段（俗称环境催化）等内容。

　　我希望，读者阅读过本书后能对催化科学的基本原理和相关的派生知识有所了解，为更加深入地学习和掌握催化科学、研究催化问题或从事催化教学工作打下一定基础。

孙家钟

2004 年 7 月于吉林大学

第三版前言

《催化作用基础》（第二版）问世至今，已有 14 年了。

随着化学工业和催化科学的迅速发展，催化作用基础的内容也应与时俱进地加以充实。基于这一考虑，并吸收了广大读者和应用此书作为教材的大专院校和科研院所专家们的建议，编者对"二版"进行了修订。

本书虽然着重介绍催化的基础知识，但也适当编入初涉催化科学的读者需要了解的内容。

同"二版"相比，"三版"改动的幅度比较大。"三版"除对"二版"原有的 11 章内容进行调整和补充外，还增添了催化新材料、同催化作用耦合的技术以及同环境有关的催化问题，扩展为 15 章。

本书的主要对象是大学化学、化工系的高年级学生、研究生和催化专业的青年教师，以及从事催化研究和化学工业生产的科技人员。"三版"的内容为：第一章综述催化科学的形成、重要性和特点，以及相关的一些概念等；第二至四章着重介绍吸附过程、固体催化剂的结构和构识、气体扩散以及多相催化反应动力学等；第五至八章介绍几种主要的催化反应和催化剂类型以及相应的反应机理；第九至十一章介绍固体催化剂的设计、制备以及催化性能评价方面的基础知识；第十二章介绍酶催化和光催化；第十三至十五章分别介绍一些发展较快的催化新材料、同催化过程耦合的技术以及可借催化手段加以解决的与环境保护和治理有关的一些问题。本书各章末尾列出了有关专题的参考文献。

本书的修订工作的分工如下：

第一章由甄开吉执笔；第二至四章和第八章由王国甲执笔；第五至六章由李荣生执笔；第九至十一章由毕颖丽执笔；第七、十二至十五章由甄开吉执笔；第十三章第五节由阚秋斌执笔。

吉林大学理论化学研究所孙家钟教授对本书的修订工作给予了关怀和支持，编者对此表示衷心感谢。

由于编者学识水平所限，在编写过程中尽管已作了很大努力，但书中难免出现错误和不当之处，敬请读者批评指正。

甄开吉　王国甲　毕颖丽　李荣生　阚秋斌

2004 年 7 月

第二版前言

近代化学工业使用很多催化过程。凡是与化学或化工有关的专业工作者，多多少少都希望了解一些催化的基础理论。为此我们在 1977 年编写了《催化作用基础》一书，1980 年由科学出版社出版。

本书是一本催化方面的基础读物，书中介绍了催化的基本概念、基础理论、基本研究方法以及催化科学的目前概貌与今后的发展动向。根据目前催化的实际应用，本书以气固多相催化为重点。本书虽是一本基础读物，但具有一定的深度和广度。学习这本书，可使非催化专业工作者对催化科学基础理论有一个初步的了解，使催化专业工作者打下一个能进一步阅读较高深催化文献和从事催化研究的基础。

本书的主要对象是大学化学系、化工系高年级学生，研究生，非催化专业青年教师以及催化专业的青年科技人员。

催化课程一般都设在大学的高年级，这时学生已读完了物理化学和结构化学课程，他们已具备了热力学，动力学及原子、分子结构方面的知识，因而本书将以热力学、动力学和结构化学的知识为起点讨论催化的问题。

本书从内容上可分为两部分。前五章为第一部分，它是本书的基础部分。后六章为第二部分，是基础知识的应用部分。初学者应按部就班地学完第一部分，然后可接读第二部分的任一章。

为使修订本尽可能反映出近代催化科学的水平，更适合于高等学校的教学和青年科技人员的自学，我们根据这几年的教学实践及读者提出的宝贵意见，重新编写了本书的大部分章节，补充了新的内容，删除了过时的部分，而且在每章之末增加了问题与习题，供师生们参考。考虑到国内已经出版了一些催化实验与研究方法的书籍，因而这方面的内容将予以精简，以省下的篇幅深化对基本原理的阐述。

编写本书所参考的一般性文献列于书末，与专门问题有关的文献列于每章之末。

此次修订执笔分工如下：

第一、二、五、六和七章，李荣生执笔；第八、十和十一章，甄开吉执笔；第九章，王国甲执笔；第三、四章，王国甲和李荣生共同执笔。

吉林大学理论化学研究所孙家钟教授对本书的修订工作给予了关怀与支持，在此表示衷心感谢。

由于编者学识水平有限，错讹之处在所难免，敬希广大读者批评指正。

李荣生　甄开吉　王国甲

1988 年 12 月于吉林大学

第一版前言

近年来，我国石油化学工业的迅猛发展，迫切要求从事石油化学等有关方面的工作者具有催化作用方面的基础理论知识。根据这一要求，我们于1970年，在对有关工厂和科研单位调查研究的基础上，为有机催化专业编写了一份专业教材。1973年，我们按照敬爱的周总理关于"在广泛深入实际的基础上把科学研究往高里提"的一系列指示精神，进行了改写。1974～1975年，我们又应科研、生产工作者加强基础理论知识的强烈要求，采取多种形式，分别与吉林化学工业公司所属研究单位和工厂、吉林省石油化工设计研究院、吉林化学纤维研究所和中国科学院长春应用化学研究所共同举办了两期催化短训班。短训班使用了这份教材。同时，把这份教材的主要内容以讲座形式在《石油化工》杂志上连载。通过以上实践活动，我们收到了来自全国各地科技人员、教师和工人的很多宝贵意见。根据这些意见，对这份教材又作了修改和补充，形成了今天的《催化作用基础》一书。

在编写过程中，我们努力做到用马列主义、毛泽东思想为指导，坚持"实践、认识、再实践、再认识"的马克思主义认识论，努力做到理论联系实际，洋为中用；在内容和叙述上，力争做到少而精、深入浅出地反映国内外催化科学发展的新成果。

本书是为从事催化以及与催化有关的工作者、教师和高年级学生而编写的一本基础性参考读物，旨在介绍催化方面的基础知识和一般原理。希望能在向科学进军的艰苦奋斗中，发挥它应有的作用。

本书共分七章。第一章介绍物理吸附和化学吸附，并着重介绍化学吸附的基本规律以及催化中的吸附作用。第二章介绍催化剂的表面积、孔结构及其对反应速度的影响和有关物理量测量的一般原理。第三章介绍如何研究反应体系各种动力学参数之间的相互关系，进而从理论和实践两个方面获得动力学方程，解释并应用动力学方程。第四章介绍各类催化剂通过什么因素起催化作用及催化作用的规律性。第五章介绍各种类型的助剂、载体及其作用，并解释催化剂的中毒现象。第六章介绍固体催化剂的一般制备和评价方法。第七章介绍研究催化剂和催化反应的几种近代测试方法。全书以多相催化反应为重点。

参加本书编写工作的有：孙家仲、裴祖文、罗修锦、甄开吉、千载虎、王国甲、杨忠志、郭东耀、吴志芸、刘建业和李荣生。

在本书编写中，我们得到了厦门大学化学系蔡启瑞先生、中国科学院长春应用化学研究所吴越同志的热情帮助，在此表示感谢。

由于水平有限，缺点和错误在所难免，欢迎读者批评指正。

作者

1977年12月

目　　录

第一章 绪 论

一、催化科学的重要性

"催化"一词包含三重意思，即指催化科学、催化技术和催化作用。本书的宗旨是介绍催化科学的基础理论，所以先说明催化科学的重要性。可以概括地说，催化科学是研究催化作用的原理，而催化技术则是催化作用原理的具体应用。催化科学研究催化剂为何能使参加反应的分子活化，怎样活化以及活化后的分子的性能与行为。其重要性可以由催化技术的广泛应用来说明。催化技术是现代化学工业的支柱，90%以上的化工过程、60%以上的产品与催化技术有关。表1.1列出了一些工业催化过程。有人说：催化剂是现代化学工业的心脏，这是不过分的。催化科学通过开发新的催化过程革新化学工业，提高经济效益和产品的竞争力，同时通过学科渗透为发展新型材料（敏感材料、光电转换材料、储氢材料），利用新能源（太阳能、生物能）等做出贡献。不仅如此，催化科学还由于它的跨学科性，对生命科学具有更重要的潜在意义。借助催化科学获得的对于活性中心的认识可以推广到分子科学的其他领域，借助催化作用的分子机理的内涵并同分子科学的某些领域分子作用机理的对比，也可为开拓催化科学自身新的应用领域创造条件。

表 1.1 一些工业催化过程

	反 应	催 化 剂
合成氨	$N_2 + 3H_2 \longrightarrow 2NH_3$	$Fe\text{-}Al_2O_3\text{-}K_2O$
催化裂解	大分子烃 $\longrightarrow$ 小分子烃	$SiO_2\text{-}Al_2O_3$，沸石
催化重整	烷烃 $\longrightarrow$ 芳烃	Pt，$Pt\text{-}Re$
乙烯水合	$CH_2{=}CH_2 + H_2O \longrightarrow C_2H_5OH$	H_3PO_4/硅藻土
乙烯氧化（Wacker 过程）	$CH_2{=}CH_2 + 1/2O_2 \longrightarrow CH_3CHO$	$PdCl_2\text{-}CuCl_2$
二氧化硫氧化	$SO_2 + 1/2O_2 \longrightarrow SO_3$	V_2O_5/硅藻土
氨氧化	$4NH_3 + 5O_2 \longrightarrow 4NO + 6H_2O$	Pt
丙烯氨氧化	$CH_3CH{=}CH_2 + NH_3 + 3/2O_2 \longrightarrow CH_2{=}CHCN + 3H_2O$	$P\text{-}Mo\text{-}Bi$ 系
丙烯聚合（低压）	$N(CH_3CH{=}CH_2) \longrightarrow \text{—}[CH(CH_3)\text{—}CH_2]_n$	$\alpha\text{-}TiCl_3\text{-}AlEt_3$
氯乙烯合成（气相）	$CH{\equiv}CH + HCl \longrightarrow CH_2{=}CH\text{—}Cl$	$HgCl_2$/活性炭
乙炔选择加氢	$CH{\equiv}CH + H_2 \longrightarrow CH_2{=}CH_2$	Pt/Al_2O_3
甲烷化	$CO + 3H_2 \longrightarrow CH_4 + H_2O$	Ni/Al_2O_3
F-T 合成	$CO + H_2 \longrightarrow RH$（$C_5 \sim C_{50}$ 烷烃）	Fe，Co，Ni

二、催化现象的出现及催化科学的形成[1]

限于篇幅，我们只能概括地介绍催化现象的出现及催化科学形成的简要历史。催化这个概念来源于化学工业生产的实践，反过来又推动了化学工业的发展。由最早出现化学现象，经过实践—理论—实践的多次反复，逐渐形成了催化科学。

催化现象的出现可以追溯到数百年前。如果将生物催化现象包括在内，则其渊源更加久长。早在 18 世纪中叶就已有铅室法制硫酸的过程。18 世纪末到 19 世纪初期又出现了许多包括催化现象的化学过程。如乙醇可在 Cu 或 Fe 的作用下加以转化，而同浮石接触时，便可得到乙烯和水（这个过程就是现在人们所熟知的乙醇催化脱水生成乙烯的过程）。1812 年 Humphry Dave 应用 NO 作催化剂将 SO_2 经空气氧化制成 SO_3，1813 年 Thenand 发现氨可在热的金属表面分解，1820 年 Edmend Dave 制成的高活性 Pt 粉在室温即表现出高的催化氧化性能。直到 1836 年 Berzelius 根据所出现的诸多催化现象，提出了除了人们早已知道的亲和力（affinity）之外尚有所谓"催化力（catalysis）"一词。此词源于希腊文，意思是"下来"或"减少"（down）和"松开"（loosen）。那时期，人们只知道亲和力是化学变化的驱动力，而尚不知道从分子水平去理解反应速度。在"催化力"概念出现之后，借助催化手段进行的反应过程不断大量出现。1838 年 Kuhlmann 实现反应 $NO + H_2 \longrightarrow NH_3$，1863 年 Debus 实现硝基乙烷在铂黑存在时氢解生成乙醇和 NH_3，1874 年 Dewilde 提出不饱和烃类催化加氢反应。1896 年法国科学家 Sabatier 总结了更多有催化物质参加的化学反应，标志着凭借化学力的作用实现特定的化学反应已经相当普遍了。

1895 年德国化学家 W. Ostwald 指出：应该把起催化作用的物质（催化剂）看成是可以改变一化学反应速度，而又不存在于产物中的物质。1906 年 Lewis 和 Von Falkenstein 指出：对于一可逆反应来说，催化剂必须同时加速正向反应和逆向反应。

至于催化作用形成为一门科学则是近百年的事，特别是化学热力学及化学动力学的理论，为催化科学的形成奠定了基础。作为一门科学，需有其基本原理及其理论基础以及主要和有力的研究手段。在 20 世纪陆续出现的许多化学实验事实以及由之派生的一些基本概念，如反应中间物种的形成与转化、晶格缺陷、表面活性中心、吸附现象以及早期出现的许多实验研究方法等，对于探索催化作用的本质、改进原有催化剂和研究新的催化过程都起到了一定的推动作用，自然对催化科学的诞生也是十分重要的。

三、催化科学的特点

催化科学具有三个主要特点。

1. 发展迅速

在现阶段，催化科学的广度与深度都在迅速地变动着。从探索、开发新型催化剂的过程中，不断归纳、提出新概念与新理论，而在理论的推动下又更加广泛深入地探索和开发新型催化剂与催化过程，随之又发展了许多新的研究技术和实验方法。这些技术和方法帮助催化的研究逐步从宏观走向微观，进入分子、原子水平。

2. 综合性强

催化科学是在许多基础学科的基础上发生发展起来的。这些学科是化学热力学、化学动力学、固体物理、表面化学、结构化学、量子化学等。催化科学综合、吸收、应用了这些学科的成果并与这些学科相互渗透。

3. 实践性强

催化科学又是一门实用性很强的科学，它与工业生产联系十分密切，它从生产实践中汲取营养，它的成果又直接而明显地影响着生产的效益。

四、基 本 概 念[2,3]

（一）催化剂与催化作用

目前，一般是按照下面的含义理解什么是催化剂和催化作用的。

一个热力学上允许的化学反应，由于某种物质的作用而被加速，在反应结束时该物质并不消耗，则此种物质被称作催化剂，它对反应施加的作用称为催化作用。具体来说，催化作用是催化剂活性中心对反应分子的激发与活化，使后者以很高的反应性能进行反应。

比如，二氧化硫与氧在一起，即使受热也几乎不生成三氧化硫，而当它们的混合物通过五氧化二钒时，便有相当量的三氧化硫生成。此处的五氧化二钒是催化剂，它对二氧化硫氧化的加速则是催化作用。

再如，亚硫酸钠溶液在空气中放置，可以非常缓慢地被氧化成硫酸钠。当在亚硫酸钠水溶液中加入约 $10^{-13}\,mol/L$ 的硫酸铜，则亚硫酸钠可以很快地被氧化。这里的催化剂是硫酸铜。

氯酸钾若要发生可以观察到的分解，也必须有二氧化锰作为催化剂存在。类似的例子还有许多。

催化反应一般都是多阶段或多步骤的，从反应物到产物都经过多种中间物。催化剂参与中间物的形成，但最终不进入产物的组成，否则就不算催化剂。比如催化剂 H_2SO_4，在乙烯水合制乙醇反应中，先与乙烯作用形成中间物 $C_2H_5OSO_2OH$，$C_2H_5OSO_2OC_2H_5$，但最后的产物乙醇并不包括 H_2SO_4。

$$C_2H_4 + H_2O \xrightarrow{H_2SO_4} CH_3CH_2OH$$

$$C_2H_4 + H_2SO_4 \longrightarrow C_2H_5OSO_2OH$$

$$2C_2H_4 + H_2SO_4 \longrightarrow C_2H_5OSO_2OC_2H_5$$

$$C_2H_5OSO_2OC_2H_5 + C_2H_5OSO_2OH + 3H_2O \longrightarrow 3C_2H_5OH + 2H_2SO_4$$

催化剂 NO 在 SO_2 氧化中的作用亦是如此：

$$2SO_2 + O_2 \xrightarrow{NO} 2SO_3$$

$$2NO + O_2 \longrightarrow 2NO_2$$

$$SO_2 + NO_2 \longrightarrow SO_3 + NO$$

催化剂所能催化的反应一定是热力学所允许的，亦即当没有催化剂时，这个反应依然可以进行，只不过进行很慢，甚至慢到觉察不出。热力学不允许的反应，不能因为催化剂的存在而发生，因为催化剂的作用不能违背热力学这一普遍规律。

（二）催化作用的分类

以物相分，催化作用可分为均相催化作用与多相催化作用。

（1）均相催化

指催化剂与反应物处于相同的物相，如 SO_2 在 NO 催化下的氧化，硫酸催化乙酸乙酯水解。近年来，均相催化多指在溶液中有机金属化合物催化剂的催化作用。

（2）多相催化

指催化剂与反应物处于不同物相时发生的催化。化学工业上以多相催化居多。

酶催化，是由组成十分复杂的蛋白质为催化剂的反应，反应条件温和，活性特高，选择性亦很高。

（三）催化作用与化学平衡

催化剂并不改变化学平衡。一个化学反应进行到什么程度，是由热力学决定的，它可以用平衡常数表征。从热力学可知

$$\Delta G^0 = -RT \ln K_P$$

其中，ΔG^0 是产物与反应物标准 Gibbs 函数之差，K_P 是以压力表示的平衡常数。由此式可以看出，反应物、产物的种类、状态（温度、压力）一经指定，那么反

应的平衡也就确定了，与催化剂的存在与否无关，因此催化剂的作用不是改变化学平衡，而是加速平衡的到达。严格说，虽然在反应终了催化剂不消耗，但在反应的始终，催化剂的状态并不一定相同，或者说形态不一定相同，这种差别可能会对反应的 ΔG^0 产生影响，从而改变了化学平衡，但由于催化剂用量极为微少，一般情况下，这种影响可以忽略。

　　表 1.2 的例子说明了化学平衡不受催化剂的影响。每一摩尔的三聚乙醛分解，体系的体积将净增加 2 倍。因此体系的体积增量代表反应进行的程度或平衡的情况。

表 1.2　三聚乙醛分解为乙醛的平衡[3]

催化剂	催化剂的含量（质量分数）/%	平衡时的体积变化（体积分数）/%
SO$_2$	0.002	8.19
SO$_2$	0.068	8.34
SO$_2$	0.079	8.20
ZnSO$_4$	2.7	8.13
HCl	0.15	8.15
草酸	0.52	8.27
磷酸	0.54	8.10

（四）　催化作用的一般原理

　　催化剂对反应之所以能起加速作用，一般说来，是加入催化剂后，反应沿一条需要活化能低的途径进行。图 1.1 表示的一例可以说明这种情形。一气体体系

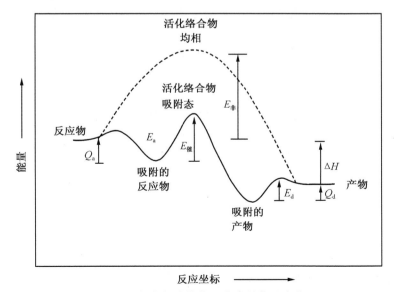

图 1.1　催化与非催化反应中的能量变化

以均相非催化方式进行过程中，与以多相催化方式进行时，各自的能量变化不同。图中，$E_{非}$ 和 $E_{催}$ 分别代表两种情况下的反应活化能；Q_a 和 Q_d 分别代表吸附热和脱附热；ΔH 代表总反应的热效应。根据 Arrhenius 定律，低的活化能意味着高的反应速率。由于 $E_{催} < E_{非}$，因而该反应以催化方式进行时的速率高于以非催化方式进行时的速率。

（五）催化活性与目的产物的选择性

1. 催化活性

催化活性（catalytic activity）是反映催化剂转化反应物能力的大小。这种能力大，活性就高；否则，活性就低。表示催化活性最常使用的指标是转化率。转化率以 x 表示，其定义为反应物转化量占引入的反应物总量的百分数。

$$x = \frac{反应物转化量}{引入体系的反应物总量} \times 100\%$$

在用转化率比较活性时，要求反应温度、压力、原料气浓度和接触时间（停留时间）相同。若为一级反应，由于转化率与反应物浓度无关，则不要求原料气浓度相同的条件。

此外，也可用反应速率、转换频率、活化能和达到相同转化率所需温度之高低来表示催化活性的大小。一个反应在某催化剂作用下进行时如活化能高，则表示该催化剂的活性低；如果活化能低，则表明该催化剂的活性高。通常都是用总包反应的表观活化能作比较。

达到某一转化率所需的最低反应温度高，表明催化剂的活性低；反之，则活性高。

关于以上几个动力学参数，将在第四章进行讨论。

2. 选择性

某些反应在热力学上可以沿几个途径进行而得到不同的产物，例如

$$HCOOH \begin{array}{c} \xrightarrow{\quad Al_2O_3 \quad} H_2O + CO \\ \xrightarrow{\quad 金属 \quad} H_2 + CO_2 \end{array}$$

$$C_2H_5OH \begin{array}{c} \xrightarrow{\quad 玻璃 \quad} \begin{array}{l} C_2H_4 + H_2O \\ CH_3CHO + H_2 \end{array} \\ \xrightarrow{\quad Al_2O_3 \quad} C_2H_4 + H_2O \\ \xrightarrow{\quad Cu粉 \quad} CH_3CHO + H_2 \end{array}$$

催化反应沿什么途径进行，与催化剂的种类和性质密切相关。

反应物沿某一途径进行的程度，与沿其余途径进行反应的程度的比较，即为

催化剂对某反应的选择性（selectivity），用 *Sel* 表示。

请注意，催化活性和产物的选择性是催化剂的属性，是主导的，而此二参数的乘积则为催化剂对产物的收率（ yield ），以 *y* 表示。收率是派生的。选择性的表示方法有以下几种。

（1）速率常数之比

如反应物在某一催化剂上可有两个途径进行反应，而且这两个反应有相同的速率表达式时，那么催化剂对第一途径反应的选择性 Sel_{I} 为

$$Sel_{\text{I}} = (k_1/k_2)$$

其中，k_1 和 k_2 分别代表两个反应的速率常数。

（2）目的产物收率与反应物的转化率之比

如反应物可以发生两个反应

反应 I 得产物 B，反应 II 得产物 C。产物 B 的收率 y_{B} 为

$$y_{\text{B}} = \frac{\text{A 转化为 B 的量}}{\text{A 的初始量}} \times 100\% = \frac{n_{\text{A}\to\text{B}}}{n_{\text{A}0}} \times 100\%$$

产物 C 的收率 y_{C} 为

$$y_{\text{C}} = \frac{\text{A 转化为 C 的量}}{\text{A 的初始量}} \times 100\% = \frac{n_{\text{A}\to\text{C}}}{n_{\text{A}0}} \times 100\%$$

催化剂对反应 I 的选择性 Sel_{I} 应是

$$Sel_{\text{I}} = \frac{y_{\text{B}}}{x_{\text{A}}} = \frac{n_{\text{A}\to\text{B}}}{n_{\text{A}0}} \div \frac{n_{\text{A}0} - n_{\text{A}}}{n_{\text{A}0}} = \frac{n_{\text{A}\to\text{B}}}{n_{\text{A}0} - n_{\text{A}}}$$

其中，n_{A} 为反应终了时 A 的量。由此式看出，选择性的物理意义为：反应物转化为目的产物的量占反应物总转化量的比例。类似地，对反应 II 的选择性 Sel_{II} 为

$$Sel_{\text{II}} = \frac{y_{\text{C}}}{x_{\text{A}}} = \frac{n_{\text{A}\to\text{C}}}{n_{\text{A}0} - n_{\text{A}}}$$

当 A 全部转化为 B 或 C 时，选择性 Sel_{I} 和 Sel_{II} 分别等于 1。

（六）催化剂的功能与分类

催化剂的功能是指它可以催化哪一类反应。比如一个催化剂能催化氧化反应，我们则称其具有氧化功能。有的催化剂，因为能催化两类反应而被叫做双功

能催化剂。如载于酸性载体上的铂可将正构烷烃脱氢成正构烯烃，而酸性载体接着将正构烯烃转化为异构烯烃，最后铂又将异构烯烃加氢成异构烷烃，从而完成了正构烷烃向异构烷烃总的转化，因此 Pt/酸性载体是一个双功能催化剂体系。还有像 Cr_2O_3，MoO_3，WS_2 等，也是具备加氢、脱氢活性和酸催化活性的双功能催化剂。

由于实际使用的催化剂很复杂，因此不易截然分成几类。依据催化剂的功能，催化剂大致可分成表 1.3 中的几类。

表 1.3　催化剂的分类[1]

	功　　能	实　　例
金　　属	加氢，氢解[2]	Ni，Pd，Pt（Cu）
	氧　　化	Ag，Pt
	链烷烃异构	Pt/酸性载体
	氢　　解	Pd/沸石
金属氧化物	部分氧化	复合金属氧化物
	脱　　氢	Fe_2O_3，ZnO，Cr_2O_3/Al_2O_3
酸　　碱	水　　合	酸型离子交换树脂
	聚　　合	H_3PO_4/载体
	裂解，氢转移[3]，歧化[4]	SiO_2-Al_2O_3酸型沸石
有机金属化合物	烯烃聚合	α-$TiCl_3$＋$Al(C_2H_5)_2Cl$
	羰基化，羟基化	$RhCl(CO)(PPh_3)_2$

1）有些反应比较复杂不易分类，比如像合成气进行的多种反应，胺和硝基的引入，加氢脱硫及加氢脱氮等。

2）氢解是氢加至某单键使其分裂形成两个分子，如 $C_2H_6＋H_2\longrightarrow 2CH_4$，此反应也可称作加氢裂解。

3）氢转移包括在 C—H 断裂时产生的质子和 H^- 的转移，如 $C_2H_4＋C_4H_{10}\longrightarrow C_2H_6＋C_4H_8$。

4）歧化的一个例子是 $2CO\longrightarrow C＋CO_2$。

五、催化领域的期刊及会议论文集

这一领域的资料十分丰富，在化学学科内可算是居于首位，这里只列出若干涉及催化基础研究和催化应用研究方面的期刊杂志，供读者参考。此外，在众多化学方面的期刊杂志中也不乏同催化有关的论文或快报、通讯、简报，甚至综述。

(一) 期刊

1. 我国出版的期刊

催化学报；

分子催化；

石油学报；

石油化工；

天然气化学杂志（英文）；

物理化学学报；

燃料化学学报；

化学物理学报；

高等学校化学学报（SCI 系统）；

高等学校化学研究等。

2. 国外出版的期刊或不定期刊物

Journal of Catalysis (J. Catal.)；

Applied Catalysis, A General (Appl. Catal. A)；

Applied Catalysis, B Environment (Appl. Catal. B)；

Journal of Molecular Catalysis, A Chemical (J. Mol. Catal. A)；

Journal of Molecular Catalysis, B Enzymatic (J. Mol. Catal. B)；

Catalysis Today；

Topics in Catalysis；

Surface Sciences；

Industrial and Engineering Chemistry (IEC)，该刊有许多分册，其中 Product of Research and Development (PRD) 与催化关系最为密切；

Reaction Kinetics and Catalysis Letters (React. Kinet. Catal. Lett.)；

Кинетика и Катализ（Кин. и Кат.)，此刊由俄罗斯出版，系俄文，有英译本（Kinetics and Catalysis）；

Catalysis Letters；

Studies in Surface Science and Catalysis；

Hydrocarbon Processing；

Angewandte Chemie（德文），有英译版 Interl. Ed (English)；

Chemtech；

Shakubai（触媒，日文期刊）；

表面（日文期刊）。

3. 评述与系列出版物

Advances in Catalysis，为年度评论系列出版物；

Catalysis Review；

Catalysis，由 P. H. Emmett 主编，共 7 卷：

第 1、2 卷，基本原理，

第 3 卷，加氢与脱氢，

第 4 卷，烃的合成、加氢与环化，

第 5 卷，加氢、氧化合成、加氢裂解、加氢脱硫、氢同位素交换及有关反应，

第 6 卷，烃的催化，

第 7 卷，氧化、水合、脱水和裂解催化剂。

（二）会议论文集

20 世纪 70 年代以前，我国曾召开过几次全国性催化学术会议，规模不大，所编会议论文集现已不易见到。

1981 年秋，在成都召开"全国第一届催化与动力学学术交流会"，会议编有论文摘要集。

1984 年 10 月，在厦门召开"第二届全国催化科学学术报告会"，会议编有论文摘要集。

1986 年秋，在上海召开"第三届全国催化学术报告会"，会议编有论文摘要集。

1988 年秋，在天津召开"第四届全国催化学术报告会"，会议编有论文详细摘要集。

1990 年秋，在兰州召开"第五届全国催化学术会议"，会议编有论文摘要集。

1992 年秋，在上海召开"第六届全国催化学术会议"，会议编有论文摘要集。

1994 年秋，在大连召开"第七届全国催化学术会议"，会议编有论文摘要集。

1996 年秋，在厦门召开"第八届全国催化学术会议"，会议编有论文摘要集。

1998 年秋，在北京召开"第九届全国催化学术会议"，会议编有论文摘要集。

2000 年秋，在张家界召开"第十届全国催化学术会议"，会议编有论文摘要集。

2002 年秋，在杭州召开"第十一届全国催化学术会议"，会议编有论文摘要集。

2004 年秋，在北京召开"第十二届全国催化学术会议"，会议编有论文摘要集。

综合性的国际催化学术会议每 4 年举行一次，至今已开过 13 次，每次会议

均出版会议论文集（见表 1.4）。这标志着催化科学的进步与发展。有些论文的结论在若干年后还被频频地引用着。

表 1.4 国际催化学术会议论文集

年 代	地 点	出 版 物
1956	费城	论文集发表在 Advances in Catalysis，Volume 9
1960	巴黎	Proceedings of the 2nd International Congress on Catalysis，Paris，1960
1964	阿姆斯特丹	Proceedings of the third International Congress on Catalysis，Amsterdam，1964. Ed. by Sachtler M H，Schuit G C A and Zweitering P. Interscience Division. Wiley，New York，1965（2 Volumes）
1968	莫斯科	Proceedings of The 4th International Congress on Catalysis，Moscow，1968. Reprints of the Papers，in English（6 Volumes，Paperback）were compiled for the U. S. Catalysis Society by Hightower J W. Rice University，Houston，Also Published by Akadémiai Kiadó，Budapest，1972
1972	迈阿密佛罗里达	Proceedings of the 5th International Congress on Catalysis，Miami Beach，Florida，1972. Ed. by Hightower J W，American Elsevier，New York，1973（2 Volumes）
1976	伦敦	Proceedings of the 6th International Congress on Catalysis，London，1977（2 Volumes）
1980	东京	Proceedings of the 7th International Congress on Catalysis，Tokyo，1980. Ed. by Seiyama T and Tanabe K. 此论文集还有另一标题 New Horizons in Catalysis
1984	柏林	Proceedings of the 8th International Congress on Catalysis，Weinheim W Berlin，1984. Verlag Chemie（5 Volumes）
1988	卡尔加里	Proceedings of The 9th International Congress on Catalysis
1992	布达佩斯	Proceedings of the 10th International Congress on Catalysis. Ed. by Guczi L，Solymosi F，Tetenyi P，Akad. Ed. Budapest Kiado
1996	亚特兰大	Proceedings of the 11th International Congress on Catalysis
2000	格林纳达	Proceedings of the 12th International Congress on Catalysis，Ed. by Corma A，Mendioroz S，Melo F V，Fierro J L G
2004	巴黎	Proceedings of the 13th International Congress on Catalysis

值得指出的是，无论国内催化学术会议，还是国际催化学术会议，都涵盖了催化基础理论研究、应用研究以及与化学工业密切相关的催化反应、催化剂开发和催化技术等重要方面，并与时俱进地把分子水平的催化剂设计、能源调整中的催化问题、涉及环境保护和治理的催化作用、生物催化作用等同实施可持续发展战略密切相关的前瞻性课题结合起来。这充分显示了催化科学的强劲活力和在经济建设中的极为重要和不可替代的作用。

此外，还有一些国家联合召开的多边的催化会议，以及催化化学某一方面的专业会议，例如，催化剂制备，C_1 化学，环境催化，催化氧化，溢流和分子筛等。这些会议也都有文集出版。

除以上公开发表的催化文献外，还有大量的专利文献，描述催化剂的技术和催化过程的设计，是实用价值很高的重要参考资料。

六、一般参考书

为供读者深入学习和研究催化化学各分支领域的相关内容，现将十二部专著列出如下。这些专著的作者都是造诣很深、具有丰富催化化学教学和研究经验、在国内外具有很高知名度的专家。他们的专著在催化化学界产生了很深远的影响。

1）吴越，催化化学，科学出版社，1998
2）陈诵英、孙予罕、丁云杰、周仁贤、罗孟飞，吸附与催化，河南科学技术出版社，2001
3）黄仲涛、林维明、庞先行、王乐夫，工业催化剂设计与开发，华南理工大学出版社，1991
4）钟邦克，精细化工过程催化作用，中国石化出版社，2002
5）邓景发，催化作用原理导论，吉林科学技术出版社，1984
6）黄开辉、万惠霖，催化原理，科学出版社，1983
7）Santen R A，Van Leeuwen P W N M，Moulijn J A，Averili B A．Studies in Surface Science and Catalysis，Vol. 123，An Integrated Approach，Elsevier，1999
8）Thomas J M and Thomas W J．Principles and Practice of Heterogeneous Catalysis，VCH Germany，1997
9）Pearce R and Patterson W R．Catalysis and Chemical Processes，Leonard Hill，1981
10）Satterfield C N．Hetrogeneous Catalysis in Practice，Mcgraw Hill Book Company，1980
11）Gates B C，Katze J R and Schuit C A．Chemistry and Catalytic Processes，Mcgraw Hill Book Company，1979
12）Bond G C 著，庞礼等译，多相催化作用，北京大学出版社，1982

参 考 文 献

1　Somorjai G A. Catalysis Letter，2000，67（1）：1
2　Germain J E. 多相催化 . 郑绳安，高滋译 . 上海：上海科学技术出版社，1961
3　Кинерман С Л. Введение в Кинегику Гетерогенных Катаднтнчеких Реакций Изд. Москва：Наука，1964
4　Банченков Г М，Лебедев В П. Химическая Кинетика и Катализ Изд. Москва：Москва Уни，1961

第二章 吸附作用

一、概述

凡气固多相催化反应，都包含吸附步骤。在反应过程中，至少有一种反应物参与吸附过程。多相催化反应的机理与吸附的机理不可分割。

固体表面是敞开的，表面原子所处的环境与体相不同，配位不饱和，它受到了一个不平衡力的作用，当气体与清洁固体表面接触时，将与固体表面发生相互作用，气体在固体表面上出现了累积，其浓度高于气相，这种现象称为吸附现象（adsorption）。与吸收（absorption）不同，吸附发生在体相。吸附气体的固体物质称为吸附剂，被吸附的气体称为吸附质。吸附质在表面吸附以后的状态称为吸附态。吸附发生在吸附剂表面的局部位置上，这样的位置就叫吸附中心或吸附位。吸附中心与吸附的物质共同构成表面吸附络合物。当固体表面上的气体浓度由于吸附而增加时，称吸附过程；反之，当气体在表面上的浓度减小时，则为脱附过程。

二、物理吸附与化学吸附

吸附可以分为物理吸附与化学吸附两种。它们的作用力不同。物理吸附是由分子间作用力，即 van der Walls 力所产生。由于这种力较弱，故对分子结构影响不大，所以可把物理吸附类比为凝聚现象。化学吸附的作用力属于化学键力（静电与共价键力）。由于此种力作用强，涉及到吸附质分子和固体间的电子重排、化学键的断裂或形成，所以对吸附质分子的结构影响较大。吸附质分子与吸附中心间借化学键力形成吸附化学键。化学吸附类似化学反应。

由于产生吸附的作用力不同,两种吸附有不同的特征,两者主要特征比较见表 2.1。

表 2.1 物理吸附与化学吸附主要特征比较

	化 学 吸 附	物 理 吸 附
(A) 吸附热	$\geqslant 80kJ/mol$ 这是化学吸附的充分、但不是必要的条件	$\approx 0 \sim 40kJ/mol$
(B) 吸附速率	常常需要活化，所以速率慢	因不需活化，速率快
(C) 脱附活化能	$\geqslant$化学吸附热	$\approx$凝聚热
(D) 发生温度	常常在高温下（高于气体的液化点）	接近气体的液化点
(E) 选择性	有选择性，与吸附质、吸附剂的本性有关	无选择性，任何气体可在任何吸附剂上吸附
(F) 吸附层	单层	多层
(G) 可逆性	可逆或不可逆	可逆

　　表2.2和表2.3提供了某些气体的液化潜热、物理吸附热与化学吸附热，以供比较。

表 2.2　某些气体的液化潜热和最大物理吸附热[4]

气　体	H_2	O_2	N_2	CO	CO_2	CH_4	C_2H_4	C_2H_2	NH_3	H_2O	Cl_2
$Q/(kJ/mol)$	0.92	6.69	5.61	6.02	25.10	9.12	14.64	24.01	23.26	44.22	18.41
$Q_{max}/(kJ/mol)$	8.4	20.9	20.9	25.1	37.7	20.9	33.5	37.7	37.7	58.6	35.6

表 2.3　某些气体的化学吸附热[4]　(kJ/mol)

气　体	Ti	Ta	Nb	W	Cr	Mo	Mn	Fe	Co	Ni	Rh	Pt
H_2		188			188	167	71	134			117	
O_2						720				494		293
N_2		586						293				
CO	640							192	176			
CO_2	682	703	552	456	339	372	222	225	146	184		
NH_3				301				188		155		
C_2H_4		577		427	427			285		243	209	

三、吸附位能曲线

　　吸附过程中，吸附体系（吸附质-吸附剂）的位能变化可以用吸附位能图表示。

　　对大多数物理吸附而言，其位能变化原则上可以使用 Lennard-Jones 曲线来描述，该曲线原来是用以描述两个气体分子质点在相互靠近时的位能变化。当然在吸附场合就不单单是两个质点间的相互作用，而是吸附分子与表面上的许多原子间的相互作用。这种相互作用的总位能是吸附分子与每一个表面原子作用能量的加合，对这种加合，Lennard-Jones 曲线给出的描述基本上是正确的。图 2.1 是表示分子物理吸附中位能变化的 Lennard-Jones 图，其中的 X 表示分子 A_2 距表面无限远位能取作零时与表面的距离。随着分子与表面的接近，位能下降，到 Y 时发生了物理吸附，放出吸附热 Q_p，这是物理吸附热。当分子再靠近表面，因排斥作用增强、吸引作用相对减弱，使体系位能上升，由于稳定性原因，体系

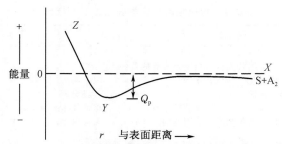

图 2.1　A_2 分子在固体表面 S 上的物理吸附位能曲线[6]

不能在这样的状态稳定存在。

　　描述活性原子在固体表面上化学吸附的位能变化可用 Morse 公式近似计算得到，见图 2.2 的曲线。对大多数化学吸附来说，这种图给出的形状也是类似的。

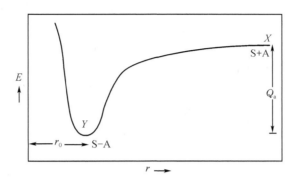

图 2.2　活性原子 A 在固体表面 S 上的吸附位能曲线[6]

　　X 表示活性原子 A 与表面相距很远时的体系位能。随着活性原子与表面的接近，位能下降，在 Y 处形成吸附物种 S-A，这一过程放出的能量为 Q_a，虽然这部分能量是以热的形式放出，但文献中不称其为化学吸附热，后者另有所指。r_0 为平衡距离。

　　将图 2.1 和图 2.2 合绘在一张图上，得图 2.3。这幅图清晰地描述了一个分

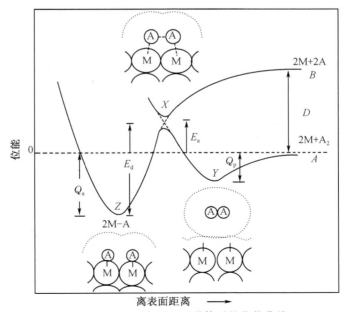

图 2.3　分子 A_2-表面 S 吸附体系的位能曲线

子靠近固体表面时的能量变化情况。

　　图中 AYX 线，表示一个分子的物理吸附过程，BXZ 线表示活性原子的化学吸附过程，两线有交叉点 X。图中 B 表示分子吸收能量 D 后而解离为原子时的能量状态。D 为解离能。当分子向表面靠近时，位能下降，在 Y 点发生了物理吸附，放出热量 Q_p，为物理吸附热。物理吸附使分子更靠近表面，常常也称其为前驱态。进一步吸收能量，越过交叉点 X，进入解离的原子化学吸附态（图中 Z 点），吸收的这部分能量通常称为吸附活化能 E_a。交叉点 X 是化学吸附的过渡态。从始态分子到解离为原子的化学吸附态放出的总能量，通常把这部分能量 Q_a 称为化学吸附热。从化学吸附态，要克服一个能垒才可能发生脱附，变到分子态，这部分能量 E_d 称为脱附活化能。各吸附态的示意图均在位能曲线相应位置标出。

　　从图 2.3 我们还可以看到：

　　1）由于表面的吸附作用，分子在表面上解离需要克服 E_a 能垒，在气相中直接解离则需要 D，分子在表面上活化比在气相中容易，这是由于催化剂吸附分子改变了反应途径的结果。

　　2）在数值上，脱附活化能等于吸附活化能与化学吸附热之和

$$E_d = E_a + Q_a \tag{2.1}$$

原则上，因为能量的守恒性而使这一关系具有普遍性。

　　活化吸附与非活化吸附是化学吸附的两种情况。需要活化能而发生的化学吸附称为活化吸附，不需活化能的化学吸附称为非活化吸附。在位能图上，物理吸附与化学吸附位能线的交点 X 在零能量以上时，为活化吸附，也称为慢化学吸附；X 点在零能量以下时，为非活化吸附，相对吸附速率很快，又称为快化学吸附。对于大量的气体-金属体系的吸附，如氢在金属上的解离，X 点在零能量以下，是非活化吸附。

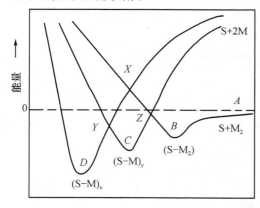

图 2.4　能产生两种化学吸附体系的位能曲线

　　催化剂表面上存在着不同种类的吸附中心，由于这些中心与吸附质形成不同的表面络合物，因而有各自的吸附位能曲线。图 2.4 表示的就是这种情况，而且得到实验上的支持。如在程序升温脱附中，有不同的脱附峰出现，吸附热随覆盖度变化，吸附等压线上有多个极大值等。图 2.5 是氢在 101.3kPa 下在合成氨催化剂上的吸附等压线，以此例说明催化剂上存在多种吸附中心。等压线上 A、B 两

个极大值对应两种化学吸附，它们发生在两种不同的中心上。

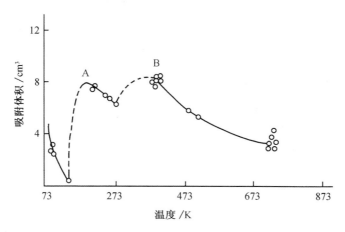

图 2.5　H_2 在铁催化剂上吸附的等压线[9]

　　分子靠近固体表面时的能量变化情况，除了用上面的一维位能曲线表示外，还可以用二维等高的位能图表示。如，氢在金属表面上解离吸附的理论研究得到的结果，以分子的解离即键长 X（H—H）的变化对分子与表面的距离 Z 作图，见图 2.6。反应坐标由虚线画出。可以看出，有一条通道，开始 X 是恒定的，随着分子接近表面，接着出现一个活化位垒，一直越过马鞍点（过渡态），虽然 Z 变化较小，X 却增加，最后分子解离成原子。

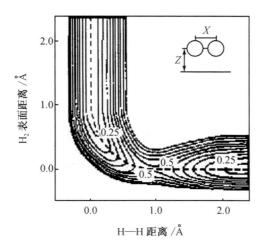

图 2.6　H_2-金属表面的二维位能图[11]

四、化学吸附的分子轨道图[11]

　　吸附的位能曲线对分子吸附过程中的能量变化给出一个概念性的描述，为了了解导致分子或解离化学吸附的机理，需要分析在分子和催化表面间的相互作用。为此，把金属-吸附质体系作为"表面分子"考虑是有益的，该络合物的分子轨道由金属和吸附分子轨道组成。

　　首先考虑一单原子的吸附。图 2.7 给出分子轨道连线示意图。在金属和吸附原子之间电子密度的重叠，使其形成一对新的宽轨道，它由原子和金属的电子填充。如果电子占据成键轨道，发生相互吸引作用；如果占据反键轨道，则造成化学键的削弱。可能出现以下几种情况：

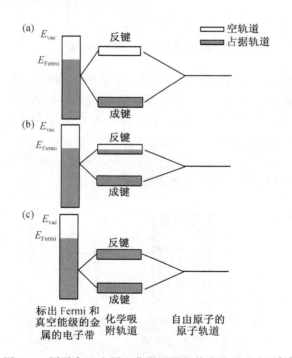

图 2.7　原子在 d-金属上化学吸附的简化轨道示意图[11]

　　1）反键的化学吸附轨道完全落在 Fermi 能级以上，它是空的，这时形成一个强的化学吸附键［图 2.7（a）］。

　　2）如果原子和金属轨道之间的相互作用弱，则在化学吸附键劈裂开的成键和反键间的能量差小。反键轨道落在 Fermi 能级以下，同时被占据。这时不能导致成键，而是互相排斥，原子离开表面［图 2.7（c）］。

3）出现中间情况，反键的化学吸附轨道扩展跨过 Fermi 能级［图 2.7 (b)］。在这种情况下，轨道仅部分地被占据，这时原子将被化学吸附在表面上，但是化学吸附键的强度比在图 2.7（a）的情况下要弱。

为了了解像 H_2、N_2 和 CO 这些双原子分子发生解离化学吸附的条件，有两个分子轨道必须考虑，即前线轨道概念中的最高占有轨道（HOMO）和最低未占有轨道（LUMO）。现在考虑一个简单情况：分子 A_2，它有占有轨道 σ 和未占有轨道 σ^*。如在 H_2 中，必须考虑分子的每一个轨道和金属的 s 和 d 轨道之间的相互作用。

必须考虑以下各步骤（图 2.8）：

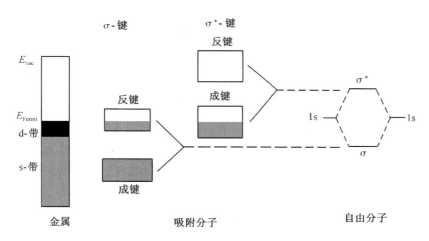

图 2.8　双原子分子在 d-金属上化学吸附的轨道示意图[11]

1）由 HOMO 组合新的分子轨道。在 A_2 这种情况中，由它的成键轨道 σ 和金属具有适合方向和对称性的表面能级来构建。

2）对 LUMO 做相同的处理。将 A_2 的反键轨道 σ^* 与金属其他具有适合方向和对称性的表面能级进行组合。

3）观察这些轨道相对于金属 Fermi 能级的位置，并且找出是哪一个轨道被填充了，以及填充的程度。

重要的是要注意观察两件事情。第一，在占有的分子轨道 σ 和占有的表面轨道之间的相互作用，原则上产生一个排斥作用。因为成键和反键的化学吸附轨道两者都将是占据的。然而，如果反键轨道落在 Fermi 能级之上，这种排斥作用将会部分或全部地被解除（如 CO 在铑金属上 5σ 轨道的相互作用）。第二，产生成键轨道的相互作用，它可能出现在 Fermi 能级之上或之下。由于吸附分子所参与的 LUMO 轨道相对于分子的原子间的相互作用是反键的，相应轨道的占据将导致分子的解离。如果它是部分地占据，则对 A_2 和表面间的成键贡献小，同时化学吸附分子内 A—A 的相互作用被削弱（如 CO 在大多数 Ⅷ 族金属上 $2\pi^*$ 轨道的情况）。

五、吸附态和吸附化学键

气体在催化剂上吸附时，借助不同的吸附化学键而形成多种吸附态。吸附态不同，最终的反应产物亦可能不同，因而研究吸附态结构等方面具有重要的意义。

早期人们根据电导测定、吸附等温线、升温吸附等结果对吸附态进行间接推论。近年来，由于红外光谱技术、电子顺磁共振技术、光电子能谱、低能电子衍射等近代方法的出现，已经可以较为直接地研究吸附态了。下面以几个具体例子介绍有关吸附态的知识。

（一）氢的吸附

研究已确定氢分子在化学吸附时通常分解为氢原子或氢离子，即发生所谓的解离吸附（dissociative adsorption）。

氢分子在金属上吸附时，氢键均匀断裂，即均裂，形成两个氢原子的吸附物种。

$$H_2 + \text{—M—M—} \longrightarrow \quad \underset{\text{—M—M—}}{\overset{\displaystyle H \quad H}{\displaystyle | \quad |}} \quad \text{或} \quad \underset{\text{—M—M—}}{\overset{\displaystyle H \qquad H}{\displaystyle \diagdown \diagup}}$$

由于金属及其结构的多样性，吸附态也是多样的，如，氢在金属 W 的各个不同晶面上吸附的闪脱谱就出现多个脱附峰，见图 2.9。已确定 γ 峰为氢分子的物理吸附态，β 峰为氢分子解离后的氢原子的吸附态，它们又有 β_1、β_2、β_3、β_4 之分，对于不同晶面它们的具体脱附温度也不同，有不同的脱附活化能。可以看出，即使在同一晶面上的吸附，由于吸附位的区别，吸附质与表面的结合能不同，往往也会出现几种不同的吸附态。

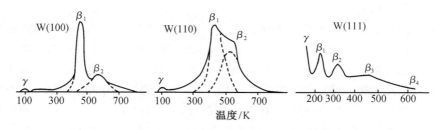

图 2.9　氢在 W 不同晶面上的程序升温脱附谱

氢在金属氧化物上发生化学吸附时，常常发生氢键不均匀断裂，例如，氢在氧化锌上的化学吸附，通常形成两种表面吸附物种，这种断裂简称为异裂。

$$\begin{array}{cc} H^- & H^+ \\ | & | \\ -Zn^{2+}- & O- \end{array}$$

这已为红外光谱所证明，它们的吸收谱带分别为 $\nu_{OH}=3489\,cm^{-1}$ 和 $\nu_{Zn-H}=1709\,cm^{-1}$。

(二) 氧的吸附

氧在催化剂表面上的吸附是很复杂的，它不仅有以分子形式吸附的缔合吸附（associative adsorption）和解离吸附之分，而且氧原子还可以进入金属晶格内部，生成表面氧化物。氧在金属催化剂上的吸附，可看作是在金属离子上的吸附，类似于过渡金属络合物中金属与氧键合的情况，对后者有较多的研究，它可能主要存在两种结构[12]：

1) 金属原子垂直于氧的 O—O 轴，占据的氧的 π 轨道与金属原子的一个空 d 轨道键合（见图 2.10A）。

2) 金属原子靠近一个氧原子（见图 2.10B）。在这种情况下，氧分子可以采用 sp^2 杂化后的电子分布，每个氧原子除一个 sp^2 杂化轨道用于分子内 σ 成键外，另两个为充满电子的孤对电子轨道，它们可用于与金属空 d 轨道成键。值得注意的是，在这种情况下金属完全占据的 d 轨道又可以将电子填充到 O_2 的空反键 π^* 轨道中去，形成所谓的反馈键，这样，一方面稳定 M—O 键，同时也削弱了 O—O 键。在 O_2 的吸附过程中，同时可能发生电子转移，甚至 O—O 键断裂，成为解离的氧原子吸附物种。目前，在催化反应中已发现的主要氧物种有：中性的吸附氧分子 O_{2ad} 和带负电荷的氧离子物种 O_2^-、O^{2-}、O^-，它们对催化反应活性和选择性起着重要作用。这些氧物种已被实验证明。例如，由于吸附的氧物种的顺磁性，可以使用电子顺磁共振（ESR）技术研究一些氧的吸附态。从 ESR 结果得到，在 MgO、ZnO、TiO_2、SnO_2 和 CeO_2 上，氧可以 O_2^- 形式吸附，O_2^- 的顺磁性电子均匀分布在两个氧原子上，而且 O_2^- 的分子轴与催化剂氧化物表面平行。此外，还确认了在 MgO 和 ZnO 表面上还有 O^- 形式的物种。这个 O^- 与 O_2 还可以反应生成 O_3^-。图 2.11 反映了氧在 MgO 上吸附后形成的氧物种的 ESR 吸收信号。

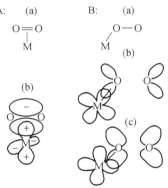

图 2.10　氧在催化剂上吸附的可能结构

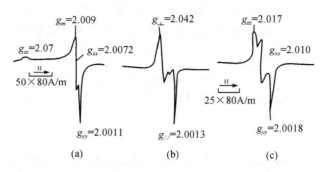

图 2.11 MgO 上 O⁻，O₂⁻，O₃⁻ 物种的 ESR 信号

(a) O_2^-；(b) O^-；(c) O_3^-。

(三) CO 的吸附

由于 CO 是 Fischer-Tropsch 合成和羰基化反应的重要反应物，因此对 CO 吸附和活化的研究也较早和较多。CO 的吸附方式主要有线式（A）和桥式（B），而且都是缔合吸附：

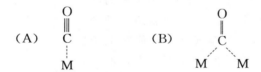

从红外光谱吸收峰可以区别，线式吸附吸收峰靠近 $\nu_{CO} = 2000\,cm^{-1}$，而桥式吸附吸收峰靠近 $\nu_{CO} = 1900\,cm^{-1}$。CO 的络合物研究表明，一个 CO 可以和几个金属结合形成多桥式，结合的金属越多，红外波数下降的也越多。金属的种类不同，吸附态会发生变化。在 Pt 上发生线式吸附，在 Pd 和 Ni 上有线式和桥式两种吸附。此外在高温下，还可发生解离吸附。比如，CO 在 Fe 和 Ni 上吸附时就不出现属于 CO 的紫外光电子谱，却得到电子结合能数值分别为 283 和 530 电子伏的 C_{1s} 和 O_{1s} 的谱，这意味着 CO 吸附时已解离成 C 和 O。

分子轨道理论告诉我们[13]，异核双原子分子 CO 采用 sp 杂化轨道结合，其能级和轨道示意图见图 2.12（a）和（b）[7]。可以看出，CO 中碳一端的具有孤对电子的轨道较松弛并有相对较高的能量，正如人们所熟悉的，它具有给出电子的性质，易与具有空 d 轨道的过渡金属配位。还可以看出，它的空反键 2π* 轨道具有更多的 p 轨道性质，使 CO 又具有接受电子的性质。这样，CO 可通过碳端提供的孤对电子与金属空 d 轨道形成 σ 键。同时，金属占据的 d 轨道的电子加到 CO 空的 2π* 轨道中，形成 π 键，使 CO 吸附在金属上，见图 2.12（c）和（d）。可预期，由于反馈键的作用，使 C—O 键削弱和活化。

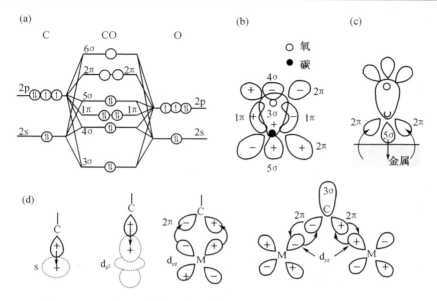

图 2.12　CO 分子及其在过渡金属上化学吸附的能级和轨道的示意图

（四）烃的吸附

　　烷烃在过渡金属及其氧化物上的化学吸附类似于氢的化学吸附，总是发生解离吸附，如甲烷在金属上可按下面方式发生吸附（M 代表金属原子），

$$CH_4 + M \longrightarrow \underset{M}{\overset{CH_3}{|}} + \underset{M}{\overset{H}{|}}$$

在较高的温度下，甚至逐渐脱掉氢发生完全的解离吸附。

　　对于烯烃，可以发生解离吸附，也可以发生缔合吸附。如，乙烯在金属上的吸附，在解离吸附时，发生脱氢，

$$C_2H_4 + 2M \longrightarrow \underset{M}{\overset{HC}{|}}=CH_2 + \underset{M}{\overset{H}{|}}$$

乙烯在金属上吸附时，也发现吸附态

$$\underset{M}{\overset{CH_2-CH_3}{|}}$$

这表明发生了解离吸附，并出现了自加氢。类似于烷烃，烯烃也会发生完全解离，生成 C 和 H。

　　在发生缔合吸附时，主要有两种方式。（A）：打开 C＝C 双键，碳原子由

sp^2 杂化转变为 sp^3 杂化，以 σ 键与金属键合；（B）：以 π 键与金属键合。

（A）
$$\begin{array}{c} H_2C\!-\!CH_2 \\ \;|\quad\;\; | \\ -M\!-\!M- \end{array}$$

（B）
$$\begin{array}{c} H_2C\!=\!CH_2 \\ | \\ M \end{array}$$

这两种吸附方式可以通过红外光谱加以识别，如乙烯的 C＝C 双键振动吸收为 $\nu=1608\,cm^{-1}$，而当它以 π 键与金属键合时，如乙烯在 Pd/SiO_2 上的吸附，$\nu_{C-C}=1510\,cm^{-1}$。

在烯烃以 π 络合方式吸附时，也发生与 CO 类似的情况，过渡金属 d 轨道的电子可能填充到烯烃空的反键 π^* 上，形成反馈键，削弱和活化 C＝C 双键，这在催化反应中具有重要意义。

丙烯在催化剂上的吸附态有以下几种：

$$\sigma\,\text{烯丙基}\qquad\qquad \pi\,\text{烯丙基}\qquad\qquad \text{协同式机理}$$

六、吸附粒子在表面上的运动

吸附粒子在金属表面上各个分立的中心上吸附时，它的位能图是一个由许多峰和谷构成的三维位能面，吸附粒子都是处在金属附近的低谷处，即位能最小的某些状态。吸附粒子除在平衡位置有垂直于表面方向的振动外，在各吸附中心间尚有移动运动。

为简化计，现在考虑某一分子气体在有规整晶格的固体表面上的某种吸附态的位能。这时，在垂直于表面并沿平行于 X 轴或 Y 轴的截面上可以得到一个波浪形的位能曲线，如果波动相同（见图 2.13），这样的表面是均匀的表面；若波动不同（见图 2.14），则是非均匀的表面。从图 2.13 可见，吸附粒子若处在晶格原子正上方的谷底时，分子的位能值将是最小的。如果分子从一个中心移到另一个中心上必须要克服一个势垒，即曲线上的极大值与极小值间的差值 E_b，当势垒比吸附粒子的热运动能大很多，$E_b \gg RT$，吸附粒子只能在势阱底附近做振

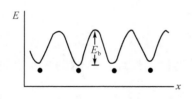

图 2.13　均匀表面的位能变化

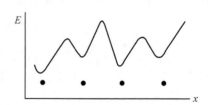

图 2.14　非均匀表面的位能变化

动运动，此种情况为定位吸附。若势垒与热运动能相近，$E_b \approx RT$，吸附粒子可直接在各吸附中心间转移，从而发生非定位吸附，此时的吸附层可称为动性吸附层。吸附的动性可使表面充分利用，也使吸附粒子更易接近，有利于催化反应。

人们现在已经可以使用场离子发射显微镜、SCM 等手段直接观察吸附粒子在表面上的移动。曾得到了在钨（211）晶面上吸附的铼原子移动的场离子发射照片。在 78K（液氮）温度下，铼原子沿着排列整齐的钨原子的"沟道"做横向移动，若提高温度，铼原子由于获得了较多的能量而越过沟道做纵向移动。

七、溢 流 效 应

溢流效应（spillover effect）是吸附粒子在表面上移动的另一种情况。实验中发现，黄色固体 WO_3，在室温下遇到氢气时其颜色并不变化。如果将 WO_3 用水润湿，并掺入载有铂粉的硅胶，再置于氢气氛下，WO_3 由黄色变成蓝色。其反应过程为

$$WO_3 + H_2 \xrightarrow{Pt} H_xWO_3$$

图 2.15 描述了这一过程。

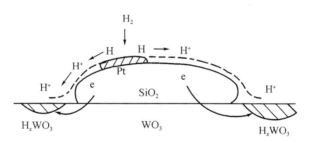

图 2.15　氢的溢流

氢分子并不直接与 WO_3 反应，但在 Pt 存在时，氢解离吸附成氢原子，氢原子沿表面移动，遇水变成质子并释放出一个电子，质子在水的薄膜中移动，遇到 WO_3 反应，生成蓝色的 H_xWO_3。后来大量的 ESR、NMR、TPD 和同位素的实验都证明了该现象的存在，并得到了普遍的确认，于是把这一现象，即在一个相（给体相）表面上吸附或产生的活性物种（溢流子）向另一个在同样条件下并不能吸附或产生该活性物种的相（受体相）表面上迁移的过程，称为溢流。溢流可发生在金属-氧化物、金属-金属、氧化物-氧化物和氧化物-金属各体系中。目前发现的可能产生溢流的物质有 H_2、O_2、CO 和 NCO。

体系不同，界面间产生溢流物种的机理可能不同，甚至有些还不十分清楚，但它们在催化反应中的作用却是十分重要的，并可能直接影响催化剂的活性、选

择性和稳定性。如，在烃类催化氧化反应中，以两种机械混合的氧化物作催化剂时，对其结构进行了仔细的研究，尽管没有发现两种氧化物中间有任何相互作用和转移，但仍显示了高于单个氧化物的催化活性，特别是选择性远高于单个氧化物的加合的期望值，显示了很强的协同作用（synergy effect）。Delmon 等在对机械混合的 SnO_2-Sb_2O_4 催化剂上异丁烯的氧化反应研究中（见图 2.16），认为 SnO_2 对烃起催化作用，当反应按还原-氧化机理进行时，在表面建立了被还原的

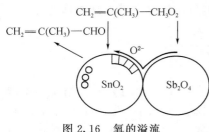

图 2.16　氧的溢流

SnO_2 的稳定态，它的供氧速度决定了总反应速度。引入 Sb_2O_4 后，氧易在其表面上解离并通过溢流作用移动到 SnO_2 表面上，加强了晶格氧的供给，使还原态的活性中心呈最佳浓度，提高了反应活性和选择性。可以看出，这里的协同作用是具体通过给氧体与受氧体之间的氧溢流实现的。

又如，来自金属的氢溢流物种可能与表面的积炭反应生成 CH_4，从而除去碳。氢溢流物种也可以与表面上的可还原的金属氧化物与羟基反应生成水，使氧化物的金属暴露出来，成为吸附或活性中心（见图 2.17）。可以看出溢流物种与固体表面的反应对保持催化活性的稳定也是重要的。

八、吸　附　热

吸附过程中发生热效应，吸附热的大小反映了吸附质与吸附剂作用的强弱。一般来说，物理吸附热很低，化学吸附热很高，这与吸附作用力有关。

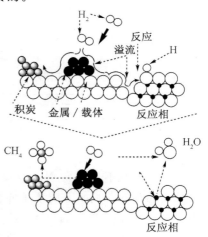

图 2.17　溢流对催化剂
稳定性的影响[14]

(一) 几种吸附热的定义

催化文献资料中有多种吸附热概念，它们具有不同的含义，用于不同的场合。下面介绍几个常用的概念。

吸附的热效应是在吸附过程中发生的，因此吸附热一般可分为积分吸附热和微分吸附热。积分吸附热，是指吸附量发生较大变化时，在恒温吸附的整个过程中吸附一个摩尔所产生的热效应，反映了许多不同吸附中心性能累积的平均结果。微分吸附热，是指吸附量发生极微小变化时产生的吸附热效应，$\left(\dfrac{\partial q}{\partial n}\right)_T = Q$，是瞬间的结果，它反映局部吸附中心的特征。

等量吸附热，又称等容吸附热，常以 Q_{iso} 表示，定义为

$$Q_{iso} \equiv -\left(\frac{\partial \Delta H}{\partial n_a}\right)_{TPS} = -(\overline{H}_a - \widetilde{H}_g)$$

其中，微商项表示在恒温、恒压、恒表面积过程中焓增量对吸附相摩尔量的变化率，$\overline{H}_a$ 是吸附相的偏摩尔焓，$\widetilde{H}_g$ 是气体的摩尔焓。在催化文献中规定吸附时放热为正，因此微商项前加负号。

从 Claussius-Clapeyron 方程可以得到

$$RT^2\left(\frac{\partial \ln P}{\partial T}\right)_\theta = \widetilde{H}_g - \overline{H}_a$$

所以

$$Q_{iso} = RT^2\left(\frac{\partial \ln P}{\partial T}\right)_\theta \tag{2.2}$$

由于在推导中使用了固定吸附量（相当于固定 θ）的条件，所以在等量吸附热一词中引入了等量的含义。等量吸附热具有微分性质，但与微分吸附热有差别，文献上并不以"微分吸附热"称谓，在常温下可以忽略两者差别。

在一定范围内，Q_{iso} 随 T 变化不大，积分上式得

$$\ln\frac{P_1}{P_2} = \frac{Q_{iso}}{R}\left(\frac{1}{T_2} - \frac{1}{T_1}\right)$$

其中，P_1，P_2 分别对应 T_1 和 T_2。这样，首先做 T_1，T_2 温度下的两条等温线（图 2.18），再在某覆盖度 θ' 做水平线交两等温线于 x、y 两点，将与此两点对应的 T，P 值代入上式，即得 θ' 覆盖度下的 Q_{iso}。换一个 θ，则得另一 Q_{iso}。在普通实验室里，测绘等温线是不困难的，因而，用等温线经过简单计算求取等量吸附热是一个较实用的方法。吸附热也可使用特制的量热计直接测量，关于量热计的特点在一些文献中有详细介绍。

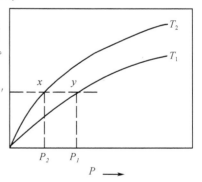

图 2.18　由等温线求等量吸附热

起始吸附热是从吸附过程进度考虑的。当吸附量趋于零时的吸附热即为起始吸附热。显然起始吸附热表征的是新鲜的催化剂表面与吸附质的相互作用，这时吸附粒子间的相互作用最小。

（二）吸热吸附和放热吸附

在吸附过程中放热或吸热，对物理吸附与化学吸附情况不同。物理吸附总是放热的，尽管放热量不大，其数值相近于气体凝聚时的放热量。化学吸附一般来说是放热的。从热力学知道，对一自发过程，其自由能增量应该是负值，即

$\Delta G < 0$。因为

$$\Delta G = \Delta H - T\Delta S$$

如果吸附时在固体表面上不发生反应，且该固体性质也不变化，由于吸附而在表面上形成一种较为有序的结构，或者说，吸附质的自由度因为吸附而减少，因此熵变化 ΔS 为负，ΔH 应该是一个较大些的负值，这样，吸附就应是放热的，这就是通常遇到的情况。也有极个别情况是吸热的。当吸附时有解离发生，且解离后的粒子在表面上又能够做二维的移动，那么自由度则是增加的，ΔS 为正值，ΔH 也有可能为正值，这时就是吸热吸附。如氢在玻璃上的吸附，吸附热是 -63kJ/mol。

（三）吸附热与覆盖度的关系

对多数催化剂，吸附热总是随覆盖度变化的。所谓覆盖度，指催化剂上发生吸附的面积与催化剂总面积之比。在单分子吸附层时，可用某时刻的吸附量与饱和吸附量之比表示。吸附量通常以标准状况下的气体体积表示，不是体积的吸附量可以换算成体积。若以 θ 表示覆盖度，则

$$\theta = \frac{V}{V_{\text{m}}} \tag{2.3}$$

其中，V 为某一时刻的吸附量，V_{m} 为饱和吸附量。

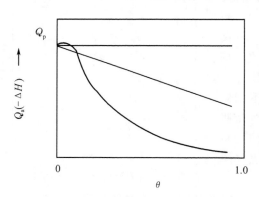

图 2.19　吸附热随覆盖度的变化

吸附热与覆盖度的关系大致有两种情况（参见图 2.19）：第一种，吸附热不随覆盖度变化，这种吸附称为理想吸附。第二种，吸附热随覆盖度变化，这种吸附称为实际吸附。通常吸附热随覆盖度增加而下降。吸附热随覆盖度变化的具体关系是多样和复杂的，较常见的有直线的和对数的，即 $Q = Q^0 - \gamma\theta$ 和 $Q = Q^0 - \gamma\ln\theta$。

吸附热随覆盖度增加而下降主要是由于表面不均匀性造成的。由于表面吸附中心的能量不同，因而在不同中心上吸附放出的热量不同。吸附先在活泼的吸附中心上发生，因此，放出的热量多；随吸附的进行，逐渐在不活泼的中心上吸附，放出的能量逐渐减少。所以随覆盖度的增加，吸附热逐渐下降。吸附粒子的相互作用也影响吸附热的大小。但这个因素与前者相比是次要的，因为在低覆盖度时，就存在着吸附热随覆盖度的变化，而这种覆盖度下吸附粒子间的相互作用并不显著。

E_a，E_d 和 Q 之间的关系服从（2.1）式，见图 2.20。一般情况下，随覆盖度的增加，吸附热逐渐下降，E_a 增加，即吸附愈来愈困难；而 E_d 减少，亦即在吸附量大的情况下脱附比在吸附量小的情况下容易。

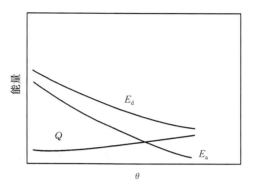

图 2.20　吸附能量随覆盖度的变化

表面不均匀性多指活性中心类型的差别和能量的差别等。如有的固体酸催化剂上，既有质子酸中心，又有 Lewis 酸中心，同时还有其他种类中心。并且，即使是同一种类活性中心，由于化学环境的区别，这个中心与另一个中心在与吸附质作用时也产生作用强度上的差异。再比如说，作为催化剂使用的金属，从宏观看它那光滑的表面应该是均匀的，然而微观的研究表明，在金属表面上存在着平台（terrace）、台阶（step）、扭结（kink）、平台缺陷、附着原子（ada-tom）等等，复杂得很。实验还表明，处在以上各部位的原子的吸附与催化性质都有差别，参见图 2.21。

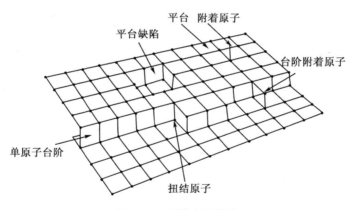

图 2.21　固体表面模式

（四）吸附热在催化反应中的重要性

吸附热的大小反映出吸附质与催化剂之间化学吸附键的强弱，而化学吸附键的强弱将关系到催化活性。从有利于催化反应的角度考虑，要求催化剂对反应物的吸附不应太弱，太弱使反应分子在表面的吸附量太低，同时也不利于它的活化；但吸附也不能太强，太强使表面吸附物种稳定，不利于分解和脱附，催化活性也会很差。许多实验结果表明，分子和催化剂之间具有中等强度的吸附对催化

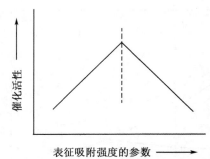

图 2.22　火山曲线示意图

最有利，即吸附强度由弱变强，催化活性经过一个最大值，这就是通常所说的巴兰金（Balandin）"火山曲线"规律，参见图 2.22。其具体情况会因反应物和催化剂的不同而有区别，如，在合成氨中，反应速率与氮在周期表中各族金属上化学吸附强度的关系，见图 2.23。从图中可以看出，在吸附热高的一端，所对应的各族金属对氢的吸附很强，反应活性低，像已知ⅣA 和 ⅤA 族的金属和氮能形成稳定的化合物，不易与氢进一步反应；中等吸附热的Ⅷ族金属显示出最好的活性，工业上的铁催化剂就是如此；从Ⅷ$_1$到Ⅷ$_3$族的金属吸附热逐渐降低，对氮的吸附越来越弱，甚至不吸附，活性也降低。

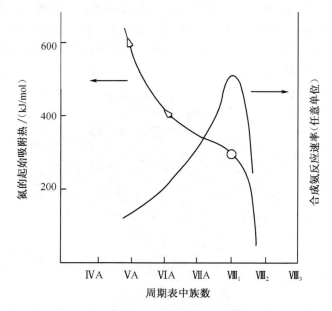

图 2.23　合成氨反应速率及起始吸附热与周期表中各金属的关系

九、吸附速率和脱附速率

由于多相催化反应包括有吸附、脱附步骤，因此吸附、脱附的速率对整个催化反应将产生影响，特别是在它们为最慢的反应步骤时，将决定总反应速率。若想深入了解吸附机理，也必须知道吸附速率方程，知道影响它的因素及规律。鉴于化学吸附在催化反应中的作用以及吸附、脱附速率在实际处理上的相似性，下面主要讨论化学吸附速率的情况。

吸附的快慢正比于气体分子对表面的碰撞数。根据气体分子运动论，每秒每单位面积上分子的碰撞数为 $P/\sqrt{2\pi mkT}$，其中 P 为气体压力，m 为气体分子质量，k 为 Boltzmann 常数。在碰撞的分子中只有具有活化能 E_a 以上的分子才有可能被吸附，这种分子在总碰撞分子中占的分数为 $\exp\left(-\dfrac{E_a}{RT}\right)$。吸附速率还正比于分子碰撞在表面空中心上的概率，它可以表示为表面覆盖度的函数 $f(\theta)$。σ 为比例系数，称之为凝聚系数，其物理意义为具有 E_a 以上能量且碰在空中心能被吸附的分子分数。这样，吸附速率方程可以写为

$$r_a = \frac{\sigma P}{\sqrt{2\pi mkT}} f(\theta) \exp\left(-\frac{E_a}{RT}\right) \tag{2.4}$$

对于脱附，它的速率与表面覆盖度有关，一般与覆盖度成正比，并且与具有脱附活化能在 E_d 以上的分子分数 $\exp\left(-\dfrac{E_d}{RT}\right)$ 成正比，乘以比例系数 k'，则脱附速率方程可以写成

$$r_d = k' \exp\left(-\frac{E_d}{RT}\right) f'(\theta) \tag{2.5}$$

（2.4）和（2.5）式是普遍适用的吸附和脱附速率方程，如加以限制，则可以还原成各种条件下的吸附和脱附速率方程。

（一）理想吸附模型的吸附和脱附速率方程

理想吸附模型的吸附，即 Langmuir 模型的吸附。它假设的吸附条件是：
1）吸附剂的表面是均匀的，各吸附中心的能量相同。
2）吸附粒子间的相互作用可以忽略。
3）吸附粒子与空的吸附中心碰撞才有可能被吸附，吸附是单层的。

按照该吸附模型要求，吸附能量与覆盖度无关，所以（2.5）式中的 σ、$\exp\left(-\dfrac{E_a}{RT}\right)$ 和 $\sqrt{2\pi mkT}$ 等均可合并成常数 k_a，则吸附速率方程可写成

$$r_a = k_a P f(\theta) \tag{2.6}$$

同样，脱附速率方程可写成

$$r_d = k_d f'(\theta) \tag{2.7}$$

这就是 Langmuir 吸附和脱附速率方程的一般表示式，也称为理想吸附层的吸附和脱附速率方程。这些方程的形式会因表面覆盖函数 $f(\theta)$ 和 $f'(\theta)$ 具体形式的不同而不同。举例如下：

（1）一个粒子只占据一个中心

$$A + * = A*$$

其中，＊表示活性中心。表面覆盖分数为 θ，空表面分数 $f(\theta)$ 为 $(1-\theta)$，则吸附速率方程为

$$r_a = k_a P(1-\theta) \tag{2.8}$$

对于脱附，表面覆盖分数为 θ，$f'(\theta)$ 为 θ，则脱附速率方程为

$$r_d = k_d \theta \tag{2.9}$$

（2）粒子在表面解离为两个粒子，并各占据一个中心

$$A_2 + 2* = 2A*$$

解离吸附在催化反应中经常发生，如氢分子在金属表面上的吸附就是这种情况。这时 $f(\theta)$ 为 $(1-\theta)^2$，则吸附速率方程为

$$r_a = k_a P(1-\theta)^2 \tag{2.10}$$

对于脱附，$f'(\theta)$ 为 θ^2，则脱附速率方程为

$$r_d = k_d \theta^2 \tag{2.11}$$

（3）混合吸附

如 A、B 两种粒子同时吸附在同一种中心上，这时表面空中心分数为 $(1-\theta_A-\theta_B)$，对 A、B 两种物质的吸附速率方程可分别写为

$$r_{Aa} = k_{Aa} P_A (1-\theta_A-\theta_B) \tag{2.12}$$

$$r_{Ba} = k_{Ba} P_B (1-\theta_A-\theta_B) \tag{2.13}$$

同样，可以分别得到 A、B 两种物质的脱附速率方程

$$r_{Ad} = k_{Ad}\theta_A$$

$$r_{Bd} = k_{Bd}\theta_B$$

尽管 Langmuir 模型是以理想情况作为依据，但它可近似地描述许多实际过程。实验也表明，有不少体系确实遵循 Langmuir 吸附规律。因此，Langmuir 模型已成为讨论气固多相催化反应动力学的重要模型。

（二）真实吸附模型的吸附和脱附速率方程

从吸附热的讨论我们知道固体表面是不均匀的，表面的不均匀性已被大量的实验所证明，表面存在不同的吸附位，它们有不同的能量，这里，与 Langmuir 假设不同，随覆盖度增加吸附热降低，而吸附活化能增加，这都与表面覆盖度有关，这种吸附称为真实吸附模型吸附。这里扼要地介绍两种。

1. Elovich 方程

该方程用于描述慢化学吸附。一开始它是作为经验方程而提出的。若假定吸附能量随覆盖度呈线性变化，吸附活化能增加，脱附活化能下降，即，$E_a = E_a^0 + \alpha\theta$ 和 $E_d = E_d^0 - \beta\theta$，可从理论上推导出 Elovich 吸附速率方程，其吸附和脱附的形式分别为

$$r_a = k_a P \exp\left(\frac{-\alpha\theta}{RT}\right) \tag{2.14}$$

$$r_d = k_d \exp\left(\frac{\beta\theta}{RT}\right) \tag{2.15}$$

吸附速率式（2.14）经积分后得

$$\theta = \frac{RT}{\alpha}\ln\left(\frac{t+t_0}{t_0}\right) \tag{2.16}$$

其中，$t_0 = \dfrac{RT}{\alpha k_a P}$，显然在一定压力下 θ 与 $\ln\left(\dfrac{t+t_0}{t_0}\right)$ 间有线性关系。对脱附速率式积分也可得类似的方程。在实验中，通过做图是否得直线来检验一个吸附体系是否服从 Elovich 规律。实验表明，有些化学吸附在最开始时存在着一个很快的吸收过程，接着是一个慢的化学吸附，Elovich 方程能很好地描述此慢化学吸附过程。

2. 管孝男（Kwan）方程

描述真实吸附模型的吸附、脱附速率的另一组经验方程是管孝男方程，吸附能量随覆盖度呈对数变化，$E_a = E_a^0 + \alpha\ln\theta$ 和 $E_d = E_d^0 - \beta\ln\theta$，吸附和脱附速率方程分别为

$$r_a = k_a P \theta^{\frac{-\alpha}{RT}} \tag{2.17}$$

$$r_d = k_d \theta^{\beta} \tag{2.18}$$

其中，α、β 为常数。该方程同样可以进行直线化处理。

十、吸 附 平 衡

当吸附速率与脱附速率相等时，催化剂表面上吸附的气体量维持不变，这种状态即为吸附平衡。吸附平衡与压力、温度、吸附剂的性质、吸附质的性质等因素有关。一般而言，物理吸附很快就可以达到平衡，而化学吸附则很慢，这与化学吸附往往需要活化能有关。

吸附平衡有三种表示方式：等温吸附平衡、等压吸附平衡和等量吸附平衡。等压吸附平衡，是研究在压力恒定时，吸附量如何随吸附温度变化的，所得的关系曲线称为等压线。等量吸附是研究在容积恒定时吸附压力与温度的关系，相应所得的关系曲线称为等量线。这两种吸附平衡方式相对利用较少，特别是等量吸附更不多见。等温线、等量线和等压线三者可以互换。下面我们主要介绍其中常用的等温吸附平衡。

（一）吸附等温线

在恒定温度下，对应一定的吸附质压力，在催化剂表面上的吸附量是一定的。因此通过改变吸附质压力可以求出一系列吸附压力-吸附量对应点。由这些点连成的线称为吸附等温线。

从对物理吸附的研究得出，共有 5 种类型的等温线（图 2.24）。等温线图上的纵坐标为吸附量或覆盖度，横坐标为相对压力。

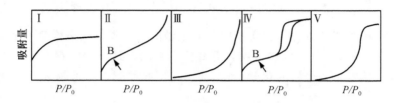

图 2.24　5 种类型吸附等温线

Ⅰ型等温线又叫 Langmuir 等温线。曲线的平台部分早先解释为单分子层吸附达到饱和。但是这种类型的等温线对非孔性吸附剂较为少见，却对含有甚小孔的一些物质，如某些活性炭、硅胶及沸石等，是很通常的。因而，对后面这些物质，现在一般认为，平台可能对应的是吸附剂的小孔完全被凝聚液充满，而不是单层吸附的饱和。另外，Langmuir 等温线同时也描述可逆的化学吸附过程。

Ⅱ型等温线有时称为 S 型等温线。与Ⅳ型等温线一样，两者在低的相对压力 P/P_0 区都有拐点 B。拐点 B 相当于单分子层吸附的完成。这种类型的等温线，在吸附剂孔径大于 20nm 时常常遇到。在低 P/P_0 区，曲线凸向上或凹向下，反映了吸附质与吸附剂相互作用的强或弱。

Ⅲ型等温线，在整个压力范围内凹向下，曲线没有拐点 B。此种吸附甚为少见。曲线下凹表明此种吸附所凭借的作用力相当弱。吸附质对固体不浸润时的吸附，如水在石墨上的吸附即属此例。

Ⅳ型等温线的开始部分，即低 P/P_0 区，与Ⅱ型等温线类似凸向上。在较高 P/P_0 区，吸附显著增加，这可能是发生了毛细管凝聚的结果。由于毛细管凝聚，在这个区内，有可能观察到滞后现象，即在脱附时得到的等温线与吸附时得到的等温线不重合。这在第三章还要讨论。

Ⅴ型等温线在实际中也比较少见。在较高 P/P_0 区也存在着毛细管凝聚与滞后现象。

从以上的介绍可以看出，等温线的形状与吸附质和吸附剂的性质密切相关。因此对等温线的研究可以获取有关吸附剂和吸附质性质的信息。比如，从Ⅱ型或Ⅳ型等温线可以计算固体比表面积。因为Ⅳ型等温线是具有中等孔（孔径在 2～

50nm）特征的表现，且同时具有拐点 B 和滞后环，因而被用于中等范围孔的孔分布计算。

（二）等温方程

吸附等温方程是定量描述等温吸附过程中吸附量和吸附压力函数关系的方程式。不论物理吸附或化学吸附，如果是可逆的，即在吸附、脱附的循环中吸附质不发生变化，在达到平衡时，就可以根据情况分别应用以下给出的等温方程进行描述。

1. 理想吸附模型的等温方程

满足 Langmuir 假设的吸附模型的条件，当达到吸附平衡时，吸附速率与脱附速率相等，即 $r_a = r_d$，将相应情况的 Langmuir 速度方程（2.8）和（2.9）代入，

$$k_a P(1 - \theta) = k_d \theta$$

从而推得

$$\theta = \frac{\lambda P}{1 + \lambda P} \qquad (2.19)$$

其中，$\lambda = k_a / k_d$，λ 称为吸附系数。根据 k_a，k_d 的含义，λ 相当于吸附平衡常数。（2.19）式即为著名的 Langmuir 等温方程。图 2.25 表示出覆盖度 θ 与反应物压力的关系，它能很好地描述 I 型等温线，这从以下的讨论就可以看出。

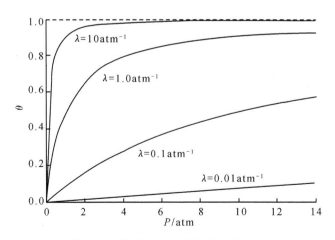

图 2.25 覆盖度与反应物压力的关系

注：1atm＝1.01325×10⁵Pa

1）当气体压力较高时，$\lambda P \gg 1$，（2.19）式简化成

$$\theta \approx 1$$

即覆盖度趋近于 1。在 P/P_0 较高区，等温线确实向某一值渐近，即覆盖度趋近于 1。

2）当气体压力较低时，$\lambda P \ll 1$，（2.19）式简化成

$$\theta \approx \lambda P$$

此时覆盖度与气体压力成正比。在实验中，我们看到，在较低 P/P_0 区，等温线近似于直线，体现了覆盖度与压力 P 的正比关系。在这种情况下，又称该方程为 Henry 方程。

3）在 P/P_0 居中区域，曲线只能用（2.19）描述，（2.19）式不能简化。图 2.26 介绍了氪在碳蒸发膜上的吸附等温线实例，（a）是等温线，（b）是等温方程经直线化处理后，以 P/V 对 P 作图得一直线，表明符合 Langmuir 方程。

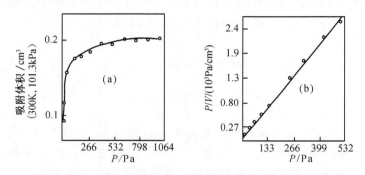

图 2.26　氪在碳蒸发膜上的吸附等温线（90K）[15]

在不同情况下，Langmuir 等温方程有不同的形式。只要符合 Langmuir 理想吸附模型的假设，应用吸附平衡条件，即 $r_a = r_d$，将相应的速率方程代入即可得到。对于解离吸附和混合吸附，得到的结果分别如下：

1）解离吸附时，将解离的吸附速率方程（2.10）等于脱附速率方程（2.11），则得到

$$\theta = \frac{\lambda^{\frac{1}{2}} P^{\frac{1}{2}}}{1 + \lambda^{\frac{1}{2}} P^{\frac{1}{2}}} \tag{2.20}$$

这就是发生解离吸附的 Langmuir 方程。这个方程的特点是吸附系数及分压均有分数指数 1/2。这往往是吸附时发生解离的特征。

2）混合吸附时，用类似上述的推导方法，将相应的混合吸附和脱附速率方程代入即可得到。下面我们给出多种气体混合吸附等温方程的一般表示式。

$$\theta_i = \frac{\lambda_i P_i}{1 + \sum_i \lambda_i P_i} \tag{2.21}$$

因为

$$\theta_0 = 1 - \sum_i \theta_i \tag{2.22}$$

所以
$$\theta_0 = \frac{1}{1 + \sum_i \lambda_i P_i} \qquad (2.23)$$

其中，θ_i 和 P_i、λ_i 分别是某吸附气体的表面覆盖度、压力和吸附系数。以上各式有相同的分母，该分母叫作吸附项。

2. 真实吸附模型的等温方程

因为 Langmuir 吸附模型与实际的情况并不完全一致，所以预先可估计到，一些吸附体系的行为不能完全用 Langmuir 方程处理，所以在 Langmuir 之后，又有人提出其他的等温方程。与前面真实吸附模型的速率方程相对应，按吸附能量随覆盖度呈线性和对数两种变化，这里我们介绍两种方程。

（1）Temkin 等温方程

这是一个经验性吸附等温方程，它一般表示如下

$$\theta = \frac{1}{f} \ln a_0 P \qquad (2.24)$$

其中，f 和 a_0 均为常数，令 $f = \frac{\gamma}{RT}$。这一方程对应的模型是吸附热随覆盖度增加而线性下降的情况，即，$Q = Q^0 - \gamma\theta$。其中，Q^0 是 $\theta = 0$ 时的起始吸附热。Temkin 方程的理论推导方法在文献 [1] 中已做了介绍。

（2）Freundlich 等温方程

这也是一个经验方程，其形式为

$$\theta = kP^{\frac{1}{n}} \qquad (2.25)$$

这一方程是吸附热随覆盖度的对数值而线性下降，即 $Q = Q^0 - \gamma\ln\theta$。其中，$k$ 与 n 均为常数，此二常数均随温度升高而降低。一般 $n > 1$，具体数值随吸附体系变化。

有些体系不服从 Langmuir 方程，但却能在较大的压力范围内遵守 Freundlich 方程，甚至有的体系即使服从 Langmuir 方程，但在中等覆盖区的等温线也像 Freundlich 方程那样，有 $\theta \propto P^{\frac{1}{n}}$ 的数学表示形式。这时，如能恰当地选择 k 与 n 的大小，Freundlich 方程也能较好地适合等温线数据。

后来有人从统计力学和热力学理论推导出 Freundlich 方程。在推导中使用的模型之一是，吸附热随覆盖度增加按对数方式下降。有兴趣的读者可以参考文献 [1] 介绍的推导 Freundlich 方程的方法。

现将常用的几个等温方程列入表 2.4。

表 2.4　常用的几个等温方程

名称	表示式	适用范围
Langmuir	$\dfrac{V}{V_m} = \theta = \dfrac{\lambda P}{1 + \lambda P}$	化学吸附与 物理吸附
Freundlich	$V = kP^{1/n}\,(n > 1)$	化学吸附与 物理吸附
Temkin	$\dfrac{V}{V_m} = \theta = \dfrac{1}{f}\ln a_0 P$	化学吸附
BET	$\dfrac{P}{V(P_0 - P)} = \dfrac{1}{V_m C} + \dfrac{C-1}{V_m C} \cdot \dfrac{P}{P_0}$	多层物理吸附

参 考 文 献

1　Bremer H，Wendlandt K P. Heterogene Catalyse. Berlin：Akademie-Verlag，1978

2　黄开辉，万惠霖. 催化原理. 北京：科学出版社，1983

3　Clark A. The Theory of Adsorption and Catalysis. New York：Academic Press，1970

4　Hayward D，Trapnell B M W. Chemisorption. London：Butterworth，1964

5　Ošcik J. Adsorption. New York：John Wiley&Son，1982

6　Thomas J M，Thomas W J. Introduction to the Principles of Heterogeneous Catalysis. New York：Academic Press，1967

7　Thomas J M，Thomas W J. Principles and Practice of Heterogeneous Catalysis. Weinheim：VCH，1997

8　Klaus R Christmann. Hydrogen Adsorption on Pure Metal Surfaces. In：Paál Z，Menon P G. eds. Hydrogen Effects in Catalysis. New York and Basel：Marcel Dekker Inc，1988

9　Satterfield C N. Heterogeneous Catalysis in Practice. McGraw-Hill Book Company，1980

10　Bond G C. Catalysis by Metals. New York：Academic Press，1962

11　Van Santen R A，Niemantsverdriet J W. Chemical Kinetics and Catalysis. New York：Plenum Press，1995

12　Dadyburjor D C. Jewur S S，Ruckenstein ELI. Catal Rev Sci Eng，1979，19：293

13　Orehin M，Jaffé H H. 对称性、轨道和光谱. 徐广智译. 北京：科学出版社，1980. 49

14　Conner Jr W C，Falconer J L. Chem Rev，1995，95：759

15　Sykes K W，Thomas J M. Proceedings of Fourth Conference on Carbon. London：Pergamon Press，1960，29

第三章 催化剂某些宏观结构参量的表征

催化剂的活性、选择性和稳定性等不仅取决于催化剂的化学结构，还受催化剂的宏观结构的影响。表征此种宏观结构的某些参量是催化剂的表面积、孔隙率、孔分布、活性组分晶粒大小及分布等。以下分别加以介绍[1]。

一、催化剂的表面积

因为多相催化反应发生在催化剂表面上，一般说，催化剂表面积愈大，其上所含有的活性中心愈多，因而催化剂的活性也愈高。丁烷在铬-铝催化剂上脱氢就是一个很好的例子，丁烷的转化率与催化剂的表面积几乎成直线关系，如图3.1。

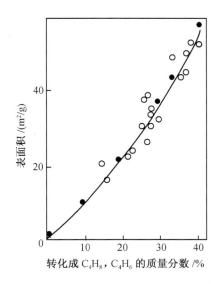

图 3.1 丁烷在铬-铝上脱氢活性与比表面的关系

为了提高催化剂的活性，人们常常设法提高催化剂的表面积，如采用将活性组分负载在具有大表面积的载体上、造孔等方法。但是这种关系仅仅出现在活性组分均匀分布的情况下，平时并不十分多见。因为通常我们测得的表面积都是总表面积，而活性表面积仅是其中很少的一部分。由于在制备过程中活性组分可能不是均匀的分布，另外，微孔的存在可能影响到传质，使表面不能充分利用（后面将详细讨论这种影响）。而有时催化剂的活性表现是由于反应机理不同，与表面积无关，如，杂多酸催化剂（$Na_xH_{3-x}PMo_{12}O_{40}$）的还原反应[9]，见图 3.2。以异丁酸（IBA）还原时，表面形成的电子和质子与体相迅速交换，速率代表了体相还原速率，正比于催化剂的重量。以甲基丙烯醛（MAL）还原时，表面氧离子被甲基丙烯醛氧化消耗，体相氧向表面传递是一个慢过程，仅表面被还原，还原速率与催化剂的表面积成正比。两者表现完全不同。

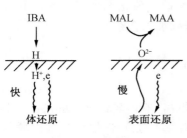

图 3.2　还原模式
IBA（体相型），MAL（表面型）

表面积是表征催化剂性质的重要指标之一，其测定对催化剂的研究也具有重要的意义。人们可以利用测得的表面积获得催化活性中心、催化剂失活、助剂和载体的作用等方面的信息。

催化剂的表面可分为内表面与外表面两种。当催化剂是非孔的，它的表面可看成是外表面，颗粒愈细，比表面积愈大。当催化剂是多孔性的，它的表面有内、外的区别。内表面是指它的细孔的内壁，其余部分为其外表面，孔径愈小，数目愈多时比表面积愈大。在这种情况下，总表面积主要由内表面所提供，外表面可忽略不计。

（一）　表面积的测定

既然催化剂的表面积对其活性有重要影响，人们自然要关心催化剂的表面积状况，这就需要测定催化剂的表面积。

测定表面积有许多方法，如气体吸附法，X 射线小角度衍射法，直接测量法等。不同的样品采用不同的方法。通用的方法是气体吸附法。

对气体吸附法测定表面积的可能性进行过许多理论研究，其中以 Brunauer，Emmett 和 Teller 建议的模型和计算公式最为著名，BET 方法（根据作者姓名的第一个字母）被公认为测量固体表面积的标准方法。

BET 理论的吸附模型接受了 Langmuir 吸附模型的一些假设，即认为固体表面是均匀的，分子在吸附和脱附时不受周围分子的影响。但与 Langmuir 吸附模型不同的是，BET 理论同时认为固体表面可以靠范德华力吸附分子，形成第一层吸附层，而吸附的分子还可以靠范德华力再吸附更多的分子，形成第二层、第三层、……，以至无限多层吸附层，并且不一定第一层吸附满后才开始进行多层吸附，而是可以同时进行。在第一层未覆盖部分的吸附和第一层的脱附之间有一个动平衡，同样，第一层与第二层，第二层与第三层，……，也都存在着这样的动平衡。设想吸附是按图 3.3 所示的模式进行。

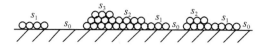

图 3.3 多分子层吸附模型

设 s_0、s_1、$\cdots$、s_i、$\cdots$ 分别为覆盖第 0、1、$\cdots$、i、$\cdots$ 层暴露的表面积，下标 i 表示吸附层数。在平衡时，各层面积的增加和减少相等，各 s 都为定值。下面用数学式表示这种平衡关系。

对第 0 层，吸附的速率等于脱附的速率

$$a_1 P S_0 = b_1 S_1 \exp\left(\frac{-q_1}{RT}\right) \tag{3.1}$$

其中，P 为平衡压力，q_1 为第一层的吸附热，a_1、b_1 分别为常数。

同样，对第一层，平衡关系可以表示为

$$a_1 P S_0 + b_2 S_2 \exp\left(\frac{-q_2}{RT}\right) = b_1 S_1 \exp\left(\frac{-q_1}{RT}\right) + a_2 P S_1$$

利用（3.1）式，可以写成

$$a_2 P S_1 = b_2 S_2 \exp\left(\frac{-q_2}{RT}\right)$$

$$\cdots \quad \cdots \quad \cdots$$

同理，对 $(i-1)$ 层，

$$a_i P S_{i-1} = b_i S_i \exp\left(\frac{-q_i}{RT}\right)$$

假定第二层及以上各层分子吸附的性质与在液体中凝聚性质一样，

$$q_2 = q_3 = \cdots = q_i = \cdots = q_1$$

$$\frac{b_2}{a_2} = \frac{b_3}{a_3} = \cdots = \frac{b_i}{a_i} = \cdots = g$$

q_1 为吸附质的液化热。这样，可以用上面的平衡关系式把 s_1、s_2、$\cdots$、s_i、$\cdots$ 用 s_0 表示出来，

令 $y = \dfrac{a_1}{b_1} P \exp\left(\dfrac{q_1}{RT}\right)$，则

$$s_1 = y s_0$$

同理，

令 $x = \dfrac{P}{g} \exp\left(\dfrac{q_1}{RT}\right)$，有

$$s_2 = x s_1 = x y s_0$$

$$s_3 = x s_2 = x^2 y s_0$$

$$\cdots\cdots\cdots$$

令 $c = \dfrac{y}{x} = \dfrac{a_1 g}{b_1} \exp\left(\dfrac{q_1 - q_l}{RT}\right)$，则

$$s_i = xs_{i-1} = x^{i-1} y s_0 = cx^i s_0 \tag{3.2}$$

现将模型参量与实验量联系起来。若催化剂的总面积为 S，则

$$S = \sum_{i=0}^{\infty} s_i \tag{3.3}$$

若令吸附气体的总体积为 V，则

$$V = \sum_{i=0}^{\infty} V_0 i s_i = V_0 \sum_{i=0}^{\infty} i s_i \tag{3.4}$$

其中，V_0 为单位表面积催化剂吸附单层分子气体的体积。（3.4）式除以（3.3）式得

$$\frac{V}{V_m} = \frac{\displaystyle\sum_{i=0}^{\infty} i s_i}{\displaystyle\sum_{i=0}^{\infty} s_i} \tag{3.5}$$

其中，$V_m = V_0 S$，V_m 为催化剂表面吸附一单层分子所需的气体体积。

现将（3.2）式代入（3.5）式，得

$$\frac{V}{V_m} = \frac{cs_0 \displaystyle\sum_{i=1}^{\infty} i x^i}{s_0\left(1 + c\displaystyle\sum_{i=1}^{\infty} x^i\right)} \tag{3.6}$$

借助以下两个数学公式

$$\sum_{i=1}^{\infty} x^i = \frac{x}{1-x}$$

$$\sum_{i=1}^{\infty} i x^i = \frac{x}{(1-x)^2}$$

（3.6）式又可写成

$$\frac{V}{V_m} = \frac{cx}{(1-x)(1-x+cx)} \tag{3.7}$$

吸附是在自由表面上进行的，当 $x = 1$ 时，上式为无穷大，$V = \infty$。当吸附质压力为饱和蒸气压时，即当 $P = P_0$ 时，将发生凝聚，$V = \infty$。因此，$x = 1$ 与 $P = P_0$ 相对应，故 $x = (P/P_0)$，并代入上式得

$$\frac{V}{V_m} = \frac{c(P/P_0)}{\left(1 - \dfrac{P}{P_0}\right)\left[1 + (c-1)\dfrac{P}{P_0}\right]}$$

$$\frac{P}{V(P_0 - P)} = \frac{1}{cV_m} + \frac{c-1}{cV_m}\frac{P}{P_0} \tag{3.8}$$

此即一般形式的 BET 等温方程，亦称为无穷大型 BET 等温方程，用以描述

多分子层物理吸附。BET 等温方程最重要的应用是求催化剂的表面积。方法步骤是：通过实验测得等温线，如果是非孔性样品，则得到 II 型等温线；如果是孔性样品，一般若是孔径大小在中等范围的细孔固体，则得到 IV 型等温线。从等温线上取对应的 P 和 V 的值，算出 $P/V(P_0-P)$ 和 P/P_0，再作它们的对画图，图中直线的斜率为 $(c-1)/cV_m$，截距为 $1/cV_m$，它们分别以 I 和 L 表示，则

$$V_m = \frac{1}{I+L}$$

每克催化剂具有的表面积称为比表面积，

$$S_g = \frac{S}{W} = \frac{V_m}{\widetilde{V}} N_A S_m \frac{1}{W} \qquad (3.9)$$

其中，$\widetilde{V}$ 为吸附质的摩尔体积，N_A 为 Avogadro 常数，S_m 为一个吸附质分子的截面积，W 为催化剂质量。

吸附质常为惰性气体，最常用的吸附质是氮，其 $S_m = 16.2\text{Å}^2$，吸附温度在其液化点 77.2K 附近。低温可以避免化学吸附。当相对压力低于 0.05 时不易建立起多层吸附平衡，高于 0.35 时，易发生毛细管凝聚作用。实验表明，对多数体系，相对压力在 0.05～0.35 间的数据与 BET 方程有较好的吻合。

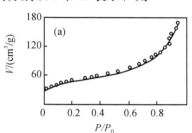

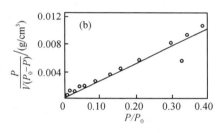

图 3.4　77K 时氮在非孔 SiO₂ 上吸附的等温线及直线化处理图[2]

图 3.4 是用 BET 方程处理实验的一例，描述氮于 77K 时在非孔 SiO₂ 上的吸附，其中，图 3.4(a) 表示吸附量与相对压力的关系，图 3.4(b) 为经 BET 方程直线化处理图。

在 II 型等温线上，常可观察到有相当一段接近于直线（图 3.5）。这段准直线的始点，文献中称为"B"点，它被认为对应着第一层吸附达到饱和。B 点对应的吸附量 V_B 近似等于 V_m，因此从 V_B 也可以求出比表面积的近似值。这种方法称为 B 点法。

（二）活性表面积的测定

以上介绍的 BET 方法测定的是催化剂的总表面积。通常只有其中的一

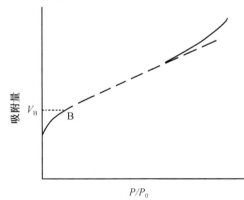

图 3.5　显示 B 点的 II 型等温线

部分才有活性，这部分叫活性表面。"选择化学吸附"可用以测定活性表面的面积。如负载型金属催化剂，其上暴露的金属表面是有催化活性的。以氢、一氧化碳为吸附质进行选择化学吸附，即可测定活性金属表面积，因为氢、一氧化碳只与催化剂上的金属发生化学吸附作用，而载体对这类气体的吸附可以忽略不计。同样，用碱性气体的选择化学吸附可测定催化剂上酸性中心所具有的表面积。

从气体吸附量计算活性表面积，首先要确定选择化学吸附的计量关系，即确定吸附计量系数，即每一个吸附分子能覆盖几个活性中心。对于氢的吸附来说，计量系数一般是 2，因为氢分子在吸附时发生解离，而且每个氢原子占据一个金属原子。CO 在线式吸附情况下的计量系数为 1，在桥式吸附情况下，计量系数为 2。

表面氢氧滴定也是一种选择吸附测定活性表面积的方法。先让催化剂吸附氧，然后再吸附氢，吸附的氢与氧反应生成水。由消耗的氢按比例推出吸附的氧的量，从氧的量算出吸附中心数，由此数乘上吸附中心的截面积，即得活性表面积。当然做这种计算的先决条件是先吸附的氧只与活性中心发生吸附作用。

二、孔结构参量与孔的简化模型

各种催化剂的孔结构彼此有很大区别。孔结构的类型对催化剂的活性、选择性、强度等有很大影响。表征催化剂的孔结构常用到以下一些参量。

（一）催化剂的密度

催化剂的密度是单位体积内含有的催化剂质量，以 $\rho = m/V$ 表示。对于孔性催化剂，它的表观体积 V_B 由三部分组成：颗粒之间的空隙 V_i；颗粒内部的孔体积 V_k 和催化剂的骨架实体积 V_f，即 $V_B = V_i + V_k + V_f$。在实际应用中根据 V_B 所含内容不同，定义了下面几种不同含义的密度。

（1）堆密度或表观密度

若催化剂质量为 m，堆体积为 V_B，则堆密度

$$\rho_B = \frac{m}{V_B}$$

V_B 通常是将催化剂放入量筒中拍打，至体积不变时测得的值。

（2）颗粒密度

其定义为

$$\rho_p = \frac{m}{V_p}$$

颗粒体积 V_p，它由颗粒内的孔以及颗粒骨架两部分体积组成，即 $V_p = V_k + V_f$。常压下，汞只能充填颗粒之间的间隙，故可用充填汞的方法求出 V_i，从 V_B 中减去 V_i 得 V_p，由此值求算的密度也称之为汞置换密度。

（3）真密度

其定义为

$$\rho_f = \frac{m}{V_f}$$

通常，将装填满催化剂颗粒的容器（体积为 V_B）抽空，然后引入氦，充入的氦量代表了 $V_i + V_k$，由此算出 V_f，以此值求得的密度也称氦置换密度。

（4）视密度

当用某种溶剂去充填催化剂中骨架之外的各种空间，然后算出 V_f，这样得到的密度称为视密度，或称溶剂置换密度。因为溶剂分子不能全部进入并充满骨架之外的所有空间（比如很细的孔），因而得到的 V_f 是近似值。当然，溶剂选得好，使溶剂分子几乎完全充满骨架之外的所有空间，视密度就相当接近真密度，所以常常也用视密度代替真密度。

（二）催化剂的孔容

孔容或孔体积，是催化剂内所有细孔体积的加和。孔容是表征催化剂孔结构的参量之一。表示孔容常用比孔容这一物理量，比孔容 V_g 为 1g 催化剂颗粒内部所具有的孔体积。从 1g 催化剂的颗粒体积扣除骨架体积，即为比孔容

$$V_g = \frac{1}{\rho_p} - \frac{1}{\rho_f}$$

一种简易的方法是用四氯化碳法测定孔容。在一定的四氯化碳蒸气压力下，四氯化碳蒸气只在催化剂的细孔内凝聚并充满。若测得这部分四氯化碳量，即可算出孔的体积。计算采用以下公式

$$V_g = \frac{W_2 - W_1}{W_1 d}$$

其中，W_1 和 W_2 分别代表催化剂孔中在凝聚 CCl_4 以前与以后的质量，d 为 CCl_4 的相对密度。

实验时在 CCl_4 中加入正十六烷，以调整 CCl_4 的相对压力在 0.95，在此情况下，CCl_4 的蒸气仅凝聚在孔内而不在孔外。除了 CCl_4 以外，还可采用丙酮、乙醇作为充填介质测定孔容。

（三）催化剂的孔隙率

孔隙率是催化剂的孔体积与整个颗粒体积的比，因此

$$\theta = \left(\frac{1}{\rho_p} - \frac{1}{\rho_f}\right) \bigg/ \left(\frac{1}{\rho_p}\right)$$

其中，分子项代表孔体积，分母项代表颗粒体积。或者，对于一个体积为 $1cm^3$ 的颗粒来说，其中所含孔的体积数值，就是孔隙率。

（四）孔的简化模型与结构参数

为讨论孔对催化反应的影响，我们必须知道描写孔结构的参数。实际上催化剂颗粒中孔的形状是很复杂的，所以首先要简化孔的模型。我们可以设某一个颗粒有 n 个均匀的圆柱形孔，平均孔长度为 $\bar{l}$，平均孔半径为 $\bar{r}$，孔内壁光滑，伸入颗粒中心。

1. 平均孔半径

若一个催化剂颗粒的外表面为 s_x，单位外表面内的孔口数目为 n_p，颗粒内表面的理论值为

$$s_x n_p \cdot 2\pi \bar{r}\, \bar{l} \tag{3.10}$$

其中，$2\pi \bar{r}\, \bar{l}$ 为一个孔的内表面积。

颗粒的表面积主要由内表面积贡献，其实验值为

$$V_p \rho_p S_g \tag{3.11}$$

由于（3.10）与（3.11）式表示同一物理量，所以

$$s_x n_p \cdot 2\pi \bar{r}\, \bar{l} = V_p \rho_p S_g \tag{3.12}$$

同理，每个颗粒所含孔体积的理论值为

$$s_x n_p \cdot \pi \bar{r}^2\, \bar{l}$$

其中，$\pi \bar{r}^2\, \bar{l}$ 为一个孔的体积。

每个颗粒的孔体积的实验值为

$$V_p \rho_p V_g$$

当理论值与实验值相等时

$$s_x n_p \cdot \pi \bar{r}^2\, \bar{l} = V_p \rho_p V_g \tag{3.13}$$

以（3.12）除（3.13）式，得

$$\bar{r} = 2\frac{V_g}{S_g} \tag{3.14}$$

（3.14）式表明，平均孔半径与比孔容成正比，与比表面成反比。

2. 平均孔长度

一个孔隙率为 θ 的催化剂颗粒，由于其孔的分布均匀，所以在颗粒的单位外表面上，孔口占的面积数值为 θ。一个孔口的面积为 $\pi \bar{r}^2$，所以单位外表面上的孔口数为

$$n_p = \frac{\theta}{\pi \bar{r}^2}$$

这里，θ 与分母有相同的量纲。以后 θ 将根据出现的场合取相应的量纲。

孔以各种角度与外表面相交，若把这些角度取平均值 45°，则

$$n_p = \frac{\theta}{\sqrt{2}\pi \bar{r}^2} \tag{3.15}$$

将 (3.15) 代入 (3.13) 式，并以 $\theta = \rho_p V_g$ 代入，则

$$\bar{l} = \sqrt{2}\frac{V_k}{s_x} \tag{3.16}$$

对于球体，$\frac{V_p}{s_x} = \frac{d_p}{6}$，$d_p$ 为球的直径，所以上式又可写为

$$\bar{l} = \sqrt{2}\frac{d_p}{6} \tag{3.17}$$

对于圆柱体，如把圆柱体高当作 d_p，也用此式表示。

（五）毛细管凝聚与孔径分布

许多工业催化剂都是多孔性的。根据 IUPAC 的分类，催化剂的细孔可以分成三类：微孔（micropore），指孔半径小于 2nm 的孔。活性炭、沸石分子筛等含有此种类型的孔；中等孔（mesopore），指半径为 2～50nm 的孔，多数催化剂的孔属于这一范围；大孔（macropore），指半径大于 50nm 的孔，如 Fe_3O_4、硅藻土等含有此类型孔。

1. 毛细管凝聚与 Kelvin 方程

由于一些催化剂含有许多细孔，所以在吸附过程中常常有毛细管凝聚现象发生。如在解释 IV 型等温线时（见图 2.24），认为等温线的初始部分代表细孔孔壁上的单层吸附，到滞后环的始点 B 时，表示最小的孔内开始凝聚，随压力的升高，稍大些的孔也逐渐被凝聚液充满，直到饱和压力下，整个体系被凝聚液充满。

毛细管凝聚模型应用了这样一个原理：在毛细管内液体弯月面凹面上方的平衡蒸气压力 P 小于同温度下的饱和蒸气压 P_0，即在固体细孔内低于饱和蒸气压力的蒸气可以凝聚为液体。这一原理的数学表述即为 Kelvin 方程，

$$\ln\frac{P}{P_0} = -\frac{2\sigma\tilde{V}\cos\theta}{r_K RT} \tag{3.18}$$

其中，σ 为液体表面张力系数，$\tilde{V}$ 为液体摩尔体积，r_K 为孔半径，θ 为接触角。Kelvin 方程描述了凝聚时，气体的相对压力和孔径的关系，它是吸附法测孔分布的理论基础。

2. 吸附的滞后现象

吸附等温线给出了压力-吸附量的一一对应关系，无论在吸附过程，还是在脱附过程应当得到同一条等温线，但是在研究一些孔性催化剂等温吸附时出现了

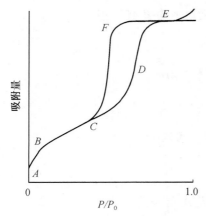

图 3.6　Ⅳ型等温线的滞后现象

异常，如在Ⅳ型等温线中等压力段出现了吸附线和脱附线不重合，通常称这一现象为滞后现象（见图 3.6）。在等温线上，（ABC）段为细孔壁上单层吸附，向上的（CDE）吸附段称为吸附支，到饱和时，吸附量不变或继续增加，向下的脱附段（EFC）称为脱附支，环（CDEF）称为滞后环。可以看出，在一定相对压力下，脱附支上的吸附量总是大于对应吸附支上的吸附量。滞后现象的出现，与催化剂中细孔内的凝聚有关。对此曾提出过多种模型加以解释。以下介绍两种常见的模型。

第一个是由 McBain 提出的墨水瓶模型[4]。设想细孔有如图 3.7 所示的形状，瓶口处半径为 r_n，瓶体处半径为 r_b。据 Kelvin 方程，瓶口和瓶体处发生凝聚所需的蒸气压分别为

$$P_n = P_0 \exp\left(\frac{-2\sigma\widetilde{V}}{r_n RT}\right) \quad \text{和} \quad P_b = P_0 \exp\left(\frac{-2\sigma\widetilde{V}}{r_b RT}\right)$$

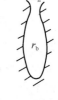

图 3.7　墨水瓶模型的毛细管凝聚

因为 $r_b > r_n$，故 $P_b > P_n$。

吸附过程中，蒸气压先达到 P_n，这时瓶口发生凝聚，而瓶体是空的，只有蒸气压到 P_b 时瓶体才发生凝聚。脱附时，蒸气压降低先接近 P_b，照理此时瓶体的凝聚液应该蒸发，但由于瓶口处有液体封锁而不能蒸发，一直要等到蒸气压降到 P_n，瓶口处凝聚液蒸发完后才能蒸发，这样，虽然体系的压力相同，与吸附过程相比，在脱附过程中催化剂细孔内含了更多的凝聚液，出现了滞后现象。

图 3.8　圆柱孔模型的毛细管凝聚

第二个模型是由 Cohan 提出的两端开口的圆柱孔模型[5]（见图 3.8）。该模型认为在这种孔内，气-液间不是形成弯月面，不能直接用 Kelvin 方程，而是形成圆筒形液膜，随压力增加液膜逐渐增厚。Cohan 给出凝聚所需的压力为

$$P_a = P_0 \exp\left(\frac{-\sigma\widetilde{V}}{rRT}\right)$$

可以看出，按此方程得到的 r 与由 Kelvin 方程得到的 r_K 差了一倍，$r_K = 2r$。

脱附时，从充满凝聚液的孔的蒸发则是从孔两端的弯月面开始，这时的弯月面为半球形，因而按 Kelvin 方程，凝聚液蒸发所需的压力为

$$P_d = P_0 \exp\left(\frac{-2\sigma\widetilde{V}}{r_K RT}\right)$$

对同一个孔，凝聚与蒸发发生在不同的相对压力下，这就是出现滞后的原因。

　　滞后环有多种类型（见图 3.9）。滞后环的形状主要与吸附剂的孔结构和孔的网络性质有关[6]。如像多孔玻璃一类物质（参见图 3.10），由于它们具有的孔径很小，且孔径的分布又十分集中，在 P/P_0 小于 1 很多时，等温线就进入一个平台，这时所有的孔都被凝聚液充满；再增加 P/P_0 时，外表面引起的吸附量并不明显增加。

　　用气体吸附法计算孔分布，是利用滞后环的吸附支或脱附支数据将取决于假定的孔内凝聚模型。

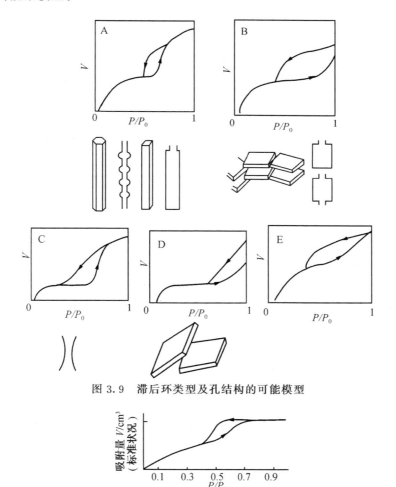

图 3.9　滞后环类型及孔结构的可能模型

图 3.10　丁烷在多孔玻璃上的吸附等温线

3. 孔径分布

为了得到特定的活性与选择性，往往要求催化剂具备一定的孔半径范围。孔分布一般表示为孔体积对孔半径的平均变化率与孔半径的关系，也可表示成孔分布函数与孔半径的关系，见后面的例子。

通常采用气体吸附法测定中等孔范围的孔分布，汞孔度计法测定大孔范围的孔分布，以下介绍这两种方法。

（1）气体吸附法

该法依据毛细管凝聚原理，根据等温吸附实验得到的吸附体积和相对压力数据，原则上，可以应用 Kelvin 方程求出与相对压力相应的孔径，进而求出孔径分布。但在实际的凝聚过程中可发现：①在吸附时，细孔内壁上先形成吸附膜，此膜厚度随相对压力增加变化，仅当吸附质压力增加到一定值时，才在由吸附膜围成的空腔内发生凝聚。亦即，吸附质压力值与发生凝聚的空腔的大小一一对应。为方便计，我们把由吸附膜围成的空腔比作一个空的"芯子"。芯子半径为 r_K，吸附膜厚度为 t，这样，孔半径为 $r_p = r_K + t$。②在压力为 P_0 时，吸附剂上所有的孔都被凝聚液充满。脱附时，压力降低，大孔内的凝聚液首先蒸发，在孔壁上留有吸附膜，所以实际上只蒸发掉一个"液芯"。压力再降低，次大些的孔内的凝聚液也蒸发掉一个液芯，孔壁上也留有吸附膜，与此同时，大孔的孔壁上的吸附膜变薄。因此，压力降低造成的吸附量的减少量由两部分构成，一部分是与压力改变相应的某一组孔蒸发掉的液芯，一部分是以前已蒸发掉液芯的那些孔的壁膜减薄量。已有许多模型和公式对孔的体积、膜厚度进行校正和孔分布计算。下面扼要地介绍著名的 BJH 方法[3]（E. P. Barrett，L. G. Joyner 和 P. P. Halenda 作者姓的字头），是目前普遍采用的标准方法。

该法采用开口圆柱孔模型，并认为在脱附过程中，气相和吸附相之间的平衡是由在孔壁上的物理吸附和孔内毛细管凝聚两个过程决定的。图 3.11 示出了三

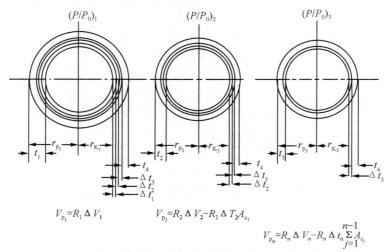

$$V_{p_1} = R_1 \Delta V_1 \qquad V_{p_2} = R_2 \Delta V_2 - R_2 \Delta T_2 A_{c_1} \qquad V_{p_n} = R_n \Delta V_n - R_n \Delta t_n \sum_{j=1}^{n-1} A_{c_j}$$

图 3.11　假定的脱附机理和物理吸附膜变薄过程

个不同的孔的脱附过程。

在 P/P_0 趋于 1 时，吸附剂上所有的孔都被凝聚液充满，最大孔的孔径为 r_{p_1}，吸附层的厚度为 t_1，毛细管凝聚体（芯子）半径为 r_{K_1}。在特定平衡条件下，孔体积 V_{p_1} 与毛细管凝聚体（芯子）体积 V_{K_1} 的关系为

$$V_{p_1} = V_{K_1} \frac{r_{p_1}^2}{r_{K_1}^2} \tag{3.19}$$

当相对压力由 P_1/P_0 降到 P_2/P_0，导致最大孔的凝聚液芯的空出和降低了物理吸附层厚度 Δt_1，可测得脱附体积 ΔV_1，则最大孔的真实体积可表示为

$$V_{p_1} = R_1 \Delta V_1 \tag{3.20}$$

其中，

$$R_1 = \frac{r_{p_1}^2}{(r_{K_1} + \Delta t_1)^2}$$

同样，当相对压力由 P_2/P_0 降到 P_3/P_0，这时脱附体积不仅来自第二个孔空出的凝聚液芯和该孔物理吸附层厚度变薄，而且来自第一个孔的第二次变薄空出的体积 $V_{\Delta t_2}$，则，

$$V_{p_2} = R_2 (\Delta V_2 - V_{\Delta t_2}) \tag{3.21}$$

其中，

$$R_2 = r_{p_2}^2 / (r_{K_2} + \Delta t_2)$$

由图 3.11 可以看出：

$$V_{\Delta t_2} = \pi L_1 (r_{K_1} + \Delta t_1 + \Delta t_2)^2 - \pi L_1 (r_{K_1} + \Delta t_1)^2 \tag{3.22}$$

其中，L_1 是第一个孔的长度。

为了实际能计算孔壁变薄减少的体积，$V_{\Delta t_2}$ 也可以表示成另一种形式

$$V_{\Delta t_2} = \Delta t_2 A_{c_1} \tag{3.23}$$

其中，A_{c_1} 为脱附掉物理吸附气体处的平均面积。

对于脱附的任一阶段，可将上式写成一般的表示式

$$V_{\Delta t_n} = \Delta t_n \sum_{j=1}^{n-1} A_{c_j} \tag{3.24}$$

应注意，该加和是未填充满那些孔的平均面积的简单加和，它不包括第 n 次脱出凝聚液芯的孔。

将 (3.20) 式一般化，并将 (3.24) 式代入，得

$$V_{p_n} = R_n \Delta V_n - R_n \Delta t_n \sum_{j=1}^{n-1} A_{c_j} \tag{3.25}$$

可以看到，式中 A_{c_j} 不是一个常数，它随 P/P_0 下降变化。而一个孔的面积是一个常数，能够从孔容积和孔半径计算得到，$A_p = \dfrac{2V_p}{r_p}$，并可以进行加和计算。为了找到一个实用的从 $\sum A_p$ 计算 $\sum A_c$ 的方法，假设，相对压力降低时，在相对于 P/P_0 高

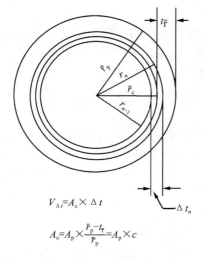

$$V_{\Delta t} = A_c \times \Delta t$$

$$A_c = A_p \times \frac{\bar{r}_p - t_{\bar{r}}}{\bar{r}_p} = A_p \times c$$

图 3.12　在脱附的第 n 步时 $V_{\Delta t}$
与 r_p 的关系

和低变化间所有空出凝聚液芯子有平均孔半径 $\bar{r}_p$。图 3.12 表示出了在脱附的第 n 步时，先前已空出的孔半径为 $\bar{r}_p$，孔壁物理吸附层厚度的变化为 Δt_n，脱附前后毛细管的半径分别为 r_n 和 r_{n-1}，其平均半径为 $\bar{r}_c$。因为毛细管在孔的中心，所以在产生 Δt_n 变化的脱附中，毛细管的平均面积为

$$A_c = A_p \cdot \frac{\bar{r}_c}{\bar{r}_p}$$

其中，$\bar{r}_c = \bar{r}_p - t_{\bar{r}}$，$t_{\bar{r}}$ 为对应于 P/P_0 值的物理吸附层厚度。

为方便，令 $\bar{r}_c/\bar{r}_p = (\bar{r}_p - t_{\bar{r}})/\bar{r}_p = c$，则得

$$V_{p_n} = R_n \Delta V_n - R_n \Delta t_n \sum_{j=1}^{n-1} c_j A_{p_j} \quad (3.26)$$

（3.26）式为计算孔体积和孔径分布关系提供了一个实用基础。为了应用该式和进一步计算孔分布，还必须获得两个关系式：第一个，即 $(P/P_0) \sim r_K$ 的关系式，可用 Kelvin 方程解决，再利用 $r_p = r_K + t$，可得 r_p；第二个，$(P/P_0) \sim \Delta t$ 的关系式，即相对压力与吸附层厚度的关系，吸附层厚度可以从实验测得的数据获得。在 77.4K 下，让 N_2 在一种理想的物质，如无孔的羟基化硅胶上吸附，求出等温线，从等温线上求出各个 P/P_0 下的摩尔吸附量，将其除以单层饱和摩尔吸附量得吸附膜的层数，吸附膜层数再乘以层厚度后便为各 P/P_0 下的膜厚度 t。显然，当以 N_2 为吸附质进行吸附时，只要 P/P_0 相同，就应该有相同的膜厚度，而与吸附剂的种类无关。因而，这样的 $(P/P_0) \sim t$ 数据表就具有标准性质。也可以从经验公式计算，如下面常用的一个公式

$$t = -4.3[5/\ln(P/P_0)]^{\frac{1}{3}}$$

利用 BJH 法测得的一些结果表示于图 3.13 和图 3.14，关于具体计算实例可看相关文献[3]。BJH 法适用于测定中等孔径材料的孔分布，对于微孔材料（如微孔分子筛）不适用，后者通常采用 H-K 法（Horvath 和 Kawazoe 提出的方程）和密度函数法（DFT）等方法计算。

（2）汞孔度计法

汞孔度计法又称压汞法。由于表面张力原因，汞对固体物质一般不浸润，不能进入

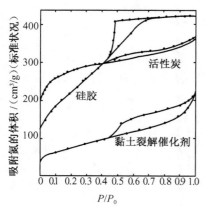

图 3.13　在 78K 几种材料的
吸附等温线

催化剂的细孔。汞只有受压才能进入细孔。对于圆柱形孔，阻止汞进入孔的表面张力作用在孔口周围，其值等于 $-2\sigma\pi r\cos\theta$。强制汞进入细孔的外加压力作用在孔的横截面上，其值为 $\pi r^2 P$，P 为外加压力。平衡时，以上两力相等，由此得到在压力 P 下汞可进入的孔的半径

$$r = \frac{-2\sigma\cos\theta}{P} \tag{3.27}$$

若汞的表面张力系数取 $\sigma = 0.48$ N/m，汞与一般固体（如金属氧化物，木炭等）的接触角 θ 在 $135°\sim142°$，常取作 $140°$，压力单位取为 kg/cm²，r 以 nm 为单位，则

$$r = \frac{7500}{P} \tag{3.28}$$

压汞法常以孔分布函数与孔半径的关系表示孔分布。以下介绍孔分布函数的导出。

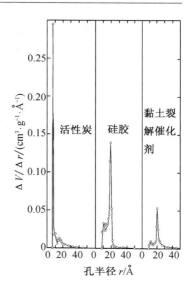

图 3.14 与图 3.13 吸附等温线对应的孔容分布曲线

当孔半径从 r 变化到 $r+\mathrm{d}r$ 时，孔体积变化 $\mathrm{d}V$，

$$\mathrm{d}V = V(r)\mathrm{d}r \tag{3.29}$$

其中，$V(r)$ 表示孔分布函数，(3.29) 式又可写成

$$V(r) = \frac{\mathrm{d}V}{\mathrm{d}r} \tag{3.30}$$

对 (3.28) 式微分，得

$$P\mathrm{d}r + r\mathrm{d}P = 0$$

$$\mathrm{d}r = -\frac{r\mathrm{d}P}{P} \tag{3.31}$$

则 $V(r)$ 可写成

$$V(r) = -\frac{P}{r}\frac{\mathrm{d}V}{\mathrm{d}P} \tag{3.32}$$

用 (3.28) 式消去 r，(3.32) 式又可写成

$$V(r) = -\frac{P^2}{7500}\frac{\mathrm{d}V}{\mathrm{d}P} \tag{3.33}$$

(3.33) 式表明，从实验上一旦获得了 $\dfrac{\mathrm{d}V}{\mathrm{d}P}$ 数据，孔分布函数也就得到了。实验时，将催化剂或待测孔分布的固体置于样品管底部，其上放入汞，然后对汞加压。按从大到小的顺序，汞不断进入固体的细孔，同时汞面不断下降。设法使汞面的高度变化转变为电讯号，如电容、电阻的变化，然后借毛细管面积算出压入孔中的汞的体积，最后画出汞压入曲线。图 3.15 画的是硅藻土的汞压入曲线。

V_0 是所有孔的总体积，V 是半径小于 r 的孔的总体积，即在压力为 P 时汞尚未进入的那些孔的总体积。从汞压入曲线可求出 $\dfrac{\mathrm{d}V}{\mathrm{d}P}$，将其代入（3.33）式即得孔分布函数 $V(r)$。以 $V(r)$ 与 r 对画成孔分布图。图 3.16 是以图 3.15 的数据作出的孔分布图。

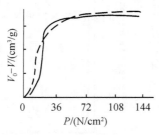　　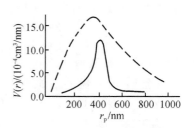

图 3.15　硅藻土的汞压入曲线　　　　图 3.16　硅藻土的孔分布曲线

　　当孔半径的数值分布很宽时，横坐标采用 r 的对数表示比较方便。外加压力到 7000 kPa 时，可测到的最低的孔半径在 10nm 左右。若要测量更小些的孔，需要更高的压力。

　　通常，用压汞法测大孔范围的孔分布，用气体吸附法测中等孔范围的孔分布。至于大孔与中孔交叉区范围的孔分布测定，用两个方法中的任一个都可以。因为实验证明，对许多催化剂与载体，这两种方法给出的孔分布结果是一致的。图 3.17 即为一例，图中实线为气体吸附法的结果，圆圈代表压汞法的结果。

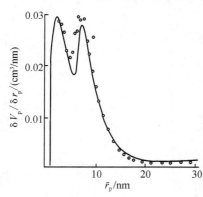

图 3.17　骨炭样品的孔分布图

　　许多催化剂和载体往往具有相当明显的双峰型孔分布，其大孔是在制备中形成，主要存在于颗粒间，孔径为 $10^2 \sim 10^3$ nm，这部分孔有利于反应物从催化剂外部向内部间隙处扩散。反应物经过间隙和细孔即达到最终的反应中心。小孔是在焙烧或还原条件下形成，主要在颗粒内部。小孔孔径一般在 $1 \sim 10$nm。这部分孔是催化剂表面积的主要提供者。在成型过程中，由于受压而使大孔的孔径降低，小孔的孔径基本不变。用于烃类水气转化的 Fe_2O_3-Cr_2O_3 催化剂是双峰孔分布催化剂的一个典型实例。

三、颗粒大小及其分布[7,8]

　　催化剂颗粒的大小一般是指其成型（如，片、圆球、圆柱、微球等）后的外形尺寸。在材料科学中讨论颗粒，通常是指从原子尺寸（10^{-10} m）到宏观尺寸（10^{-3} m）范围的任何小的固体颗粒。然而，就催化剂而言，常常涉及的范围是 $10^{-9} \sim 10^{-5}$ m，包括：像分子筛、碳粒、Raney 金属这些较大（$>10^{-6}$ m）的颗粒（grains）；所谓金属团聚体（aggregate）或金属、氧化物簇（cluster）这些较小（<2nm）的颗粒；单晶晶粒及由一个或多个晶粒构成的颗粒。

催化剂的颗粒度一般用平均粒径和颗粒度分布来表示，它是催化剂一个十分重要的表征参量。比如 2,3-二甲基丁烷的脱氢，它使用 Pt/C 体系为催化剂。结果表明，初活性随铂晶粒大小的增加按指数方式下降，生成 2,3-二甲基-1-丁烯的选择性则随铂晶粒大小的增加而增加（见图 3.18 和 图 3.19）。体相的选择性是用铂丝作为催化剂而得到的。金属晶粒在载体上的分布及大小，强烈地影响着金属组分的催化性质。高分散负载型金属催化剂是一类重要的催化剂，它在烃类催化转化上有着广泛的应用。下面我们主要以这类金属催化剂为例介绍颗粒度的有关问题。

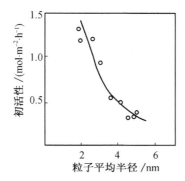

图 3.18　粒径大小对反应速率影响

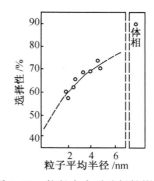

图 3.19　粒径大小对选择性影响

两种平均直径值常用来反映晶粒的大小：

1）长度-数平均直径

$$d_{LN} = \frac{\sum n_i d_i}{\sum n_i} \tag{3.34}$$

2）体积-面积平均直径

$$d_{VA} = \frac{\sum n_i d_i^3}{\sum n_i d_i^2} \tag{3.35}$$

其中，d_i 和 n_i 分别表示第 i 种粒子的直径和数目。由于粒子的形状和分布十分复杂，所以常常把颗粒当作球形处理。假定考虑的体系是直径为 d_i，面积为 A_i（πd_i^2），体积为 V_i（$\pi d_i^3/6$）的 n_i 个球形颗粒的集合，由于假定粒子都是非孔的，这里所说的表面积均指的是外表面。这样对球形颗粒，上面的体积-面积平均直径又可以写成：

$$d_{VA} = 6\left(\frac{\sum n_i V_i}{\sum n_i A_i}\right) \tag{3.36}$$

从后面的讨论中可以知道，d_{VA} 与比表面积有关，比表面积可用化学吸附等方法测得。d_{VA} 也可以直接从电子显微镜颗粒度的测量中得到。因为 d_{VA} 在实际中可测，它是一个更有用的参数。

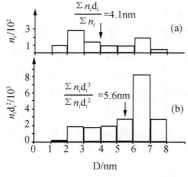

图 3.20　在 Al_2O_3 上 Pt 的
粒径分布和平均粒径[8]

晶粒大小的分布可以方便地使用直方图表示，主要有两种表示方式：数分布，即以 n_i 对 d_i 作图；面积分布，即以 $n_i d_i^2$ 对 d_i 作图。图 3.20 给出了电子显微镜对铂在 Al_2O_3 上的平均粒径和晶粒大小分布的测量结果，长度平均直径为 4.1nm，体积-面积平均直径为 5.6nm，图中（a）为数分布，（b）为面积分布。从图也可以清楚地看出，面积分布对于粒径组合对总表面积和催化性质的主要贡献作出了更好的说明。

与晶粒大小有关的另一个参量是金属的分散度 D，其定义为表面上金属原子数目与总的金属原子数目之比

$$D = \frac{N_S}{N_T} \tag{3.37}$$

化学吸附能给出其中表面原子数的直接测量。

对球形颗粒，可以求出 D 与平均颗粒直径及比表面积与平均颗粒直径的关系。

对球形颗粒，体积-面积平均直径的关系式（3.36）也可以写成

$$d_{VA} = 6\left(\frac{V_M N_T}{A_M N_S}\right) \quad \text{或} \quad D = 6\left(\frac{V_M}{A_M}\right)/d_{VA} \tag{3.38}$$

其中，V_M 是体相中每个金属原子的体积，A_M 是表面上一个金属原子所占的平均面积。假定多晶面的各低指数面暴露的比例是相等的。

这样，从晶体数据能容易地算出在这些面上单位表面的原子数和平均原子数 n_s，例如，假定铱（fcc，单位晶胞参数 $a = 3.839Å$）的三个低指数面（111），（100）和（110）在颗粒表面上占的比例相等，计算得到的结果列在表 3.1 中。

表 3.1　金属铱每个面单位表面的原子数和平均原子数[8]

晶面	表面晶胞	面积	单位晶胞原子数	原子数/$(10^{19}\,m^{-2})$
(111)	三角形	$a^2\sqrt{3}/2$	2	1.57
(100)	正方形	a^2	2	1.36
(110)	长方形	$a^2\sqrt{2}$	2	0.96
				$n_s = 1.29 \times 10^{19}\,m^{-2}$

有了 n_s，可进一步求出多晶表面上一个原子占据的表面积，$A_M = 1/n_s$。利用 $V_M = M/\rho N_A$ 关系，可求出 V_M，其中 M 和 ρ 分别为原子质量和密度，N_A 为 Avogadro 常数。表 3.2 给出了在催化中常用金属的 n_s、A_M 和 V_M。图 3.21 给出了 Ni、Pt 和 Pd 金属分散度 D 与平均直径 d_{VA} 的关系曲线。从图明显看出，随着颗粒大小的增加，分散度减小。

表 3.2 在催化中常用金属的 n_s、A_M、V_M 和平均直径 $d_{VA} = 5nm$ 时的 S_g 和 D[8]

金属	结构	n_s	A_M (Å^2)	M ($g \cdot mol^{-1}$)	ρ ($g \cdot cm^{-3}$)	V_M (Å^3)	D	S_g ($m^2 \cdot g^{-1}$)
Ag	fcc	1.14	8.75	107.87	10.50	17.06	0.23	114.3
Au	fcc	1.15	8.75	196.97	19.31	16.94	0.23	62.1
Co	fcc	1.52	6.59	58.93	8.90	11.00	0.20	134.8
Co	hcp	1.84	5.43	58.93	8.90	11.00	0.24	134.8
Cr	bcc	1.62	6.16	52.00	7.20	11.99	0.23	166.7
Cu	fcc	1.46	6.85	63.55	8.92	11.83	0.21	134.5
Fe	fcc	1.64	6.09	55.85	7.86	11.80	0.23	152.2
Ir	fcc	1.29	7.73	192.22	22.42	14.24	0.22	53.5
Mo	bcc	1.36	7.34	95.94	10.20	15.62	0.26	117.6
Ni	fcc	1.54	6.51	58.69	8.90	10.95	0.20	134.8
Os	hcp	1.54	6.47	190.20	22.48	14.05	0.26	53.4
Pd	fcc	1.26	7.93	106.42	12.02	14.70	0.22	99.8
Pt	fcc	1.24	8.07	195.08	21.45	15.10	0.22	55.9
Re	hcp	1.52	6.60	186.21	20.53	16.06	0.27	58.5
Rh	fcc	1.32	7.58	102.91	12.40	13.78	0.22	96.8
Ru	hcp	1.57	6.35	101.07	12.30	13.65	0.26	97.6
W	bcc	1.35	7.42	183.85	19.35	15.78	0.26	62.0

注：n_s 为表面原子数/$10^{19}\,m^{-2}$，计算基于 fcc，(111)：(100)：(110) = 1:1:1；bcc，(110)：(100)：(211) = 1:2:2；hcp，(001)。A_M 为一个表面原子占据的面积。M 为原子质量。ρ 为质量密度。V_M 为金属体相中一个原子占据的体积。D 为 $d_{VA} = 5nm$ 时的金属分散度。S_g 为 $d_{VA} = 5nm$ 时的比表面积。

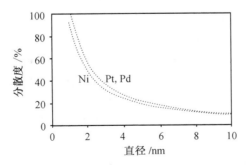

图 3.21 Ni、Pt 和 Pd 金属分散度 D 与平均直径 d_{VA} 的关系曲线[8]

比表面积和颗粒度之间有如下关系，

$$S_g = \sum n_i A_i / \rho_i \sum n_i V_i$$

因为，$A_i = \pi d_i^2$、$V_i = \pi d_i^3/6$，则

$$S_g = (6/\rho) \sum n_i d_i^2 / \sum n_i d_i^3$$

又因，$d_{VA} = \sum n_i d_i^3 / \sum n_i d_i^2$，得

$$S_g = 6/(\rho d_{VA})　　　　　　　　　　　　　(3.39)$$

如果 d_{VA} 的单位为 nm，ρ 的单位为 $g \cdot cm^{-3}$，S_g 的单位为 $m^2 \cdot g^{-1}$，则 （3.39）式变为 $S_g = 6/(\rho d_{VA})$。实验测得比表面积 S_g 后，则通过上式可以求得体积-面积平均直径 d_{VA}。

应指出，当颗粒很小时（<1.2nm），几何构型按球形考虑已不合适，（3.37）式和 （3.38）式也不适用。

有许多测定颗粒大小的方法，如电子显微镜、X 射线线宽法、小角 X 射线散射法、X 射线吸收边法、磁方法等。

四、催化剂的机械强度

一种催化剂，如果希望能在工业上应用，除活性、选择性及稳定性合格外，还应当具有足够的机械强度。

影响催化剂的机械强度的因素很多，主要有催化剂的化学、物理性能，催化剂的制备方法、制备工艺流程与制备条件。

催化剂在运输、装填和使用过程中，要经受各种压力、撞击、摩擦，因此催化剂应当具有足够的抗压、抗撞击和抗磨损的强度。

不同催化剂的各种强度的测定，在目前尚无统一的标准。

固定床反应器使用的催化剂，它的抗压强度是一个重要的特性参数。床层下部要承受上部的重力以及输送反应物料的压力。

一种常见的测定抗压强度的方法，是将催化剂单个颗粒置于特制的活塞芯下，逐渐加压直到颗粒崩坍，所以也称为抗压碎强度。此时塞芯上所加压力，即为催化剂颗粒的耐压极限。测量时应根据催化剂形状，对颗粒的轴向和侧向分别测试给出结果。耐压强度以颗粒的单位横截面上承受的压力表示。

在流化床反应器中使用的催化剂主要考虑其抗磨强度，通常是在模仿流化床的气流条件下测定催化剂的抗磨性能，将一定量的催化剂装入流化塔内，从塔底送入净化空气，使催化剂在塔内流化，隔一段时间后，测定催化剂的磨损量，将其除以装入催化剂的量，即得表征催化剂抗磨性能的磨损率，

$$I = \frac{\Delta W}{W} \times 100\%$$

其中，W 为装入催化剂的量，ΔW 为催化剂的磨损量。

此外，催化剂的耐磨性能可从催化剂使用过程中颗粒大小分布的变化得到反

映。在流化中，催化剂颗粒不断碰撞与摩擦，颗粒大小的分布逐渐移向小粒径方向。催化剂颗粒大小的分布对流化床的流化特性影响很大，因此需要经常监测这种分布。用筛分方法可以获得颗粒大小的分布。

参 考 文 献

1　Gregg S J，Sing K S W. Adsorption Surface Area and Porosity. London：Academic Press，1982

2　Everetti D H，Parfitt G D，Sing K S W et al. J Appl Chem. Biotechnic，1974，24：199

3　Barrett E P，Joyner L G，Halenda P P. J Amer Chem Soc，1951，73：373

4　MaBain J W. J Amer Chem Soc，1935，57：699

5　Cohan L H. J Amer Chem Soc，1938，60：433

6　Thomas J M，Thomas W J. Introduction to the Principles of Heterogeneous Catalysis. London：Academic Press，1967

7　Anderson J R. Structure of Metallic Catalysts. Chapter 5. London：Academic Press，1975

8　Bergeret G，Gallezot P. Handbook of Heterogeneous Catalysis. Ertl G，Knozinger H，Weitkamp J eds. Vol 2. Weinheim：VCH Company，1997. 439

9　Misono M. Catal Rev Sci Eng，1987，29：306

第四章　气固多相催化反应动力学基础

在这一章，我们将讨论气固多相催化反应动力学。具体来说，是考察气固多相催化反应中是哪些因素影响以及如何影响反应速率的，反应的机理如何。这里介绍的都是十分基础的理论。

研究气固多相催化反应动力学，从实用角度说，在于为工业催化过程确定最佳生产条件，为反应器的设计打基础；从理论上说，是为认识催化反应机理及催化剂的特性提供依据。催化动力学参量不仅是机理证明的必要条件，也是催化剂化学特性的重要量度。这些参量是现有催化剂改进以及新型催化剂设计的依据。比如，速率常数可用以比较催化剂的活性，活化能可用以判断活性中心的异同，指前因子可用以求取活性中心的数目，等等。这些都是化学动力学研究在催化理论上的价值体现。

气固多相催化反应的完成包括以下步骤：

反应物自气流的主体穿过催化剂颗粒外表面上的气膜扩散到催化剂颗粒外表面（外扩散）；

反应物自外表面向孔内表面扩散（内扩散）；

反应物在内表面上吸附形成表面物种（吸附）；

表面物种反应形成吸附态产物（表面反应）；

吸附态产物脱附，然后沿与上述相反的过程，直到进入气流主体。

其中的吸附、脱附和表面反应为表面化学过程，而外扩散与孔内的扩散是传质过程。

气固多相催化反应的动力学具有以下两个特点：

反应是在催化剂表面上进行，所以反应速率与反应物的表面浓度或覆盖度有关；

由于反应包括多个步骤，因而反应动力学就比较复杂，常常受吸附与脱附的影响，使得总反应动力学带有吸附或脱附动力学的特征，有时还会受到内扩散的影响。

本章的前一部分讨论扩散很快，这时扩散对过程的总反应速率不产生影响，即反应速率由吸附、脱附和表面反应决定；本章的后一部分讨论传质对过程总速率有影响的情况。

一、基 本 概 念

(一) 反应速率

1. 反应速率定义

反应速率表示反应的快慢，是催化反应动力学研究中最重要的物理量，通常定义为参加反应的某种反应物或产物 i 的量随反应时间的变化率，

$$r_i = \pm \frac{1}{\Omega} \frac{\mathrm{d}n_i}{\mathrm{d}t} \tag{4.1}$$

根据不同场合可以使用反应物消失速率或产物生成速率，

$$r_r = -\frac{1}{\Omega} \frac{\mathrm{d}n_r}{\mathrm{d}t} \quad 或 \quad r_p = \frac{1}{\Omega} \frac{\mathrm{d}n_p}{\mathrm{d}t}$$

在 r_r 表示式里，负号保证速率的数值为正。速率式中 Ω 是反应空间，对于均相催化反应，Ω 是反应体系的体积 V；在使用固体催化剂的气固多相催化反应情况下，Ω 可以是催化剂的体积 V、表面积 S 或质量 W。按上述定义表示反应速率时，必须指明与其相对应的反应物种。因为在一个已知反应式中，各物种的反应速率也会因其化学计量系数不同而不同。另外，还要注意，一个反应方程，如果它表示一个基元反应

$$\alpha A \longrightarrow \beta B$$

下式恒成立，

$$\frac{1}{\alpha} r_A = \frac{1}{\beta} r_B$$

但如果该反应方程仅表示一个总包反应，则上式不一定恒成立。

2. 转换数或转换频率

转换数或转换频率（turnover number or turnover frequency）的定义为单位时间内每个活性中心引发的总包反应的次数。虽然这个表示活性的方法很科学，但测定活性位却不容易，目前只限于理论方面的应用。

(二) 速率方程与动力学参数

表示反应速率与作用物（包括反应物、产物及添加物）的分压（或浓度）关系的函数称速率方程，它可以写成

$$r = f(P_1, P_2, \cdots, P_1{}', P_2{}', \cdots, P'')$$

其中带有"'"的表示产物，带有"''"的表示添加物。以上速率方程是微分形式的速率方程，如果将其积分则得积分形式的速率方程，后者通常表示成停留时间

与反应物转化率（或产物生成率）间的关系。

微分形式的速率方程又有幂式和双曲线式两种。幂式速率方程形式如

$$r = kP_A^\alpha P_B^\beta \cdots$$

其中，k 为速率常数，α，β，$\cdots$ 为反应级数。双曲线式速率方程有以下或类似的形式

$$r = \frac{k\lambda_i P_i}{1 + \lambda_1 P_1 + \lambda_2 P_2 + \cdots}$$

其中，λ_i，λ_1，λ_2，$\cdots$为常数，k 为反应速率常数。

基元过程一般服从 Arrhenius 定律

$$k = A\exp(-E/RT)$$

其中，A 为指前因子，E 为活化能。在总包反应情况下，总反应速率常数有时在形式上遵从 Arrhenius 定律，此时所对应的 E 称为表观活化能，表观活化能是否有具体的物理意义视情况而定。

动力学参数包括速率常数，反应级数，指前因子和活化能等。

（三）速率控制步骤

催化反应一般是由许多基元反应构成的连续过程，如果其总速率由其中一步的速率决定，这一步就称为速率控制步骤，有时也简称为速控步骤。其特性在于即使有充分的作用物存在，这一步进行的速率也是最小，而其他步骤的反应在这样的条件下则可以很高的速率进行。因此说，速率控制步骤是阻力最大的一步，消耗化学位最多的一步。

从速率控制步骤的假定我们可进一步推论，在定态时，除速率控制步骤之外的其他各步都近似地处于平衡状态，因为那些步骤都是可以很快进行的步骤。

有了速率控制步骤的假定，可以使速率方程的推导大大简化。

（四）表面质量作用定律

气固多相催化反应是在催化剂表面上进行的，所以反应速率与反应物的表面浓度或覆盖度有关。与均相反应中的质量作用定律相类似，在多相催化反应中服从表面质量作用定律，认为发生在理想吸附层中的表面基元反应，其速率与反应物在表面上的浓度成正比，而表面浓度的幂是化学计量方程的计量系数。如对反应

$$\alpha A_a + \beta B_a \xrightarrow{k} \cdots$$

其速率应有

$$r = kC_{S_A}^\alpha C_{S_B}^\beta \tag{4.2}$$

其中，C_S 为吸附物种的表面浓度，k 为速率常数。由于表面浓度也可用覆盖度代替，因而又可表示为

$$r = k\theta_A^\alpha \theta_B^\beta \tag{4.3}$$

（4.1）和（4.2）二式表明，表面反应质量作用定律与通常的均相反应质量作用定律具有一样的形式，只是浓度项不同，它们分别是三维体系和二维体系的浓度。

二、机理模型法建立速率方程

化学动力学的重要任务之一是建立速率方程。获取速率方程常用两种方法：机理模型法和经验模型法。

这里先介绍机理模型法。此法是靠已有的知识，先假定一个机理，从它出发，借助于吸附、脱附以及表面反应速率的规律推导出速率方程。如此获得的速率方程，即称为机理速率方程。利用此方程与某未知机理的反应的速率数据相比较，从而为该反应是否符合所拟定的机理提供判据。因此说，机理速率方程主要用于理论的研究。

以机理模型法建立速率方程时还要分两种情况讨论：一是理想吸附模型的速率方程，二是实际吸附模型的速率方程。

（一）理想吸附模型的速率方程

假定在这种吸附层中，吸附、脱附行为均符合 Langmuir 模型的基本假定，因而，凡牵涉到吸附和脱附速率时，都采用 Langmuir 吸附、脱附速率方程。描述表面反应速率则要应用表面质量作用定律。根据速控步骤的不同，速率方程还会有不同的形式。

1. 表面反应为速控步骤时的速率方程

（1）单分子反应

例 1. 设一反应其机理模型如

$$\left.\begin{array}{c} A + * \rightleftharpoons A* \\ A* \xrightarrow{k} B + * \end{array}\right\} \tag{4.4}$$

上面的机理表示，反应物 A 分子吸附在空中心 * 上，形成吸附态的 A*，而且在 A 与 A* 间可互相转化。A* 经表面反应直接变为气相产物分子 B，同时还原出一个吸附中心。这里表面反应为速控步骤，A 和 A* 间达到准平衡。

根据表面质量作用定律写出表面反应速率

$$r = k\theta_A$$

由于表面反应是速控步骤，所以上式也代表总反应速率。因为表面反应这一步的速率很慢，对前一步的吸附平衡没有影响，所以 θ_A 的大小主要决定于前一步的平衡。利用这一平衡，可借 Langmuir 等温方程将其表达为可测的 A 的分压函数

$$\theta_A = \frac{\lambda_A P_A}{1 + \lambda_A P_A}$$

其中，λ_A 为 A 的吸附平衡常数。将 θ_A 代入上式，则得

$$r = \frac{k\lambda_A P_A}{1 + \lambda_A P_A} \tag{4.5}$$

这就是动力学常用的"平衡处理法"。

从（4.5）式看出，在低分压或当 A 的吸附很弱（λ_A 很小）时，

$$r \doteq k\lambda_A P_A$$

即反应遵从一级规律。在高分压或 A 的吸附很强（λ_A 很大）时，

$$r \doteq k$$

表明反应为零级。

若一反应确实按以上机理进行时，这个反应在不同分压区间显示对 A 有不同的级次。实验发现，PH_3 在钨上的分解就是如此，低分压时为一级，高分压时为零级，中等分压时为非整数级。由此我们推论，PH_3 的分解可能是按以上机理模型进行的。参见表 4.1。

表 4.1　PH_3 在 W 上的分解

压力范围/Pa	速　率　方　程	级　　数
$0.13 \sim 1.3$	$\nu = k'P$	一　级
2.7×10^2	$\nu = \dfrac{k''P}{1+bP}$	非整数
$1.3 \times 10^3 \sim 6.6 \times 10^3$	$\nu = k'$	零　级

例 2. 设一反应按以下机理模型进行

$$\left.\begin{array}{l} A + * \rightleftharpoons A* \\ A* + * \xrightarrow{k} B* + C* \\ B* \rightleftharpoons B + * \\ C* \rightleftharpoons C + * \end{array}\right\} \tag{4.6}$$

其中，第二步的表面反应是速控步骤，这里吸附的 A* 还需要一个空的中心才能反应形成产物，按表面质量作用定律，该步的速率不仅与吸附的 A* 的浓度有关，而且还与表面空的中心的浓度有关，所以反应的总速率为

$$r = k\theta_A \theta_0$$

利用 Langmuir 等温方程将 θ 换成分压函数。因为

$$\theta_A = \frac{\lambda_A P_A}{1 + \lambda_A P_A + \lambda_B P_B + \lambda_C P_C}$$

$$\theta_0 = \frac{1}{1 + \lambda_A P_A + \lambda_B P_B + \lambda_C P_C}$$

所以

$$r = \frac{k\lambda_A P_A}{(1 + \lambda_A P_A + \lambda_B P_B + \lambda_C P_C)^2} \tag{4.7}$$

这是双曲线型速率方程，r 是分压的复杂函数。

（2）双分子反应

表面反应为双分子过程时，经常碰到两种著名的机理，即 Langmuir-Hinshelwood 机理和 Rideal 机理。

1）Langmuir-Hinshelwood 机理

该机理假定表面反应发生在两个吸附物种间，而且此步骤是速控步骤。比如反应

$$A + B \longrightarrow C$$

按以下机理进行

$$\left.\begin{array}{l} A + * \rightleftharpoons A* \\ B + * \rightleftharpoons B* \\ A* + B* \xrightarrow{k} C* + * \\ C* \rightleftharpoons C + * \end{array}\right\} \tag{4.8}$$

设 A，B，C 的吸附均很显著。按以前类似方法其总速率应为

$$r = k\theta_A \theta_B$$

以及利用

$$\theta_A = \frac{\lambda_A P_A}{1 + \lambda_A P_A + \lambda_B P_B + \lambda_C P_C}$$

$$\theta_B = \frac{\lambda_B P_B}{1 + \lambda_A P_A + \lambda_B P_B + \lambda_C P_C}$$

而得

$$r = \frac{k\lambda_A \lambda_B P_A P_B}{(1 + \lambda_A P_A + \lambda_B P_B + \lambda_C P_C)^2} \tag{4.9}$$

下面的反应也是按 Langmuir-Hinshelwood 机理进行，

$$\left.\begin{array}{l} A_2 + 2* \rightleftharpoons 2A* \\ 2A* \xrightarrow{k} C + 2* \end{array}\right\} \tag{4.10}$$

但与上面的例子稍有不同，在此例中，A_2 吸附时解离成 A，然后吸附的 A$*$ 间相互反应生成产物 C。基于与上面相同的理由其反应之总速率为

$$r = k\theta_A^2 \tag{4.11}$$

借解离吸附的 Langmuir 等温方程将 θ_A 表示成 A_2 分压的函数，

$$\theta_A = \frac{\lambda_A^{1/2} P_A^{1/2}}{1 + \lambda_A^{1/2} P_A^{1/2}}$$

代入（4.11）式得

$$r = \frac{k\lambda_A P_A}{(1 + \lambda_A^{1/2} P_A^{1/2})^2}$$

2）Rideal 机理

若在一个反应中，吸附的物种和气相分子间的反应为速控步骤时，这样的反应机理称为 Rideal 机理。比如有一反应

$$A + B \longrightarrow C$$

按如下机理进行

$$\left.\begin{array}{l} A + * \rightleftharpoons A* \\ A* + B \xrightarrow{k} C* \\ C* \rightleftharpoons C + * \end{array}\right\} \tag{4.12}$$

其中，第二步为速控步骤，反应的速率方程可以写成

$$r = k\theta_A P_B$$

由于 A，B 处于不同的相，所以分别以覆盖度和分压表示。A 和 C 都在表面发生吸附，所以

$$\theta_A = \frac{\lambda_A P_A}{1 + \lambda_A P_A + \lambda_c P_C}$$

因而

$$r = \frac{k\lambda_A P_A P_B}{1 + \lambda_A P_A + \lambda_c P_C} \tag{4.13}$$

有的研究工作认为，CO 在 Pt 上的氧化是按 Rideal 机理进行的。尽管表面上存在着吸附的 CO，但它却与反应速率无关。在反应中是气相的 CO 撞击吸附的氧原子的反应控制 CO 氧化的总速率。

2. 吸附或脱附为速控步骤时的速率方程

吸附是速控步骤与脱附是速控步骤求速率方程的手法类似，因此这里只介绍前者。

设一反应 A ⟶ B，它的机理包括如下三步：

$$\left.\begin{array}{l} A + * \underset{k_-}{\overset{k_+}{\rightleftharpoons}} A* \\ A* \rightleftharpoons B* \\ B* \rightleftharpoons B + * \end{array}\right\} \tag{4.14}$$

其中，第一步的吸附是一个慢过程，是速控步骤，而吸附以外的其他各步都近似处于平衡状态。该步的净反应速率代表了总反应速率，即，

$$r = k_+ \theta_0 P_A - k_- \theta_A$$

由于吸附这一步没有处于平衡状态，因而在这里我们不能像前面那样直接将

气相的分压 P_A 代入 Langmuir 等温方程求 θ_A，但可以想象 θ_A 与相对应的某个压力处于平衡，设该平衡压力为 P_A^*，注意它与体系内 A 的现时压力 P_A 不同。现在我们就可以借助于等温方程将 A 的覆盖度用相应的分压函数描述出来

$$\theta_A = \frac{\lambda_A P_A^*}{1 + \lambda_A P_A^* + \lambda_B P_B}$$

$$\theta_0 = \frac{1}{1 + \lambda_A P_A^* + \lambda_B P_B}$$

将 θ_0，θ_A 代入 r，即得

$$r = \frac{k_+ P_A - k_- \lambda_A P_A^*}{1 + \lambda_A P_A^* + \lambda_B P_B}$$

利用总反应平衡关系可以把 P_A^* 表示出来，总反应平衡常数 $K = P_B / P_A^*$，因此，$P_A^* = P_B / K$，又因，$\lambda_A = k_+ / k_-$，代入速率方程，最后有

$$r = \frac{k_+ \left(P_A - \dfrac{P_B}{K} \right)}{1 + k' P_B}$$

其中，$k' = \dfrac{\lambda_A}{K} + \lambda_B$。

从上面机理模型看到，从 A∗ 开始，后面的表面化学反应及 B∗ 的脱附（或说成 B 的吸附）均处于平衡状态。像这样由吸附平衡和表面化学反应平衡组成的总平衡常常又称为吸附-化学平衡。类似地，如果脱附步骤为速控步骤，那么吸附-化学平衡应由 B 的吸附平衡与 A∗ 的反应平衡组成。

3. 没有速控步骤时的速率方程——稳定态处理法

这种模型认为，在催化反应的连续序列中，如各步速率相近和远离平衡的情况，没有速控步骤。这时，速率方程用稳定态处理方法求得：即假定各步的速率相近，造成中间物浓度在较长时间内恒定。稳定态的条件可以表示为

$$\frac{d\theta_A}{dt} = \frac{d\theta_B}{dt} = \cdots = \frac{d\theta_i}{dt} = 0$$

其中，θ_A，θ_B，$\cdots$，θ_i 为表面中间物浓度。有了稳定态近似，可以列出一系列方程，利用表面覆盖度守恒，就可以解联立方程，求出各 θ 值。

现举例说明如下。

如反应 A $\longrightarrow$ B 的机理包括如下两步：

$$A + * \underset{k_{-1}}{\overset{k_1}{\rightleftharpoons}} A*$$

$$A* \underset{k_{-2}}{\overset{k_2}{\rightleftharpoons}} B + *$$

这里只有 A 一种物质吸附，根据稳定态近似的条件

$$\frac{\mathrm{d}\theta_A}{\mathrm{d}t} = 0$$

A * 的形成速率与 A * 的消失速率相等，列出方程

$$k_1\theta_0 P_A + k_{-2}\theta_0 P_B = k_{-1}\theta_A + k_2\theta_A \tag{4.15}$$

又因为

$$\theta_0 + \theta_A = 1 \tag{4.16}$$

解 (4.15) 和 (4.16) 两个方程，得

$$\theta_A = \frac{k_1 P_A + k_{-2} P_B}{k_1 P_A + k_{-2} P_B + k_{-1} + k_2}$$

$$\theta_0 = \frac{k_{-1} + k_{+2}}{k_1 P_A + k_{-2} P_B + k_{-1} + k_2}$$

因各步的净速率相等，$r_1 = r_2 = r$，因而总反应速率用任一步的净速率表示都可以。若用第一步，则有

$$r = k_1\theta_0 P_A - k_{-1}\theta_A = \frac{k_1 k_2 P_A - k_{-1} k_{-2} P_B}{k_1 P_A + k_{-2} P_B + k_{-1} + k_2}$$

由此式看出，用稳态近似法得到的速率方程包含较多常数，因而处理上较复杂些，所以尽管它可以用于无速控步骤和有速控步骤的两种情况，但如果在有平衡条件可利用时，尽量用平衡浓度法，这样会使处理容易些。

从以上诸多例子的讨论可以看到，由假定的机理模型出发，可得到理想吸附模型的速率方程，它可用一个通式表达为

$$速率 = \frac{(动力学项)(推动力项)}{(吸附项)^n}$$

这是双曲线型速率方程。一些常见的机理模型及其速率方程的因数项列于表 4.2。

表 4.2　常见机理模型速率方程因数项

反应类型与机理	速控步骤	动力学项	推动力项	吸附项	n
A——→B					
I . A + * ⇌ A *	I	k_I	$P_A - \dfrac{P_B}{K}$	$1 + \dfrac{\lambda_A}{K}P_B + \lambda_B P_B$	1
II . A * ⇌ B *	II	$k_{II}\lambda_A$	$P_A - \dfrac{P_B}{K}$	$1 + \lambda_A P_A + \lambda_B P_B$	1
III . B * ⇌ B + *	III	$k_{-III}K$	$P_A - \dfrac{P_B}{K}$	$1 + \lambda_A P_A + \lambda_B K P_B$	1
A+B——→C					
I . A + * ⇌ A *	I	k_I	$P_A - \dfrac{P_C}{KP_B}$	$1 + \lambda_A \dfrac{P_C}{KP_B} + \lambda_B P_B + \lambda_C P_C$	1
I′. B + * ⇌ B *					
II . A * + B * ⇌ C * + *	II	$k_{II}\lambda_A\lambda_B$	$P_A P_B - \dfrac{P_C}{K}$	$1 + \lambda_A P_A + \lambda_B P_B + \lambda_C P_C$	2
III . C * ⇌ C + *	III	$k_{-III}K$	$P_A P_B - \dfrac{P_C}{K}$	$1 + \lambda_A P_A + \lambda_B P_B + \lambda_C K P_A P_B$	1

注：K 代表总反应的平衡常数；$-III$ 代表 III 的逆反应。

4. 表观活化能和补偿效应

在某些情况下，速率方程中出现的"速率常数"仅仅是表观的。虽然由它出发借助于 Arrhenius 关系可以得到一个"活化能"，但这只是表观活化能。表观活化能的具体物理意义取决于真实机理。现以据 Rideal 机理进行的双分子反应为例加以说明［见本章（4.12）式］。其速控步骤为

$$A* + B \xrightarrow{k} C*$$

反应速率

$$r = \frac{k\lambda_A P_A P_B}{1 + \lambda_A P_A + \lambda_C P_C}$$

在低覆盖度时，$\lambda_A P_A + \lambda_C P_C \ll 1$

则

$$r = k\lambda_A P_A P_B = k_{app}\lambda P_A P_B$$

其中，表观速率常数 $k_{app} = k\lambda_A$。借助于 Arrhenius 方程

$$\frac{\mathrm{d}\ln k_{app}}{\mathrm{d}T} = \frac{\mathrm{d}\ln k}{\mathrm{d}T} + \frac{\mathrm{d}\ln\lambda_A}{\mathrm{d}T}$$

k 是表面反应速率常数，

$$k = A\exp(-E/RT) \tag{4.17}$$

其中，E 即为表面反应活化能。λ_A 为 A 的吸附平衡常数，

$$\lambda_A = \lambda_0 \exp(-\Delta H/RT) \tag{4.18}$$

ΔH 为吸附过程的热效应，即吸附热 q，催化中规定放热为正，与 ΔH 异号。经代换后有

$$E_{app} = E + \Delta H = E - q$$

由上面这个等式可以看到，表观活化能 E_{app} 在这里的真实含义是表面反应活化能与吸附热的差值。

一般而言，可从 Arrhenius 图的直线斜率求取反应活化能，但当利用 Arrhenius 关系从 k_{app} 去求表观活化能时，在 Arrhenius 图上有时得到的不是直线，而是折线，其中每一段可能对应一种机理或一个过程。

研究中还发现，在一系列催化剂上进行某一反应，或在不同条件下处理的同种催化剂上进行一系列反应，将得到的 k 用 Arrhenius 方程处理，有时出现活化能 E 和指前因子 A 同时增加或同时减少的情况，这样使其中一个的作用抵消了另一个的作用，E 和 A 这种同时同方向的变化称为补偿效应。例如，关于甲苯在掺杂碱金属 K 的 V_2O_5/TiO_2 催化剂上氧化的研究中[5]，从在不同 K 含量催化剂上反应的 Arrhenius 曲线上（见图 4.1）可以看出，表观活化能随掺杂 K 比例的增加而降低。

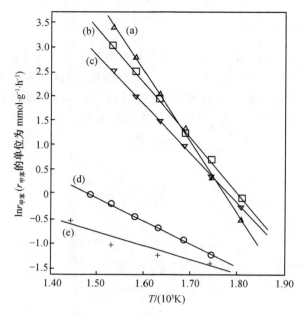

图 4.1　甲苯在 K-V_2O_5/TiO_2 催化剂上氧化的 Arrhenius 曲线

(a) 2V/TiO_2；(b) K/V 0.125；(c) K/V 0.25；(d) K/V 0.64；(e) K/V 1.0

　　图 4.2 是与它们对应的 $\ln A$-E_{app} 图。它表明，指前因子与表观活化能的变化有直线关系，存在补偿效应。作者认为掺杂 K 改变了表面的电子等因素，降低了活化能，同时 K 吸附在 V 单层上，降低表面 V 物种的浓度，作者假定指前因子与这些活性中心浓度成比例。

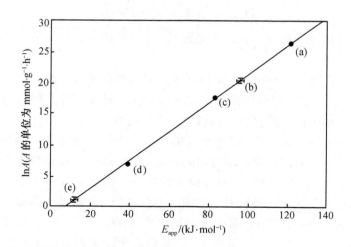

图 4.2　甲苯在 K-V_2O_5/TiO_2 催化剂上氧化的 $\ln A$-E_{app} 图

产生补偿效应的原因有许多说法。比如在不同温度处理的同一催化剂上进行某一反应时，把产生补偿效应解释为：由于焙烧温度同时改变活化能和影响指前因子的活性中心数目。

需要注意，有时由于测定 k 值的温度范围太窄，E 和 A 的数值偶然具有相同符号的误差，也会出现 E、A 的变化作用相互抵消，致使速率常数变化很小的情形，这只是假补偿效应。

(二) 实际吸附模型的反应速率方程

前面我们介绍了理想吸附层中的反应速率方程的建立。可以看到，在这种吸附层模型中，把吸附、表面反应等现象加以理想化，从而使得速率方程的建立变得相对简单些。尽管如此，用 Langmuir 吸附模型常常仍然能得到满意的结果。这并不奇怪，因为催化反应的活性中心常常仅是催化剂总表面积的很小的一部分，而只要这一部分中心在能量上是均匀的，与表面覆盖度无关，满足理想吸附模型条件，就会使得与实验结果一致。但在有些情况下，用理想吸附模型得到的结果与实验结果发生了偏离，从模型的基本假定我们知道，这是预先可以估计到的。研究中已发现，有时活化能或吸附热是与表面覆盖度有关的，这是因为催化剂的表面是不均匀的，吸附粒子之间存在相互作用。因此，在这种情况下，吸附、脱附速率不能应用 Langmuir 吸附、脱附速率方程加以描述。对偏离 Langmuir 吸附模型的体系，如果我们知道反应的活化能和吸附热与覆盖度的具体关系，如线性关系或对数关系，就可以按前面介绍的实际吸附模型和应用表面质量作用定律建立相关的反应速率方程。为了避免繁琐，下面我们直接用实际吸附模型的动力学方程和等温方程的结果进行讨论。

当表面反应为速控步骤时，我们假定一反应有如下机理

$$A + * \rightleftharpoons A*$$

$$A* + B \xrightarrow{k} C + D + *$$

因为第二步为速控步骤，同时反应物 B 和产物 C、D 在催化剂表面不吸附或可忽略，这样按表面质量作用定律可以写出速率方程

$$r = kP_B\theta_A \tag{4.19}$$

在讨论实际吸附模型的吸附平衡时，根据吸附热随覆盖度变化的方式的不同，我们曾得到两种吸附等温方程，我们可以利用相应的等温方程求得 θ_A，并将其代入速率方程中。

如果假定吸附热随覆盖度的变化是对数关系，即 $q = q^0 - \gamma\ln\theta$，利用 Freundlich 等温方程 $\theta_A = KP_A^{\frac{1}{n}}$，求得 θ_A，代入速率方程 (4.19)，得

$$r = kKP_BP_A^{\frac{1}{n}} \quad 或 \quad r = k'P_BP_A^{\beta}$$

其中，$k'=kK$，k 为表面反应速率常数，K 为吸附平衡常数，$\beta=1/n$。

上面仅给出一个原则分析，对表面反应为速控步骤时，可以采用 Temkin[4] 和管孝男[9]建议的书写反应速率的方法。不过他们的方法有很强的针对性。

当吸附或脱附为速控步骤时，则可利用 Elovich 或管孝男的吸附、脱附速率方程代表反应的速率方程。我们以合成氨反应为例说明。合成氨反应动力学研究得非常广泛，这里我们不对其进行详细的分析和评价，仅以此例介绍动力学分析方法。

目前，一般认为合成氨反应经过如下机理

$$N_2 + 2* \rightleftharpoons 2N*$$
$$H_2 + 2* \rightleftharpoons 2H*$$
$$H* + N* \rightleftharpoons (NH)* + *$$
$$(NH)* + H* \rightleftharpoons (NH_2)* + *$$
$$(NH_2)* + H* \rightleftharpoons NH_3 + 2*$$

在铁催化剂上合成氨时，认为 N_2 的吸附是合成氨的速控步骤，N_2 的脱附是氨分解的速控步骤，即

$$N_2 + * \underset{k_d}{\overset{k_a}{\rightleftharpoons}} (N_2)*$$

假定吸附能量与覆盖度按线性关系变化，则可利用 Elovich 吸附速率方程，反应的速率方程为

$$r_a = k_a P_{N_2} \exp(-\alpha\theta_{N_2}/RT)$$

如同在理想吸附模型条件下讨论吸附速控步骤时的情况，因为吸附这一步未达到平衡，而其他各步都近似达到平衡。假设这时与 θ_{N_2} 平衡的压力为 $P_{N_2}^*$，按 Temkin 等温方程，则有

$$\theta_{N_2} = \frac{1}{f}\ln(a_0 P_{N_2}^*) \tag{4.20}$$

利用合成氨总反应的平衡关系，有

$$P_{N_2}^* = \frac{P_{NH_3}^2}{KP_{H_2}^3} \tag{4.21}$$

代入方程（4.20），得

$$\theta_{N_2} = \frac{1}{f}\ln\left(a_0 \frac{P_{NH_3}^2}{KP_{H_2}^3}\right)$$

所以合成氨的速率方程为

$$r_a = k_a P_{N_2} \exp\left[-\frac{\alpha}{RT}\frac{1}{f}\ln\left(a_0 \frac{P_{NH_3}^2}{KP_{H_2}^3}\right)\right]$$

令 $f=\dfrac{\alpha+\beta}{RT}$，所以

$$r_{\mathrm{a}} = k_{\mathrm{a}} P_{\mathrm{N}_2} \left(\frac{K P_{\mathrm{H}_2}^3}{a_0 P_{\mathrm{NH}_3}^2} \right)^{\frac{\alpha}{\alpha+\beta}}$$

$$= k_+ \, P_{\mathrm{N}_2} \left(\frac{P_{\mathrm{H}_2}^3}{P_{\mathrm{NH}_3}^2} \right)^{\alpha'}$$

其中，$k_+ = k_{\mathrm{a}} \left(\dfrac{K}{a_0} \right)^{\alpha'}$，$\alpha' = \dfrac{\alpha}{\alpha+\beta}$。

同理，得氨分解的速率方程

$$r_{\mathrm{d}} = k_{\mathrm{d}} \left(\frac{a_0 P_{\mathrm{NH}_3}^2}{K P_{\mathrm{H}_2}^3} \right)^{\frac{\alpha}{\alpha+\beta}} = k_- \left(\frac{P_{\mathrm{NH}_3}^2}{P_{\mathrm{H}_2}^3} \right)^{1-\alpha'}$$

其中，$k_- = k_d \left(\dfrac{a_0}{K} \right)^{1-\alpha'}$。

这样，合成氨的净反应速率方程则为

$$r = k_+ \, P_{\mathrm{N}_2} \left(\frac{P_{\mathrm{H}_2}^3}{P_{\mathrm{NH}_3}^2} \right)^{\alpha'} - k_- \left(\frac{P_{\mathrm{NH}_3}^2}{P_{\mathrm{H}_2}^3} \right)^{1-\alpha'}$$

当 $\alpha' = 0.5$ 时，由该方程得到的结果与实验吻合。

三、经验模型法建立速率方程

该方法不是从机理出发，而是直接选用某种函数去表达动力学数据，建立速率方程。最常选用的函数是幂函数，对不可逆反应使用

$$r = \prod_i k P_i^{m_i} \tag{4.22}$$

其中，P_i 代表第 i 种作用物的分压，m_i 为反应级数，其值可正、可负、可为整数，也可为分数。对可逆反应采用以下的幂式函数

$$r = k \prod_i P_i^{m_i} - k' \prod_i P_i^{m_i'}$$

其中，m_i' 的取值范围与 m_i 一样。

幂式速率方程在形式上与均相速率方程相似。

经验速率方程（大多数是幂式）是工程设计的重要依据，似乎对机理研究没有太大的意义，只起关联动力学数据的作用，但情况并非如此。如在前面关于实际吸附层中速率方程的建立一节介绍的那样，从一定的机理也能推出幂式速率方程，它能得到机理上的解释，或隐含着动力学的内在规律性。

实验中，我们测得的仅仅是速率和作用物分压的数值，只有在确定一些参

数，如 k，m_i 和 m_i' 后才能写出速率方程的具体形式。

最简单的求取速率方程中参数的方法是尝试法，即预先设定若干套参数，代入速率方程，哪一套最适合数据就选择哪一套参数。

另一个方法是孤立法。实验中，将某组分孤立出来，其余组分均保持在大过量（高分压或高浓度），以致速率的变化可看成仅仅是该组分变化的结果，其余组分暂归入常数，这样可求出该组分的级数；类似地，再求出其他组分的级数；最后求出速率常数。

以上两个方法在物理化学的化学动力学部分都有论述。

第三个较为优越和广泛应用的求参数的方法是线性回归法。

首先是把微分或积分形式的速率方程化为对动力学参数为线性的方程，如对（4.20）式取对数，得

$$\ln r = \ln k + \sum_i (m_i \ln P_i)$$

为方便，将上式写成下面形式

$$y = b_0 + \sum_{i=1}^{m} b_i x_i$$

其中，y，x_i 为实验中可测得的物理量，i 代表某种作用物（$i=1,2,\cdots,m$）。b_0，b_i 为欲求的未知数，即我们要获得的动力学参数。若令测量值 y 与理论计算值 $\hat{y}$ 之差为

$$D = \hat{y} - (b_0 + \sum_{i=1}^{m} b_i x_i)$$

其方差和为

$$S = \sum_{j=1}^{n} D_j^2$$

按最小二乘法原理，求得最佳 b_0，b_i 值，即使 n 次实验中得到的结果满足方差和最小条件，数学上，即使方差和 S 对各未知数的偏微分等于零

$$\frac{\partial S}{\partial b_0} = \frac{\partial S}{\partial b_1} = \cdots = \frac{\partial S}{\partial b_m} = 0$$

这样可得 $m+1$ 个方程组

$$nb_0 + b_1 \sum_{j=1}^{n} x_{1j} + b_2 \sum_{j=1}^{n} x_{2j} + \cdots + b_m \sum_{j=1}^{n} x_{mj} - \sum_{j=1}^{n} y_j = 0$$

$$b_0 \sum_{j=1}^{n} x_{1j} + b_1 \sum_{j=1}^{n} x_{1j}^2 + b_2 \sum_{j=1}^{n} x_{2j} x_{1j} + \cdots + b_m \sum_{j=1}^{n} x_{mj} x_{1j} - \sum_{j=1}^{n} y_j x_{1j} = 0$$

$$b_0 \sum_{j=1}^{n} x_{2j} + b_1 \sum_{j=1}^{n} x_{1j} x_{2j} + b_2 \sum_{j=1}^{n} x_{2j}^2 + \cdots + b_m \sum_{j=1}^{n} x_{mj} x_{2j} - \sum_{j=1}^{n} y_j x_{2j} = 0$$

$\cdots\qquad\qquad\cdots\qquad\qquad\cdots$

$$b_0 \sum_{j=1}^n x_{mj} + b_1 \sum_{j=1}^n x_{1j} x_{mj} + b_2 \sum_{j=1}^n x_{2j} x_{mj} + \cdots + b_m \sum_{j=1}^n x_{mj}^2 - \sum_{j=1}^n y_j x_{mj} = 0$$

从而可求出 $m+1$ 个 b 值，也就得到了相应的动力学参数 k，m_i。

这里要指出，有时速率方程不能化为线性方程形式，这时要采用非线性回归方法，这里不做进一步介绍。

目前，回归分析计算都可以在计算机上完成，并同时完成检查结果最佳化程度的相关系数分析[10]。

四、动力学方法与反应机理

研究反应机理对认识催化作用本质、研制催化剂和实现控制反应是非常重要的，研究反应机理有许多方法，动力学方法是其中之一，它是一个传统的重要的方法。

通常要先测定动力学数据，然后用这些数据检验代表不同机理的速率方程，在检验的基础上，提出反应可能遵循的机理。要真正确认反应机理并非易事。机理的确立不能单单依靠动力学研究结果，动力学的证明是必要的，但是不充分的，还要依靠其他方面的实验结果与证据。

(一) 动力学数据的测定

测定动力学数据应当在内、外扩散不成为速控步骤的情况下进行。关于内、外扩散是否成为速控步骤的判断，在本章的后一部分要详细介绍。

动力学数据测定的主要工作内容是测定速率，而这种测定总是在各式各样的反应器中进行的，因而有必要先介绍一下反应器中的速率表达式。这里只介绍两种理想反应器中的速率表达式，参看图 4.3。

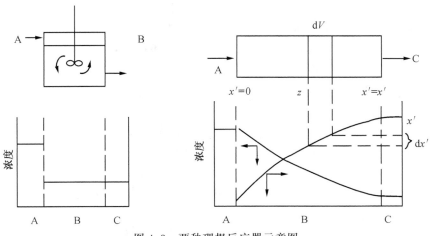

图 4.3 两种理想反应器示意图

（1）连续进料搅拌槽式反应器（continuously fed stirred-tank reactor）中的速率表达式

该反应器是全返混的，器内各点物料的组成、温度、性质均相同，与流出物料亦相同，这时总体反应速率与各点反应速率一致，即速率为

$$r = \frac{n'_0 - n'_f}{V/F_m} = \frac{n'_0 - n'_f}{\tau} \tag{4.23}$$

其中，F_m 为物料的质量流率，V 为反应体积，τ 为停留时间，n'_0，n'_f为单位质量进料和出料中目的组分的摩尔数。此种反应器适用于液体物料。（4.23）式右侧各物理量的测定并不困难，因而此种反应器中速率的获得是容易的。

（2）柱塞流管式反应器（piston-flow tubular reactor）中的速率表达式

在理想情况下，此反应器内轴向无返混，径向各点流速均一，沿床层反应物料逐渐转化，存在着物料浓度及反应速率的梯度。当反应达稳态时，沿床层轴向各点的反应速率不随时间变化。

对反应体积为 V 的均匀截面反应管，当反应物料质量流率为 F_m 时，体积元 dV 内的物料恒算式为

$$r\mathrm{d}V = F_m\mathrm{d}x' \tag{4.24}$$

其中，反应速率 r 是单位时间、单位反应体积内反应物转化的摩尔数，x' 是单位质量进料中目的组分转化的摩尔数。从（4.24）式有

$$r = \frac{\mathrm{d}x'}{\mathrm{d}(V/F_m)} \tag{4.25}$$

其积分式为

$$\frac{V}{F_m} = \int_{x_{入口}}^{x_{出口}} \frac{\mathrm{d}x'}{r} \tag{4.26}$$

有时 V 以催化剂重量 W 代替。

这种反应器是实验室常用的反应器，虽然上面写出了其中的速率表达式，但实际如何求定，以及进一步建立速率方程，还要看我们使用的管式反应器类型。这种反应器可进一步分成积分型与微分型两类。积分型反应器的转化率要求高，而微分型的要求低，一般应在 1% 以下。

先讨论积分反应器中速率的测定。在实验上，变动 V/F_m，测量 x'，从而获得一系列的 x'-V/F_m，以 x' 对 V/F_m 作图，从得到的曲线求取斜率即为速率。此即是从积分反应器测反应速率的图解微分法。也可以应用积分式直接建立速率方程，但这时必须要知道 r 和 x 的函数关系，即 $r = f(x)$，反应机理不同，$f(x)$ 的表达式也不同，可根据实验结果的具体情况尝试选择恰当的方程，代入积分式求速率。因为反应器出口的转化率为催化剂床层各截面积分的总结果，所以用该法求速率又称为积分法。

如果利用微分反应器，可以直接测定速率值。在转化率很低时，（4.25）式

可用下式代替

$$r \approx \frac{\Delta x'}{\Delta(V/F_m)}$$

其中，$\Delta x'$ 是增量 $\Delta(V/F_m)$ 引起的单位质量中目的组分转化摩尔数的变化值。

循环式无梯度反应器是理想的微分反应器，因为这种反应器使用了很高的循环比，也就是说使出料大部分返回，让进料很少，这样就几乎消除了床层前后的浓度和温度梯度，整个床层近似以一个速率值反应，这与积分反应器内沿床层速率逐渐变化有明显的区别。

有了速率数据，再加上分压的数据，可以试探地寻找合适的幂式或双曲线式速率方程去描述反应的动力学规律。

（二）建立速率方程和拟定机理的实例

通过下面这个例子说明如何从动力学数据建立速率方程和拟定可能的反应机理。这是二氧化硫在 Pt/Al_2O_3 上的氧化反应。实验用固定床微分型反应器。直接测到的是速率数据，不用进一步处理（见表 4.3）。

表 4.3　二氧化硫在 Pt/Al_2O_3 上氧化的动力学结果

速率/（mol·h^{-1}·g^{-1}）	P_{SO_3}/kPa	P_{SO_2}/kPa	P_{O_2}/kPa
0.02	4.33	2.58	18.8
0.04	3.35	3.57	19.2
0.06	2.76	4.14	19.6
0.08	2.39	4.49	19.8
0.10	2.17	4.70	19.9
0.12	2.04	4.82	20.0

根据已有的与本反应有关的研究，以及本例中反应速率与各物质分压的关系，设想该反应为 Rideal 机理，它包括三个步骤：

Ⅰ. 氧的解离吸附

$$O_2 + 2* \rightleftharpoons 2O* \qquad 吸附系数 \lambda_{O_2}$$

Ⅱ. 表面反应

$$O* + SO_2 \underset{k_-}{\overset{k_+}{\rightleftharpoons}} (SO_3)* \qquad 表面反应平衡常数 K_{\mathrm{II}}$$

Ⅲ. 产物脱附

$$(SO_3)* \rightleftharpoons SO_3 + * \qquad (SO_3)* 脱附系数 1/\lambda_{SO_3}$$

K 为总反应

$$\frac{1}{2}O_2 + SO_2 \Longrightarrow SO_3$$

的平衡常数。从热力学考虑有以下关系存在

$$K = \lambda_{O_2}^{\frac{1}{2}} K_{II} (1/\lambda_{SO_3})$$

因为 II 是控速步骤，所以总反应速率应为

$$r = r_{II} = k_+ P_{SO_3} \theta_0 - k_- \theta_{SO_3} \qquad (4.27)$$

由于氧是解离吸附，所以应用解离吸附的 Langmuir 等温方程，氧和三氧化硫覆盖度与分压的关系分别为

$$\theta_0 = \frac{\lambda_{O_2}^{\frac{1}{2}} P_{O_2}^{\frac{1}{2}}}{1 + \lambda_{O_2}^{\frac{1}{2}} P_{O_2}^{\frac{1}{2}} + \lambda_{SO_3} P_{SO_3}}$$

$$\theta_{SO_3} = \frac{\lambda_{SO_3} P_{SO_3}}{1 + \lambda_{O_2}^{\frac{1}{2}} P_{O_2}^{\frac{1}{2}} + \lambda_{SO_3} P_{SO_3}}$$

将以上二式代入（4.25），则有

$$r = \frac{k_+ P_{O_2} \lambda_{O_2}^{\frac{1}{2}} P_{O_2}^{\frac{1}{2}} - k_- \lambda_{SO_3} P_{SO_3}}{1 + \lambda_{O_2}^{\frac{1}{2}} P_{O_2}^{\frac{1}{2}} + \lambda_{SO_3} P_{SO_3}}$$

利用 $K_{II} = \dfrac{k_+}{k_-}$，$K = \lambda_{O_2}^{\frac{1}{2}} K_{II} / \lambda_{SO_3}$，$r$ 简化为

$$r = \frac{k_+ \lambda_{O_2}^{\frac{1}{2}} \left(P_{O_2}^{\frac{1}{2}} P_{SO_3} - \dfrac{1}{K} P_{SO_3} \right)}{1 + \lambda_{O_2}^{\frac{1}{2}} P_{O_2}^{\frac{1}{2}} + \lambda_{SO_3} P_{SO_3}}$$

因 $P_{O_2}^{\frac{1}{2}}$ 的数值近似于常数，上式可进一步简化

$$r = \frac{P_{O_2}^{\frac{1}{2}} P_{SO_3} - \dfrac{1}{K} P_{SO_3}}{A + B P_{SO_3}}$$

或者

$$A + B P_{SO_3} = \frac{P_{O_2}^{\frac{1}{2}} P_{SO_3} - \dfrac{1}{K} P_{SO_3}}{r}$$

其中，A，B 为常数。若令上式右侧为 R'，

$$R' = A + B P_{SO_3}$$

从此式看出 R' 与 P_{SO_3} 间有线性关系。这是从机理得到的结果。为了判断它与实验数据的符合情况，可先利用实验上的 r，P_{SO_3}，P_{O_2} 和 P_{SO_2} 数据求出 R'，然后以 R' 对 P_{SO_3} 作图，如若得直线，则说明动力学数据与机理符合。本例中 R' 与 P_{SO_3} 关系绘于图 4.4。从图看出，上述的假定机理模型与实验数据符合得很好，因而说这个机理是个可能的机理。进一步从图 4.4 的截距和斜率，或用最小二乘法，求出

$$A = -120.6 (\text{kPa})^{1.5} \text{h} \cdot \text{g} \cdot \text{mol}^{-1}$$

$$B = 150.3(kPa)^{0.5}h \cdot g \cdot mol^{-1}$$

因此，二氧化硫氧化速率方程的最终形式为

$$r = \frac{P_{O_2}^{0.5}P_{SO_3} - \dfrac{1}{7.26}P_{SO_3}}{150.3P_{SO_3} - 120.6}$$

第二个例子是利用动力学数据为反应建立经验速率方程[11]。这是 2-丁烯氧化脱氢制丁二烯的反应，使用钼系催化剂。首先排除了在动力学测试条件下存在内、外扩散控制的可能性，然后测定了 2-丁烯在不同停留时间下转化率和各组分的浓度。利用（4.25）式及其他换算关系获得了速率与分压的数据。将这些数据列于表 4.4，表中 P_B 代表 2-丁烯的分压。

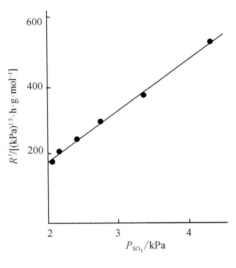

图 4.4 R' 与 P_{SO_3} 关系

表 4.4 2-丁烯氧化动力学数据

速率 /(mmol · g^{-1} · s^{-1})	P_B/kPa	P_{O_2}/kPa
5.39	6.46	2.91
4.59	5.22	2.25
3.31	3.81	1.52
5.94	5.30	8.54
4.07	4.11	7.24
3.40	2.79	5.83
6.42	7.78	5.11
5.33	6.43	3.85
4.66	4.83	2.38
8.27	8.72	9.01
5.98	6.69	7.55
4.39	4.46	5.93

假定 2-丁烯氧化脱氢的速率方程形式为

$$r = kP_B^a P_{O_2}^b$$

现在要确定参数 k, a, b 的大小。将上式取对数后，得

$$\log r = \log k + a\log P_B + b\log P_{O_2}$$

利用线性回归分析方法求出

$$a = 0.7$$
$$b = 0.1$$
$$k = 1.3 \times 10^{-3} \frac{mmol}{s \cdot g (kPa)^{0.8}}$$

因而一个可能的表述 2-丁烯氧化脱氢的经验速率方程为

$$r = 1.3 \times 10^{-3} P_B^{0.7} P_{O_2}^{0.1}$$

（三）机理模型研究的几种动力学方法

前面已指出，微分形式的速率方程有幂式和双曲线式两类。在一定意义上说，这两类速率方程都可能从机理模型推导得到。当用代表不同机理模型的速率方程和实验数据拟合时，有可能存在着几个良好的拟合，因此有许多机理模型可供选择，每一个拟合都得到一套参数。在用动力学方法判断机理模型时，对参数的选择常用以下准则：

1）速率常数和吸附平衡常数应为正值，负值没有意义。

2）不同温度下的速率常数和吸附平衡常数的温度系数合理，速率常数的温度系数应为正值，吸附平衡常数的温度系数一般为负值，因为绝大多数的吸附过程都是放热过程。

3）速率常数和吸附平衡常数分别服从 Arrhenius 和 van't Hoff 定律，即在 $\ln k$，$\ln \lambda$ 和 $1/T$ 间有线性关系。活化能和指前因子的数值应为正值。从吸附平衡常数求得的吸附焓为负，吸附熵为负。

4）同系物进行同一反应，其相应的平衡常数在相近的温度下有接近的数值。

符合上述准则，所选的模型才具有意义，但并非绝无问题。首先，一个催化反应在不同温度下可以按不同机理进行，如果速率常数按 Arrhenius 关系不得直线，也可能是速控步骤随温变发生变化；其次，在解离吸附情况下，吸附热可能为负，吸附平衡常数的温度系数具有正值；再则，对双曲线式模型的参数的估算有相当大的不确定性。

为了了解反应可能遵循什么机理，其控制步骤是什么，常需要特定的方法与知识，下面介绍几种研究机理的动力学方法。

1. 压力检定法

该法是由 Hougen 和 Yang 提出的[13]。

由于反应机理不一样，有时使反应速率对反应物压力的依赖关系不同。因此，若从实验上观测到速率与反应物压力的不同关系，可以帮助判断反应的可能机理模型。如对

$$A + B \longrightarrow C$$

这样的反应，存在着 Langmuir-Hinshelwood 机理和 Rideal 机理，那么我们如何去判断是哪一种呢？

首先确定实验条件如下：

1）让 A，B 的分压保持相同，因此

$$P_A = P_B = \frac{1}{2} P_t$$

其中，P_t 代表体系的总压力。

　　2）让转化率趋于零，速率即为初始速率 r_0。

　　如果反应按 Langmuir-Hinshelwood 机理进行，表面反应为速控步骤，按本章第二节的方法可以推出以下关系

$$r_0 = \frac{aP_t^2}{(1 + bP_t)^2}$$

按此式，r_0 与 P_t 的关系有如图 4.5（a）所示曲线的形状。

　　如果按 Langmuir-Hinshelwood 机理进行，A 的吸附为速控步骤，则可推出

$$r_0 = \frac{a'P_t}{1 + b'P_t}$$

按此式，r_0 与 P_t 的关系有如图 4.5（b）中曲线的形状。

图 4.5　反应初速率与总压力的关系

　　如果按其他反应机理，比如 C 的脱附为速控步骤，或以 Rideal 机理进行时，r_0 与 P_t 的关系又是另外的形式，但这些形式就是专有的，这里就不再介绍。

2. 程序升温技术

　　程序升温技术（temperature programmed technique）包括程序升温脱附（TPD）、程序升温反应（TPR）［如氧化（TPO）、还原（TPR）等］，是自 Langmuir 以来实验动力学的重要发展之一，是研究表面活性中心性质、吸附及反应的重要技术，在催化研究中有广泛的应用。下面以程序升温脱附（TPD）为例简介其原理和应用[14~16]。

　　当吸附某种分子的催化剂被等速升温加热到足够高温度，使得一部分分子获得的热动能等于或大于脱附能时，就发生热脱附过程。随着温度的升高，则脱附活化能最低的分子先脱附，接着逐步脱附活化能高的分子。脱附分子的信号被检测器记录，并与温度作图得脱附谱。

　　从 TPD 谱的峰位、峰数和峰面积可以推测吸附物种的种数和数量，作出吸附强弱和多少的比较。如在酸催化中，用程序升温脱附研究酸中心时，即是以脱附温度表征酸的强度。

从 TPD 谱常常还可以通过下面的热脱附动力学方程求出一些动力学参数。

假定线性升温，$T = T_0 + \beta t$，T_0 为起始温度；β 为升温速率；t 为升温时间。

对于 n 级脱附，速率的一般式为

$$-\frac{\mathrm{d}\sigma}{\mathrm{d}t} = k_\mathrm{d}\sigma^n \tag{4.28}$$

其中，σ 为表面分子覆盖密度；$k_\mathrm{d} = A_\mathrm{d}\exp(-E_\mathrm{d}/RT)$，$k_\mathrm{d}$ 和 A_d 分别代表脱附速率常数和指前因子。

为了简化推导，常假定无扩散效应，催化剂表面吸附为理想吸附模型，脱附中不发生再吸附和一种状态变为另一种状态的过程。这样从（4.28）出发，对于一级脱附，得下面方程

$$\frac{E_\mathrm{d}}{RT_\mathrm{M}^2} = \frac{A_1}{\beta}\exp(-E_\mathrm{d}/RT_\mathrm{M}) \tag{4.29}$$

其中，T_M 为脱附峰极大值对应的温度。

对（4.29）式取对数，得

$$2\ln T_\mathrm{M} - \ln\beta = \frac{E_\mathrm{d}}{RT_\mathrm{M}} + \ln\frac{E_\mathrm{d}}{RA_1} \tag{4.30}$$

这样，实验时可以不同的升温速率脱附，得到对应的一组 T_M，以 $(\ln T_\mathrm{M} - \ln\beta)$ 对 $\frac{1}{T_\mathrm{M}}$ 作图，从直线的斜率和截距可以分别得到脱附活化能 E_d 和指前因子 A_1。（4.29）还表明，β 为恒定值，T_M 与初始覆盖度 σ_0 无关，这是一级脱附动力学的一个特征。

对于二级脱附，同样可以得到

$$\frac{E_\mathrm{d}}{RT_\mathrm{M}^2} = 2\frac{A_2}{\beta}\sigma_\mathrm{M}\exp(-E_\mathrm{d}/RT_\mathrm{M}) \tag{4.31}$$

σ_0 和 σ_M 分别为起始和 T_M 温度时的覆盖度。利用 $\sigma_\mathrm{M} \approx \frac{\sigma_0}{2}$，并对（4.31）式取对数，得

$$2\ln T_\mathrm{M} - \ln\beta = \frac{E_\mathrm{d}}{RT_\mathrm{M}} + \ln\frac{E_\mathrm{d}}{RA_2\sigma_0} \tag{4.32}$$

可以看出，与一级不同，现在 T_M 与初始覆盖度 σ_0 有关，T_M 随初始覆盖度 σ_0 不同而移动。这样，通过改变 σ_0，看 T_M 是否移动，可以作出吸附级次的推测。

必须要注意的是，上面关于热脱附动力学的讨论是对理想情况而言，实际的催化剂情况要复杂得多，实验上有时得不到清晰可识别的曲线，这样也就很难得到相关的动力学参数。常常在金属催化剂的闪脱研究中会获得满意的结果。无论如何，TPD 谱的峰位、峰数和峰面积信息的获得和比较都是重要的，如果把 TPD 的结果与其他表面技术结合起来，常常会获得吸附物种类型、表面吸附键

性质等重要信息。

3. 过渡应答法

过渡应答法（transient response method）是 20 世纪六七十年代发展起来的一种研究多相催化反应动力学和机理的新技术。这里对其基本原理作一简单介绍[17]。

对一个达到稳定态的反应体系进行某种扰动，如温度、压力的扰动，但最方便的是浓度的阶跃变化，然后收集该体系在向新的定态过渡时所显示的各种应答信号。当机理不同时，应答信号不同，所以通过对应答信号的分析可以获取有关反应动力学和机理的知识。

实验是在无传质和传热控制的条件下进行，为了使获得的数据易于处理和解释，通常选用理想流动模式的微分反应器和无梯度循环反应器，用大量惰性气体稀释气体，以恒流速通过催化剂床层，采用四通阀实现对反应物或产物的阶跃切换，常常用快速和灵敏的质谱或色谱等仪器记录阶跃产生的过渡应答信号。

假定反应

$$A + B \longrightarrow C$$

其机理为

$$\left. \begin{array}{ll} \text{I.} & A + * \underset{k_{-I}}{\overset{k_I}{\rightleftharpoons}} A* \\ \text{II.} & A* + B \underset{k_{-II}}{\overset{k_{II}}{\rightleftharpoons}} C* \\ \text{III.} & C* \underset{k_{-III}}{\overset{k_{III}}{\rightleftharpoons}} C + * \end{array} \right\} \tag{4.33}$$

这里只讨论反应物阶跃变化的情况。通过实验我们可以看到，反应物的变化对应答曲线的影响与机理有关。

1）先讨论进料中只有 A，没有 B 组分的情况。即反应物 A 阶跃对反应物 A 应答曲线的影响，这种情况通常也简单表示为 A-A 应答。在体系达稳定态时，若令 A 的浓度发生阶跃，可能产生两种后果：一是体系立即达到新的稳定态，这表明催化剂对 A 的吸附已达饱和，A 不能再吸附；二是体系不能立即达到新的稳定态，存在时间过渡态，这表明在过渡时间内 A 不是发生了吸附就是发生了脱附。当反应器入口处 A 的浓度由零阶跃至 C'_{A_0} 后，出口处 A 的浓度从零沿曲线 I 升至 C'_{A_0}（见图 4.6），经过的时间为 t_3。出口处 A 的浓度之所以未即刻达到 C'_{A_0}，是因为催化剂吸附 A。从 $t = 0$ 到 $t = t_3$ 这段时间内，催化剂上 A 的吸附增量值为

$$V_A = \int_0^{t_1} (C'_{A_0} - C_A) F_V \, dt$$

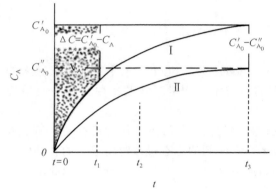

图 4.6　反应物-反应物的应答

其中，F_V 为物料的体积流率。这个增值由图中阴影的面积表示，在 t_1 时间，A 可在催化剂上继续吸附，可继续吸附的 A 量为

$$V'_A = \int_{t_1}^{\infty} (C'_{A_0} - C_A) F_V \, dt$$

并且还得出，在 t_1 时，A 的净吸附速率为

$$r_a = (C'_{A_0} - C_A) F_V$$

2）进料中除组分 A 外，尚有组分 B。当入口处 A 的浓度突然升高，只能发生一种情况，即体系呈现时间过渡态。出口处 A 浓度沿曲线 Ⅱ 逐渐变至 C''_{A_0}。由于 A 在步骤 Ⅱ 中被消耗，使曲线 Ⅱ 处于 Ⅰ 的下方。达稳定态后，A 的净吸附速率与表面反应的净速率相等。在过渡时间内，下式

$$\int_0^{t_1} (C'_{A_0} - C_A) F_V \, dt$$

将不再代表 A 的吸附量。

现在讨论反应物 A 阶跃对产物 C 应答曲线的影响。这种情况简称 A－C 应答，如果 A 发生阶跃，产物 C 在瞬间达到稳定态，则表明在反应途径上任何一种中间物的吸附或脱附在动力学上都是不重要的，表面反应起速控步骤作用。在多数情况下，反应物—产物应答都不是即时的，表现出时间过渡态。如果 A，B 同时发生浓度阶跃到零，产物 C 的浓度将沿图 4.7 中的 Ⅰ 或 Ⅱ 两曲线逐渐过渡到零。表面反应没有逆过程时为曲线 Ⅰ，阴影面积 V 代表在 t_1 时催化剂上残留的 C 的吸附量。t_1 时的净脱附速率为 αF_V。表面反应有逆过程时则得曲线 Ⅱ。曲线 Ⅱ 低于 Ⅰ，是因为在 Ⅱ 情况下，处于吸附态的 C 有两条途径消耗，一是脱附进入尾气流，二是根据反应 Ⅱ 变回到 A＊和 B，因而在同一时间反应器出口处 C 的浓度在 Ⅱ 情况下比在 Ⅰ 情况下低。

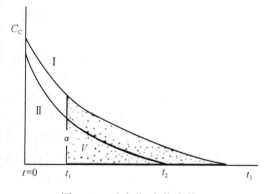

图 4.7　反应物-产物应答

为了验证对实验结果的解释，可先按某一机理设定不同的速率常数，计算出过渡应答曲线，然后将实验上的应答曲线与计算应答曲线对比，去反推机理。图 4.8 即是根据机理（4.33）设定许多

k 后算出的产物应答曲线。这里用压力代表浓度。图中 α 表示阶跃前的定态，反应物料由 0.2atm 的 A 和 0.8atm 的 He 组成，β 表示引入 0.2atm 的 B 造成的阶跃之后 C 的应答。

曲线 Q 表示 $k_I \approx k_{III} \gg k_{II}$ 的情况。S 组曲线表示 k_I 较高，k_{II} 渐近于 k_{III} 的情况。R 组曲线表示 k_I 很小的情况，这时 P_C 很快上升，后来由于反应

$$B + A* \longrightarrow C*$$

消耗了 A *，而且补充不及时，所以 C 的应答曲线在达到一极大值后随时间逐渐降低。R_1 到 R_3 显示了 k_{II} 数值对 C 应答的影响。

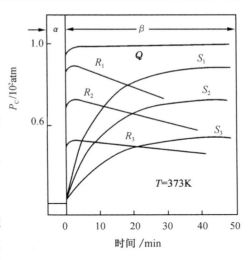

图 4.8　反应物-产物应答曲线（计算）

此外，还有让产物产生阶跃而观察反应物和产物应答的产物-反应物应答和产物-产物应答，从中可以获取其他机理方面的信息。

五、扩散与反应

上面关于动力学的讨论都是以扩散不是速控步骤为条件的。当扩散成为速控步骤时，对气固多相催化反应来说，扩散对反应动力学将产生较大影响。在多相催化中，一般考虑内、外两种扩散。外扩散，是指发生在催化剂颗粒外部，反应物自气流主体穿过颗粒外的一层气膜转移至颗粒外表面上的扩散，产物则经历相反的过程。内扩散，是指发生在催化剂颗粒内部，反应物自外表面孔口处向孔内转移的扩散，产物则相反，自孔内向孔口、孔外扩散。内、外扩散的驱动力都是浓度差。

（一）扩散对反应动力学的影响

当外扩散的阻力很大，它就成为速控步骤，这时总过程的速率将取决于外扩散的阻力。这种情况就称为反应在外扩散区进行。此时，由于在催化剂的外表面发生反应，不断消耗反应物，使其在气流主体与催化剂外表面间形成一层扩散层或气膜，层间有较大的浓度差，无均相反应，其间只有扩散，所以浓度梯度沿膜的厚度是均匀变化的。这样，反应物自气流主体向催化剂外表面扩散的速率可以用 Fick 定律方程表示：

$$r_{\text{dif}} = D\left(\frac{C_0 - C_s}{L}\right)$$

其中，D 为扩散系数，L 为扩散层的厚度，C_0 和 C_s 分别为反应物在气流主体内和外表面上的浓度。

因为外扩散成为速控步骤，扩散速率代表总反应速率，从上式可以看出，在外扩散区进行的反应，其反应的级数与传质过程的级数一致，均为一级过程，与表面反应的级数无关。所得到的表观活化能与反应物的扩散活化能相近，约在 $4 \sim 12 \text{ kJ/mol}$。

随着线速的提高，气流的湍流程度增加，从而使包围在催化剂颗粒外表面的气膜变薄，这也导致扩散系数增加，以致使总反应速率加快。

在动力学研究中，常利用气流线速对总反应速率的这种强烈影响作为判别外扩散是否成为速控步骤的主要依据。

（二）内扩散对反应动力学的影响

固体催化剂多为多孔材料，具有很大的内表面。反应物分子主要以扩散方式进入孔中，根据分子自身间的碰撞、分子与孔壁间碰撞的关系，内扩散可以分为体相扩散与 Knudson 扩散两种方式。此外还有一种特殊的扩散——构型扩散。反应物进入孔的机理不同，它们的浓度在孔中的分布也不同，对反应速率及速率参数也将产生不同的影响。

1. 体相扩散

体相扩散又称容积扩散。当固体的孔径很大，气体十分浓密，气体分子间的碰撞数远大于气体分子与孔壁的碰撞数，这时发生的扩散即为体相扩散。在一个大气压下分子的平均自由行程约为 10^2 nm，这样当固体的孔径大于 10^3 nm 时，分子的扩散速率将与孔径无关。

描述扩散速率使用 Fick 第一定律。对一维的扩散，Fick 定律给出扩散速率为

$$r_{\text{dif}} = \frac{dN}{dt} = -DS\frac{dC}{dx}$$

其中，D 为扩散系数，S 为发生扩散的面积，dC/dx 为 x 方向上扩散物的浓度梯度，负号表示扩散指向浓度减少的方向。根据气体动力论，发生体相扩散的扩散系数 D 为

$$D = \frac{1}{3}\overline{v}\lambda \tag{4.34}$$

其中，$\overline{v}$ 为气体分子的平均速率，λ 为气体分子的平均自由程，

$$\lambda = \frac{0.707}{\pi \sigma^2 C_T}$$

其中，σ 是分子的直径，C_T 为总浓度（或总压力）。D 与气体压力成反比。

体相扩散发生在多孔催化剂上时，由于孔结构的影响，扩散系数要修正。修正后的扩散系数称有效扩散系数 D_{eff}，它与扩散系数的关系为

$$D_{eff} = \frac{D\theta}{\tau}$$

其中，θ 为孔隙率。引入 θ 表明在多孔颗粒情况下的扩散应该是没有催化剂存在时的扩散的一个分数。对许多实用催化剂而言，θ 值一般在 0.3～0.7 之间。τ 为弯曲因数，引入 τ 是对孔道弯曲造成的阻力所作的校正，其值一般在 2～7 之间。

2. Knudson 扩散

当孔径很小，气体稀薄时，分子与孔壁的碰撞数远大于分子自身的碰撞数，这时发生的扩散称为 Knudson 扩散。在孔径明显小于分子的平均自由行程 10^2 nm 时，一些在中等压力下的气体反应就发生这种情况。描述这种扩散的速率仍然使用 Fick 第一定律，但扩散系数采用 Knudson 扩散系数 D_K，从气体分子运动论得

$$D_K = \frac{2}{3}\bar{v}r \tag{4.35}$$

其中，r 为孔的半径。当 r 具有一定分布时，r 取平均值。从上式看出，在发生 Knudson 扩散时，扩散系数与孔径成正比，与压力无关。

在多孔催化剂情况下，Knudson 扩散系数修正为

$$D_{K,eff} = \frac{D_K \theta}{\tau_m}$$

这类似体相扩散情况，其中 τ_m 表示由平均孔径算得的弯曲因数。

扩散系数除经实验测得外，也可用下面的半经验公式计算

$$D = \frac{1}{3}\bar{v}\lambda \left[1 - \exp\left(-\frac{2r}{\lambda}\right) \right] \tag{4.36}$$

该公式考虑到两种扩散及两种扩散间的过渡情况（100～1000nm）。当 r 比 λ 小得多得多时，（4.36）式还原为（4.35）式，即 Knudson 扩散情况。当 r 比 λ 大得多得多时，（4.36）式还原为（4.34）式，即为容积扩散情况。

3. 构型扩散

当分子的大小与孔道相近，这时发生构型扩散。因为沸石分子筛的孔直径多在 1nm 以下，与分子的动力直径接近，因而在沸石分子筛中常发生这样的扩散。构型扩散的速率很慢。比如沸石内的扩散系数大约在 10^{-11} cm^2/s 以下，而液体

容积扩散系数为 $10^{-1}\,cm^2/s$，气体的 Knudson 扩散系数在 $10^{-3}\,cm^2/s$ 左右。扩散系数小，意味着扩散活化能高，因而构型扩散的活化能比其他两种扩散的活化能高很多。关于孔径对扩散的影响可从图 4.9 得到说明。

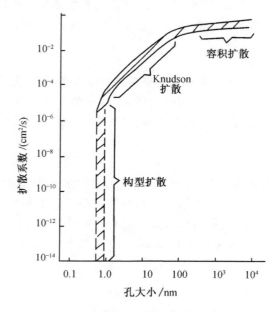

图 4.9　孔径大小对扩散系数的影响

在构型扩散区，分子的构型对扩散有举足轻重的影响。表 4.5 显示具有不同分支度的石蜡烃和烯烃扩散系数的变化。

表 4.5　一些烃分子在 ZSM-5 分子筛内的扩散系数[12]

烃分子	温度/K	扩散系数 $D/(cm^2/s)$
1,3,5-三甲基苯	623	10^{-12}
邻二甲苯		10^{-12}
对二甲苯		$\geqslant 10^{-7}$
乙烷，丙烷，水	293	$\geqslant 10^{-5}$
3,3-二甲基-1-丁烯	811	7×10^{-8}
2,2-二甲基丁烯		2×10^{-8}
2,2-二甲基庚烷		3×10^{-8}
3-甲基戊烷		4×10^{-5}
正己烯		5×10^{-4}

由于扩散系数的不同而影响反应的进行。如实验上发现烷烃异构体在 ZSM-5 分子筛内的裂解速率有以下顺序：正庚烷＞2-甲基己烷＞二甲基戊烷。这说明分子构型不同时，将通过扩散的差别而影响反应速率。

当沸石类型固定时，在同系物间，随着分子大小的增加，扩散活化能也增加。在沸石内，一个方向上的扩散流明显受到逆向扩散流的阻碍，而在 Knudson 扩散时，相向运动的分子流相互独立互不干扰。沸石内的扩散系数还与下列因素有关：沸石中阳离子的类型、孔道中的杂质、反向扩散分子的大小和极性。

在构型扩散区可用约束指数（C. I.）表征孔道的大小。这方面的内容将于第六章详述。

4. 圆柱孔内的反应速率——Thiele 理论

在孔外，反应物分子从气流主体向外表面扩散是单纯的相间传质过程，外扩散与外表面上的反应是首尾相接的连续过程。在孔内则不然，可发生两种情况：第一种情况，当孔径很大，表面反应很慢，为速控步骤时，大部分反应物有足够时间在反应之前就可以达到孔内各处。催化剂的内表面对于催化反应的发生都是有效的，孔内表面利用充分。表观反应速率与表面反应速率接近；第二种情况，当孔径很小，表面反应很快，表面反应受内扩散的影响，反应物进入孔口内，除了在附近的孔壁上反应还向孔内更深处扩散，孔内表面没有充分利用。

在孔内，由于扩散的影响，致使反应物浓度沿孔的长度产生某种分布。Thiele 曾提出一种理论，定量描述圆柱孔内的这种分布，通过这种分布可以看到扩散对反应产生怎样的影响。以下介绍 Thiele 的理论[6]。

设有一圆柱孔，半径为 r，长度为 $2l$，孔的长度变量为 x，对应 x 处的空间反应物浓度为 C，两端孔口处压力相等，浓度均为 C_0，反应物自孔口向孔内扩散，扩散系数为 D，扩散的同时反应物在相应的孔壁上反应，因圆柱孔左右对称，所以当 $x = l$ 时，浓度梯度为零，参见图 4.10。

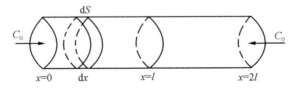

图 4.10　圆柱孔模型

首先讨论一个一级反应的反应物浓度在孔中分布的情况。在孔内取一个从 x 到 $x+\mathrm{d}x$ 的体积元，由 x 到 $x+\mathrm{d}x$ 引起的扩散速率变化为

$$- \pi r^2 D \left(\frac{\mathrm{d}C}{\mathrm{d}x}\right)_x + \pi r^2 D \left(\frac{\mathrm{d}C}{\mathrm{d}x}\right)_{x+\mathrm{d}x} = \pi r^2 D \frac{\mathrm{d}^2 C}{\mathrm{d}x^2}\mathrm{d}x \tag{4.37}$$

在定态，这一变化应等于该体积元内孔壁上表面反应的速率，孔壁面积 $\mathrm{d}S = 2\pi r\mathrm{d}x$。则

$$\pi r^2 D \frac{\mathrm{d}^2 C}{\mathrm{d}x^2}\mathrm{d}x = k_1 C \cdot 2\pi r \mathrm{d}x \tag{4.38}$$

其中，k_1 为一级反应速率常数。由（4.38）式得

$$\frac{\mathrm{d}^2 C}{\mathrm{d}x^2} = \frac{2k_1}{rD}C \tag{4.39}$$

令 $\lambda = (2k_1/rD)$，则上式化为

$$\frac{\mathrm{d}^2 C}{\mathrm{d}x^2} = \lambda C \tag{4.40}$$

解该微分方程，求反应物浓度 C 沿孔长度 x 的变化关系。

设（4.40）式之通解为

$$C = C_1 e^{\sqrt{\lambda}x} + C_2 e^{-\sqrt{\lambda}x} \tag{4.41}$$

利用边界条件

$$x = 0,\ C = C_0$$

$$x = l,\ \frac{\mathrm{d}C}{\mathrm{d}x} = 0$$

得

$$C_0 = C_1 + C_2$$

$$C_1 e^{\sqrt{\lambda}l} - C_2 e^{-\sqrt{\lambda}l} = 0$$

再令 $\sqrt{\lambda}l = h_1$，称 h 为 Thiele 模数，下标 1 表示一级反应，于是

$$C_1 = \frac{C_0 e^{-h_1}}{e^{h_1} + e^{-h_1}}$$

$$C_2 = \frac{C_0 e^{h_1}}{e^{h_1} + e^{-h_1}}$$

将 C_1，C_2 代入（4.41），得

$$C = C_0 \left[\frac{e^{h_1\left(1-\frac{x}{l}\right)} + e^{-h_1\left(1-\frac{x}{l}\right)}}{e^{h_1} + e^{-h_1}} \right] \tag{4.42}$$

$$\frac{C}{C_0} = \frac{e^{h_1\left(1-\frac{x}{l}\right)} + e^{-h_1\left(1-\frac{x}{l}\right)}}{e^{h_1} + e^{-h_1}} \tag{4.43}$$

其中，x/l 为孔的相对长度。利用上式，先设定 $h_1 = 1$，2，3，…，然后求出不同相对长度上的 C/C_0 值。将 C/C_0 值与 x/l 对画即得图 4.11。

从图 4.11 看出，h 值的大小对反应物浓度沿孔长度的变化影响非常大，

$$\because \qquad\qquad h_1 = \sqrt{\lambda}l, \lambda = \frac{2k_1}{rD}$$

$$\therefore \qquad\qquad h_1 = l\sqrt{\frac{2k_1}{rD}}$$

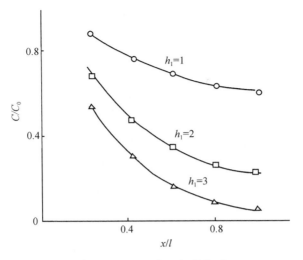

图 4.11　C/C_0 与 x/l 的关系

h_1 的数值大小反映出扩散的阻力大小，它代表的是反应速率、孔宏观结构和扩散的综合影响。在扩散系数 D 一定的情况下，当 h_1 小时（k 很小，r 很大），孔内反应物浓度变化较平，反应物沿孔长度消耗较慢，这时扩散阻力小；当 h_1 大时（k 很大，r 很小），情况相反，孔内反应物的变化很陡，即沿孔长度反应物消耗很快，扩散阻力大。

下面求半孔内的反应速率 $r_{1/2}$。反应达稳定态后，根据物料平衡条件，半孔内的反应速率 $r_{1/2}$ 等于反应物从孔口扩散入孔内的速率减去从 $x=l$ 截面扩散出去的速率，由于在 $x=l$ 处，$\left(\dfrac{\mathrm{d}C}{\mathrm{d}x}\right)_{x=l}=0$ 所以，$r_{1/2}$ 等于反应物从孔口扩散入孔内的速率

$$r_{1/2} = -\pi r^2 D \left(\frac{\mathrm{d}C}{\mathrm{d}x}\right)_{x=0}$$

对一级反应，应用（4.40）式得

$$\frac{\mathrm{d}C}{\mathrm{d}x} = -\frac{C_0 h_1}{l}\left[\frac{e^{h_1\left(1-\frac{x}{l}\right)} - e^{-h_1\left(1-\frac{x}{l}\right)}}{e^{h_1} + e^{-h_1}}\right]$$

$$\therefore \qquad \left(\frac{\mathrm{d}C}{\mathrm{d}x}\right)_{x=0} = -\frac{C_0 h_1}{l} \cdot \frac{e^{h_1} - e^{-h_1}}{e^{h_1} + e^{-h_1}}$$

其中，$\dfrac{e^{h_1} - e^{-h_1}}{e^{h_1} + e^{-h_1}}$ 为双曲正切函数，以 $\tanh(h_1)$ 表示，所以

$$r_{1/2} = \pi r^2 D \frac{C_0 h_1}{l} \tanh(h_1) \qquad (4.44)$$

或写成

$$r_{1/2} = \pi r \sqrt{2k_1 r D}\, C_0 \tanh(h_1) \qquad (4.45)$$

现在考察孔内表面的利用情况。定义表面利用分数 F，它表征孔内表面利用的程度，

$$F = (r_{1/2}/r_0) \qquad (4.46)$$

其中，$r_{1/2}$ 代表半个孔内有扩散存在时的反应速率；r_0 代表半个孔内无扩散即相当于孔内壁完全暴露于 C_0 下时的反应速率，

$$r_0 = 2\pi r l k_1 C_0 \qquad (4.47)$$

将（4.44）与（4.45）两式代入（4.46）式，

$$F = \frac{r_{1/2}}{r_0} = \frac{1}{h_1}\tanh(h_1) \qquad (4.48)$$

至此我们看到，F 的大小取决于 h_1。双曲函数 $\tanh(h)$ 具有这样的性质：当 h 很小时（<0.2），$\tanh(h) \approx h$；当 h 较大时（≥2），$\tanh(h) \approx 1$。现在，我们讨论两种极端情况：

（1）当 h_1 很大时（快反应、小孔径）

$$r_{1/2} = \pi r^2 D \frac{C_0}{l} l \sqrt{\frac{2k_1}{rD}} = \pi r \sqrt{2k_1 r D C_0} \qquad (4.49)$$

$$F = \frac{1}{h_1} \qquad (4.50)$$

F 的值很小，说明由于内扩散影响使表面利用率很低，h 越大，表面利用率越低。这里，$r_{1/2} \propto \sqrt{k_1}$，亦即当 h_1 较大时，使表观反应速率与真实反应速率常数的 $\frac{1}{2}$ 次方成正比。

（2）当 h_1 很小时（慢反应、大孔径）

$$r_{1/2} = \pi r^2 D C_0 \frac{h_1^2}{l} = 2\pi r k_1 l C_0 \qquad (4.51)$$

$$F = 1$$

此时 $r_{1/2} = r_0$，表明内扩散基本没有影响，表面利用分数达到最大。这里 $r_{1/2} \propto k_1$，即表观反应速率与真实反应速率常数的一次方成正比，与正常的表面反应情况相同。

当 h_1 不大不小，即过渡孔情况要用（4.48）式计算 F，不作近似处理。F 随 h 的变化示于图 4.12，其中的曲线 A 属于上述的一级反应情况。上面我们讨论了在半孔中的一级反应速率和 F，对其他级次的反应也可以作类似的处理[8]，这里将其结果一并列在表 4.6 和图 4.12 中。

总之，不论是几级反应，一般来说，模数越大，内扩散阻力越大时，内表面的利用系数越低。从图 4.12 也可以看出，反应级次越高，内扩散影响也越大。通过 F 的大小可以判明内扩散阻滞作用的程度，它是指导催化剂宏观结构设计的依据。

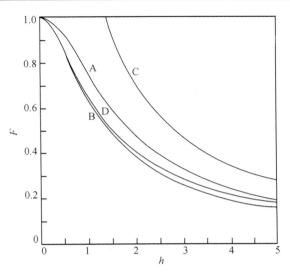

图 4.12　F 随 h 的变化

A. 单圆柱孔一级反应；B. 单圆柱孔二级反应；C. 单圆柱孔零级反应；D. 球形颗粒一级反应

表 4.6　孔中不同级次反应的速率、模数和表面利用率

反应级次	$r_{1/2}$		h	F	
0	$2\pi r l k_0$	$(h_0 \leqslant \sqrt{2})$	1	1	$(h_0 \leqslant \sqrt{2})$
	$\sqrt{2}\pi r\ \sqrt{2rDk_0}C_0^{\frac{1}{2}}$	$(h_0 > \sqrt{2})$	$l\sqrt{\dfrac{2k_0}{rDC_0}}$	$\dfrac{\sqrt{2}}{h_0}$	$(h_0 > \sqrt{2})$
1	$\pi r\tanh(h_1)\ \sqrt{2rDk_1}C_0$		$l\sqrt{\dfrac{2k_1}{rD}}$	$\dfrac{1}{h_1}\tanh(h_1)$	
				$1\quad(h_1 < 0.2)$	
				$\dfrac{1}{h_1}\quad(h_1 > 0.2)$	
2	$\sqrt{\dfrac{2}{3}}\pi r\sqrt{1-\left(\dfrac{C_1}{C_0}\right)^3}\ \sqrt{2rDk_2}C_0^{\frac{3}{2}}$		$l\sqrt{\dfrac{2k_2C_0}{rD}}$	$\dfrac{1}{h_2}\sqrt{\dfrac{2}{3}\left[1-\left(\dfrac{C_1}{C_0}\right)^3\right]}$	
				$\dfrac{1}{h_2}\sqrt{\dfrac{2}{3}}\ \ (C_1 \ll C_0)$	
球形颗粒 1	$4\Phi_s\pi RD_{eff}C_0\left[\dfrac{1}{\tanh(\Phi_s)}-\dfrac{1}{\Phi_s}\right]$		$\Phi_s = R\sqrt{\dfrac{kv}{D_{eff}}}$	$\dfrac{3}{\Phi_s}\left[\dfrac{1}{\tanh(\Phi_s)}-\dfrac{1}{\Phi_s}\right]$	

5. 任意形状颗粒催化剂的反应速率

设反应在任意形状颗粒的催化剂上进行，且为一级，现考察内扩散对反应的影响。

由 (4.44) 式知半单圆柱孔内的一级反应速率为

$$r_{1/2} = \pi r^2 D \frac{C_0}{l} h_1 \tanh(h_1)$$

若 N 代表一个颗粒上的孔口数目，则在一个颗粒上的反应速率

$$r_p = N r_{1/2}$$

若一个颗粒的外表面积为 s_x，单位外表面上的孔口数为 n_p，则

$$r_p = s_x n_p \pi r^2 D \frac{C_0}{l} h_1 \tanh(h_1)$$

由第三章知，$n_p = (\theta / \sqrt{2} \pi r^2)$

所以

$$r_p = \frac{s_x \theta}{l \sqrt{2}} D C_0 h_1 \tanh(h_1)$$

若以 N_p 代表单位体积催化剂所含的颗粒数，则单位体积内的反应速率

$$r_B = N_p r_p$$

已知

$$N_p = \frac{\rho_B}{V_p \rho_p}$$

其中，ρ_B 为堆密度，V_p 为一个颗粒的体积，ρ_p 为颗粒密度，所以

$$r_B = \frac{\rho_B s_x \theta}{V_p \rho_p l \sqrt{2}} D C_0 h_1 \tanh(h_1) \qquad (4.52)$$

从第三章知，$\theta = V_g \rho_p$，$l = \sqrt{2} \dfrac{V_p}{s_x} = \dfrac{\sqrt{2} d_p}{6}$

代入（4.52）中，最后得

$$r_B = \frac{1}{2} \left(\frac{s_x}{V_p} \right)^2 \rho_B V_g D C_0 h_1 \tanh(h_1) \qquad (4.53)$$

$$= \frac{1}{2} \left(\frac{6}{d_p} \right)^2 \rho_B V_g D C_0 h_1 \tanh(h_1) \qquad (4.54)$$

$$= \frac{18}{d_p^2} \rho_B V_g D C_0 h_1 \tanh(h_1) \qquad (4.55)$$

以上是单位体积任意形状颗粒催化剂上的反应速率的三种表达式。从（4.55）式可以看出，在有内扩散的影响下，表观反应速率与颗粒大小成反比，这一点成为排除内扩散方法的有力依据。

当 h_1 很小，因 $\tanh(h_1) \approx h_1$，则由（4.53）导出

$$r_B = k_1 \rho_B S_g C_0 = k_1 S C_0 \qquad (4.56)$$

其中，$S = \rho_B S_g$，S 是单位体积催化剂所含的总面积。从（4.56）式看出，这时单位体积催化剂的反应速率相当于催化剂表面完全暴露于 C_0 下的反应速率，即是无扩散的情况。此时，反应速率的大小除了与反应物浓度成正比外，还与表

面积大小成正比。因而，提高反应物浓度，增加活性表面积是提高反应速率的两个因素。

当 h_1 较大，$\tanh(h_1) \approx 1$，则可导出

$$r_B = \frac{6}{\sqrt{2}d_p}\rho_B \sqrt{k_1 D V_g S_g} C_0$$

可以看出，在有内扩散的影响的情况下，观察到的速率与颗粒大小成反比。除此之外，还可以看到，因扩散类型不同，影响反应速率的宏观结构因素也不同。对于容积扩散，扩散系数与孔径无关，反应速率与比表面积和比孔容平方根成正比。对 Knudson 扩散，扩散系数 D_k 与平均孔半径 $\bar{r}$ 成正比，而 $\bar{r} = \frac{2V_g}{S_g}$，所以反应速率与比表面积 S_g 无关，而与比孔容成正比。

6. 球形颗粒中的反应速率[7]

实际中常遇到球形颗粒催化剂，对于此种颗粒内的速率方程可不从单个圆柱孔出发，而从圆球整体出发导出。

如图 4.13 所示，一球形颗粒半径为 R，从 r 至 $r+\delta r$ 的球壳为一体积元。由于扩散反应物穿过该球壳层并在其中反应，因而被部分消耗。如果球壳表面上孔所占的面积分数为 θ，那么反应物扩散通过壳层后的变化量为

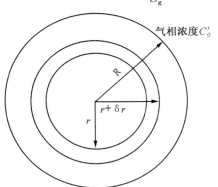

图 4.13　球形颗粒催化剂中的
扩散和反应

$$-4\pi r^2 \theta D \left(\frac{dC}{dr}\right)_r + 4\pi(r+\delta r)^2 \theta D \left(\frac{dC}{dr}\right)_{r+\delta r} =$$

$$-4\pi r^2 \theta D \left(\frac{dC}{dr}\right)_r + 4\pi(r+\delta r)^2 \theta D \cdot \left[\left(\frac{dC}{dr}\right)_r + \left(\frac{d^2 C}{dr^2}\right)\delta r\right] =$$

$$4\pi r^2 D_{eff} \frac{d^2 C}{dr^2}\delta r + 8\pi r D_{eff} \frac{dC}{dr}\delta r$$

推导中略去了含有 $(\delta r)^2$ 和 $(\delta r)^3$ 项，因为它们很小。$D_{eff} = \theta D$，是有效扩散系数。假定反应为一级，球壳中的表面积为 $4\pi r^2 \delta r S_V$，S_V 为单位体积催化剂的面积。在定态，球壳中扩散量的变化量应等于球壳中的反应量

$$4\pi r^2 D_{eff} \frac{d^2 C}{dr^2}\delta r + 8\pi r D_{eff} \frac{dC}{dr}\delta r = 4\pi r^2 S_V k_1 C \delta r$$

或

$$\frac{d^2 C}{dr^2} + \frac{2}{r}\frac{dC}{dr} = \frac{S_V k_1 C}{D_{eff}} = \frac{k_V C}{D_{eff}} \tag{4.57}$$

其中，k_1 是单位表面速率常数，k_V（即 $S_V k_1$）是单位体积速率常数。令球形颗粒的 Thiele 模数为 $\Phi_s = R\sqrt{k_V/D_{\text{eff}}}$，则（4.57）式变成

$$\frac{\mathrm{d}^2 C}{\mathrm{d}r^2} + \frac{2}{r}\frac{\mathrm{d}C}{\mathrm{d}r} = \frac{\Phi_s^2}{R^2}C \tag{4.58}$$

已知边界条件是

$$r = R, \ C = C_0,$$
$$r = 0, \ \frac{\mathrm{d}C}{\mathrm{d}r} = 0$$

解微分方程（4.58），得

$$C = \frac{C_0 R \sinh\left(\dfrac{\Phi_s r}{R}\right)}{r \sinh \Phi_s}$$

与求单圆柱孔速率方程的方法相同，可得球形颗粒中的速率方程

$$r_s = 4\Phi_s \pi R D_{\text{eff}} C_0 \left[\frac{1}{\tanh \Phi_s} - \frac{1}{\Phi_s}\right] \tag{4.59}$$

如果孔性颗粒的内表面全暴露在浓度为 C_0 的反应物中，则反应速率为

$$r_0 = \frac{4}{3}\pi R^3 k_V C_0 \tag{4.60}$$

将（4.59）和（4.60）式相除，得出球形颗粒中一级反应的表面利用分数

$$F = \frac{3}{\Phi_s}\left[\frac{1}{\tanh \Phi_s} - \frac{1}{\Phi_s}\right]$$

F 和 Φ_s 的关系经换算为 F 与 h 的关系，表示如图 4.12 中的 D 线所示。

7. 内扩散对反应动力学参数的影响

内扩散不仅影响反应速率，还影响反应级次、反应速率常数和表观活化能等动力学参数。

（1）对反应级次的影响

从对表 4.5 中各级次反应速率表示式的比较可以看出，当扩散阻力大（$h > 2$）时，

$$r \propto \pi r \sqrt{2rDk_n} C_0^{\frac{n+1}{2}} \tag{4.61}$$

n 为真实反应级次。

对 Knudson 扩散而言，因为 D 与浓度无关，表观反应级数为 $(n+1)/2$，所以零级反应表现为表观 0.5 级反应，一级反应表现为表观一级，二级反应表现为表观 1.5 级反应。

对容积扩散，因为 $D \propto \dfrac{1}{C}$，所以表观反应级数为 $n/2$，零级反应的表观反应级次为零级，一级反应和二级反应的表观反应级次分别为 0.5 级和一级。

（2）对速率常数的影响

从（4.61）式可以看出，扩散阻力大时，表观速率常数与真实速率常数的 $1/2$ 次方成正比，这在前面讨论一级反应速率方程已经知道，扩散阻力小时，$r \propto k_1$，而扩散阻力大时，$r \propto \sqrt{k_1}$。

（3）对表观活化能的影响

因为 $k = A\exp\left(\dfrac{-E}{RT}\right)$，所以自然推论出：扩散阻力大时，表观活化能

$$E_{\text{app}} = \frac{1}{2}E$$

内扩散对反应速率各参数的影响列在表 4.7 中。

表 4.7　内扩散对反应速率参数的影响

速控步骤	反应级次	活化能	比表面	孔容
化学反应	n	E	S_g	无关
容积扩散	$n/2$	$E/2$	$\sqrt{S_g}$	$\sqrt{V_g}$
Knudson 扩散	$(n+1)/2$	$E/2$	无关	V_g

（三）温度对反应发生区间的影响

前面我们主要从模数 h 的角度讨论了内扩散对反应的影响，并强调了孔的宏观结构（如孔径、孔长）的作用，发现由于内扩散的影响，反应控制区发生了变化。我们知道，模数 h 是一个综合参数，其中的反应速率常数和扩散系数都是温度的函数，所以温度变化也会改变反应发生的区间。这种情况通常发生在具有孔径不大不小的过渡孔的催化剂中。随温度的变化可观察到三个反应区间的过渡：动力学区、内扩散区与外扩散区。

当温度低时，表面反应的阻力大，表观反应速率由真实反应速率决定，表观活化能等于真实反应活化能，这就是在动力学区进行反应的特征。参见图 4.14 中的线段 A。

随温度的升高，扩散系数缓慢增加，而表面反应速率常数按指数增加，内扩散阻力变大，此时表观活化能也逐渐降低，最后达到真实反应活化能的一半。这是反应在内扩散区进行的特征。参见图 4.14 中的线段 B。在内扩散区，由于通过孔的扩散与反应不是连续过程，而是平行的过程，即反应物一边扩散一边反应，因而总过程不是被一个单一的过程所控制。

第三个反应区域是外扩散区。当温度再升高，气流主体内的反应物穿过颗粒外气膜的阻力变大，反应的阻力相对变小，表观动力学与体相扩散动力学相近，表观活化能落在扩散活化能的数值范围（$4 \sim 12$ kJ/mol）内。反应表现为一级，而与真实反应动力学级数无关。

温度再升高，非催化的均相反应占主导地位，此即图 4.14 中的线段 D。

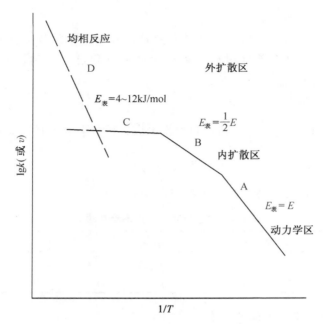

图 4.14　反应区间随温度的过渡

（四）扩散影响的识别和估计

用动力学方法研究反应机理要确保反应在动力学区进行。此外，为了实用目的而筛选催化剂时，也要在动力学区测定活性与选择性。因此，判明反应发生的区间，估计内外扩散的影响是十分必要的。

1. 外扩散阻滞效应的识别与估计

当外扩散成为速控步骤时，通常会产生以下一些现象。

1）随气流线速的增加，表观反应速率增加，或者，在保持空速或停留时间不变时，随气流线速的增加，反应物的转化率加大。实验中，通过改变催化剂的装入量，根据该量调整加入的反应物量，以保持物料的空速一致。由于反应物流量加大，气流的线速增加，同时测定各对应的转化率，以转化率对线速作图，如果提高气流线速引起转化率明显增加，说明外扩散的阻滞作用很大，反应可能发生在外扩散区；进一步提高线速，若转化率不变，则说明外扩散阻滞作用不大，已排除外扩散影响。这是催化研究中排除外扩散的重要判据（见图 4.15）。

2）随温度升高，反应物的转化率并不显著提高。

3）总反应过程表现为一级过程。

4）当催化剂量不变，但颗粒变小时，反应物的转化率略有增加。因颗粒变小，使外表面积增加，提高了外扩散速率。由于颗粒变小引起的面积增加并不显著，所以只有当粒度的变化幅度较大时才能观察到上述效应。

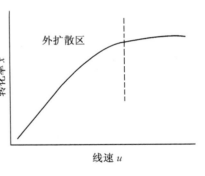

5）测定的表观活化能较低，在 $4 \sim 12 \text{kJ/mol}$。

2. 内扩散阻滞效应的识别与估计

图 4.15　转化率与线速的关系

反应在内扩散区进行时，可观察到以下一些现象。

1）从（4.55）式知，表观反应速率与颗粒大小成反比。实验上，在催化剂量不变的情况下，改变催化剂的粒度，随粒度变小，表观反应速率或者转化率明显增加，向动力学区过渡（见图 4.16）。

2）表观活化能接近于在低温测定的真实活化能的一半。

3）增加停留时间，表观反应速率不受影响，增加停留时间只是提高在动力学区进行的反应的速率。

用以上内、外扩散区各现象判断内、外扩散的效应时，若只以上述某一项现象的存在对扩散类型作出判别是不充分的，而应慎重和综合考虑，最好还用其他现象作为佐证。其中的线速效应常用于实验室排除外扩

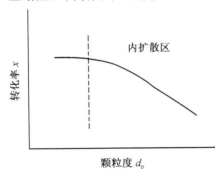

图 4.16　转化率与催化剂颗粒度的关系

散的判据，而其中改变粒度的实验常用于实验室排除内扩散的判据。

在催化剂研究中，常常需要对内扩散影响程度作定量估计，这里简介两种方法。

・方法 1

例如，对单位体积任意形状颗粒催化剂上的一级反应，其速率的表示式为

$$r_B = \frac{18}{d_p^2} \rho_B V_g D h_1 \tanh(h_1) C_0$$

其中，除 C_0 外，其余各常数归并为表观速率常数

$$k_{app} = \frac{18}{d_p^2} \rho_B V_g D h_1 \tanh(h_1)$$

对一般的一级反应，其速率常数等于

$$k_{app} = \frac{1}{\tau} \ln \frac{1}{1-x}$$

其中，τ 为停留时间，x 为转化率。将上式与前式比较，可求出

$$h_1 \tanh(h_1) = \frac{d_P^2}{18 D \rho_B V_g \tau} \ln \frac{1}{1-x}$$

此式右侧均为实验可测量，因而可求得 $h_1 \tanh(h_1)$。借助于 $h\tanh(h)\sim h$ 关系表，可从已知的 $h_1 \tanh(h_1)$ 的数值查出 h_1 的数值，再从 $F\text{-}h$ 图（图 4.12）求出表面利用分数 F。

• 方法 2

对球形颗粒催化剂，我们已经知道它的 Thiele 模数为

$$\Phi_s = R \sqrt{\frac{k_V}{D_{\text{eff}}}}$$

其中，k_V 是未知的。从表面利用分数定义知道，$F = r/r_0$。对于一级反应，无内扩散影响时的反应速率为

$$r_0 = k_V V_c C$$

其中，V_c 为催化剂体积。则 F 可以写成

$$F = \frac{r}{k_V V_c C}$$

则

$$\Phi_s^2 F = \frac{R^2 r}{D_{\text{eff}} V_c C} \tag{4.62}$$

这样就将速率常数消掉了，（4.62）式右边的数值都是实验中可测的，根据实验值算得 $\Phi_s^2 F$，即可从 $F \sim \Phi_s^2 F$ 曲线（见图 4.17）上查出表面利用分数 F。

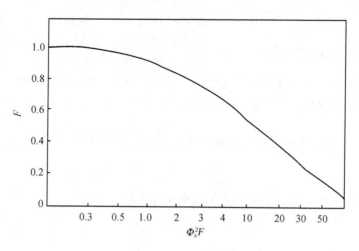

图 4.17　F 与 $\Phi_s^2 F$ 的关系图

估计内扩散影响程度是很重要的，它可以帮助设计催化剂，如内扩散影响大时，选择的颗粒过大，催化剂不能充分利用，还需要大的反应器和热交换装置，

浪费能源；在反应很慢的情况下，如果选择的颗粒过小，又会影响产量，增大传质的阻力。

（五）扩散对选择性的影响

催化剂的选择性主要由反应的自身性质和催化剂的物理化学性质决定，但也受到反应条件和催化剂宏观结构的影响，这里主要讨论内扩散对选择性的影响。反应类型不同，所受的影响也不同，现分三种情况来讨论。

1. 两个独立反应

设在同一催化剂上，两种反应物进行两个独立反应

$$A \xrightarrow{k_1} B + C$$

$$X \xrightarrow{k_2} Y + Z$$

其中，k_1 和 k_2 分别为两个反应的速率常数。这里定义选择性为 $S_k = k_1/k_2$，有时称其为选择因子。我们常常希望其中一个反应占优势，如烯烃和芳烃混合物的加氢，我们希望烯烃加氢，而芳烃不反应。如果两个反应级次相同，都为一级，在反应受内扩散影响时，由前面已知的反应速率方程（4.45）可得

$$S_k = \frac{k_1}{k_2} = \frac{\pi r \sqrt{2k_1 r D_A} \tanh(h_A)}{\pi r \sqrt{2k_2 r D_x} \tanh(h_x)} \tag{4.63}$$

当 h 较小（$h < 0.2$）时，$\tanh(h) \approx h$，则

$$S_k = \frac{\sqrt{k_1 D_A} h_A}{\sqrt{k_2 D_x} h_x} = \frac{k_1}{k_2}$$

反应选择性不受内扩散影响，仍为两个真实反应速率常数之比。

当 h 较大（$h > 2$）时，$\tanh(h) \approx 1$，假设 $D_A = D_x$，则

$$S_k = \frac{\sqrt{k_1}}{\sqrt{k_2}}$$

这时，选择性的值为无扩散时值的平方根。如 A 为快反应，B 为慢反应，可以看出，在内扩散影响下，小孔催化剂使快反应的选择性下降、慢反应的选择性提高，两个反应的选择性拉平。

2. 平行反应

设有以下两个平行反应，如乙醇在氧化铝上既可以脱氢得醛又可以脱水得烯。

若两反应的反应级数一样，则选择性不因内扩散的影响而变化，因为在孔内表面任何一处两个反应的浓度都是一样的，反应速率之比总是 k_1/k_2。在单位时间内，A 将以固定的比率分别转化为 B 和 C。若第二个反应为二级，第一个反应为一级，两个反应速率之比为

$$\frac{r_2}{r_1} = \frac{k_2}{k_1} C_A$$

因为内扩散的阻力使 C_A 下降，级数越高的反应，对反应的影响也越大。

3. 连续反应

$$A \xrightarrow{k_1} B \xrightarrow{k_2} C$$

这类型的反应在烃类氧化等过程中经常遇到，其最终产物为 CO_2 和 H_2O。我们希望得到中间产物醇和醛等。通过对扩散的控制，可以改善反应的选择性，提高目的产物的收率。

1）当反应处在动力学区，这时第一步的反应速率为

$$-\frac{dC_A}{dt} = k_1 S C_A$$

第二步的反应速率为

$$\frac{dC_B}{dt} = k_1 S C_A - k_2 S C_B$$

其中，S 为发生反应的面积。上二式相除有

$$-\frac{dC_B}{dC_A} = 1 - \frac{k_2 C_B}{k_1 C_A} = 1 - \frac{1}{S_k}\frac{C_B}{C_A} \tag{4.64}$$

对（4.64）式积分得

$$y_B = \frac{S_k}{S_k - 1}(1 - x_A)\left[(1 - x_A)^{-\left(1 - \frac{1}{S_k}\right)} - 1\right]$$

其中，C_{A_0} 为 A 的初始浓度，x_A 为 A 的转化率［等于 $(C_{A_0} - C_A)/C_{A_0}$］，y_B 为 B 的单程收率（等于 C_B/C_{A_0}）。当 S_k 固定，y_B 和 x_A 有确定的关系。例如，对于一个一级反应，当反应体积不变时，若 $S_k = 4$，则 y_B 随 x_A 的变化有如图 4.18 中曲线 A 所示的形状，表明 A 的转化率在 80% 时，B 有最好的收率 62%。

2）当反应处于内扩散区，可以得到

$$-\frac{dC_A}{dC_B} = \frac{\sqrt{S_k}}{1 + \sqrt{S_k}} - \frac{1}{\sqrt{S_k}}\frac{C_B}{C_A} \tag{4.65}$$

对（4.65）式积分得

$$y_B = \frac{S_k}{S_k - 1}(1 - x_A)\left[(1 - x_A)^{-\left(1 - \frac{1}{\sqrt{S_k}}\right)} - 1\right]$$

若设 $S_k = 4$，从以上方程可得图 4.18 中的曲线 B。曲线表明，当内扩散阻力很

大时，使 B 的收率下降，当 A 的转化率为 75％时，B 的最大收率只有 33％。产生这种情况的原因，主要是由于中间物生成后，受内扩散的影响而不易移出，延长了在孔内停留的时间，而进一步转化成为最终产物，使得到的中间物比在非孔催化剂上得到的要少。

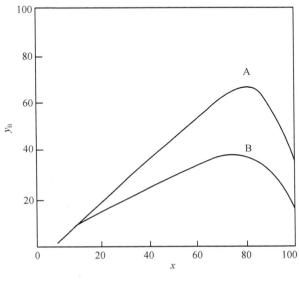

图 4.18　y_B 与 x 的关系

六、扩散对催化剂中毒的影响

高活性催化剂常易被外来分子污染而中毒，那些具有孤对电子、能与催化剂表面形成共价键的分子是很强的毒物。例如，氨、磷化氢、一氧化碳、二氧化硫、硫化氢等。此外，如氢、氧、卤素、汞等也是毒物。孔性催化剂被毒化是由于外来物质吸附在表面上占据了一部分活性表面造成的。孔中中毒一般有两种情况：均匀吸附中毒与孔口中毒。

（一）均匀吸附中毒

是指毒物分子均匀地分布在孔内表面引起的中毒。设毒物占据孔内总表面的分数为 α，这样，表面活性可以认为由 k 降为 $(1-\alpha)k$。现定义剩余活性分数 F' 为孔中毒后的反应速率与未中毒时的反应速率之比，其大小代表中毒程度。

前已得到，对一级反应

$$r_{1/2} = \pi r^2 D \frac{C_0}{l} h_1 \tanh(h_1) \tag{4.66}$$

$$h_1 = l \sqrt{\frac{2k_1}{rD}}$$

由于中毒 k_1 降为 $(1-\alpha) k_1$，因而

$$h'_1 = \sqrt{2k_1(1-\alpha)/rD} \, l = h_1 \sqrt{(1-\alpha)}$$

其中，h'_1 表示中毒情况下的 h_1，这样从（4.66）式引出

$$F' = \frac{\sqrt{1-\alpha}\tanh(h_1 \sqrt{1-\alpha})}{\tanh(h_1)}$$

当 h_1 很小，$F'=1-\alpha$，表明无扩散阻力时，活性随毒物覆盖分数的增加而线性降低；当 h_1 很大，$F' = (1-\alpha)^{\frac{1}{2}}$，表明扩散阻力很大时，随毒物覆盖分数的增加，活性的降低要少些。造成这种现象的原因，是内扩散阻力很大时，表面利用率很低，反应主要发生在孔口附近，虽然这里的表面中毒了一部分而影响了反应的进行，但反应物可以向孔内多深入一段，更多地应用已毒化了的低活性表面，使孔内总反应速率的降低不那么严重。当内扩散阻力小时，孔内表面几乎全被利用，不能再靠增加表面补偿中毒造成的活性损失，因此随毒物覆盖分数的增加，总反应速率只能直线下降。图 4.19 中曲线 A，B 表示均匀中毒时，h_1 不同对 F' 与 α 关系的影响。

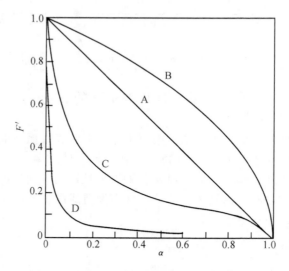

图 4.19　剩余活性分数 F' 与毒物占据分数 α 的关系

A. h 很小，均匀吸附中毒；B. h 很大，均匀吸附中毒；C. $h=10$，孔口中毒；D. $h=100$，孔口中毒

（二）孔口中毒

若毒物分子与催化剂表面仅需很少次数碰撞就吸附在催化剂表面上，在这种

情况下，少量毒物使孔口处内表面完全中毒，而孔的较深处表面仍然保持清洁，这种中毒称为孔口中毒或选择性中毒。

　　若以 α 代表中毒表面分数，在长为 l 的孔中，接近孔口处的一段表面完全中毒，这部分面积以 αl 长代表，余下的 $(1-\alpha)l$ 对应的是清洁表面（图4.20）。孔口

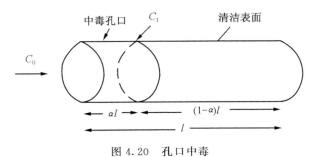

图 4.20　孔口中毒

处反应物浓度为 C_0，孔口中毒段的末端反应物浓度为 C_1，为未知的。反应物必须扩散通过 αl 长度的中毒段后才能与清洁表面接触反应。反应达平衡后，通过 αl 段的扩散速率等于在 $(1-\alpha) l$ 长的清洁表面上的反应速率。当扩散时，假定浓度是均匀地变化，这样可把浓度梯度写成 $(C_0-C_1) / \alpha l$，再假定反应为一级，可得

$$\pi r^2 D \frac{C_0 - C_1}{\alpha l} = \pi r C_1 \sqrt{2 r k_1 D} \tanh(h_1') \tag{4.67}$$

其中，左侧为通过 αl 的扩散速率，右侧为 $(1-\alpha)l$ 上的反应速率（见 4.45 式），从（4.67）式得

$$C_1 = \frac{C_0}{1 + \alpha h_1 \tanh(h_1')}$$

因剩余活性分数 F' 为中毒后孔中反应速率与未中毒孔内反应速率之比，所以

$$F' = \frac{\pi r C_1 \sqrt{2 k_1 r D} \tanh(h_1')}{\pi r C_0 \sqrt{2 k_1 r D} \tanh(h_1)} = \frac{C_1 \tanh(h_1')}{C_0 \tanh(h_1)}$$

将 C_1 代入上式得

$$F' = \frac{1}{1 + \alpha h_1 \tanh(h_1')} \cdot \frac{\tanh(h_1')}{\tanh(h_1)}$$

中毒后，l 降为 $(1-\alpha) l$，而 h_1 变成 h_1'，即

$$h_1' = \sqrt{\frac{2 k_1}{r D}}(1-\alpha) = h_1(1-\alpha)$$

F' 最后变成

$$F' = \frac{1}{1 + \alpha h_1 \tanh[h_1(1-\alpha)]} \cdot \frac{\tanh[h_1(1-\alpha)]}{\tanh(h_1)}$$

当 h_1 很小（扩散阻力很小），

$$F' \approx 1 - \alpha$$

此式表明，剩余活性随中毒表面分数线性降低，这时除孔口 αl 中毒段外的内表面还可以完全利用。

当 h_1 很大（扩散阻力很大），

$$F' = \frac{1}{1 + \alpha h_1}, \quad h_1(1 - \alpha) > 2$$

此式表明，引入少量毒物可使活性严重下降。例如，当 $\alpha = 0.1$，$h_1 = 100$ 时，

$$F' = \frac{1}{1 + 10} = 9\%$$

活性仅剩余 9%，从而看出，毒物虽覆盖仅 10% 的表面，但活性却消失了 91%。产生这种影响的原因是，当没中毒时，若 $h_1 = 100$，表面利用率 $F = 1\%$（见 4.50 式），催化剂的总表面积中只利用了靠近孔口处的 1/100。孔口中毒时，催化剂总面积靠近孔口处的 10/100 因毒化使活性中心消失，反应物需强制通过中毒段与活性表面接触，又因阻力很大（h_1 很大），致使表观速率急剧下降。图 4.19 中的曲线 C、D 表示在孔口中毒和 h_1 很大时 α 与 F' 的关系。

参 考 文 献

1 赵学庄. 化学反应动力学原理. 北京：高等教育出版社，1984

2 Van Santen R A, Niemantsverdriet J W. Chemical Kinetics and Catalysis. New York：Plenum Press，1995

3 Thomas J M, Thomas W J. Principles and Practice of Heterogeneous Catalysis. Germany：VCH，1997

4 Киперман С Л. Введение в Кинетики Гетерогенных Каталитических Реакний Изд. Москва：Наука，1964

5 Zhu Jingmin Lars S, Andersson T. J Chem Soc. Faraday Trans. Ι 1989，85 (11)：3629

6 Wheeler A. Adv Catalysis，Ι，1951，11：249

7 Satterfield C N. The Role of Diffusion in Catalysis. London：Addison-Wesley Publishing Inc，1963

8 Thomas J M, Thomas W J. Introduction to the Principles of Heterogeneous Catalysis. London：Academic Press，1967

9 Kwan T. J Phys Chem，1956，60：1033

10 方开泰，全辉，陈庆云. 实用回归分析. 北京：科学出版社，1988

11 北京大学化学系，中国科学院兰州化学物理研究所，北京石油化工总厂胜利化工厂. 丁烯氧化肥氢制丁二烯钴系七组分催化剂的研究. 1975

12 Haag W O. Proceedings 6th Intern Zeol Symp. Nevada：Reao，1985，466

13 Yang K H, Hougen O A. Chem Eng Progr，1950，46：146

14 Kobayashi M, Kobayashi H. J Catal，1972，27：100，108，114

15 Redhead P A. Vacuum，1962，12：203

16 Cvetanovi C R J, Amenomiya Y. Catal Rev，1972，6 (1)：21

17 Falconer J L, Schwarz J A. Catal Rev Sci Eng，1983，25 (2)：227

第五章　固体酸催化剂与催化裂解

在现代化学工业中，多数过程都是催化过程，其中像催化裂解、催化重整、选择氧化等过程，由于它们巨大的规模和产品的重要性而具有十分重要的意义。人们常把这些过程称为典型过程。近几十年来，围绕着这些典型过程开展了系统的全面的理论研究，逐步形成了较为系统的理论。当然，这些理论的某些方面还不成熟，还要进一步做工作。相信，随着现代测试技术的迅速发展和对这一类催化材料的深入研究，人们对固体酸的认识将会不断加深。

本章将介绍固体酸催化剂与催化裂解。

催化裂解是现代化学工业中规模最大的过程之一。催化裂解的产品既要满足国家对燃料油的需求，又要为化学工业提供原料。一个国家的催化裂解能力与技术可看作是这个国家化学工业发达程度的标志。

催化裂解的理论是以固体酸催化理论为基础的，所以我们首先介绍固体酸催化理论，在适当地方提一下固体碱及其催化作用。

一、固体酸催化剂及其催化作用

在石油化工中，裂解、异构化、烷基化、聚合、水合、水解等一些重要反应，与催化剂的酸性质密切相关。酸性质对催化活性、选择性影响的研究对整个催化理论以及生产实际都有重要意义。

酸碱催化分为均相与多相两种。均相酸碱催化的研究比较成熟，有相应的理论体系。由于近代石油化工的发展，在近一二十年内，多相酸催化在理论与实践上也获得了长足的进展。

这一节谈三个问题，首先介绍酸碱的基本概念，其次介绍酸的某些性质的测定，最后讨论酸催化问题。

(一) 酸碱的定义及性质测定

1. 酸碱的定义

（1）Brönsted 酸碱

能给出质子的物质称为 Brönsted 酸（简称 B 酸）或质子酸；能接受质子的物质称为 Brönsted 碱（简称 B 碱）。在

$$NH_3 + H_3O^+ \rightleftharpoons NH_4^+ + H_2O$$

的正向反应中，H_3O^+给出质子，是 B 酸，NH_3接受质子，是 B 碱。在逆向反应中，NH_4^+是 B 酸，H_2O是 B 碱。NH_4^+和 NH_3，H_3O^+和 H_2O分别构成两个酸碱对，NH_4^+是 NH_3的共轭酸，NH_3是 NH_4^+的共轭碱。

（2）Lewis 酸碱

能接受电子对的物质称为 Lewis 酸（简称 L 酸）；能给出电子对的物质称为 Lewis 碱（简称 L 碱）。在

$$\begin{matrix} & F & & H & & & F & H \\ F : & \ddot{B} & + : & \ddot{N} : H & \longrightarrow & F : & \ddot{B} : \ddot{N} : H \\ & F & & H & & & F & H \end{matrix}$$

反应中，BF_3是 L 酸，NH_3为 L 碱。L 酸和 L 碱形成的产物称为酸碱络合物。

2. 酸性质的测定

酸的类型可用光谱、色谱或化学方法区分，将在有关章节加以介绍。下面讨论酸强度和酸浓度的测量。

酸强度表示酸与碱作用的强弱，是一个相对量。从不同的角度，用不同的物理量都可以反映酸的强度。比如用碱性气体从固体酸脱附的活化能，脱附温度，碱性指示剂与固体酸作用的颜色等都可以表示酸的强度。

下面介绍一种常见的表示酸强度的量，H_0函数。B 酸的酸强度，是指 B 酸给出质子的能力，或者说是将某种 B 碱转化为其共轭酸的能力。L 酸的酸强度，是指 L 酸接受电子对的能力，或者说是与 L 碱形成络合物的能力。利用 Hammett 指示剂可以测定这种能力，所以这种测定酸强度的方法称为 Hammett 指示剂法。在指示剂方法中表征这种能力的物理量是 H_0。以下介绍 H_0 的导出，并说明 H_0 为什么可以用来表征酸的强度。测酸用的指示剂本身一般是碱，不同的指示剂有不同的接受质子的能力或给出电子对的能力，这反映在它们的 pK_a 值有所不同，从而借助于指示剂的 pK_a 值得到酸的强度。

如指示剂二甲基黄与酸发生反应

二甲基黄（黄色）　　　　　　　　　　吸附在酸中心上的二甲基黄（红色）

指示剂与酸作用后的颜色为酸型色，原来的为碱型色。

先讨论质子酸强度的测定。若以 B 代表指示剂，H^+代表质子酸，指示剂的共轭酸应有以下解离平衡

$$BH^+ \rightleftharpoons B + H^+$$

其平衡常数 K_a 为

$$K_a = a_{H^+} a_B / a_{BH^+} = a_{H^+} c_B \gamma_B / c_{BH^+} \gamma_{BH^+}$$

其中，a 为活度，c 为浓度，γ 为活度系数。指示剂呈酸型色或碱型色取决于 c_{BH^+}/c_B 值，而

$$c_{BH^+}/c_B = \gamma_B a_{H^+} / \gamma_{BH^+} K_a$$

$$\lg(c_{BH^+}/c_B) = \lg(\gamma_B a_{H^+} / \gamma_{BH^+} K_a)$$

$$= \lg(1/K_a) + \lg(\gamma_B a_{H^+} / \gamma_{BH^+})$$

$$= pK_a + \lg(\gamma_B a_{H^+} / \gamma_{BH^+})$$

定义

$$H_0 \equiv -\lg(\gamma_B a_{H^+} / \gamma_{BH^+})$$

则

$$\lg(c_{BH^+}/c_B) = pK_a - H_0$$

由于 K_a（或 pK_a）取决于指示剂的本性，因此当指示剂种类指定后，K_a（或 pK_a）不再变化，H_0 只与 c_{BH^+}/c_B 有关。c_{BH^+}/c_B 的大小代表 BH^+ 和 B 的量相对大小，也反映了酸的转化能力，所以 H_0 也自然地反映了这种能力，即酸的强度。H_0 的范围可借指示剂的颜色变化求取。比如，在某催化剂中加入某指示剂（$pK_a = \alpha$），若其保持碱型色，说明 $c_{BH^+} < c_B$，指示剂主要以 B 形态存在，催化剂对该指示剂的转化能力较小，$H_0 > \alpha$。若指示剂显酸型色，说明催化剂的转化能力较强，$H_0 \leq \alpha$，把指示剂按 pK_a 大小排成一个序列，总可以在此系列中找到一个指示剂（$pK_a = \beta$），它的碱型色不能被催化剂改变，而下一个指示剂（$pK_a = \delta$），它的碱型色被催化剂变成了酸型色，那么催化剂 H_0 的取值范围应该是 $\beta < H_0 \leq \delta$。测定酸强度常用表 5.1 所列的指示剂。100% 的 H_2SO_4 的 H_0 认为是 -11.9，因此认

表 5.1　测定酸强度的指示剂

指示剂	碱型色	酸型色	pK_a	$H_2SO_4/\%^{1)}$
中性红	黄	红	$+6.8$	8×10^{-8}
甲基红	黄	红	$+4.8$	——
苯偶氮萘胺	黄	红	$+4.0$	5×10^{-5}
二甲基黄	黄	红	$+3.3$	3×10^{-4}
2-氨基-5-偶氮甲苯	黄	红	$+2.0$	5×10^{-3}
苯偶氮二苯胺	黄	紫	$+1.5$	2×10^{-2}
4-二甲基偶氮-1-萘	黄	红	$+1.2$	3×10^{-1}
结晶紫	蓝	黄	$+0.8$	0.1
对硝基苯偶氮-对硝基二苯胺	橙	紫	$+0.43$	——
二肉桂丙酮	黄	红	-3.0	48
苯亚甲基苯乙酮	无色	黄	-5.6	71
蒽醌	无色	黄	-8.2	90

1) 与左侧 pK_a 值相当的硫酸溶液中硫酸的质量分数。

为 H_0 为 -12 或更小的酸相当于 100% 以上的 H_2SO_4，这样的酸称为超强酸。如 $FSO_3H \cdot SbF_5$，其 H_0 范围在 $-18 \sim -20$；$TiO_2\text{-}SO_4^{2-}$，$ZrO_2\text{-}SO_4^{2-}$，$Fe_2O_3\text{-}SO_4^{2-}$ 以及 $SnO_2\text{-}SO_4^{2-}$ 等复合物的 H_0 也都在 -13 以下。因为它们的超强酸性，它们甚至可使十分稳定的烷烃质子化。

以上说的是质子酸强度的测定。L 酸也可使指示剂变成酸型色，因而 H_0 也可代表 L 酸强度。在代表 L 酸的酸强度时，H_0 的定义是

$$H_0 \equiv -\lg(\gamma_B\, a_A\, /\gamma_{AB})$$

并且

$$H_0 = pK_a + \lg(c_B\, /\, c_{AB})$$

其中，a_A 是 Lewis 酸的活度，AB 代表酸碱络合物。

另一种表示酸强度的方法，是利用碱性气体从酸中心上脱附的温度。参见第二章第五节。用碱性气体脱附的活化能也可表示酸强度。

表示酸性的另一个参量是酸量或酸浓度。酸浓度是单位催化剂的酸量，通常以每克催化剂上酸的摩尔数或每平方米上具有的酸的摩尔数表示。

酸量的测定方法有多种。先介绍指示剂法。此法是在指示剂存在下，以正丁胺滴定悬浮在苯溶液中的固体酸从而求出酸量。当某指示剂（$pK_a = \alpha$）吸附在固体酸上变成酸型色时，使指示剂恢复到碱型色所需的正丁胺滴定度，即为固体表面上酸中心数目的度量。用这种方法测定的酸量，实际上是具有酸强度 $H_0 \leqslant \alpha$ 的那些酸中心的量。用不同 pK_a 的指示剂，就可以得到不同强度范围内的酸量。酸量对酸强度有一定的分布。图 5.1 是用指示剂法测定的硅铝催化剂的酸量对酸强度的分布图。

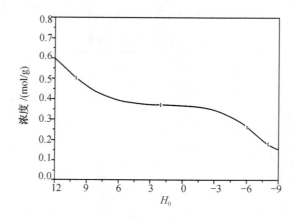

图 5.1　酸浓度对强度的分布（某硅铝催化剂）

用碱性气体的脱附温度表示酸的强度时，该温度下的脱附峰面积表示该强度的酸量。

以下介绍一个以红外光谱研究沸石不同酸类型的例子。已知吡啶吸附在 B 酸上形成吡啶离子，其红外特征吸收峰之一在 1540cm^{-1}，这是一个常用的鉴别 B 酸的吸收峰。吡啶吸附在 L 酸上形成配位络合物，鉴别这种络合物的常用吸收峰在 1447～1460 cm^{-1}。图 5.2 是 HZSM-5 沸石上 B 酸、L 酸与吡啶作用后的红外吸收光谱。图中，（a）是在 773K 下处理后的样品的谱。在 3600cm^{-1} 处的吸收是由酸性羟基（即 B 酸）所引起。（b）是把样品在 773K 处理后，再令其吸附吡啶的结果。1550cm^{-1} 处的吸收峰表明 B 酸与吡啶的结合。（c）是把样品在 1073K 下处理后令其吸附吡啶，由于样品发生了脱羟基作用，1550cm^{-1} 处的吸收峰强度减弱，相应地，指示 L 酸的 1455cm^{-1} 吸收峰增强，从而说明了由于高温引起的 B 酸向 L 酸的转化。

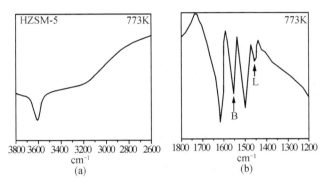
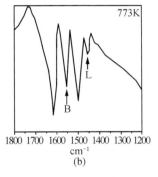
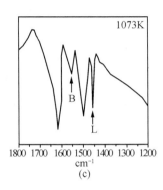

图 5.2 HZSM-5 的红外光谱

（二）固体酸的分类

常见的固体酸有以下几类：

1）天然黏土，如高岭土、蒙脱土和沸石等。

2）负载酸，如 H_2SO_4，H_3PO_4 等负载于硅胶、氧化铝或硅藻土上。

3）复合金属氧化物，如 SiO_2-Al_2O_3，SiO_2-TiO_2 以及 SiO_2-ZrO_2 等。

4）金属硫酸盐，如 $CuSO_4$，$MgSO_4$，$CaSO_4$ 等。

（三）固体酸性的结构

负载型固体酸的酸性来源于所负载的酸。SiO_2-Al_2O_3 和沸石分子筛产生酸性的原因将在裂解催化剂一节中介绍。

氧化铝表面虽然具有酸性，但很弱，其产生酸性的原因可图示为

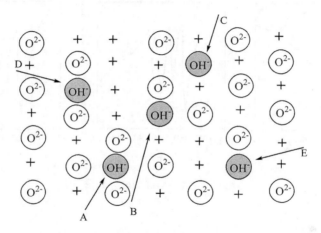

L 酸中心是由脱水形成的不完全配位的铝构成。L 酸中心吸附水则形成 B 酸中心，后者的酸强度太弱，以致于认为 Al_2O_3 不具有 B 酸性。Peri[1] 提出，γ 型氧化铝表面上有 5 种类型的羟基，由于它们的环境不同，局部电荷密度不同，因此有的羟基可以作为酸中心，有的可以作为碱中心（图 5.3）。如以四个 O^{2-} 作近邻的 A 型羟基，因其电性最负，所以可充当碱中心，而没有 O^{2-} 作近邻的 C 型羟基，则由于电性最正，所以能充当酸中心。

图 5.3　Peri 提出的 γ 氧化铝上酸中心的结构

（四）酸性质与催化作用

1. 酸的类型与催化作用的关系

有的反应需要 B 酸催化，有的需要 L 酸催化，有的反应可同时被 B 酸和 L 酸催化。

异丙苯裂解是一个典型的 B 酸催化的反应，反应机理可写成

$CH_3 \overset{+}{-}CH-CH_3 \Longrightarrow CH_2=CH-CH_3 + H^+$

在 SiO₂-Al₂O₃ 上既有 B 酸中心，又有 L 酸中心。用乙酸钠把 SiO₂-Al₂O₃ 处理后，因为质子被钠离子交换掉而降低了 SiO₂-Al₂O₃ 的 B 酸中心数量，于是，SiO₂-Al₂O₃ 裂解异丙苯的活性降低。由于二萘嵌苯的氧化发生在 L 酸中心上，所以对二萘嵌苯的氧化活性没有影响。

三聚乙醛的解聚既可被 B 酸（如 H_2SO_4 等）催化，也可被 L 酸（如 $AlCl_3$，$TiCl_4$ 等）催化，所以其最大解聚速率与总酸量（B 酸加 L 酸）相对应。

2. 酸强度与催化作用的关系

催化剂既是酸，则反应物相对看成是碱，由于酸的强度不同，因此反应物活化的程度不同，反应物只有在那些强度足够的酸的催化下才进行反应。

反应与其所需的酸强度关系如下：

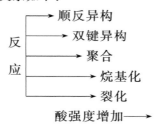

从中看出，顺反异构仅需要较弱的酸中心就可以进行，而烷基化和裂解则要较强的酸中心。

3. 酸量与催化作用的关系

一般来说，在合适的酸类型与酸强度情况下，催化作用的活性随酸量的增加而增加。

二、催 化 裂 解

催化裂解主要是满足国防和国民经济对燃料油需求的炼油过程，同时也是生产有机合成原料的重要生产过程，它是目前原油二次加工中的一个重要环节。石油通常先经常压和减压处理得到汽油、煤油、柴油等各种馏分油，之后将某些馏分油（如减压馏分，焦化柴油、蜡油等）送入催化裂解装置进行二次加工。近代的催化裂解装置都是流化床，裂解温度 733～773K，压力为 $10 \times 10^4 \sim 20 \times 10^4$ Pa。预热过的原料油与再生后的高活性催化剂一起进入流化反应器。反应几分钟后，生成的油与气体经二级旋风分离器后导出。催化剂由于积炭而降低活性，因此催化需经常再生。再生时催化剂经裂解装置的汽提段汽提后，经过 U 型管送入流化床再生器。图 5.4 是在我国常见的Ⅳ型催化裂解流化床反应器。为了适应高活性的分子筛催化剂，后又发展出提升管式反应器，这种反应器使用一根垂直的小管代替庞大的流化反应器，在小管内，催化剂颗粒被高速流动的油汽所输送。在小管内，油汽与催化剂的接触只有几秒钟。图5.5是一种常见的提升管反应器。

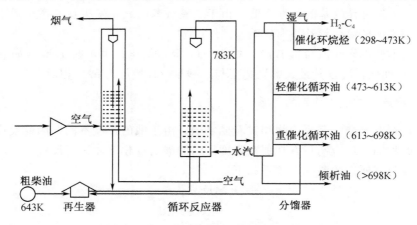

图 5.4　并立式Ⅳ型催化裂解流化床反应器

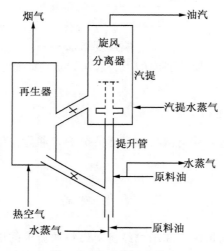

图 5.5　提升管反应装置

（一）裂解催化剂

从裂解催化剂发展过程可以说，第一代裂解催化剂是酸处理过的活性白土，第二代是硅酸铝（简称硅铝）催化剂，第三代是分子筛催化剂。分子筛催化剂的特点是活性高、稳定性好，对生成汽油的选择性好。

1. 硅铝催化剂

硅铝催化剂是无定形 SiO_2-Al_2O_3 催化剂的简称。从化学组成看，它是硅与铝的复合氧化物。纯的氧化硅，既无 B 酸性，又无 L 酸性，因而无裂解活性。单一的氧化铝，尽管其表面上存在着羟基，但这些羟基仅显示极弱的 B 酸性，此外，表面羟基脱除后形成的不完全配位的铝构成 L 酸中心，L 酸量的多少与处理温度有关。

SiO_2-Al_2O_3 结构为无定形，从其制备过程可以加深对其结构的了解。

首先将稀的硅酸钠溶液酸化，放置后得硅凝胶。一般认为，在这一过程中，首先是许多［SiO_4］四面体借助于 Si-O-Si 桥连成三维网络，构成粒径为 3～5nm 的一次粒子（见图 5.6）。一次粒子凝聚构成二次粒子（见图 5.7），二次粒子堆积为聚集态，即为凝胶。在 Si-O-Si 链条的终端是 Si-OH，所以在一次胶粒的表面有大量羟基。由于一次粒子凝聚时，不是按密堆积方式，而是杂乱地排列，所以在二次粒子中形成各种不规则的空穴。凝胶即为各种大小不一的二次粒子的堆积物。一次粒子在形成硅凝胶后，其表面仍可与其他物质反应。比如，在形成硅凝胶后的溶液中加入铝盐，则铝盐水解三水合铝，三水合铝与一次硅胶粒子的表面羟基缩合，形成氧化硅-氧化铝的一次粒子，其大小也是 3～5nm（见图 5.8）。

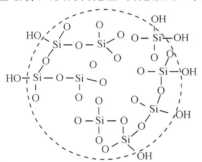

图 5.6　硅胶一次粒子的结构

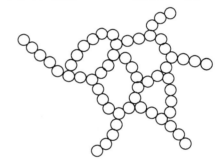

图 5.7　硅胶一次粒子凝聚为二次粒子

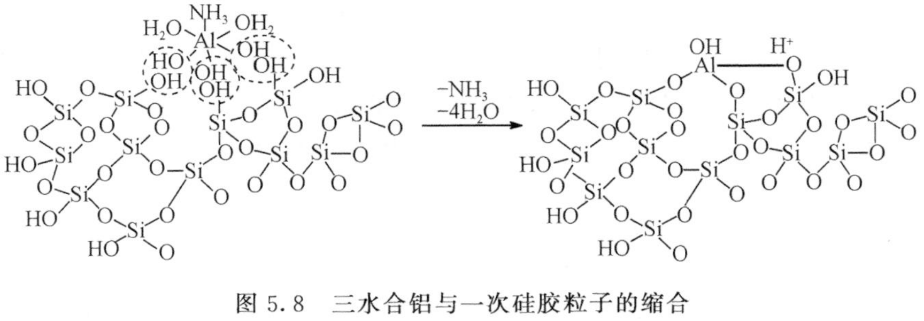

图 5.8　三水合铝与一次硅胶粒子的缩合

这样的粒子进一步凝聚为 SiO_2-Al_2O_3 凝胶。由于硅凝胶的量大于铝盐很多，且硅凝胶的反应性能较强，再加上 pH 低（约 3.0）的条件，所以生成物中 Al-O-Si 的结构多于 Al-O-Al。这样，在硅胶颗粒表面就引入了铝离子。SiO_2-Al_2O_3 凝胶进一步脱水就得到氧化硅-氧化铝复合氧化物，它直接用作催化剂或载体。

氧化硅-氧化铝的孔结构，与硅凝胶干燥脱水后形成的孔结构一样，因为它们都是从同一物质硅凝胶而来。

制备方法不同，硅铝催化剂的孔结构与表面积也不一样。其表面积分布范围在 $200\sim600\,m^2/g$。硅铝催化剂的表面积主要由二次粒子的孔内表面所提供。

氧化硅或氧化铝一次粒子的表面羟基不显或只显很弱的酸性，它与醇中的羟基性质相似。因此氧化硅或者氧化铝没有裂解活性。由于在氧化硅表面上引入了三价铝离子，使其表面产生了酸性，所以硅铝复合氧化物才有可能成为裂解催化剂。

制备条件不同，氧化硅-氧化铝表面上的 B 酸和 L 酸的比例不同。

在 SiO_2-Al_2O_3 表面上，每一个铝离子只被三个正四价的硅所环绕（通过氧桥），朝向表面外的一方缺一个配位硅。硅的这种不对称分布导致铝离子具有强烈的亲电子特性。当水分子靠近这种铝离子时，水分子的负性羟基为铝离子所吸引，结果分离出一个质子，形成了 B 酸，原来的三配位铝起 L 酸作用。

$$
\begin{array}{ccc}
& \square & \\
Si-O-Al-O-Si & \underset{-H_2O}{\overset{+H_2O}{\rightleftharpoons}} & \overset{OH^- \ H^+}{Si-O-Al-O-Si} \\
| & & | \\
O & & O \\
| & & | \\
Si & & Si \\
\text{L 酸中心} & & \text{B 酸中心}
\end{array}
$$

关于 SiO_2-Al_2O_3 产生酸性的另一说法，是 Al^{3+} 对氧化硅骨架中 Si^{4+} 的同晶取代，使取代点出现了多余的负电荷，因此起配平电性作用的 H^+ 成了 B 酸。如果酸性羟基受热以水的形式脱去，形成三配位铝，则这种铝成为 L 酸中心。

许多类似 SiO_2-Al_2O_3 的复合氧化物都产生酸性，这里顺便介绍有关的理论模型。

Thomas 规则指出[2]，金属氧化物中加入价数或配位数不同的其他氧化物就产生活化的酸中心。这一规则就是 Pauling 原理的直接应用：负离子的电荷等于它和相邻正离子间键的"静电力"的总和。键的静电力定义为正离子的电荷数与配位数之比。对于正离子，此规则同样适用。因此 SiO_2-Al_2O_3，SiO_2-MgO，Al_2O_3-B_2O_3 产生酸性的原因有下列两种情况：

1）正离子的配位数相同，但价数不同。

SiO_2-Al_2O_3	SiO_2-MgO
Si 原子价 4，配位数 4	Si 原子价 4，配位数 4
Al 原子价 3，配位数 4	Mg 原子价 2，配位数 4
$\begin{array}{c} O \\ \| \\ Si-O-Al^{3+}-O-Si \\ \| \\ O \end{array}$	$\begin{array}{c} O \\ \| \\ Si-O-Mg^{2+}-O-Si \\ \| \\ O \end{array}$

2）正离子的价数相同，但配位数不同。

Al_2O_3-B_2O_3

Al 原子价 3，配位数 6；B 原子价 3，配位数 4

$$B-O-Al^{3+}-O-B$$

继 Thomas 之后，Tanabe 等对复合氧化物酸性的产生提出另一种理论模型[3]。

通常的氧化硅-氧化铝催化剂含 10％～25％的氧化铝。在工业上，含 13％左右氧化铝的叫低铝催化剂，含 25％左右的叫高铝催化剂。SiO_2 含很少量的铝就可获得酸性，表明一次硅胶粒子的表面只有很小一部分被铝占据。增加铝的含量一方面提高了催化剂的成本，另一方面也会产生较多的 Al-O-Al 结构，从而减弱催化剂的活性。当氧化铝浓度超过 20％时，其 B 酸量开始下降。

2. 沸石分子筛催化剂

沸石是一种晶态的氧化硅-氧化铝。由于它的晶体结构特性，可以应用 X 射线技术研究它的结构。沸石分子筛的化学组成为

$$M_{j/n}(AlO_2)_j(SiO_2)_y \cdot xH_2O$$

其中，M 代表可交换的阳离子，y 代表硅氧四面体的个数，j 代表铝氧四面体的个数，x 表示所含水分子的数目。因为沸石具有分子水平的筛分性能，故称为沸石分子筛，在平常简称为分子筛。沸石一般还要负载在载体上做成实用的裂解催化剂。载体有时又称为基质（matrix），常用的载体是 SiO_2-Al_2O_3。之所以做成负载型催化剂，一方面是因为分子筛的价格昂贵，另一方面是因为它的活性太高。工业上使用的裂解催化剂的活性组分是稀土 Y 分子筛，下面将重点介绍稀土 Y 分子筛，并讨论与石油裂解有关的其他沸石分子筛。

（1）沸石的结构

像硅铝催化剂一样，沸石分子筛的基本单元是硅氧四面体和铝氧四面体，硅或铝处于四面体的中心，而氧处于四面体的四个顶点（如图 5.9）。各四面体之间借氧桥相连，[AlO_4]四面体间不能直接相连，而间隔以 [SiO_4] 四面体，这一规则称为 Loewenstein 规则。常以 TO_4 代表硅氧四面体和铝氧四面体。四面体相连围绕成环，有四元环、六元环、八元环、十元环及十二元环等。一个元代表一个四面体，图 5.10 是一个六元环。各种环对应的临界直径见表 5.2。各种环围接形成笼，有立方体笼、六方柱笼及 β 笼（图 5.11）。β 笼的几何形状好比是一个八面体被切去了八个顶角以后所留下的几何体。这个笼因此而得另一名称：削角八面体笼。

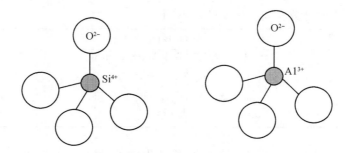

图 5.9　硅氧四面体与铝氧四面体

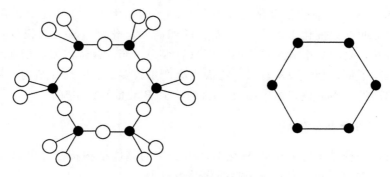

图 5.10　六元环的示意图及简图

表 5.2　各种环的临界直径

环的类型	临界直径/nm
四元	0.155
六元	0.28
八元	0.45
十元	0.63
十二元	0.80

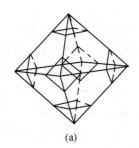
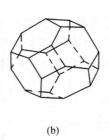
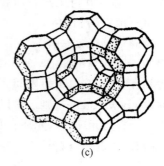

(a)　　　　　　　(b)　　　　　　　(c)

图 5.11　β 笼与八面沸石

(a) 八面体；(b) β 笼；(c) 八面沸石

八面体的六个顶角被切去以后，形成六个四边形，八面体原来的八个面成为八个六边形。因此 β 笼是由六个四边形和八个六边形围成的几何体。当 β 笼借助于六方柱笼按四面体方式连接（即一个 β 笼在四面体中央，其余四个 β 笼在四面体的顶点）并在三维空间伸展时，得到的结构便是八面沸石型结构，根据结构中 Si 与 Al 的比例可进一步区分 X 或 Y 型沸石。β 笼和六方柱笼结合形成八面沸石结构时，还构成一个新笼，叫超笼。超笼、β 笼、六方柱笼的临界直径分别为 1.2nm、0.66nm 及 0.26nm。一般烃类分子的直径小于前面两者，所以对烃类催化反应有意义的是超笼和 β 笼。X 型沸石的 SiO_2/Al_2O_3 比值在 2.2～3.0 之间，Y 型沸石的 SiO_2/Al_2O_3 比值在 3.1～5.0 之间。两种沸石的 Si/Al 比值则应分别处在 1.5～3.0。由于沸石中的氧都是两个四面体公用，因而在一个硅氧四面体中的氧提供四个负价，硅提供四个正价，所以整个四面体呈电中性。对铝氧四面体而言，负价与硅氧四面体情况相同，但铝只有正三价，因而需要一个一价阳离子在 $[AlO_4]$ 四面体附近平衡电性。阳离子的种类、位置对沸石的性质有重要影响。

重要的阳离子位置有 4 类，它们是 I，I′，II 和 II′（图 5.12）。I 位于六方柱笼中心，每单位晶胞共 16 个 I 位。I′位对应于 I 位，在 β 笼内，每单位晶胞共有 32 个 I′位。II′位在 β 笼内未与其他环相连的六元环附近。II 和 II′位对应，在超笼内，单位晶胞内共有 32 个 II 和 II′位。因此单胞内阳离子位置的总数共 112 个。由于这个数目超过沸石中阳离子的实际数目，因而阳离子位置只是部分被占据的。

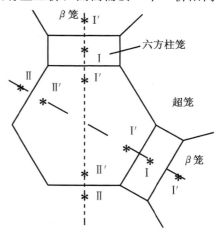

图 5.12 阳离子位置示意图

分子筛中的阳离子可以被交换，通过离子交换，分子筛的性能会发生变化。这是对分子筛进行修饰（或改性）的一种方法。

分子筛有很规整的孔结构。一般把分子筛三维结构中的环称为晶孔，笼内包含的空间称晶穴。许多晶孔、晶穴串连成为孔道。X 和 Y 沸石的主孔道的联结，有如图 5.13 所示的形状。分子筛类型不同，孔结构也不同。

另一种与 Y 沸石相近的沸石是丝光沸石，它以五元环为主体，其结构包括一些在 C 轴方向的

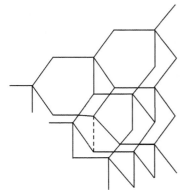

图 5.13 八面沸石主孔道的联结

平行通道。通道截面近似为椭圆形，面积为 $0.67 \times 0.7 nm^2$（图 5.14）。与主通道垂直的侧通道较小。活性丝光沸石的制法是把钠型丝光沸石用 NH_4^+ 或多价阳离子交换，然后灼烧而得。NH_4^+ 交换并灼烧得到的是活性氢型丝光沸石。钠型丝光沸石直接用硫酸交换也得氢型丝光沸石。由于有较高的硅铝比，丝光沸石骨架的耐酸性好于八面沸石。

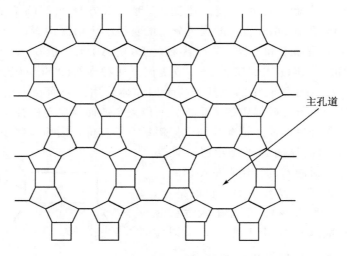

图 5.14　丝光沸石的结构

　　用矿物酸处理可使丝光沸石脱铝从而提高其硅铝比，脱铝改善了沸石的稳定性，并增加了其裂解活性。

　　（2）沸石的酸性

　　在一定条件下，沸石内存在着 B 酸与 L 酸。

　　沸石的 B 酸性来自它的结构羟基。根据前些年的研究，Y 沸石的结构羟基可分为三类。第一类是红外光谱上吸收带在 $3650 cm^{-1}$ 处的结构羟基，它具有酸性，位于超笼内，反应分子可与其接近。第二类是吸收带在 $3550 cm^{-1}$ 处的结构羟基，显弱酸性，位于 β 笼或六方柱笼内，一般不能与反应分子接近。第三类是吸收带在 $3745 cm^{-1}$ 的结构羟基，不显酸性，在骨架末端，处于沸石外表面。

　　既然沸石的 B 酸性来自结构羟基，那么结构羟基产生的途径是什么呢？主要有两种途径。

　　1）铵型沸石分解。

2）多价阳离子的水合解离。

NaY 沸石经离子交换后可得 CaY，MgY 以及 REY 等沸石。RE 代表稀土离子。目前工业上主要采用混合稀土阳离子（包括 La，Ce，Pr 等）。如以 La 为例，其结构羟基产生的图式为

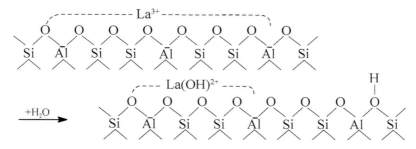

工业上采用 REY 沸石作为活性组分，一方面是由于其酸性强带来的高活性，另一方面是其稳定性好于其他离子交换的沸石。

关于沸石内 L 酸的产生，一般的解释是结构羟基脱除导致 L 酸中心的形成

另有人提出[12]，上式内的三配位铝不稳定而被挤出晶格成为铝氧物种，它是 L 酸中心，而且此铝氧物种为六配位的铝化合物，这已为核磁共振测试的结果证实。

交换入沸石的阳离子种类、交换数量对沸石的酸性影响不同，而酸性又与活性、选择性密切相关，因此交换阳离子种类、数量不同的沸石其活性与选择性均不相同。表 5.10 给出一例说明阳离子种类不同对裂解活性产生的影响。

（3）沸石分子筛催化剂

工业上是将少量分子筛（10％左右）混入 SiO_2-Al_2O_3 凝胶制成实用催化剂。SiO_2-Al_2O_3 是基质。与分子筛相比，尽管基质的活性很低，但因它也具有裂解活性而具有特殊的作用。Thomas 和 Barmby 认为[4]，裂解中的初始反应发生在分子筛的外表面上或基质上，产生的碳数较少的裂解初级反应产物再进入分子筛孔道进行次级反应。

（二）催化裂解化学

通过裂解，石油馏分中的大分子转化为小分子。在现代，石油的裂解主要以两种方式进行：热裂解与催化裂解。这两种裂解包含不同的反应和产物分布。催化裂解在 20 世纪 60 年代前用硅铝催化剂，在目前主要用沸石分子筛催化剂。这里主要介绍催化裂解化学的基础知识，给出一幅说明石油烃类分子是如何在裂解催化剂作用下转化为裂解产物的简明图象。

一般说，裂解是 C—C 断键过程，由于是吸热反应，故要在高温下进行。裂解一般包括以下一些基本反应。

（1）初级反应

初级反应主要是裂解，还有少量的异构和歧化。裂解的类型有：

1）大的链烷烃分子裂解为小分子链烷烃及烯烃。

2）大的烯烃分子裂解为小的烯烃分子。

3）芳烷烃脱烷基，芳烷烃侧链断裂。工业条件下，无取代基的芳烃裂解很慢。

4）环烷烃裂解为烯烃。

（2）次级反应

初级反应产物经次级反应转化为最终产物，所以次级反应决定着产物分布。这些次级反应是：

1）氢转移和烷基转移。

2）异构反应。

3）缩合反应。

4）芳构化及低分子量烯烃的歧化。

5）裂解。

在以上反应中，裂解是催化裂解过程的主反应，其他反应为副反应。在工业生产条件下（723～773K，$9.8×10^4～19.6×10^4$ Pa），裂解能彻底进行。如在平衡时，烃类几乎全部裂解为碳与氢（甲烷除外）。其他反应，如异构、烷基重排、芳烷烃脱烷基等副反应，只能进行到一定程度，这可以从表 5.3 所列的许多反应的平衡常数看出。

其他如烷烃-烯烃烷基化、芳烃加氢、烯烃聚合等反应几乎不发生（乙烯除外）。

1. 热裂解

在石油热裂解产物中，气体烃占 10%～15%，汽油占 20%～30%。气体烃中主要含乙烯，其次是甲烷、氢、丙烷及丙烯等。乙烯的产率高是热裂解的一个特点（表 5.4）。

表 5.3　烃类的裂解平衡常数

反应	平衡常数（693K）
$C_nH_m \longrightarrow nC + m/2H_2$（$n=1$ 除外）	很大
$C_nH_m \longrightarrow CH_4 + C_{n-1}H_{m-4}$（$n=1$ 除外）	很大
大分子链烷烃 —— 链烷烃 + 烯烃（乙烯）	很大
大分子烯烃 —— 2 烯烃（乙烯）	很大
链烷烃 —— 芳烃 + 4H$_2$	很大
链烷烃 + H$_2$ —— 2 小分子链烷烃	很大
氢化芳烃 + 烯烃 —— 芳烃 + 链烷烃	很大
烯烃环化为环烷烃（1-己烯 —— 环己烷）	中等（15.2）
烯烃异构（正丁烯 —— 异丁烯）	中等
链烷烃异构（正丁烷 —— 异丁烷）	小（0.51）
链烷烃脱氢环化（正己烷 —— 环己烷 + H$_2$）	小（0.07）

　　现在公认热裂解是自由基机理，它可以表示为以下几步。

（1）链引发

首先，烃分子内的 C—C 键均裂解成两个伯自由基。

表 5.4　石脑油热裂解产物组成 *

产物	摩尔分数/%
乙烯	30.7
甲烷	25.7
氢	16.2
C_5 及液态产物	11.5
丁二烯	2.4
丙烷	7.5
丁烷	1/99

* 裂解条件：1173K；管式炉；保留时间 0.05～0.1s。

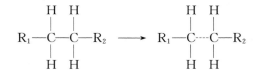

（2）自由基断裂

形成的自由基依照 β 断裂规则断裂，生成一个乙烯和另一个伯自由基。

上式生成的伯自由基仍按 β 断裂规则断裂，直到最后生成 $H_3C\cdot$ 与乙烯。由上式看出，此反应中有大量乙烯生成。

$$\underset{\beta\quad\alpha}{RCH_2CH_2CH_2 \cdot} \longrightarrow RCH_2 \cdot + CH_2 = CH_2$$

（3）链转移

$H_3C\cdot$ 从另一烃分子夺取一个氢原子，生成甲烷和一个仲自由基，这就是自由价转移至另一个链。

$$RCH_2CH_2CH_2CH_2CH_2CH_3 + \cdot CH_3 \longrightarrow RCH_2CH_2CH_2\overset{\bullet}{C}HCH_2CH_3 + CH_4$$

其中的仲自由基也依 β 断裂规则断裂成一个 α 烯烃和一个伯自由基：

$$RCH_2CH_2CH_2\overset{\bullet}{C}HCH_2CH_3 \longrightarrow \overset{\bullet}{R}CH_2 + H_2C = CHCH_2CH_3$$

这一反应，连同上面两个反应重复进行，将产生多量乙烯、适量甲烷、少量 α 烯烃（表 5.4）。其他伯自由基也能像甲基一样发生链的转移，但转移速率要比甲基慢。转移的结果生成相应的烷烃与新的自由基。长链自由基一方面断裂最后生成 $H_3C \cdot$ ，另一方面夺取其他烃分子的氢成烷烃而终止自由基链。后一情况不常发生，所以产物中烷烃很少。在自由基内，自由价在碳碳间不发生移动，也不产生烷基移动，所以不出现由此移动导致的异构。在热裂解中，也有一定程度的缩合与环化反应发生，热裂解产物中含少量的芳香焦油与此有关。

　　总而言之，热裂解有三个特点：自由基的 β 断裂；少量的链转移；自由价不在碳碳间转移。

　　自由基机理较好地解释了为什么热裂解产物中乙烯的产率高，为什么有适量甲烷生成以及各种分子量 α 烯烃产率低的原因。

　　2. 催化裂解

　　(1) 催化裂解与正碳离子机理

　　现在公认，催化裂解主要是以正碳离子机理进行的。烃类分子首先与催化剂上的酸中心生成正碳离子，再继续进行各种反应，与以自由基机理进行的热裂解完全不同。在某种意义上说，催化裂解化学是正碳离子化学。

　　正碳离子是烃类分子中的碳链上一个正电荷形成的物种。由于正电荷的存在，其结构不稳定，具有较高的反应活性。

　　催化裂解是以正碳离子机理进行的两个主要依据是：

　　1) 所有裂解催化剂都具有酸性。

　　2) 许多反应，当它们被固体酸催化时和被液态酸催化时有类似的产物分布。而这些反应在液态酸内进行时确实是以正碳离子机理进行的。另外，在固体酸表面上，可以检查出烃分子与酸中心形成的正碳离子的存在。以下先介绍有关正碳离子的理论，这些理论是从液态酸与烃的反应研究中得出的。基于上述的理由，我们把这些理论用于固体酸上的烃类反应。

　　(2) 正碳离子的形成

　　由烃类生成正碳离子，目前有以下几种说法，但有些还需要进一步证实。

　　1) 烯烃与 B 酸作用。

　　当烯烃与 B 酸作用时，形成一个 C—H σ 键，即

$$R'CH = CHR'' + H^+ \rightleftharpoons \left[R'\overset{\displaystyle H}{\overset{\frown}{CH\text{---}CHR''}} \right]^+ \rightleftharpoons R'\overset{+}{C}H\text{---}CH_2R''$$
$$\text{过渡态}$$

此处形成的正碳离子称为经典正碳离子。它的中心碳原子是一个缺电子的 sp^2 杂化的碳原子，它是三配位的。图 5.15 是一个经典正碳离子的例子。在过渡状态，质子与双键上的两个碳原子相互作用，由于稳定性原因，烯烃与 B 酸作用生成仲正碳离子，而不是伯正碳离子。

2）芳烃与 B 酸作用。

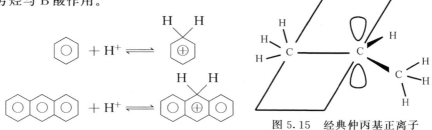

图 5.15　经典仲丙基正离子

3）烷烃生成正碳离子。

烷烃在强 B 酸作用下，先形成五配位的正碳离子。比如甲烷与质子酸作用先得甲烷的质子化产物，再变为经典的甲基正离子 H_3C^+：

$$H-\underset{\underset{H}{|}}{\overset{\overset{H}{|}}{C}}-H + H^+ \rightleftharpoons [\overset{\overset{H}{|}}{\underset{\underset{H}{H}}{C}}]^+ \rightleftharpoons H_3C^+ + H_2$$

L 酸使烷烃脱 H^- 形成正碳离子

$$RH + L \rightleftharpoons R^+ + LH^-$$

（3）正碳离子的稳定性

尽管正碳离子是一种活泼的物种，但由于结构的差别，不同的正碳离子活性不同。表 5.5 给出气相正碳离子相对稳定性的数据。

表 5.5　气相正碳离子的相对稳定性

正碳离子类型	E_+ 的相对值/（kJ/mol）
![]	0
![]	58.6
![]	86.0

表中 E_+ 表示形成正碳离子所需的能量，E_+ 值愈大，说明形成此种正碳离子所需的能量愈多，因而形成之后，愈不稳定。这里所列的虽是气相正碳离子的数据，但从固体酸催化的反应产物所推论的固体表面正碳离子的性质在顺序上与气相正碳离子很相近。

一般说，正碳离子的稳定性顺序应该是：叔正碳离子＞仲正碳离子＞伯正碳离子＞甲基正离子。

从结构上看，沿以上序列从右往左改变时，在带正电荷的碳原子的周围分布的烷基愈来愈多，烷基有吸引正电荷的作用，因而最左端的叔正碳离子中正电荷受到甲基的分散作用最大，所以叔碳离子最稳定，同理，甲基正离子最活泼。以上关于不同正碳离子的稳定性顺序，可以帮助我们理解催化裂解化学中的许多现象。

（4）正碳离子的反应

烃类分子与酸中心反应后形成各种正碳离子，并进一步发生多种反应。概括起来，正碳离子的反应有四种类型。

1）异构反应。

异构反应包括氢转移造成的双键异构，还包括氢转移与烷基转移同时发生造成的骨架异构。双键异构的例子如

$$H_3C = CH - CH_2 - CH_2 - CH_3 \qquad\qquad H_3C - CH = CH_2 - CH_2 - CH_3$$

$$\overset{+H^+}{\underset{-H^+}{\rightleftarrows}} \qquad\qquad \overset{-H^+}{\underset{+H^+}{\rightleftarrows}}$$

$$H_3C \underset{+}{-} CH - CH_2 - CH_2 - CH_3$$

骨架异构的例子如

$$H_3C - \overset{CH_3}{\underset{|}{C}} = CH - CH_2 - CH_3 \underset{-H^+}{\overset{+H^+}{\rightleftarrows}} H_3C - \overset{CH_3}{\underset{+}{\underset{|}{C}}} - CH_2 - CH_2 - CH_3 \quad\xrightarrow{H\ 转移}$$

$$H_3C - \overset{CH_3}{\underset{|}{\underset{H}{\overset{|}{C}}}} \underset{+}{-} CH - CH_2 - CH_3 \xleftarrow{CH_3\ 转移} H_3C - CH_2 - \overset{CH_3}{\underset{|}{\underset{H}{\overset{|}{C}}}} - CH_2 - CH_3 \quad\rightleftarrows^{H\ 转移}$$

$$H_3C - CH_2 - \overset{CH_3}{\underset{+}{\underset{|}{C}}} - CH_2 - CH_3 \underset{+H^+}{\overset{-H^+}{\rightleftarrows}} H_3C - CH_2 - \overset{CH_3}{\underset{|}{C}} = CH - CH_3$$

2）聚合与裂解。

$$CH_2 = CH - CH_3 + H^+ \rightleftarrows CH_3 - \underset{+}{CH} - CH_3$$

$$CH_2 = CH - CH_3 + CH_3 - \underset{+}{CH} - CH_3 \rightleftarrows CH_3 - \overset{CH_3}{\underset{|}{CH}} - CH_3$$
$$\underset{|}{CH_2}$$
$$\underset{+}{CH} - CH_3$$

这一过程实际上也是正碳离子与烯烃的加成，其逆过程即为裂解。

正碳离子的裂解按 β 断裂规则，如

$$RCH_2\overset{+}{C}HCH_2CH_2CH_2R' \rightleftarrows RCH_2CH = CH_2 + \overset{+}{C}H_2CH_2R'$$

反应中得到的伯正碳离子由于稳定性原因而重排为仲正碳离子

$$\overset{+}{C}H_2CH_2R' \longrightarrow CH_3 - \overset{+}{C}H - R'$$

此仲正碳离子继续按 β 断裂规则裂解，最终得到丙烯

$$CH_3 - \overset{+}{C}H - CH_2R' \longrightarrow CH_3 - CH = CH_2 + R^{+''}$$

按正碳离子机理，烃类分子不生成乙烯而生成丙烯。所以，乙烯产率高是热裂解

的特征，丙烯产率高是催化裂解的特征。

　　3）烷基化与脱烷基反应。

　　这是一对互逆过程，在工业条件下，只发生芳烷烃脱烷基，而不发生烷基化。

　　（5）纯烃的裂解

　　虽然在纯烃的裂解方面已开展了大量的研究，但由于催化剂种类繁多，处理条件不一，且反应条件不一，所以不能从这些研究结果得到较多的普遍规律。许多催化裂解中发生的现象，尚不能给出完全的理论解释。

　　1）链烷烃裂解。

　　① 链长对裂解的影响。链长的影响在一定意义上也是碳数的影响。随链长的增加，裂解愈来愈容易。表 5.6 说明链长对裂解活化能的影响。表 5.7 表明链长对裂解转化率的影响。

表 5.6　链长对裂解活化能的影响[5]

烃的种类	裂解活化能/（kJ/mol）
正丁烷	153.0
正庚烷	123.0
正辛烷	104.1

表 5.7　链长对裂解转化率的影响[6]*

烃的种类	裂解转化率/%
正戊烷	1
正庚烷	3
正十二烷	18
正癸烷	42

$*\ ZrO_2\text{-}SiO_2\text{-}Al_2O_3$ 催化剂，773K

　　② 分支链对裂解的影响[7]。烃的结构不同，裂解性能不同。

　　在分支链的烃分子中，处于不同位置的 C—C 键断裂程度的难易不同。一般情况下，容易形成正碳离子的结构裂解较易（表 5.8）。

　　③ 裂解的机理。裂解反应的机理是以正碳离子的反应为基础的。

　　裂解的第一步是形成正碳离子，后者按 β 断裂规则裂解为 α 烯烃和较小的伯正碳离子，该正碳离子或从活性中心接受一个 H^- 形成烷烃脱附，或重排为仲正碳离子，其正电荷由端基碳移至内部碳原子上。

　　在烃分子端部 CH_3 处形成伯正碳离子的速率较慢，在分子内所有 CH_3 上形成仲正碳离子的速率较快而且数值接近，因此，在所有仲正碳离子间有一个快速的平衡[8]。

表 5.8　分支链对裂解转化率的影响

异构体种类	转化率/%
C—C—C—C—C—C	13.8

C—C—C—C—C
    |
    C
	24.9

C—C—C—C—C
    |
    C
	25.4

C—C—C—C
   | |
   C C
	31.7

C
   |
 C—C—C—C
   |
   C
	9.9

初级裂解中形成的烯烃将进一步发生多种平行与连续反应。链长为 C_6 的烯烃将继续裂解，C_4，C_5 烯烃则形成高分子量物质、芳烃和积炭，但乙烯和苯却非常稳定。

初级裂解中产生的烷烃显示极大的惰性[9]。

裂解过程中的初级反应有裂解反应、歧化反应及异构反应，后两者在某些条件下所占比例很小。

裂解过程中的次级反应有裂解反应、异构反应、氢转移反应和环化反应等。

关于裂解过程中的控制步骤有两种不同的观点：其一认为是正碳离子的形成；其二是正碳离子的演化。

Haag 等曾提出关于石蜡烃在酸性催化剂上裂解反应机理的新模型[13]。他们认为，石蜡烃在酸中心上的裂解有两种机理。一个是经典机理（机理 A），它可以写成

$$RH + R_1^+ \xrightarrow{\text{H 转移}} R^+ + R_1H$$

$$R^+ \xrightarrow{\beta \text{ 断裂}} 烯 + R_2^+$$

其中，RH 是原料烃，R_1^+ 是较小的经典正碳离子，它来自杂质烯烃和质子的加成。依此机理，双分子氢转移反应是速控步骤。较低的反应温度，较高的烃分压和高的转化率可用此机理解释。在与此相反的条件下，反应将沿一新机理（机理 B）进行。这是一个经过五配位正碳离子中间物的单分子机理

根据主要的饱和烃产物的种类可以区分是哪种机理。依反应条件，石蜡烃在 Y 沸石、无定形硅铝和 HZSM-5 上裂解可沿机理 A 或 B 进行。催化剂的孔结构对此两种机理在反应中占的比例有重要影响。

④ 产物分布。从实验上可知，由于催化剂活性不同而造成裂解转化率的不同。在不同的转化率下，产物的分布也是各异的。

因为活性起源于酸性，所以影响产物分布的实质性因素与影响活性的酸性因素是一致的，这些因素是酸的类型、酸量及酸的强度。此外，催化剂的晶态结构（包括孔结构）也是一个重要因素。

2) 烯烃的催化裂解。

与烷烃的裂解相比，对烯烃裂解的研究要少得多。

烯烃裂解的第一步是质子加到双键形成正碳离子，后者按 β 断裂规则裂解，生成短链烯烃及吸附的伯正碳离子。伯正碳离子或重排为仲正碳离子或从其他烃得到 H^- 变为烷烃脱附。

由于质子加到双键形成正碳离子比烷烃脱 H^- 形成正碳离子容易，所以烯烃的裂解比同样链长的烷烃裂解得快。

链长在 $C_2 \sim C_5$ 的烯烃易于发生氢转移成为烷烃，或聚合最后导致积炭，而不易再裂解。

在裂解催化剂上，烯烃，特别是短链烯烃，是导致积炭的主要来源。

3）环烷烃的催化裂解。

环烷烃裂解成相应的烯烃。如环丙烷的初级裂解产物为丙烯。C_5，C_6 及碳数更多的环烷烃比同样碳数的链烷烃或烯烃的裂解要慢。

环烷烃在裂解催化剂上既发生裂解反应又发生脱氢反应。如环己烷的裂解，除得到短碳链的裂解产物外，还得到芳烃。环烷烃的给氢作用对积炭有抑制作用，如在裂解混合物中加入四氢化萘，则积炭程度降低。在纯粹的酸性催化剂上发生脱氢作用十分有趣，因为一般来说，脱氢作用是金属催化剂的典型特性。

4）烷基芳烃催化裂解。

烷基芳烃裂解时，侧基断裂，产生一个烯烃分子，苯环不变化（仅甲苯例外，其甲基不易断裂）。侧基断裂的速率与侧基的链长、链的分支以及连接苯环的碳原子种类有关。一般来说，当侧基碳原子数目相同时，裂解速率按连接苯环的碳原子是伯、是仲、还是叔碳原子的顺序增加，而且还随侧基的链长而增加（表 5.9）。在甲苯情况下，主反应是歧化反应，产物是苯与二甲苯，不是甲苯裂解为甲烷。在多甲基取代苯的情况下，主反应是母体分子的异构与歧化，如

邻二甲苯 ⟷ 间二甲苯 ⟷ 对二甲苯

甲苯＋三甲苯

烷基芳烃除了发生裂解反应外，还发生反式烷基化和异构化反应。

表 5.9　侧基链长和分支对裂解活化能的影响

烃的种类	活化能/（kJ/mol）
 C_2H_5	216.0
⟮苯环⟯—CH_2—CH_2—CH_2—CH_3	142.8
⟮苯环⟯—CH—CH_2—CH_3，CH_3	79.8
⟮苯环⟯—CH—CH_3，CH_3	8.5

（6）粗柴油的裂解

1）初级反应及产物分布。

从正碳离子理论考虑，链烷烃粗柴油裂解的产物不应包含 H_2、C_1、C_2 分子，只包含链长比原料分子短的烯烃，以及在裂解中产生的正碳离子在终止时所形成的烷烃，如丙烯、丁烯和丁烷等。

实验表明，在链烷烃粗柴油裂解中，作为初级产物产生的是丙烯、丁烯、丁烷及汽油所含的成分。是初级反应产物抑或是次级反应产物一般可以按下述步骤判断。首先做产率-转化率图，在此图上，产率数据均落在一条可以外推至原点的直线上，若此直线的斜率为正，则说明该产物为初级反应产物；若直线斜率为零或接近于零，则该产物为次级反应产物。这种图称为最佳选择性曲线图，现示例于图 5.16。图中的（a）表明汽油是初级反应产物，转化率在 70% 时汽油产率最高，（b）表明丙烷是次级反应产物。

2）次级反应及次级产物分布。

主要的次级反应也都是以正碳离子机理进行，其中包括氢转移反应。氢转移反应对产物分布有重要影响。这里着重介绍氢转移反应。

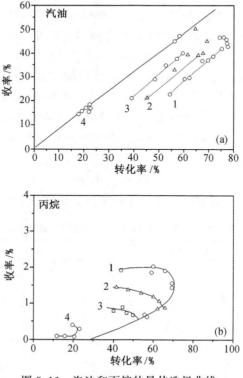

图 5.16　汽油和丙烷的最佳选择曲线

在初级反应中形成的 α-烯烃，或者继续裂解，或者发生氢转移。发生氢转移时，烯烃首先质子化成为正碳离子，然后从其他烃分子夺取 H^- 形成烷烃而不再裂解。由于裂解反应的活化能高于氢转移反应的活化能，因而在高温下裂解比氢转移占优势，低温下，氢转移优于裂解。所以降低裂解温度，将使裂化产物分布向高分子量方向移动。另外，增加接触时间，多提供氢转移的机会，使 α-烯烃饱和，也导致产物中烯烃的数量下降。所以，在初级裂解中本应得到的多量烯烃，由于氢转移反应而减少了。

另一种从芳烃或烯烃向其他分子转移氢可使芳烃或烯烃逐步转化为积炭。

氢转移并不是先在一个物种上脱氢，然后再在另一个物种上加氢，它是直接发生在两个相关的物种之间，所以是双分子反应。

总之，氢转移在裂解过程中是一个重要的基元过程，它一方面降低了产物中烯烃的比例，提高了烷烯比，影响产物的分布，另一方面也导致积炭使催化剂失活。

（7）积炭化学

裂解催化剂在使用过程中不可避免地发生积炭，致使催化剂失活。通过再生烧去积炭，活性得以恢复。

迄今为止，对积炭的动力学及其他宏观方面进行过许多研究，曾得到过著名的 Voorhies 方程，这一方程描述的是催化剂上的积炭量与反应时间的关系

$$C_C = At^n$$

其中，C_C 代表催化剂上的积炭浓度，n 和 A 是常数，t 是反应时间。

近代的研究表明，积炭是一种不饱和聚芳环缩合物，主要含 C、H 以及少量的 N、O 及 S 等元素。C 与 H 的比值随催化剂种类、原料、反应条件而变化，其大小一般在 0.6 左右。

X 射线研究指出，积炭多为类似石墨结构，有少数为无定形。

B 酸是积炭的活性中心，L 酸与积炭的关系也已引起人们的重视。

一般认为，催化剂的酸性过强利于积炭的发生。可能过强的酸中心所形成的正碳离子较稳定地留在催化剂表面上不易脱附而发展为积炭。

催化剂中外来的化学杂质，如铁、铜等也可促使积炭的发生。

裂解原料的种类与积炭有关。含芳烃的原料容易积炭；若是烷烃，分子量大的比分子量小的容易积炭；烯烃比烷烃容易积炭。在裂解过程中，小于 C_6 的烯烃是积炭的主要来源。芳环的烷基化和氢转移反应对积炭有很重要的贡献。在裂解过程中，从芳烃、烯烃（若有脱氢的可能，从烷烃也可以）生成积炭的过程示于图 5.17。从图可以看到，积碳是一个次级反应。

由于积炭是一个要求空间的反应[11]，因而具有特定孔结构的沸石对积炭显示择形效应。如以含中孔为主的 ZSM-5 沸石在裂解反应中有显著的抗积炭作用，

这是因为它的孔道空间小所产生的抑制作用。

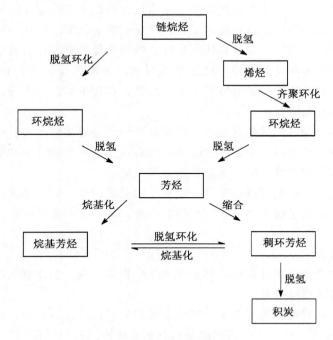

图 5.17　积炭的形成

（8）沸石与硅铝催化剂性能的比较

在一般的催化裂解中，沸石的活性高于硅铝催化剂。表 5.10 是两者裂解正己烷活性的比较。硅铝催化剂的活性取为 1。不管沸石的类型如何，其活性均高于硅铝催化剂，有的高到成千上万倍。更换裂解原料时，沸石活性仍高于硅铝催化剂。

表 5.10　沸石与硅铝催化剂活性的比较

催化剂	沸石中的主要阳离子	活性[1]/K	相对活性[2]
SiO_2-Al_2O_3		813	1.0
八面沸石	Ca^{2+}	803	1.1
	NH_4^+	623	6400
	La^{3+}	543	7000
	RE	<543	>10000

1) 将正己烷裂化 5%～20% 所需的最低温度。

2) 将温度外推至 813K 时求出的活性与 SiO_2-Al_2O_3 在 813K 时活性的比值。

早先认为，沸石活性高是由于沸石内［AlO_4］的负电荷与阳离子间的静电场引起的。阳离子是通过离子交换引入沸石内的。沸石内强的静电场有利于反应物分子极化形成正碳离子。

这一理论对预言不同阳离子交换的 X 和 Y 沸石的活性是成功的，但不能很好地解释为什么阳离子交换沸石和脱阳离子沸石有相似的催化行为。

后来，对沸石的活性又提出了酸性理论。正如前面已提及的，羟基质子是形成正碳离子的活性中心。指示剂方法和红外光谱技术都证明了在脱阳离子和阳离子交换的 X，Y 沸石中有这样的 B 酸中心存在。

实验表明，处理样品使沸石显示最大活性的温度比产生最大羟基浓度的处理温度高出一二百度，这导致另一种解释：提高处理温度发生脱羟基所形成的 L 酸中心也有活性，或者即使 L 酸自身不是活性中心，也是与 B 酸中心有协同作用的。

总之，目前流行的沸石催化理论是以沸石的酸性质为基础。

沸石的活性高于硅铝催化剂是多种因素造成的，文献上见到的解释有以下几种：

1）沸石中具有活性的酸中心的浓度高于硅铝催化剂。

2）沸石的细孔具有很强的吸附性能，使酸中心附近有较高浓度的烃，从而提高了裂解速率。

3）在沸石中 $[AlO_4]$ 的负电荷与阳离子的正电荷间较强的静电场使烃分子极化，促使正碳离子的形成与反应。

沸石催化剂不仅活性高，而且有较高的汽油选择性，产物中气态产物低，产焦率低（表 5.11）。

表 5.11 稀土沸石催化剂与低铝硅铝催化剂裂解选择性

催化剂	低铝硅铝催化剂	稀土沸石10％（重）＋低铝硅铝催化剂
裂解粗柴油的相对活性	100	1000
转化率为 75％时的选择性		
气态产物	15％	10％
汽油	45％	55％
轻循环油	10％	7.5％
焦油	5％	2.5％

用沸石催化剂与用硅铝催化剂得到的汽油组成不同，在前一情况下，汽油内的饱和烃多、烯烃少（表 5.12）。

表 5.12 汽油组成与催化剂种类的关系

汽油组成	低铝硅铝催化剂	沸石催化剂
饱和烃	10％	20％
烯烃	45％	15％
环烷烃	10％	20％
芳烃	35％	45％

此种选择性差别一般解释为沸石中高的氢转移速率的结果。在沸石内，H⁻转移到正碳离子，或者通过正碳离子氢转移至烯烃，都使得在裂解过程中，碳链的断裂在较高的分子量时就终止了。

沸石内的高氢转移速率还有其动力学上的解释：正碳离子可进行 β 断裂，也可发生氢转移，其竞争与烃的浓度有关。

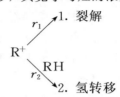

R^+ 的裂解速率为

$$r_1 = k_1 C_{R^+}$$

R^+ 的氢转移速率为

$$r_2 = k_2 C_{R^+} C_{RH}$$

前者为一级反应，后者为二级反应。对氢转移的选择性为

$$\frac{k_2 C_{R^+} C_{RH}}{k_1 C_{R^+}} = k' C_{RH}$$

即烃的浓度愈高愈有利于氢转移反应，沸石可满足这样的条件，因而沸石的氢转移活性高。

由于氢转移反应，也造成烯烃向烷烃和芳烃的转化，如

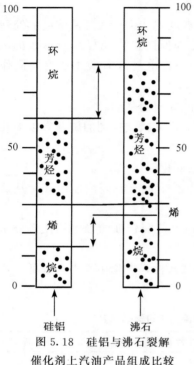

图 5.18 硅铝与沸石裂解
催化剂上汽油产品组成比较

$$4C_n H_{2n} \longrightarrow 3C_n H_{2n+2} + C_n H_{2n-6}$$

烯烃　　　　　链烷烃　　　　芳烃

$$C_m H_{2m} + 3C_n H_{2n} \longrightarrow 3C_n H_{2n+2} + C_m H_{2m-6}$$

烯烃　　环烷烃　　　　链烷烃　　　芳烃

其中烯烃转化为烷烃，而环烷烃转化为芳烃。若以转移的氢计，反应几乎是定量发生的（图 5.18）。

三、择 形 催 化

1960 年 Weisz 首先提出择形性概念。随后择形催化剂的开发和应用便成为催化研究中收效很大的领域之一。因为择形催化研究是由沸石分子筛引发的，所以在介绍沸石的催化作用时，顺便介绍择形催化作用。

（一）择形性

某些像沸石一类的物质，因为具有特殊的几何构型，以及因为此种构型所产生的对扩散的效应，能起到控制反应方向的作用。催化剂的此种效应称为择形性。

催化活性物种被设置在沸石的晶穴与晶孔之内，是择形性的基础。

利用择形性控制反应一般有三种途径。

1. 对反应物择形

利用催化剂特定的孔结构，使反应混合物中仅具有一定形状和大小的分子才能进入催化剂孔内起反应，由此实现对反应物的择形，如图 5.19（a）所示。比如在石蜡烃与其异构体、芳烃的混合物加氢裂解时，由于较小的直形孔道只让正构石蜡烃裂解，芳烃及石蜡烃异构体不裂解。

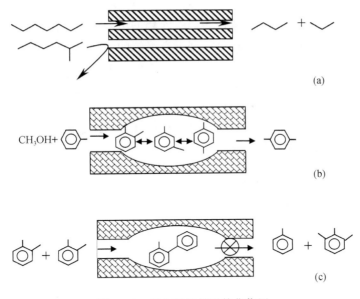

图 5.19 催化剂的择形催化作用

2. 对产物择形

利用特殊的孔结构，只允许具有一定形状和大小的产物分子离开催化剂孔道，从而达到控制反应方向的目的。参见图 5.19（b）。像二甲苯的异构体中，只有对二甲苯在较小的孔径中才能顺利离开催化剂。

3. 对反应中间物择形

利用孔内的特定空间限制某中间物的生成，促进另一中间物自由生成。图 5.19（c）表示由于中间物受择形作用不能生成时，将得不到甲苯及邻三甲苯。

另有一种分子运行路线控制择形作用。这是一种特殊的择形作用，平时不多见，它多发生于具有交叉孔隙的沸石中，如 ZSM-5。在这类沸石中，反应分子从一种孔道进入，产物分子从另一种孔道扩散出去，亦即反应分子和产物分子各有自己的输运路线。之所以能发生这种现象，仍是由于不同的孔道需要与不同几何构型的分子匹配造成的。

在择形催化中扩散起很大作用。具有高扩散系数的分子优先和有选择地反应，而不能进入沸石孔道的分子（孔内扩散系数为零）只能在沸石外部的非选择性表面上反应。另外，有高扩散系数的产物优先脱附。在孔内，较大的产物分子由于扩散系数小而留在孔内继续转化，或分解为较小的分子扩散掉，或部分脱氢（指烃分子情况）最终变为积炭，堵塞细孔，使催化剂失活。

择形效应在构型扩散区才是重要的。在构型扩散区，扩散物和催化剂内的有效自由空间之间，在大小、形状和构型上有系统的匹配。

与沸石孔道内的活性中心不同，沸石外表面上的活性中心不显择形性。较小的沸石晶粒因为具有较多的外表面而显示较低的择形性质。

定量表示择形性的一个常用指标是约束指数 C. I.（constraint index）。将等摩尔比的正己烷和 3-甲基戊烷在不同温度下用沸石加以催化裂解，然后利用下列公式计算不同温度下的 C. I.

$$C. I. = \frac{\lg(n - C_6^0 \text{ 残留分数})}{\lg(3\text{-甲基戊烷残留分数})}$$

显然，当孔道愈小，3-甲基戊烷残留愈多，C. I. 的数值愈大，说明孔道的约束作用愈大。

（二）ZSM-5

以下介绍一种目前使用较多的择形沸石 ZSM-5。目前，工业规模采用 ZSM-5 为催化剂的过程有催化脱蜡、二甲苯异构、甲苯歧化以及苯和乙烯的烷基化。正在开发中的过程有甲醇制汽油、乙烯和芳烃，以及甲苯和甲醇烷基化制对二甲苯。在催化裂解中也有少量应用。

ZSM-5 骨架的基础是"连接四面体"结构，由图 5.20（a）示出。它由八个五元环组成。连接四面体通过棱边连结形成图 5.20（b）所示的链，链继而连接成薄片，薄片连接形成三维骨架结构。其孔道排列情况如图 5.21 所示。孔道排列的特点在于直筒形孔道与横向的正弦形孔道交叉。直筒形孔道截面呈椭圆形，短轴 0.54nm，长轴为（0.7±0.07）nm。正弦形孔道截面近似为圆形，直径 0.55nm。

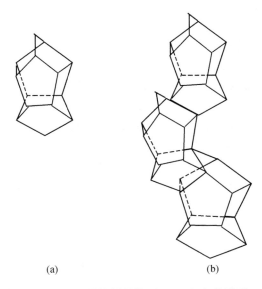

(a)　　　　　　　　　(b)

图 5.20　ZSM-5 的特征性构型（a）和它的链系（b）

链的走向平行于 [001]，图中只表示了 Si 或 Al 原子

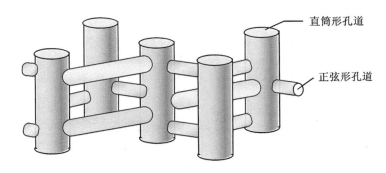

直筒形孔道

正弦形孔道

图 5.21　ZSM-5 的孔道结构模型

　　NaZSM-5 用酸直接交换，或用 NH_4^+ 交换再焙烧脱 NH_3 可得 HZSM-5 沸石。HZSM-5 内存在着 B 酸中心，它是附连于沸石骨架中 $[AlO_4]$ 上的酸性羟基形成的，是正碳离子反应的催化活性中心。实验表明，各 B 酸中心有相近的活性，与硅铝比无关，在很宽的硅铝比范围内均如此。HZSM-5 的酸性羟基的红外吸收在 3610cm^{-1}，不显酸性的终端羟基的红外吸收在 3700 cm^{-1}[15]。

　　HZSM-5 在 1073K 下焙烧后，两个 B 酸中心转化为一个 L 酸中心。

　　近来还发现，在 HZSM-5 内存在着内硅醇基，它与骨架终端的硅醇基有不同的红外吸收峰，而且它的形成与消失与水热处理有关[16]。

ZSM-5 的择形性有以下一些特征：

1）对碳原子数相同的烷烃异构体的择形性。在碳原子数相同情况下，ZSM-5 能裂解正构烷烃和带一个取代甲基的烷烃，如果裂解带两个取代甲基的烷烃就困难。这显示了 ZSM-5 孔道窗口的择形性。

2）对分子链长的择形性。同是直链烷烃，链长愈长，吸附量愈小。比如在每一孔道交叉处可同时吸附两个正构的 $C_3 \sim C_5$ 的烷烃分子，但只能吸附一个正己烷。

3）对芳烃烷基化的择形性效应。在通常的催化剂上，甲苯烷基化比苯容易，而在 ZSM-5 上苯的烷基化快于甲苯。

4）对形成大分子的择形性效应。由于 ZSM-5 只有直形孔道，没有笼，因此孔内不易形成大个的分子。因为积炭的分子很大，因此 ZSM-5 有高的抗积炭能力。孔内的积炭“分子”较小，大约含 1～2 个芳环，而 Y 沸石内的积炭分子可以包含 5～6 个芳环。

5）对芳烃的对位反应的效应。在 ZSM-5 内，取代芳烃的对位反应比邻、间位容易发生。

6）产物选择性随晶粒大小的变化。裂解的产物之一积炭的形成在孔内受到限制而发生在外表面上，因此当晶粒变小致使外表面增加时，有利于积炭的形成。

参 考 文 献

1　Peri J B. J Phys Chem, 1965, 69: 211

2　Thomas C L. Ind Eng Chem, 1949, 41: 2564

3　Tanabe K. Catalysis Science and Technology. Anderson R, Boudart M eds. Vol. 2, Springer Verlag, Berlin, Heidelberg, New York, 1981

4　Thomas C L, Barmby D S. J Catal, 1968, 12: 341

5　Панченков, Г М. и Казацкая. А С Ж Физ хим, 1958, 32: 1779

6　Voge H H. Catalysis. Vol. 6. Emmett P H ed. New York: Rcinhold, 1958. 407

7　Good G M, Voge H H, Greensfelder B S. Ind Eng Chem, 1949, 39: 1032

8　Greensfelder B S, Voge H H, Good G M. Ind Eng Chem, 1949, 41: 2573

9　Emmett P H, Bordlcy J L. J Catal, 1976, 42: 367

10　Borodzinski A, Corma A, Wojciechowski B W. Can J Chem Eng, 1980, 58: 219

11　Rollman L D, Walsh D E. Progress in Catalyst Deactivation. Figueiredo J L, ed. 1982

12　Jacobs P A, Beyer H K. J Phys Chem, 1979, 83: 1174

13　Haag W O, Dessau R M. Proc Intern. Congr Catalysis (Ⅱ), 8th. Berlin, 1984. 305

14　徐如人，庞文琴，屠昆岗. 沸石分子筛的结构与合成. 吉林：吉林大学出版社，1987. 104

15　Jacobs P A. J Phys Chem, 1982, 86: 3050

16　Dessau R M, Schmitt K D, Kerr G T et al. J Catal, 1987, 104: 484

第六章　过渡金属配合物催化剂
及其相关催化过程

这章讨论的几个典型催化过程，都是以过渡金属配合物为催化剂的。这些过程具有重要的意义，因为应用这些催化过程可生产许多有用的化工产品，如醇、醛和酮等。表 6.1 给出许多例子。

表 6.1　使用过渡金属配合物为催化剂的重要化工过程

过程	反应	典型催化剂	反应温度 /K	反应压力 /10^{-2}kPa
Wacker	$C_2H_4 + \frac{1}{2}O_2 \longrightarrow CH_3CHO$	$PdCl_2$-$CuCl_2$（水）	383	5.06
乙酸乙烯酯	$C_2H_4 + \frac{1}{2}O_2 + CH_3COOH$ $\longrightarrow CH_3COOCH=CH_2 + H_2O$	$PdCl_2$-$CuCl_2$（水）	400	50.6
羰基合成	$RCH=CH_2 + CO + H_2 \longrightarrow$ $\underset{\text{CHO}}{\mid}$ $RCH_2CH_2CHO + RCHCH_3$	$HCo(CO)_4$-有机溶剂 或 $RbCl(CO)(PPh_3)_2$-有机相	423 373	253.2 15.2
甲醇羰基化	$CH_3OH + CO \longrightarrow CH_3COOH$	$RhCl(CO)(PPh_3)_2$ 助剂：CH_3I，有机溶 剂或水溶液	448	15.2
定向聚合 (Ziegler-Natta)	$C_2H_4 \longrightarrow \frac{1}{n}(C_2H_4)_n$ $C_3H_6 \longrightarrow \frac{1}{n}(C_3H_6)_n$	α-$TiCl_3$（固）+ $Al(C_2H_5)_2Cl$ 悬浮于有机相	373	10.1

这些过程有它们的共性，表现在它们有类似的催化剂、成键作用和反应机理。

我们先讨论这些共性问题，然后再分别介绍四个催化过程。一般性参考文献见 [1~3]。

一、过渡金属配合物中的化学键

作催化剂用的有机金属化合物都含有过渡金属原子或离子，它们与配体原子、分子键合形成络合离子或分子。配体围绕金属原子或离子形成以它们为中心的多面体。最常见的有六配位八面体，五配位双三角锥，四配位平行四边形（图 6.1）。

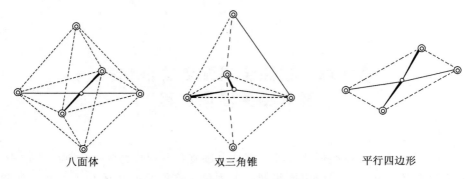

八面体　　　　　　　　双三角锥　　　　　　　平行四边形

图 6.1　络合离子或分子的几何构型

金属原子以其部分充满的 d 轨道、相邻的较高一层的 s 轨道以及 p 轨道与配体的轨道相作用，形成金属-配体化学键。有四种成键情况：

1) 由金属提供一个半充满轨道，配体提供一个半充满轨道形成配键。

2) 由金属提供一个空轨道，配体提供一个充满轨道形成配键。

3) 由金属提供一个充满轨道，配体提供一个空轨道形成配键。

4) 金属同时提供一个充满轨道和一个空轨道与配体的一个空轨道和充满轨道分别作用，形成金属-配体间的双键。

根据提供轨道的情况，配体可以分成四类。

第一类，配体只提供一个充满轨道（孤对电子）与金属的空 d，s 或 p 轨道作用，形成 σ 键。像 NH_3 和 H_2O 等属此类。

第二类，配体提供一个半充满轨道，与金属的一个半充满轨道作用，形成 σ 键。属于这类配体的有 H 及烷基等。

第三类，配体可提供两个充满轨道与金属的相应轨道作用，形成两个化学键（σ 和 π）。因为这类配体在形成 π 键时给出电子，故把它们称为 π 施主配体。如 Cl^-，Br^-，I^- 和 OH^- 等属此类配体（图 6.2）。

第四类，包括 CO、烯烃和磷化氢等，它们同时提供一个充满的成键轨道和

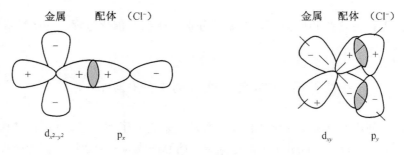

金属　　配体（Cl^-）　　　　　　　　金属　　配体（Cl^-）

$d_{x^2-y^2}$　　　　p_x　　　　　　　　　d_{xy}　　　p_y

图 6.2　金属-配体双键的形成

一个空的反键轨道与金属的有关轨道相作用。比如 CO，它提供一个被孤对电子占据的成键轨道与金属的空轨道相作用形成 σ 键，同时还提供一个空的反键轨道与金属的一个充满的 d 轨道作用形成 π 键（图 6.3）。乙烯与金属的作用与此类似（图 6.4）。

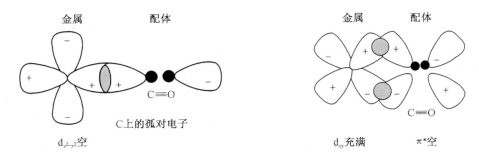

图 6.3　金属与 CO 形成的双键金属，碳和氧直线排列

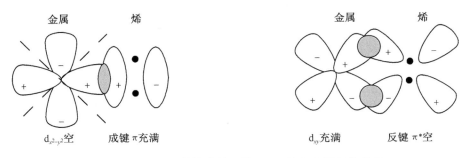

图 6.4　金属与乙烯构成的双键 C—C 轴与金属配体垂直

　　在 CO 或乙烯与金属作用的两个例子中有一个共同点：金属的充满轨道内的电子向配体的反键轨道转移，同时配体的充满轨道的电子向金属的空 d 轨道转移。前一种作用称为反馈。以上两种电子转移都导致配体 CO 和烯烃中重键的削弱。经 X 射线测定，配体内 C 与 O、C 与 C 的距离变长。红外和 Raman 光谱测定的 C 与 O、C 与 C 间伸缩振动的力常数也较没有电子转移时为低。

　　以上的成键模型，在文献上称作 Chatt 模型。

　　金属与配体的成键，要求相互作用的轨道具有相同的对称性，如在图 6.4 中金属的 $d_{x^2-y^2}$ 与乙烯的 π 轨道，金属的 d_{xy} 与乙烯的 π^*，它们都是具有相同对称性的轨道。由于金属的配体环境不同，金属将采用不同的轨道（$d_{x^2-y^2}$ 或 d_{xy}）形成 σ 或 π 键。如配体环境为八面体和平面四边形时，金属可用 $d_{x^2-y^2}$ 形成 σ 键，而配体环境为四面体时，金属则不能用 $d_{x^2-y^2}$ 而要用 d_{xy} 等轨道形成 σ 键。

　　金属与配体形成的化学键一般都是双电子键，仅在个别情况下有例外。

　　除了对称性外，轨道的能级差也是需要考虑的因素，它决定着形成化学键的强度。一般，分离原子的轨道能级差愈大，所形成的化学键强度愈低。金属与配体间形成双键时，有四个轨道相互作用。如果产生的是两个受体配键，那么在这四个轨道中，必须有两个是空轨道，其余两个是充满轨道。根据前沿理论，这两个充满的轨道叫最高占据轨道，而空轨道叫最低未占据轨道。这里讨论的金属-配体间形成双键的情况下，相互作用的最高占据轨道和最低未占据轨道的能级差取决于金属与配体的 Fermi 能级（图 6.5）。如果金属的最高占据轨道向配体的最低未占据轨道靠近，即形成 π 反馈键时所使用的两个轨道的接近，将使 π 反馈键增强，但这却使金属的最低未占据轨道与配体的最高占据轨道相偏离，使 σ 键削弱。以上是金属 Fermi 能级上移时发生的情况。当金属 Fermi 能级下移时，σ键增强，π 反馈键减弱。因此，σ 键和 π 反馈键的强弱是相矛盾的。为了有利于催化反应，σ 键和 π 键的强度应有适当的匹配。这可以通过能级相对位置的调整实现，或是调整金属能级，或是调整配体能级。调整金属能级可以通过改变金属种类或改变金属氧化态实现；调整配体能级可借助更换配体实现。根据配位场理论，每一金属轨道是与多个配体相联系的，配体轨道应按对称性匹配线性组合，然后与金属轨道作用。由于加入不同的配体而产生的轨道的不同线性组合，将影响配体与金属的相互作用。比如 CO 和磷化物就属于这类配体。

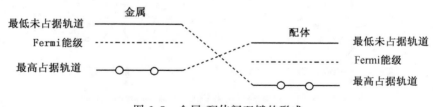

图 6.5　金属-配体间双键的形成

　　为促使催化反应进行，希望能降低金属的氧化态，以便提高它的电子轨道能级，使电子较易转移至烯或 CO 的反键 π^* 能级上去，导致这些分子的活化。但金属氧化态不能降到零价以致于发生金属的沉析。为防止金属的形成，需要一种有潜在能力与金属成键的配体占据在配位点上，而且当配位球内发生反应时它又不受攻击。适于充当此种配体的应是强 σ 施主配体，而不是弱 π 受主配体。磷化物即属此类配体。这也就是磷化物能成为有机金属络合物催化剂良好配体的原因。

二、有机金属配合物的反应与催化反应

　　有机金属配合物在催化过程中的反应大致可归纳为三种类型。

（一）配体取代或交换

　　若是 A，B 两种分子在金属配合物 ML_n 的催化作用下发生反应，金属配合物

应发生配体解离，形成两个空配位点

$$ML_n \longrightarrow ML_{n-2}\square_2 + 2L \tag{6.1}$$

其中，M 代表金属，L 代表配体，$\square$ 代表空位，n 代表配位数。然后 A，B 顺式配位至金属开始催化作用。

以上是解离式配体取代机理，另有一种缔合式配体取代机理，按此机理，取代配体先缔合至配合物，接着被取代配体从配合物解离。

（二）氧化加成

氧化加成是一类配体加成至金属原子并使价态升高的反应。比如，H_2 对配合物的加成。H_2 分子先解离成两个 H，然后金属提供出两个电子接受 H 原子作为配体，因此金属氧化态升高。而 CO，C_2H_4 这样的分子配位到金属时，并不显著改变金属上的电子密度，因此它们对金属的加成则不属氧化加成。氧化加成的逆过程为还原消去。氧化加成与还原消去这一对互逆过程可表示为

$$\begin{array}{ccc} & \overset{\displaystyle L}{\underset{\displaystyle L}{\overset{\displaystyle \square}{L - M^{n+} - L}}} + AB & \underset{\text{还原消去}}{\overset{\text{氧化加成}}{\rightleftharpoons}} & \overset{\displaystyle B\ \ L}{\underset{\displaystyle L\ \ L}{L - M^{(n+2)+} - A}} \end{array} \tag{6.2}$$

这里，氧化加成要求金属周围有两个空配位点，还要求金属具有差值为 2 的两种氧化态。Rh 即为这种金属的一例。除 H_2 外，HI 和 CH_3I 等也都可与金属配合物发生氧化加成反应。

（三）插入反应

插入反应是指一个原子或分子插入两个初始键合的金属－配体间。在最终产物中，如果金属 M 和配体 L 都连到同一原子上，则称为 1,1 加成。如果它们分别连到相邻的两个原子上，则称为 1,2 加成。下式代表 1,2 加成

$$M - L + X = Y \longrightarrow M - X - Y - L$$

最常遇见的是对 CO 的 1,1 加成和对烯烃的 1,2 加成。

CO 向金属－烷基间的插入反应，一般都是以烷基向 CO 配体的移动为第一步，如在甲基五羰基锰反应中所见到的那样

$$\tag{6.3}$$

其中，L 可以是 CO，胺或磷化氢，其中的第一步可能经历的过渡态是

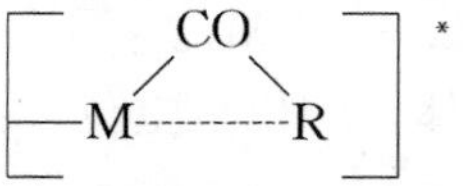

$$\left[\begin{array}{c} CO \\ | \quad \diagup \diagdown \\ M \text{------} R \end{array}\right]^{*}$$

烯烃向金属—烷基间的插入通常假定按以下方式进行：

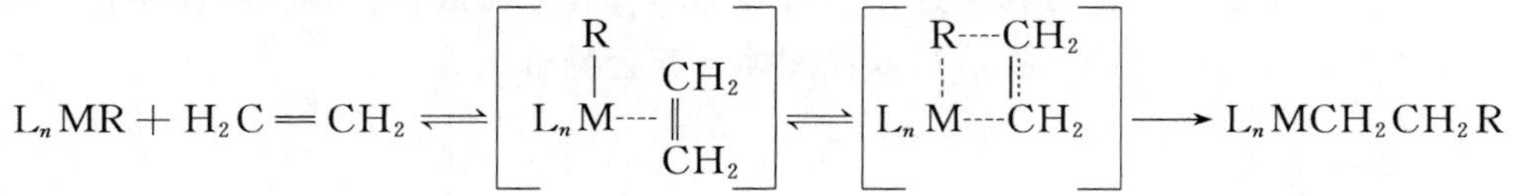

$$L_nMR + H_2C=CH_2 \rightleftharpoons \left[L_nM \begin{array}{c} R \\ | \\ \cdots CH_2 \\ \| \\ CH_2 \end{array}\right] \rightleftharpoons \left[L_nM \begin{array}{c} R\text{---}CH_2 \\ \cdots \\ \cdots CH_2 \end{array}\right] \longrightarrow L_nMCH_2CH_2R$$

$$(6.4)$$

即首先烯烃与 M 实现 π 络合，再经过四中心的过渡态，转变为 σ 键合的金属烷基化合物。

上面介绍了有关有机金属配合物催化的基础知识，下面讨论的相关催化过程中，第一个是烯烃加氢。

三、烯 烃 加 氢

许多金属配合物都能够活化氢，如 $RuCl_6^{3-}$，$Co(CN)_5^{3-}$ 和 $RhCl(PPh_3)_3$ 等。特别是后者，所谓的 Wilkinson 配合物，对均相催化加氢非常有效。一般都认为，这种催化剂在加氢反应中的作用可以描述如下：

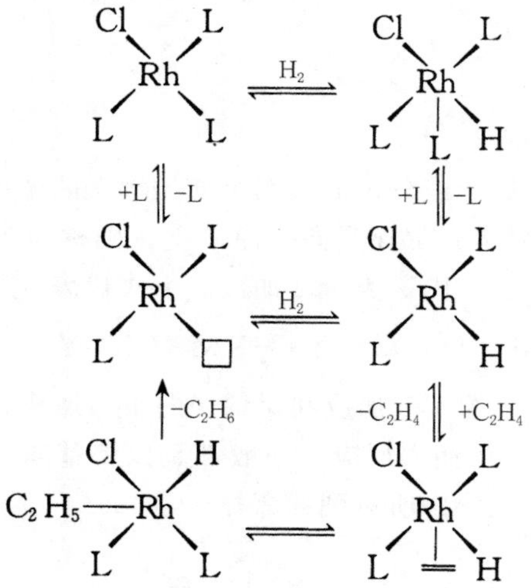

反应的第一步是 H_2 氧化加成至铑配合物，后者解离出一个配体，并继而络合烯烃，络合时烯烃插入 Rh—H 键形成链烷基，链烷基还原消去成为链烷烃，并得到催化活性物种。一旦氧化加成在循环中发生，就必须有还原消去配合，以完成此种循环。

四、乙烯氧化制乙醛——Wacker 过程

乙醛是重要的化工原料。20 世纪 50 年代以前，乙醛是用乙炔水合方法，或是用乙醇氧化法制造。其后，发明了 $PdCl_2$-$CuCl_2$ 系催化剂，由乙烯直接氧化制乙醛，这在工业上叫做 Wacker 过程。这一过程的特点是乙醛选择性高，收率也高。几乎 95％～99％以上的乙烯可以转化为乙醛。

这一过程的总反应为

$$C_2H_4 + 1/2 O_2 \longrightarrow CH_3CHO$$

总反应由以下三个阶段实现：

1）乙烯被 Pd(Ⅱ)氧化为乙醛，Pd(Ⅱ)还原为 Pd(0)。

$$C_2H_4 + PdCl_2 + H_2O \longrightarrow CH_3CHO + Pd + 2HCl$$

2）Pd(0)被 Cu^{2+} 氧化为 Pd(Ⅱ)，Cu^{2+} 还原为 Cu^+。

$$Pd + 2CuCl_2 \longrightarrow PdCl_2 + 2CuCl$$

3）Cu^+ 被空气或氧气氧化为 Cu^{2+}。

$$2CuCl + 1/2 O_2 + 2HCl \longrightarrow 2CuCl_2 + H_2O$$

总反应可用以下循环图式说明。

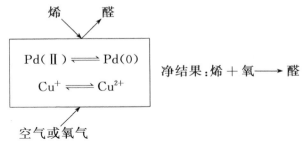

对 Wacker 过程，过渡金属中以钯的配合物活性最高。在钯的存在下，除乙烯以外的许多烯烃，像丙烯、丁烯等都可以反应，生成相应的醛和酮。以下主要讨论乙烯的反应。在工业上，把乙烯和氧通入含有 H_3O^+，$PdCl_4^{2-}$，Cu^{2+}，Cl^- 的反应器中，反应物被吸收而反应。

Wacker 过程的反应机理可简要表述如下。

Zeise 盐的阴离子 $[PtCl_3(C_2H_4)]^-$，水解可以得到乙醛，Wacker 过程中可能是类似于 Zeise 盐结构的 Pd(Ⅱ)-烯配合物产生的乙醛，该配合物是由乙烯与 $[PdCl_4]^{2-}$ 进行 π 键合而得

$$\text{(6.5)}$$

$PdCl_2$ 在反应体系内存在的形式之一是 $[PdCl_4]^{2-}$。上述反应得到的 $Pd(II)$-烯配合物按下列步骤转化为乙醛

$$
\begin{array}{c}
Cl^- \!-\! Pd^{2+} \!\!\overset{Cl^-}{\underset{Cl^-}{\big|}}\!\! \overset{CH_2}{\underset{CH_2}{\|}} + H_2O \rightleftharpoons Cl^- \!-\! Pd^{2+} \!\!\overset{OH_2}{\underset{Cl^-}{\big|}}\!\! \overset{CH_2}{\underset{CH_2}{\|}} + Cl^-
\end{array} \tag{6.6}
$$

$$
\begin{array}{c}
Cl^- \!-\! Pd^{2+} \!\!\overset{OH_2}{\underset{Cl^-}{\big|}}\!\! \overset{CH_2}{\underset{CH_2}{\|}} + H_2O \rightleftharpoons Cl^- \!-\! Pd^{2+} \!\!\overset{OH^-}{\underset{Cl^-}{\big|}}\!\! \overset{CH_2}{\underset{CH_2}{\|}} + H_3O^+
\end{array} \tag{6.7}
$$

$$
Cl^- \!-\! Pd^{2+} \!\!\overset{OH^-}{\underset{Cl^-}{\big|}}\!\! \overset{CH_2}{\underset{CH_2}{\|}} \rightarrow \left[Cl^- \!-\! Pd^{2+} \!\!\overset{OH^-}{\underset{Cl^-}{\big|}}\!\!\cdots\!\! \overset{CH_2}{\underset{CH_2}{\|}} \right]^* \overset{H_2O}{\rightarrow} \left[Cl^- \!-\! Pd^{2+} \!\!\overset{OH_2}{\underset{Cl^-}{\big|}}\!\!-CH_2CH_2OH \right] \tag{6.8}
$$

$$
\left[Cl^- \!-\! Pd^{2+} \!\!\overset{OH_2}{\underset{Cl^-}{\big|}}\!\!-CH_2CH_2OH \right] \longrightarrow Pd^0 + 2Cl^- + H_3O^+ + CH_3C\!\!\overset{H}{\underset{O}{\big\backslash\!\!\big/}} \tag{6.9}
$$

　　（6.5）式表示 Pd-烯配合物的形成，是配体取代过程。（6.6）式和（6.7）式也是配体取代过程。这些配体取代过程进行得十分快。（6.8）式是速控步骤。早期认为，这是一个顺式插入反应，即 Pd^{2+} 和配位球内的 OH^- 加成至乙烯分子 C—C 键的同一侧。在其中的 Pd^{2+} 充当一个模板，使配位在其上的两个相邻配体 OH^- 和 C_2H_4 反应，模板离子和烯中的一个碳原子形成 σ 键，OH^- 则与烯的另一个碳原子形成键。与此同时，烯的双键脱离开金属原子的作用，并变成单键。净结果是在模板离子与 OH^- 间插入一个—CH_2—CH_2—，π 配合物转化为 σ 配合物。

　　后来的同位素实验表明，是水中的 OH^- 从配位球以外攻击乙烯分子作反式加成，即 Pd^{2+} 和外来 OH^- 加成至乙烯 C—C 键的不同侧。

$$
\left[Cl^- \!-\! Pd^{2+} \!\!\overset{OH_2}{\underset{Cl^-}{\big|}}\!\!-\!\!\overset{\overset{H}{\underset{\big|}{}}\,\overset{H}{\underset{\big|}{}}}{\underset{\overset{H}{}\,\overset{H}{}}{\overset{C}{\underset{C}{\|}}}} \right] \overset{OH^-}{\longrightarrow} \left[Cl^- \!-\! Pd^{2+} \!\!\overset{OH_2}{\underset{Cl^-}{\big|}}\!\!\rightarrow\!\! \overset{C}{\underset{C}{}}\leftarrow OH^- \right]
$$

　　上述机理是依据许多实验结果提出的，其中的主要部分归纳如下：

　　1) 实验表明，$Pd(II)$ 在较高 Cl^- 浓度时确是以 $[PdCl_4]^{2-}$ 的形式存在，而催化过程中 Cl^- 的浓度也确实很高。

2）$CuCl_2$ 不存在时，一摩尔 $PdCl_2$ 溶液可以吸收一摩尔的 C_2H_4，这种按计量关系的吸收表明这是一个非催化过程。吸收的乙烯迅速被 $PdCl_2$ 转化为乙醛，但由于没有 $CuCl_2$ 存在，吸收很快终止。

3）在反应的初始，吸收乙烯的速率与 Pd(Ⅱ) 浓度成正比，与 Cl^- 浓度成反比，与 H^+ 浓度无关。这支持（6.5）式所示的反应。

4）在反应体系中直接加入乙醇，由乙醇氧化成醛的速率要比乙烯直接氧化得到醛的速率慢很多，这说明乙烯氧化成乙醛不是以乙醇作为中间产物。

5）用重水 D_2O 所做的实验表明，所得乙醛分子中不含有 D，说明乙醛中的四个氢全部来自乙烯内部，正如前面几个反应方程表示的那样，由水中交换进配位球的 OH 最终又回到溶液中去。

6）动力学研究表明，（6.8）式是速控步骤，因为根据这一速控步骤的机理可以导出总反应速率方程

$$r = \frac{kK_5K_6K_7C_{PdCl_4^{2-}}C_{C_2H_4}}{C_{Cl^-}^2C_{H_3O^+}}$$

从实验上也得到了与此式相符的速率方程，其中 k 为速控步骤的速率常数，K_5、K_6、K_7 分别为（6.5）、（6.6）、（6.7）式中的平衡常数。

7）（6.9）式所示的 σ 配合物分解，包括氢在两个碳原子间转移及 Pd^{2+} 的还原等，以 $CD_2=CD_2$ 代替 $CH_2=CH_2$ 时，没有发现同位素效应，表明这里的转移及其所在的整个反应不是速控步骤。

8）氧的同位素实验证明，产物乙醛中的氧来自水，而不是直接来自空气。

五、羰基化反应

先介绍 α-烯烃加氢甲酰化。

α-烯烃加氢甲酰化是一个具有很大工业意义的反应。产物为醛，醛加氢则得醇。醇用作溶剂或进一步加工成增塑剂和洗涤剂。

羰化反应在液相内进行，常用羰基钴 $Co_2(CO)_8$ 为催化剂，近来又改用铑基催化剂，如 $RhCl(CO)(PPh_3)_2$。铑基催化剂更活泼，使用压力更低，产物中直链醛与分支链醛的比值比较高。以下介绍以铑基催化剂进行的羰化反应。羰化反应机理是复杂的。根据 PPh_3 的浓度，可以是缔合机理，按这个机理烯烃加成至五配位的铑配合物上；也可以是解离机理，按这一机理，烯烃加成至四配位的铑配合物上。这个反应主要由以下几步构成：

1）烯烃被 Rh 络合并插入 Rh—H 间。即下面机理中的（E）→（G）步。

2）CO 插入 Rh—烷基间，即（I）→（J）步。

3）氢的氧化加成和醛的还原消去，即（J）→（C）步。

$$\text{(E)} \quad \text{(F)} \quad \text{(G)}$$

$$\text{(D)} \quad \text{(H)} \quad \text{(I)}$$

$$\text{(M)} \quad \text{(C)} \quad \text{(K)} \quad \text{(J)}$$

$$\text{(A)} \quad \text{(B)} \quad \text{(L)}$$

在三苯基膦浓度较高时，倾向于图中下部的催化循环，即缔合机理，从 (D) 经 (H)，(I)，(J) 至 (C)。从 (K) 至 (C) 这一步得到产物醛。按缔合机理，烯烃加成至五配位的铑配合物上，由于较强的立体阻碍效应将使产物中直链醛/分支链醛的比值较高。若磷化物浓度太高，由于形成惰性 $RhH(CO)(PPh_3)_3$ 即 (M) 而使催化剂活性降低。当三苯基膦浓度低时，沿上面一个催化循环，即解离机理。由于烯烃现在是加成至四配位物种，所以产物中直链醛与支链醛的比值较低，CO 压力太高时，由于形成了不能进行 H_2 的氧化加成的配合物 $Ph(COR')(CO)_2(PPh_3)_2$，所以将削弱产生醛的反应。与此相应，高压下的红外光谱实验结果证明了酰基金属化合物的存在，说明 CO 的插入是一个相对较快的反应，H_2 的氧化加成则是一个相对较慢的反应。对于双键靠近分子中心位置的烯烃，没有观察到酰基金属化合物，而只有金属氢配合物，显然说明双键靠近中心的烯烃其配位和插入都是很慢的。

α-烯烃加氢甲酰化的重要工业例子是丙烯在铑基催化剂下合成丁醇及 2-乙基-1-己醇（俗称辛醇）。反应图式可表示为

$$CH_3CH{=}CH_2 \underset{CO/H_2}{\overset{CO/H_2}{\rightleftarrows}} \begin{array}{l} CH_3CH_2CH_2CHO \xrightarrow{H_2} CH_3CH_2CH_2CH_2OH \\[4pt] \underset{\displaystyle CH_3CHCH_3}{\overset{\displaystyle CHO}{|}} \xrightarrow{H_2} \underset{\displaystyle CH_3CHCH_3}{\overset{\displaystyle CH_2OH}{|}} \end{array}$$

其中，异丁醛和异丁醇为副产物。产物正丁醛一方面可以加氢成正丁醇，另一方面可经 2-醇醛缩合为 2-乙基-1-己醇

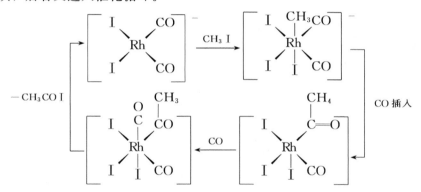

下面介绍第二个羰基化反应：甲醇羰化为乙酸。

甲醇羰化为乙酸的化学也是有关加氢甲酰化的化学。对此反应而言，也是铑催化剂比钴催化剂好。其反应机理由甲基碘化物的氧化加成、CO 插入 Rh—甲基键及乙酰从碘的还原消去几步构成。乙酰基碘进一步与甲醇反应生成乙酸和甲基碘，后者又进入催化循环。

$$CH_3COI + CH_3OH \longrightarrow CH_3COOH + CH_3I$$

红外光谱结果表明，在室温下，往 $[Rh(CO)_2I_2]^-$ 溶液中加入过量甲基碘时，有 $[(CH_3CO)Rh(CO)I_3]^-$ 生成。这个阴离子，在有较大的有机阳离子配对时，会以晶态形式（含 Rh-I 桥的二聚物）分离而出。这对上述机理是一个支持。

CO 的插入是一个可逆过程，实验表明：把上述晶态物质在真空下加热，铑-乙酰基络离子又慢慢分解为原来的 $[Rh(CO)_2I_2]^-$。

动力学数据指出，甲醇羰化对铑及甲基碘均为一级，对 CO 为零级，表明甲基碘的加成为速率控制步骤。原位条件下的红外光谱中只有 $[Rh(CO)_2I_2]^-$ 的吸收带存在也说明了这一点。

六、Ziegler-Natta 过程——α-烯烃的定向聚合

利用过渡金属配合物催化剂把 α-烯烃定向聚合为等规高聚物是催化科学的实践史上的一项光辉成就。Ziegler 首先发现了催化剂，而 Natta 研究了聚合物

的立体规整性。工业上最常使用的催化剂是由 α-TiCl$_3$ 和烷基金属化合物如 Al(C$_2$H$_5$)$_2$Cl 制备的。

最初，是把乙烯置于 2×10^5 kPa 压力下聚合，得到的产物是低密度聚乙烯，它是高分支链的，因而结晶度很低。聚合机理是自由基聚合。在 Ziegler 催化剂的作用下聚合时得到高密度聚乙烯，它是低分支链高结晶度的。其熔点也比前者高 20℃。丙烯或高分子量的 α-烯烃在 Ziegler 催化剂存在时的聚合将得到具有异常高熔点、高结晶度、高立体规整性的产物。这样的产物称等规聚合物。

除等规聚丙烯外，尚有无规与间规聚丙烯。从下面的分析可以看出这几种聚丙烯的结构特点。

像 CH$_2$=$\overset{*}{\text{C}}$HR 或 CH$_2$=$\overset{\overset{\displaystyle R}{|}}{\text{C}^*}$—R′ 一类的单体，其中的 C* 在双键打开之后成为手征性碳原子，因此加聚后可以得到 R 和 S 两种构型的对映体。按 R 或按 S 构型加聚有三种情况。

1) 按 R 或按 S 构型方式加聚是任意的，这时得到的是无规高聚物。

2) 手征性碳原子全按 R 或按 S 方式往下加聚，这时得到的是等规高聚物。

3) 手征性碳原子按 R 和 S 方式交替往下加聚，这时得到的是间规高聚物。

这里主要介绍 Cosse-Arlman 关于定向聚合的机理模型。通过介绍说明过渡金属配合物催化剂在实际上的应用。整个聚合过程分以下几个步骤：

1) 活性中心的形成。固态 TiCl$_3$ 和烷基铂相互作用发生配体交换形成活性中心。TiCl$_3$ 中的 Ti^{3+} 为六配位，有八面体环境。作为活性中心 Ti^{3+} 的六个配位 Cl$^-$ 中有一个空缺，这个位置称为 Cl$^-$ 缺位，以□表示。其余五个配位 Cl$^-$ 中，与

□相近的一个 Cl^- 因与金属的联结松散而被乙基取代，由此形成一个同时含有 $Ti—C_2H_5$ 和 $Ti—□$ 的配位球，这就是活性中心。同位素实验也表明，仅仅是 $TiCl_3$ 固体表面的一部分 Cl^- 与乙基发生交换。

$$Cl^-—\underset{\underset{Cl^-}{\overset{\overset{Cl^-}{|}}{|}}{Ti}—□ + Al(C_2H_5)_3 \longrightarrow \ Ti\begin{smallmatrix}C_2H_5\\ \\Cl^-\end{smallmatrix}Al \longrightarrow Cl^-—\underset{\underset{Cl^-}{\overset{\overset{C_2H_5}{|}}{|}}{Ti^{3+}}—□$$

2）单体络合。单体烯烃根据 Chatt 成键模型在 Cl^- 缺位处被 Ti 络合形成 Ti—烯配合物。

$$Cl^-—\underset{\underset{Cl^-}{\overset{\overset{C_2H_5}{\diagup}\ Cl^-}{|}}{Ti}—□ \quad \xrightarrow{CH_3CH=CH_2} \quad Cl^-—\underset{\underset{Cl^-}{\overset{\overset{C_2H_5}{\diagup}\ Cl^-}{|}}{Ti}\overset{CH_2}{\underset{CH_2}{\overset{\|}{CH}}}$$

3）插入反应。由于与丙烯络合使 $Ti—C_2H_5$ 键内的电子流走而造成该键的断裂。断下的 C_2H_5 对丙烯中双键上的碳发生亲核攻击，随之 π 配合物转化为 σ 配合物，结果烯烃双键上的两个碳顺式插入 $Ti—C_2H_5$ 之间，即在 C_2H_5 上接合一个单体分子，并在 C_2H_5 原来的配位处留下一个空穴。

$$Cl^-—\underset{\underset{Cl^-}{\overset{\overset{C_2H_5}{\diagup}}{|}}{Ti}\overset{CH_3}{\underset{CH_2}{\overset{\|}{CH}}} \quad \longrightarrow \quad Cl^-—\underset{\underset{Cl^-}{\overset{\overset{□}{\diagup}}{|}}{Ti}—CH_2CHC_2H_5\ \overset{CH_3}{}$$

如果在空穴处重新络合上烯分子，并重复上述过程，则能形成愈来愈长的聚合物链。

以上几步表明，活性中心是 $TiCl_3$ 表面上的一个含 C_2H_5 基的中心，且该C_2H_5基在加到聚合物链上以后就不再与表面直接键合，尽管它所在的那个聚合物链仍是与表面相键合的。因为实验表明，在以含 $^{14}C_2H_5$ 的 $TiCl_3$ 聚合丙烯时，得到的每一个聚合物分子都含有一个 $^{14}C_2H_5$ 基，同时，这也说明单体分子插入的位置是在表面中心与 C_2H_5 基之间。

4）空位复原。至今我们只说明了活性中心的形成和聚合物的生长，而由于烯分子络合方式及络合位置不同造成的高聚物等规性或无规性尚未涉及。丙烯与 Ti^{3+} 络合时，有两种可能的排布方式，如

$$—\underset{\overset{|}{\diagdown}}{Ti}\overset{R}{\diagup}\!\!=\!\!\diagdown \qquad\qquad —\underset{\overset{|}{\diagdown}}{Ti}\overset{R}{\diagup}\!\!=\!\!\diagup$$

　　在这两种方式中，甲基所处的位置不一样。如果这两种方式是等价的，那么得到的聚丙烯中的甲基的排列就是任意的，这时的产物就是无规的。并且，在只有一种络合方式的情况下，也还因为同时存在着两种可能发生插入反应的位置而导致甲基依次向内向外排列，产物是间规也不是等规的。两个插入位置分别以（1）和（2）表示。

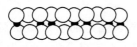

　　以上所说的 $TiCl_3$ 是指 α- $TiCl_3$，用 β-$TiCl_3$ 时也有聚合活性，但聚合产物没有等规性。这一切与 $TiCl_3$ 的结构情况有关。

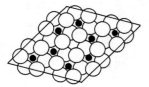

图 6.6　　α-$TiCl_3$ 层状结构离子的排列

各种类型的 $TiCl_3$ 的结构均是以 Cl^- 的密堆积为基础，它们的区别仅在于 Ti^{3+} 的排列及 Cl^- 的密堆积类型上。根据结晶学，在 Cl^- 的密堆积体系中，平均每个 Cl^- 都拥有一个八面体心位置，因此三个 Cl^- 就应当有三个这样的位置，而从计量关系要求，三个 Cl^- 只能均得一个 Ti^{3+}，这样三个 Cl^- 具有的三个八面体心位置只有一个被 Ti^{3+} 占据，空着两个。

α-$TiCl_3$ 是层状结构（图 6.6）。其中每一层

都是 Cl^- 的密堆积层，在相邻的两个 Cl^- 密堆积层中间是一层八面体心位置。由于计量关系的要求，各八面体心位置层被 Ti^{3+} 占据的顺序是：空—满—空—满……，即使是被占的那一层内，占据概率也只有三分之二。平均起来，每一个八面体心被 $1/2 \times 2/3 = 1/3$ 个 Ti^{3+} 所占据，所以三个八面体心平均摊上一个 Ti^{3+}，而一个 Ti^{3+} 是与三个 Cl^- 相对应（$TiCl_3$）。由 Cl^- 构成的每一个小

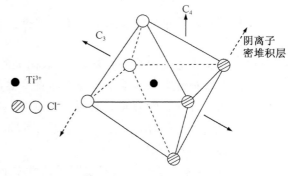

图 6.7　层内的八面体位置

实线 ↑ 表示垂直于层面的 C_3 轴，八面体以 C_4 轴取向，

C_4 与 C_3 有一角度

八面体相对于 Cl^- 密堆积层稍有倾斜地排列着（图 6.7）。

　　活性中心包含 Cl^- 缺位。根据不同晶格位置上除去 Cl^- 形成缺位的 Coulomb

能推算，这样的缺位只能处在 Cl⁻ 堆积层的边缘，处在边缘上的每个 Ti^{3+} 有五个配体 Cl⁻，三个 Cl⁻ 埋在晶体内部，另两个 Cl⁻ 及一个 Cl⁻ 缺位露在外表。外表的两个 Cl⁻ 有一个在形成活性中心时被 C_2H_5 置换，此后该 C_2H_5 成长为聚合链 R（图 6.8）。在图 6.8（a）中，大黑球代表 R。Cl⁻ 缺位（相当于图 6.9 中的 I）在 Cl—Cl—Cl—R 基平面的上方。发生一次插入反应后，R 移至此空位，而 R 原来所在的配位点成为空位〔图 6.8 中的（b）及图 6.9〕。

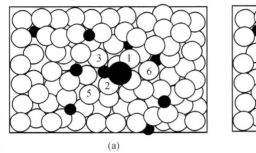 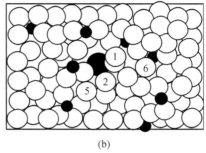

（a）　　　　　　　　　　　　　（b）

图 6.8　Cossee-Arlman 活性中心模型

大黑球代表烷基，小黑球代表 Ti^{3+}

　　无论 I 位或 II 位都有 12 个最近邻位置，但 II 位的 12 个最近邻位置中，有 7 个是被占据的，而 I 位的 12 个最近邻位置中，只有 4 个是被占据的。因为聚合链处在 I 位时能量高而不稳定，所以当烯分子在 I 位络合并接上 R 后，整个链又回到 II 位，腾出的 I 位重新容纳烯分子络合，并重复以上过程，造成聚合物链的增长。由于立体因素原因，丙烯在 I 位络合时，端部 CH_2 朝下，另一个 CH_2 朝上，并使附连其上的 CH_3 偏向标号为 1 的 Cl⁻（图 6.8 和 6.10）。结果，丙烯分子只能在一个配位点上并

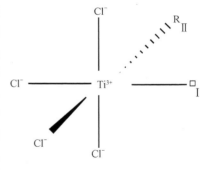

图 6.9　α-$TiCl_3$ 层边缘处的

Cossee-Arlman 中心

R 为烷基，□ 为空位

且只以一种方式络合，造成聚合物链内 CH_3 按相同方向排布的立体等规性。

　　β-$TiCl_3$ 的结构与 α-$TiCl_3$ 的不同。在 β-$TiCl_3$ 中，Ti^{3+} 在八面体心位置上的分布不同于 α-$TiCl_3$ 之中。在 β-$TiCl_3$ 中 Ti^{3+} 排列成线，线外平行排列着带有空位置的 Cl⁻ 排。β-$TiCl_3$ 的结构可以看成是许多排 Ti^{3+}（Cl⁻）$_3$，像纤维一样并在一起（图 6.11）。各排的终点是由 Ti^{3+} 和 Cl⁻ 构成的表面中心。由于计量关系，这些中心的一个或二个配位点是空着的，它们对络合是等效位置，因而不能像 α-$TiCl_3$ 那样，满足"仅仅一个配位点，仅有一种络合方式"的条件，结果得到的

聚合物为立体无规的。

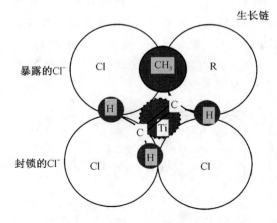

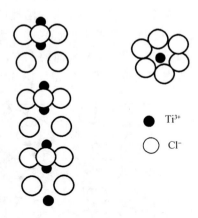

图 6.10　丙烯分子在活性中心上的相对位置

丙烯垂直投影在 TiCl₃ 的 R 基平面上

图 6.11　在 β-TiCl₃ 中

Ti³⁺ 的排列

参 考 文 献

1　Gates B C，Katzer J R，Schuit G A. Chemistry of Catalytic Processes. McGraw-Hill Book Company，
　　1979

2　Heck R F. Organotransition Metal Chemistry. New York：Academic Press，1974

3　Olivé G H，Olivé S. 配位与催化. 徐吉庆，徐丽娟等译. 北京：科学出版社，1986

第七章　金属催化剂及其相关催化过程

一、引　　言

金属催化剂是多相催化剂的一大门类。过渡金属、稀土金属及许多其他金属都可用作催化剂。过渡金属是有效的加氢、脱氢催化剂，尤以Ⅷ族金属应用较广，有的还可称为"万能"催化剂。它们可用于加氢、脱氢、氧化、异构、环化、氢解、裂解等反应。Pt、Pd就是用途比较多的金属催化剂之一。以固体金属状态作为催化剂的可以是单组分金属，也可以是多组分合金。两类金属催化剂都可以制成负载型的。可被金属催化的反应列于表7.1。

表 7.1　金属催化的某些反应

反　　应	具有催化活性的金属	高活性金属举例
H_2-D_2 交换	大多数过渡金属	W, Pt
烯烃加氢	大多数过渡金属及 Cu	Ru, Rh, Pd, Pt, Ni
芳烃加氢	大多数Ⅷ族金属及 Ag, W	Pt, Rh, Ru, W, Ni
C—C 键氢解	大多数过渡金属	Os, Ru, Ni
C—N 键氢解	大多数过渡金属及 Cu	Ni, Pt, Pd
C—O 键氢解	大多数过渡金属及 Cu	Pt, Pd
羰基加氢	Pt, Pd, Fe, Ni, W, Au	Pt
$CO+H_2$	大多数Ⅷ族金属及 Ag, Cu	Fe, Co, Ru（F-T 合成），Ni（甲烷化反应）
CO_2+H_2	Co, Fe, Ni, Ru	Ru, Ni
氧化氮加氢	大多数 Pt 族金属	Ru, Pd, Pt
腈类加氢	Co, Ni	Co, Ni
N_2+H_2（合成氨）	Fe, Ru, Os, Re, Pt, Rh (Mo, W, U)	Fe
H_2 的氧化	Pt 族金属，Au	Pt
乙烯氧化为环氧乙烷	Ag	Ag
其他烃类氧化	Pt 族金属及 Ag	Pd, Pt
醇、醛的氧化	Pt 族金属及 Ag, Au	Ag, Pt

反应中金属催化剂的作用也是先吸附一种或多种反应物分子，从而使后者在金属表面上发生化学反应。一般说，处于中等吸附强度的化学吸附态的分子会有最大的催化活性，因为太弱的吸附使反应分子改变很小，不易参与反应；而太强

的吸附又会生成稳定的中间化合物将催化剂表面覆盖而不利于反应。过渡金属作为催化剂，其规律性是比较明显的，一般说，过渡金属的性能按周期表中从左到右的顺序递减，这主要是因为过渡金属 d 轨道充填程度依次增加。Ⅷ族金属由于 d 轨道中电子数目未充满，所以具有较高的催化活性。

金属催化剂对某一反应活性的高低与有关反应物吸附在表面后生成的中间物的相对稳定性有关。这可以通过以下两例加以说明。

例 1. 过渡金属催化剂上的甲酸分解反应。催化活性与各金属甲酸盐（体相）的生成热呈火山型关系[2]（图 7.1）。图中纵坐标是达到同等的反应活性所需的温度（其值愈低表示活性愈高），横坐标是相应的金属甲酸盐（体相）的生成热。之所以呈现火山型关系，可解释如下：粗略说，甲酸盐生成热的高低说明甲酸与金属结合的强弱，这个热值也反映着金属表面与甲酸的作用——甲酸在金属上吸附的强弱。这样，甲酸金、甲酸银的生成热低，说明金、银对甲酸的吸附作用太弱，因而活性不高；而甲酸钴、甲酸铁的生成热高，说明甲酸在钴、铁上吸附过强，催化活性也不高。只有结合适当的 Pt，Ir 等才有最高的活性。

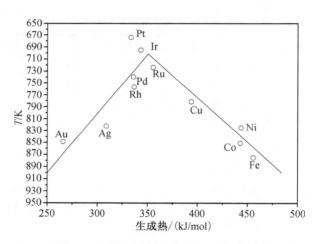

图 7.1　各种金属上甲酸分解反应的活性

例 2. 过渡金属上的乙烷氢解反应。Os 有最高活性，而 Re，Ir，Pt 等活性相对较低（图 7.2）。比较 H_2 在上述金属上的吸附热及 $C_2H_6 + H_2$ 生成 $2CH_4$ 的相对活性，可知吸附热过大或过小的金属，其相对反应活性也小，而具有中等吸附热的金属（可形成稳定性合适的表面中间物），则相对反应活性最高。

以下介绍过渡金属的结构特征。

简单的金属几何结构模型[3]，是把相同大小的圆球按一定方式排列组成。金属的几何结构一般有三种：即面心立方结构（fcc），体心立方结构（bcc）及

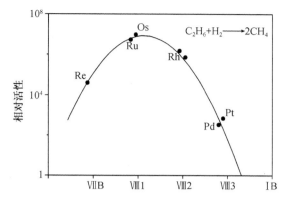

图 7.2　过渡金属对乙烷氢解反应的催化活性

六方密堆积结构（hcp）。金属原子在排列时，按密堆积原则。如第一层原子排成如图 7.3 所示的图形，即每一个原子周围都有六个原子，再没有比此更为密集的堆积方式了；第二及其余各层上的原子均按此种方式排列。层与层的堆积方式有两种，即 ABAB⋯型和 ABCABC⋯型。在"结构化学"课中对此已有介绍，这里不再赘述。按这两种排列方式组成的金属每一个原子周围都有 12 个原子，习惯上称为 12 配位，按此种排列方式其空间利用率为 74.05％，即原子占晶胞体积的 74.05％。fcc 和 hcp 结构模型中的原子都是按配位数为 12 的 AB-AB⋯型和 ABCABC⋯型排列形式组合的。而 bcc 只有一种即 ABAB⋯型排列方式，只不过 A 层的原子构成四角形，而 B 层的原子处在 A 层原子的空隙处。这样，每一个原子有 8 个相邻原子，称为次密堆积，配位数为 8 的结构，其空间利用率为 68.02％。

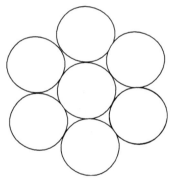

图 7.3　圆球的密堆积层

　　讨论金属的电子结构有两种理论模型，价键理论模型和能带模型。

　　金属的价键理论早期由 Pauling 提出。这一理论认为，每个金属原子提供 s，p，d 杂化轨道，它们重叠组成金属键。金属中实际的电子构型来源于所有的可能键合形式间的共振，因为所用的轨道数超过了电子数。所以，在未被填充的轨道，电子排布方式的数目以及共振所带来的稳定性之间应该存在着某种关联。

　　能带模型认为，金属中原子间的相互结合能来源于荷正电的离子和价电子之间的静电作用，原子中内壳层的电子是定域的。原子中不同能级的价电子组成能带。例如对过渡金属而言，就可形成 s 能带，p 能带和 d 能带等。图 7.4 是 Cu 的能带组成示意模型。随着铜原子的接近，原子中所固有的各个分立能级，如 s，p，d 等，会发生重叠而形成相应能带，形成的能带间也会有交叉。0K 时，价电子处于最低的有效能级。在此温度下，可被电子占据的能级最高值定义为 Fermi 能级，E_f。当温度高于 0K 时，常会有一些电子的能量高于 E_f，但这部分电子所占比例很小。

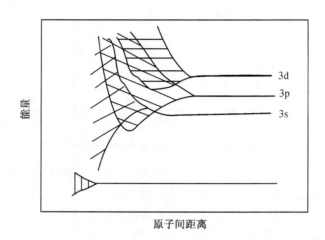

图 7.4　铜中电子能带宽度与原子间距离关系

　　由于过渡金属的 s 能带和 d 能带间经常发生重叠，因而影响 d 能带电子充填的程度。例如，正常情况下 3d 能级应填充 10 个电子，但对 Ni 来说，其 3d 和 4s 的 10 个电子由于 3d 和 4s 能带的重叠而只有部分进入 3d 能带，部分进入 4s 能带，因此 d 能带内出现"空穴"。例如，Ni，Pd 和 Pt 的 3d 能带中平均有 0.4～0.6 个电子空穴，Co 的 3d 能带中的空穴数为 0.75 个，Fe 为 0.95 个。Cu 和 Ag 的 3d 能带被完全充满，而 4s 能带是半充满状态。

　　表征过渡金属结构的另一个参量是杂化键的 d 轨道百分数[4]。

　　前已述及，价键理论认为过渡金属原子以杂化键相结合，组成 spd 杂化键中 d 原子轨道所占的百分数称为金属的 d 特性百分数，d％。下面以 Ni 为例加以说明。

　　Ni 原子的价电子结构为 $3d^8 4s^2$。由 N 个 Ni 原子组成金属后，在形成的 3d 和 4s 能带中形式上似乎分别具有 8N 和 2N 个电子，但实际上并非如此。根据实验，金属 Ni 有两种杂化方式，即 $d^2 sp^3$（A）和 $d^3 sp^2$（B）（图 7.5）。图中 ↑ 代表原子电子，· 代表成键电子。由图看出，在 Ni—A 中，4 个原子电子占据三个 d 轨道，$d^2 sp^3$ 杂化轨道中，d 轨道的分数为 2/6，即 0.33。在 Ni—B 中，4 个原子电子占据两个 d 轨道，$d^3 sp^2$ 杂化轨道及一个空 p 轨道中，d 轨道占的分数为 3/7＝0.43，通常的 Ni 含 A 型 30％，含 B 型 70％，所以 Ni 的 d 特性百分数为

$$0.33 \times 30\% + 0.43 \times 70\% = 40\%$$

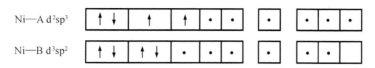

图 7.5　Ni 的价电子排布

某些过渡金属杂化键的 d 特性百分数列于表 7.2。

表 7.2　某些过渡金属之 d 特性百分数

Sc	Ti	V	Cr	Mn	Fe	Co	Ni	Cu	Y	Zr	Nb	Mo
20	27	35	39	40.1	39.5	39.7	40	36	19	31	39	43

Tc	Ru	Rh	Pd	Ag	La	Hf	Ta	W	Re	Os	Ir	Pt
46	50	50	46	36	19	29	39	43	46	49	49	44

若干实验表明，过渡金属催化剂对某些反应的活性与金属的 d 特性百分数有一定关系。例如乙烷与 D_2 的交换反应在十多种过渡金属上的反应速率同其 d 特性百分数对画可得如图 7.6 所示的关系[5]。反应速率与所用金属的 d 特性百分数的关系可分为两组，即 Ⅷ 族中面心立方晶格的金属和体心立方晶格的金属分别与 d 特性百分数的大小存在对应关系，这一事实表明，应该将金属的电子结构与几何结构特性协调起来，同相应反应的活性加以关联。

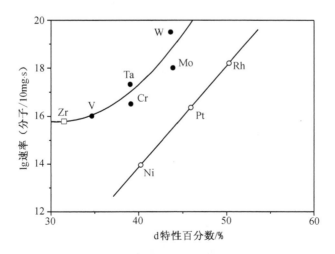

图 7.6　乙烷-D_2 交换反应速率与 d 特性百分数的关系
○ 面心立方金属；● 体心立方金属；□ 六方密堆金属

又如乙烯加氢反应的活性同金属催化剂的 d 特性百分数之间亦有明显的顺变关系（图 7.7）。

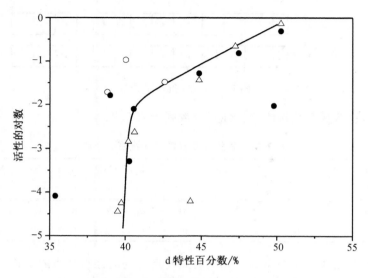

图 7.7　　乙烯加氢活性与 d 特性百分数的关系

○ 金属薄膜 173K；△ 金属/硅胶 273K；● 金属薄膜 273K

二、巴兰金多位理论

在催化理论建立的过程中，关于多相催化中活性中心的作用，曾有几种不同的观点，但多数都局限于经验的总结，或只给予定性的描述。然而前苏联学者Баландин 提出的多位理论[6]对解释某些类型催化剂上的某些类型的反应，取得较好的结果。比较来说，在多相催化作用理论的发展史上，多位理论曾受到更大的重视。

多位理论的两个重要方面，是在多相催化反应中，反应分子中将断裂的键位同催化剂活性中心应有一定的几何对应关系和能量对应原则。总的来说，在给定的反应中，这两个对应原则应该有一定程度的适应。

（一）几何对应原则

多相催化反应中，反应物分子中起反应的部分常常只涉及少数原子，而且作为活性中心的活性体也只是由某几个原子所组成的所谓多位体（multiplet）。实现此催化反应的基本步骤就是反应分子中起反应的部分与这种多位体之间的作用。此种相互作用不仅能使反应物分子的部分价键发生变形，而且会使部分原子活化，若条件合适，也会促使新键的生成。常见的多位体有四种：二位体，三位体，四位体和六位体。

二位体活性中心由催化剂上两个原子组成。其催化反应的过程可用下列模式

表达。例如醇类脱氢可写成

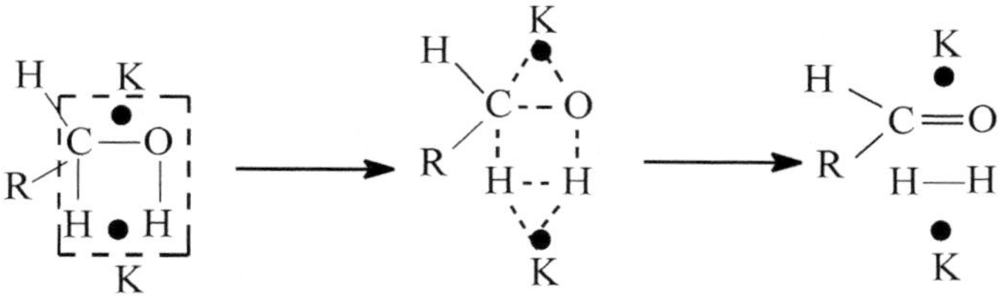

方框中是分布在催化剂表面上直接参加催化反应的有关原子。K 表示对反应有活性的催化剂原子。中间步骤是醇的 C—H 和 C—O 键分别同二位体的两个原子 K 结合形成不稳定的中间络合物（Ⅰ），进一步反应生成 C=O 和 H—H，即Ⅱ。乙醇脱水亦是按二位机理进行：

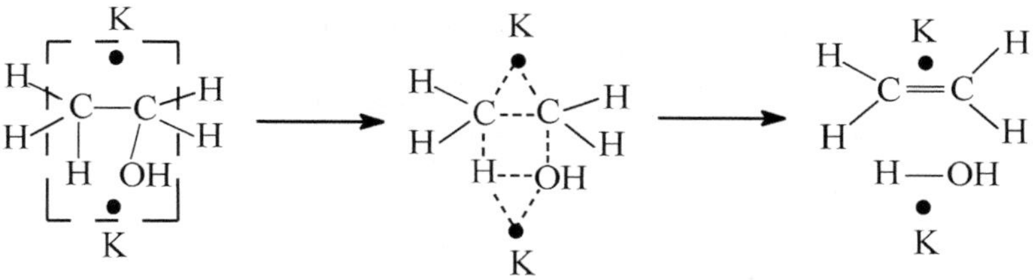

　　不论是醇的脱水或脱氢，催化剂二位体内的两个原子间距离应该与反应分子中发生键重排的有关原子的几何构型间有对应关系。许多实验表明，醇类脱氢反应所要求的催化剂的二位原子构型与醇脱水反应所要求的二位原子构型是有差别的。脱氢反应时催化剂二位原子间合适的距离要比脱水反应时短，这可从脱氢反应涉及的 O—H 键长（0.101nm）比脱水涉及的 C—O 键长（0.148nm）短得到解释。

　　四位体活性中心由催化剂表面上四个原子构成。乙酸乙酯的分解反应可用四位体机理解释：

$$2CH_3\overset{O}{\overset{\|}{C}}-OC_2H_5 \longrightarrow CH_3-\overset{O}{\overset{\|}{C}}-CH_3 + CH_2=CH_2 + CO_2 + C_2H_5OH$$

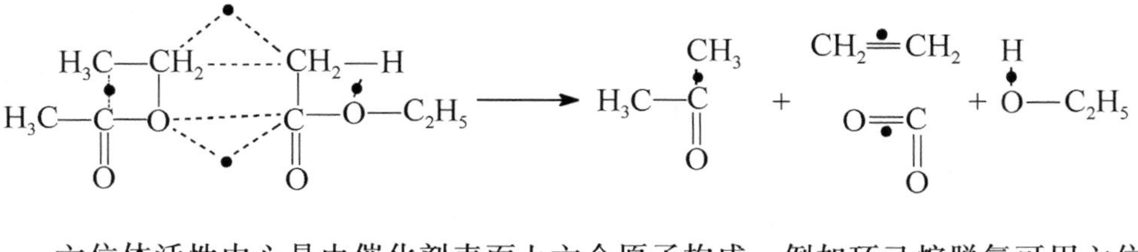

　　六位体活性中心是由催化剂表面上六个原子构成。例如环己烷脱氢可用六位体机理解释。

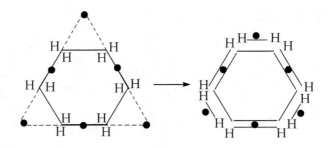

从实验发现，对此反应有活性的金属是表 7.3 中方框内的金属。这些金属属于面心立方晶格或六方晶格，其（111）面上原子的排布与六角形相对应，满足六位体机理的要求。另一方面按此种排布时原子间距为 0.24～0.28nm，与脱氢分子的有关键长相适应。若原子间距大于或小于此值范围，即使是面心立方或六方晶格的金属也无活性。铜是个例外，它虽然满足了两个条件也无活性。

表 7.3　　金属的原子间距/nm

面心立方晶格	体心立方晶格	六方晶格
α-Ca 0.3947	K 0.4544	β-Cr 0.432
Ce 0.3650	Eu 0.3989	Er 0.3468
Sc 0.3212	Ta 0.286	Mg 0.3192
Ag 0.28896	W 0.27409	α-Ti 0.28965
Au 0.28841	Mo 0.27251	Re 0.2741
Al 0.28635	V 0.26224	Tc 0.2741
Pt 0.27746	Cr 0.24980	Os 0.2703
Pd 0.25511	γ-Fe 0.24823	Zn 0.26754
Ir 0.2714		Ru 0.26502
Rh 0.26901		α-Be 0.2226
Co 0.25601		
Ni 0.24916		
Cu[1] 0.256		

1) Cu 是个例外。

几何对应原则只是多位理论分析和判断某一反应能否进行的必要条件，除此条件外，有时还应辅以另一方面的条件，即能量对应原则。

（二）　能量对应原则

这个原则要求，反应物分子中起作用的有关原子和化学键应与催化剂多位体有某种能量上的对应。现以二位体上进行的反应为例简要说明能量对应原则。

设在二位体上进行的反应是

$$A—B + C—D \longrightarrow A—C + B—D$$

假定反应的中间过程是 A—B 和 C—D 键的断裂，以及 A—C 和 B—D 键的生成。其相应的能量关系如下：

1）A—B 键和 C—D 键断裂并生成中间络合物的能量 E_r' 等于

$$E_r' = (-Q_{AB} + Q_{AK} + Q_{BK}) + (-Q_{CD} + Q_{CK} + Q_{DK}) \tag{7.1}$$

其中，Q 代表键能。

2）中间物分解并生成两个新键的能量 E_r'' 为

$$E_r'' = (Q_{AC} - Q_{AK} - Q_{CK}) + (Q_{BD} - Q_{BK} - Q_{DK}) \tag{7.2}$$

若令 u 代表总反应 $AB + CD \longrightarrow AC + BD$ 的能量，则有

$$u = Q_{AC} + Q_{BD} - Q_{AB} - Q_{CD}$$

令 s 为反应物与产物的总键能，则

$$s = Q_{AB} + Q_{CD} + Q_{AC} + Q_{BD}$$

令 q 为吸附能量，则

$$q = Q_{AK} + Q_{BK} + Q_{CK} + Q_{DK}$$

所以

$$E_r' = q - s/2 + u/2$$
$$E_r'' = -q + s/2 + u/2$$

当反应确定后，反应物和产物也即确定，s、u 亦随之确定。E_r'、E_r'' 只随 q 变化，而 q 是随催化剂的更迭而变化的，所以 E_r'，E_r'' 的变化由催化剂的改变引起。E_r' 随 q 的变化是斜率为 $+1$ 的直线，E_r'' 随 q 的变化是斜率为 -1 的直线（图 7.8）。

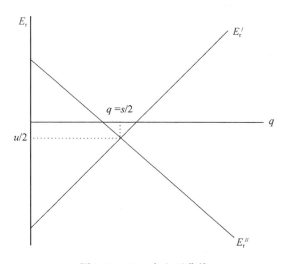

图 7.8　E_r-q 火山型曲线

好的催化剂应该是催化剂上的活性原子与反应物及产物的吸附不要太强，也不要太弱。根据这一要求，可以推论：对于上述反应，选择 $q = s/2$ 的催化剂最

好，因为 $q=s/2$ 时，$E_r'=E_r''$。这是有利于总反应进行的条件。Polanyi 关系指出，活化能与反应能量有下列相关性：

$$E = A - rEr$$

放热反应时，$r=0.25$，$A=46kJ/mol$；吸热反应时，$r=0.75$，$A=0$。所以当 $q=s/2$，第一步和第二步反应的条件同时得到满足，应根据这样的 q 选择合适的催化剂，至少在原则上说如此。但 q 的数据不易获得。另外，在形成吸附键时，不一定要求反应物内有关反应键完全断裂。因而这一理论也有它的不足。尽管如此，要求反应物和催化活性中心间存在着能量上的某种对应关系这一观念还是正确的。在本章的开始，我们曾举出甲酸在金属上的分解中，活性与甲酸盐（体相）生成热之间有火山型关系一例。此例是对能量对应原则一个有力的支持。活性高的 Pt，Ir，Ru 及 Pd 等金属是在能量上与催化活性中心有良好对应关系的金属，它们能同时满足第一步和第二步反应的要求，使配合物的形成（吸附）和分解都能顺利进行。

三、金属催化剂上的重要反应[2,5]

(一) 加氢反应

金属催化剂上的加氢反应是一类重要的多相催化反应。本节着重讨论 $CO+H_2$ 的反应。这两个反应物因条件不同可转化为烷烃、烯烃或醇、醛和酸等含氧有机化合物。自从 1926 年德国化学家 Fischer 和 Tropsch 发表他们这一由简单无机物合成有机物的研究报告以来，几十年间该反应已获重大发展。CO 与 H_2 的反应被命名为 Fischer-Tropsch 合成，又简称为 F-T 合成。

F-T 合成所用催化剂多为过渡金属或贵金属，如 Fe，Co，Ni，Rh，Pt 和 Pd 等。

1. 烷烃的生成

由 CO 和 H_2 得到烷烃的反应可由下式表示

$$(n+1)H_2 + 2nCO \longrightarrow C_nH_{2n+2} + nCO_2$$
$$(2n+1)H_2 + nCO \longrightarrow C_nH_{2n+2} + nH_2O$$

其反应自由能与温度关系示于图 7.9。

具体来说，在 Ni 催化剂上于 $500\sim600K$ 时即可由 CO 和 H_2 生成 CH_4 和 CO_2

$$2CO + 2H_2 \longrightarrow CO_2 + CH_4$$

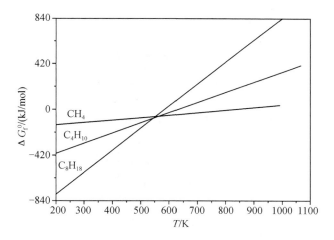

图 7.9　烷烃生成自由能和温度的关系

2. 烯烃的生成

烯烃的生成可由下列方程表示

$$2n\text{H}_2 + n\text{CO} \longrightarrow \text{C}_n\text{H}_{2n} + n\text{H}_2\text{O}$$

$$n\text{H}_2 + 2n\text{CO} \longrightarrow \text{C}_n\text{H}_{2n} + n\text{CO}_2$$

其生成自由能和温度关系示于图 7.10。

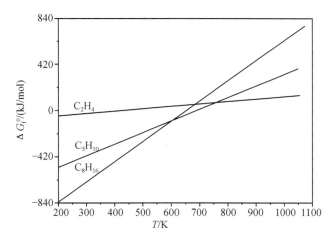

图 7.10　烯烃生成自由能和温度关系

3. 醇类的生成

醇类的生成可由下列方程表示

$$2n\text{H}_2 + n\text{CO} \longrightarrow \text{C}_n\text{H}_{2n+1}\text{OH} + (n-1)\text{H}_2\text{O}$$

$$(n+1)H_2 + (2n-1)CO \longrightarrow C_nH_{2n+1}OH + (n-1)CO_2$$

上述三类反应都是摩尔数减少的过程，因此加压对反应的进行有利。

由 CO 和 H_2 直接生成 CH_4 的反应称为甲烷化反应。甲烷化是 $CO+H_2$ 合成的重要反应途径之一。金属 Ni 对甲烷化反应有独特的活性，其他金属常使这个反应得到的产物伴有较大分子量的烃类。有人应用多种过渡金属（包括贵金属）由 CO 和 H_2 合成 CH_4，得到的活性顺序是

$$Ru > Fe > Ni > Co > Rh > Pd > Pt > Ir$$

在 Ru，Fe，Ni，Co 和 Rh 催化剂上此反应的活化能都在 $96\sim105kJ/mol$ 之间。活化能数值的相近意味着 CO 和 H_2 反应生成甲烷的机理相近。

这一反应的机理为：吸附在金属表面上的 CO 解离成 C 和 O，C 经氢化生成 CH_4，O 则与另一 CO 分子结合形成 CO_2 而脱附。

过程中还可能发生 Boudouard 反应

$$2CO \rightleftharpoons CO_2 + C$$

沉积的碳可能使催化剂失活，但在高 $H_2:CO$ 时，这一反应可加以抑制。在 $500\sim700K$ 下，将 CO 和 H_2 的混合气置于多晶的 Rb，Fe，Ni 表面上，可检出碳-氢碎片的存在，从而表明反应中确实是 C 逐步加 H 而生成 CH，CH_2，CH_3，最后生成 CH_4，上述 CO 解离吸附得到的 C 只在一定的温度范围才可加 H 生成 CH_4。当温度高于 700K 时，表面的碳层会石墨化而失去与氢反应的活性。此外，Rabo 和 Beloin 等分别用脉冲方法和同位素标记的 CO 证实了 Boudouard 反应的存在。

反应中 CO 经解离吸附生成的表面碳原子常常与金属形成碳化物，如碳化铁（Fe_3C，Fe_2C 等）、碳化钴（Co_2C）及碳化镍（Ni_3C）等。这些碳化物也可加氢，生成 CH，CH_2，CH_3 和 CH_4 以及相应的原子态金属。

在许多过渡金属和贵金属表面上，CO 和 H_2 可以转化为多种烃类的混合物。如在 Fe，Co 或 Ru 等表面上得到 $C_1 \sim C_5$ 烃的混合物。图 7.11 是在 606kPa，573K 下用铁箔为催化剂得到的产物分布。此分布还受助剂的影响。这在以后的有关章节还要讨论。

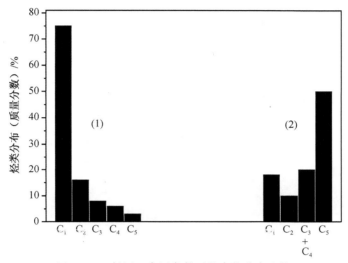

图 7.11　低压、高压条件下的产物分布比较

(1) Fe 箔，606kPa、573K，转化率 < 1%；

(2) 加助剂的工业 Fe 催化剂，747kPa，543K，转化率 65.2%

（二）重整反应

通过重整反应可将直链烃（烷烃和烯烃等）转化成异构的产物、环化的产物或芳烃产物。一般说，重整产物在不改变碳数的条件下把原有分子的结构重新组合，但有人把氢解和加氢脱硫等反应也包括在重整反应之中。

1. 直链烷烃异构成为支链的烷烃

如正庚烷异构化为不同的异构体

$$n\text{-}C_7H_{16} \longrightarrow H_3C\text{--}CH_2\text{--}CH_2\text{--}\underset{\underset{CH_3}{|}}{\overset{\overset{CH_3}{|}}{C}}\text{--}CH_3$$

$$\longrightarrow \underset{\underset{CH_3}{|}}{\overset{\overset{CH_3}{|}}{HC}}\text{--}CH_2\text{--}CH_2\text{--}CH_2\text{--}CH_3$$

$$\longrightarrow \quad \underset{\substack{|\\ CH_3}}{\overset{\substack{CH_3 \quad CH_3\\ |\qquad |}}{HC}}\!\!-\!CH\!-\!CH_2\!-\!CH_3$$

$$\longrightarrow \quad H_3C\!-\!CH_2\!-\!\underset{}{\overset{\substack{CH_3\\ |}}{CH}}\!\!-\!CH_2\!-\!CH_2\!-\!CH_3$$

$$\cdots \qquad\qquad \cdots \qquad\qquad \cdots$$

2. 直链烷烃的脱氢环化

$$n\text{-}C_7H_{16} \longrightarrow \text{环己烷}\!-\!CH_3 + H_2$$

$$\longrightarrow \text{环戊烷}\!-\!C_2H_5 + H_2$$

$$\longrightarrow \text{苯}\!-\!CH_3 + 4H_2$$

3. 烃的氢解

这里一般是指分子中部分 C—C 键因加 H 而解离成几个碳链较小的分子。例如，

$$CH_3\!-\!CH_3 + H_2 \longrightarrow 2CH_4$$

$$C_9H_{20} + H_2 \longrightarrow C_5H_{12} + C_4H_{10}$$

含 C—N 键或 C—X（X 为卤素）键的分子也会在与氢作用时解离成为相应的小分子

$$C_2H_5NH_2 + H_2 \longrightarrow C_2H_6 + NH_3$$

$$C_2H_5Cl + H_2 \longrightarrow C_2H_6 + HCl$$

4. 环烷烃脱氢异构

$$\text{甲基环戊烷} \longrightarrow \text{环己烷} \longrightarrow \text{苯} + 3H_2$$

铂是具有多种用途的重整催化剂，它既可用于直链烃的脱氢环化和异构反应，又可用于加氢、脱氢以及氢解反应。近年来，对铂系催化剂多方面的催化作用及功能研究日趋增多和深化。目标有两个：一是对金属催化剂在多种反应中作

用的基元步骤获取透彻的了解；二是寻找适当途径选择 Pt 的代用品以替换这一极好却十分昂贵的催化剂。

随着表面测试技术的新发展，人们可以对金属催化剂的表面组成[2]、结构以及金属原子在反应中的价态获得直观的信息。表面化学和多相催化体系的综合研究相结合，能使人们对金属表面的吸附行为和催化性能有更深入的认识。例如近来不少研究工作表明，Pt 的不同晶面对给定的化学反应具有不同的活性。像环己烯脱氢得苯的反应，不同 Pt 晶面显示不同的反应速率（图 7.12）。曲线代表不同晶面上的转化频率与反应时间的关系。由图可见，在相同反应条件（423K，$P_{H_2}=1.3\times10^{-4}\,Pa$，$P_{C_6H_{10}}=8\times10^{-6}\,Pa$）下，在三种不同的 Pt 晶面上，即（111），（557）和（654）上，环己烯脱氢生成苯的转化频率在相同反应时间的数值是不同的。

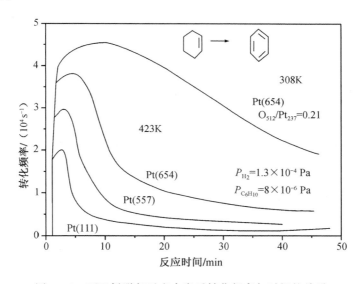

图 7.12　环己烯脱氢反应中毒后转化频率与时间的关系

又如在不同结构的 Pt 晶面上，环己烷脱氢制苯与环己烷氢解制正己烷有不同的行为，如图 7.13 所示。其中图（a）表示反应的转化频率与台阶原子密度的关系，（b）表示当表面台阶浓度固定时，两个反应的转化频率与台阶原子的不规则程度的关系。比较（a）和（b）看出，环己烷脱氢与表面台阶密度无关，也不随台阶原子的不规则性明显变化。但环己烷氢解反应的转化频率却受两者的变化的影响。台阶原子不规则性的影响大于表面台阶原子密度的影响。上述结果还表明，不同表面结构有不同的催化反应性能，表面台阶原子只对断裂 H—H 键和 C—H 键有活性，而台阶原子不规则性引起的表面中心则对断裂 H—H 键、C—H 键以及 C—C 键都有活性。

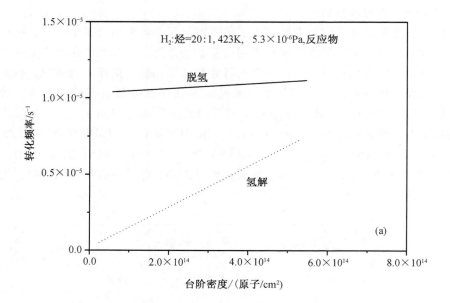

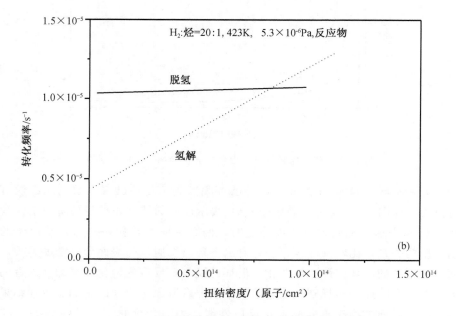

图 7.13　转化频率与台阶密度和扭结密度的关系

(三) 氧化反应

金属催化剂除可用于还原、氢解、异构和环化外，尚可用于氧化反应。如 Au，Ag，Pd 和 Pt 等可用作将 CO 氧化为 CO_2 的催化剂。Pd 和 Pt 还可作为烃类氧化催化剂使用。金属 Pt 可解离吸附 O_2 形成原子吸附态氧，后者可同气相中的 CO 分子反应生成 CO_2，反之，吸附的 CO 与气相的氧分子作用也生成 CO_2。此即 Eley-Rideal 机理。由于实验条件不同，CO 在 Pt 上氧化生成 CO_2 的机理也可按另外的方式：吸附的氧原子和吸附的 CO 相作用生成 CO_2，此即 Langmuir-Hinshelwood 机理。尽管在金属催化剂上 CO 氧化生成 CO_2 的反应已有相当数量的工作报道，但关于此反应的确切机理尚未完全确定。

四、合金催化剂上的反应

在金属催化领域内，有许多催化剂体系是以合金形式参与反应的[8]。较常用的是二元合金。改变合金的成分可相应改变合金表面的几何和电子结构，从而也改变了合金的催化性能。以下仅就研究较多的合金体系（Cu-Ni）介绍催化性能与其组成间的关系。该体系曾被定量研究过，颇具典型性。Cu 原子的电子构型为 $3d^{10}4s^1$，对多数反应而言，Cu 的催化活性都很低。Ni 原子的电子构型为 $3d^{9.4}4s^{0.6}$，Ni 对多数催化反应的活性比 Cu 高几个数量级。根据能带模型，两种金属组成合金后，原先的 d 能带的空穴可因其他能带电子的流入而得到填充，因而改变了体系的催化活性。此外，双金属合金的一个共同性质就是其中一种金属在表面富集（或表面偏析）现象，即在合金体系中，某一金属在表面的浓度高于体相的浓度。有时，表面偏析成为解释合金组成与催化活性关系的基础。

以下通过乙烷在合金上的氢解对 Ni-Cu 合金的催化性能加以介绍。Sinfelt 等人的实验表明，在 Ni-Cu 合金上乙烷氢解（589K）的活性与合金中铜的百分含量呈反变关系（图 7.14）。当铜含量由 0％增至 80％时，乙烷氢解活性降低了 4 个数量级。另一方面，根据合金表面偏析理论推导的乙烷在 Ni-Cu 合金上氢解速率公式中指前因子 A

$$A = (x_{Ni}^b/x_{Cu}^b)K'e^{-n\Delta F/RT}$$

其中，x_{Ni}^b 和 x_{Cu}^b 分别代表合金体相中 Ni 和 Cu 的组成比，ΔF 为铜偏析至表面引起的自由能的变化，n 为合金表面上活性中心所含的原子数目（此反应中是 Ni 原子数），K' 为常数。实验结果表明，当选定 $n=2$ 时，此式很好地符合实验结果，这证明 Ni-Cu 合金表面上对乙烷氢解有活性的中心是由两个 Ni 原子组成。然而在同样的 Ni-Cu 合金上进行环己烷脱氢时，活性不随铜含量变化。这显示，对同一合金，当其组成改变时会使对某反应有活性的中心减少，而对另一种反应有活性的中心则不受影响。因此，可在合金领域内开发与选择适合某特定反应的催化剂。

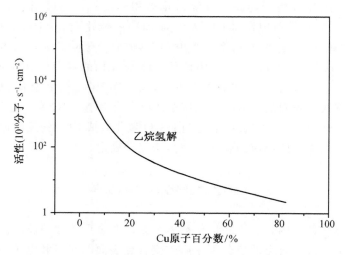

图 7.14　氢解活性与 Cu 原子百分数的关系

除 Ni-Cu 合金体系外，对 Pd-Au、Pt-Au 和 Ag-Au 等合金体系也进行过较详细的研究。

有关双金属催化剂的详细研究的介绍，请参阅 Sinfelt 的专著[14]。

五、负载型金属催化剂

（一）载体的作用

和许多其他类型的多相催化剂一样，金属催化剂在多数情况下也制成负载型加以使用。关于载体的作用将在本书第十章介绍。

随着催化科学和研究方法的发展，人们对载体的作用的认识也不断深化。载体的作用不单纯是一个活性组分的承载者，实践表明载体也有一定的活性。它同活性组分（在相当多情况下还包括助剂）可以发生相当强的相互作用。在有些体系中，载体与活性组分能形成化合物。所有这些对催化剂的吸附性能以及催化性能将产生影响。载体与金属间的作用问题在本章未加以介绍。

这里举出几例说明载体对金属催化剂催化性能的影响。在乙苯氢解反应中使用镍催化剂。其表面物理化学性质和对乙苯氢解的活性与载体加入量的关系详见表 7.4 和表 7.5[9]。

由上述二表可看出，添加载体在很大程度上改变了整个催化剂体系的物理性质，而且还改变了对给定反应的催化活性及对某种目的产物的选择性。这种大幅度变化有力地说明活性组分金属与载体之间存在着某种作用。

表 7.4　不同 Al_2O_3 载体对镍催化剂表面性质的影响

样品	Ni/Al	$S/(m^2/g)$	$V_{PN}/(cm^3/g)$	$V_{PHg}/(cm^3/g)$	$S_{Ni}/(m^2/gNi)$	D/nm
NiA_1	1/5	510	0.75	7.18	45	9.1
NiA_2	2/5	650	1.4	8.2	31	7.0
NiA_3	3/5	330	0.6	18.1	28.5	6.55
NiA_4	4/5	160	0.35	15	48.7	6.65
NiA_5	1	160	10.3	10.5	53	10.9

注：V_{PN}，用 N_2 吸附等温线测得的比孔容；V_{PHg}，用 Hg 置换密度法测得的比孔容；A_i，表示不同的 Al_2O_3 含量；S_{Ni}，镍的比表面；D，镍颗粒的平均大小。

表 7.5　添加 Al_2O_3 载体对乙苯氢解的影响

样品	Ni 的质量分数/%	$S/(m^2/g)$	$S_{Ni}/(m^2/gNi)$	D/nm	$Sel_B/\%$	$Sel_n/\%$
NiA_2	28.8	650	31	7.0	18	1
Ni	100	1.7	1.7	400	14	6

注：Sel_n，对芳核断裂产物的选择性；A_2，表示 Al_2O_3 载体；Sel_B，对苯的选择性。

(二) 负载型双金属催化剂

除了人们较为熟悉的负载型单金属催化剂外，还有一类负载型双金属催化剂，可用于多种类型反应，例如烃的重整反应中常使用的 Pt-Re，Pt-Ir，Pt-Ge 等负载型催化剂。这种催化剂适用的反应包括加氢、脱氢、脱氢环化、异构化以及氢解等。此外还可用于 F-T 合成，汽车尾气中 NO_x 的还原，CO 或小分子烃的氧化等。大气污染的治理也应用与此类似的催化剂体系。

F-T 合成中应用的双金属负载催化剂的实例之一是 $Pt-Fe/Al_2O_3$。研究表明，其中 Pt，Fe 原子的比值对反应活性有很大影响。当 Pt：Fe ≈ 5 时，Fe 原子以簇的形式存在，且与 Pt 原子相结合，此种结合形态的 $Pt-Fe/Al_2O_3$ 催化剂对 F-T 合成呈惰性，有一种解释是由于 Fe 上的电子密度减少引起的。当 Pt：Fe 为 0.1 时，会形成铁磁性的 Fe^{2+} 和 Pt-Fe 原子簇，此种结合形态对 F-T 合成的活性和某些目的产物的选择性起决定作用。此例表明，负载型双金属催化剂中两种金属的原子比例需保持在一定范围内才有效。又如 Rh/SiO_2 催化剂用于 F-T 合成可生成含氧的 C_2 化合物（如乙酸、乙醇和乙醛等）以及甲烷。若将 Fe 添加于 Rh/SiO_2 中，则会明显改变此反应的产物分布，对生成乙醇和甲醇有利。在 Ru/SiO_2 中添加 Cu 也会改变其在 F-T 合成中的产物分布。Ru/SiO_2 倾向于生成 $C_2 \sim C_3$ 产物，而 $Cu-Ru/SiO_2$ 则对生成甲烷有利。

汽车尾气中 NO 的还原亦可采用有较好活性的 Rh/SiO_2。若在其中添加少量

Pd 或 Pt，还有助于将汽车尾气中的 CO 和烃类转化成完全氧化产物 CO_2 和 H_2O，从而大大降低汽车尾气的公害程度。

环己醇或环己酮脱氢生成苯酚可应用 Sn-Ni/SiO_2 催化剂。该催化剂活性高，寿命长。从环己酮制苯酚时，Ni：Sn 值以 2.5 为最佳。对异丙醇转化成丙酮的反应，最佳 Ni：Sn 值为 8。在这些催化剂体系中发现 NiSn，Ni_3Sn_4 及 Ni_3Sn_2 等合金相。若使用 Pd-Sn/SiO_2 催化剂，对环己酮转化成苯酚的最佳 Pd：Sn 值为 0.3。对环己羟胺转化成苯胺的最佳 Pd：Sn 值为 3。在这些催化剂体系中，分别测出了不同的晶相，如当 Pd：Sn 值为 0.3 时，有 Pd-Sn 相和 β-Sn 相，当 Pd：Sn 值为 3 时，则有 Pd，PdSn，Pd_3Sn_2 和 $PdSn_3$ 等相。

上述几例表明，相同组分的双金属负载催化剂可用于不同的反应，当组分的比例改变时，催化剂的晶相结构也发生很大变化，所有这些会在一定程度上影响其催化性能。过去曾有人认为双金属催化剂中的一种金属仅起稀释剂作用，看来，这种观点是值得商榷的。

（三） 金属-载体间的强相互作用

Tauster 等曾研究了载于 TiO_2 上的 Rh，Ru，Pd，Os，Ir 和 Pt 等金属催化剂对 H_2 和 CO 吸附的规律。如表 7.6 可见，低温（473K）用 H_2 还原的催化剂吸附 H_2 及 CO 的能力较高温（773K）还原的催化剂为高。据传统观念，此种现象可解释为：高温处理后，催化剂表面烧结引起颗粒变大、比表面积变小，使吸附气体的能力减小。但此种解释与事实相违，因为经 X 射线衍射测试，用高温氢气还原的催化剂颗粒变化不大，且表面也未发生烧结。另外，经高温氢气还原的催化剂，若再在 673K 用氧处理，可使其吸附 H_2 和 CO 的能力恢复。这一现象也不能用烧结解释，因为烧结一般是不可逆的。依据上述事实，人们推论，在负载型金属催化剂中，金属与载体间可能存在着某种相互作用，并因此在一定程度上改变了其吸附能力以及催化性能。为对上述实验结果寻找合乎逻辑的解释，

表 7.6　H_2 和 CO 在金属/TiO_2 上的吸附　[（300±2）K]

金属	还原温度/K	H/M	CO/M	BET 比表面/(m^2/g)
2% Ru	473，773	0.23，0.06	0.64，0.11	45，46
2% Rh	473，773	0.71，0.01	1.15，0.02	48，43
2% Pd	438，773	0.93，0.05	0.53，0.02	42，46
2% Os	473，773	0.21，0.11		
2% Ir	473，773	1.60，0.00	1.19，0.00	48，45
2% Pt	473，773	0.88，0.05	0.65，0.03	
TiO_2空白	423，773	0[1]，0[1]		51，43

1）根据 Henry 定律外推求出。

Tauster 等对 10 余种无机氧化物载体吸附 H_2 和 CO 的过程进行了研究。结果表明，此种吸附性能随处理温度变化的可逆性，对不同载体负载的金属催化剂是不同的。这里便显示了载体与金属的相互作用，特别在 TiO_2，V_2O_5，Nb_2O_5 及 Ta_2O_5 上，此种作用更为明显。

目前人们对金属-载体间的强相互作用（support-metal strong interaction，简称 SMSI）虽然进行了一定的研究，并在某种程度上肯定了这种相互作用的普遍性，但对其作用的详细机理尚未得出一致的看法，仍处于积累实验资料和深入探索的阶段。例如 Baker 等[11]发现，$Pt-TiO_2$ 体系在高温氢气还原中，在 Pt 上解离吸附的 H 原子会使 TiO_2 还原成 Ti_2O_x，并且还发现 Pt-Ti 之间存在一定的相互作用，从而解释了催化剂对 H_2 和 CO 吸附能力的下降。当用氧气处理时，Pt-Ti 间的作用被阻断，从而使其吸附 H_2 和 CO 的能力得到恢复。

另一例表明，不同载体负载的 Ni 催化剂对 F-T 反应的不同作用。如表 7.7 所示，在相近的温度范围内，载体的变化使催化剂转化 CO 的比率相差了 4～8 倍。由此看出，金属-载体作用的影响很大。

表 7.7　不同载体的 Ni 催化剂对 F-T 反应的影响

催化剂	反应温度 /K	CO 转化率 /%	产物分布（质量分数）/%				
			C_1	C_2	C_3	C_4	C_{5+}
1.5% Ni/TiO_2	524	13.3	58	14	12	8	7
10% Ni/TiO_2	516	24	50	9	15	8	9
5% $Ni/\eta-Al_2O_3$	527	10.8	90	7	3	1	—
8.8% $Ni/\gamma-Al_2O_3$	503	3.1	81	14	3	2	—
42% $Ni/\alpha-Al_2O_3$	509	2.1	76	1	5	3	1
16.7% Ni/SiO_2	493	3.3	92	5	3	1	—
20% Ni/石墨	507	24.8	87	7	4	1	—
Ni 粉末	525	7.9	94	6	—	—	—

为进一步研究金属-载体的强相互作用，Kao 等用电子能谱技术研究了模拟 Ni/TiO_2 的简化体系 Ni/TiO_2（110），试图得到关于金属 Ni 原子同载体 TiO_2 间相互作用的信息。图 7.15 是该体系的紫外光电子能谱。图中八条曲线分别对应不同 Ni 覆盖度条件下 TiO_2 的价带能谱。当表面不存在 Ni 时，只能得到两个 Ti^{4+} 的主峰，其能量分别为 $-5.35eV$ 和 $-7.85eV$，当表面覆盖少量 Ni 原子（$\theta=0.23$）时，在 TiO_2 的价带谱的 $-0.6eV$ 处出现一个小峰。随 θ 的增加，此峰强度增大，而且其能值逐渐移至 $E_f=0$ 处。当 $\theta=1.6$ 时，$E_f=0$ 处的态密度还是保持在相当低的数值，而当 $\theta>5$ 时，$E_f=0$ 处的态密度变得相当大。此外，起先出现的 $-5.35\ eV$ 峰随 θ 的增加而衰减，$-7.85eV$ 峰则保持不变。显然 $-5.35eV$ 处的峰的衰减与 $-0.6eV$ 处峰的增强是有一定对应关系的。后者是 Ti^{3+} 的主峰。进一步分析可知，载体中的 Ti^{4+} 一部分变成了 Ti^{3+}，这样便证实

了 Ni 和 TiO_2 间的强相互作用。需要注明的是，在此例中吸附物种超过一个单层。

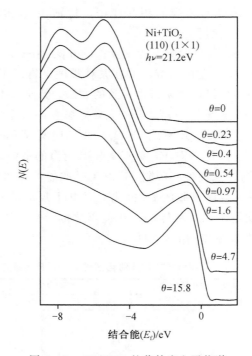

图 7.15　Ni/TiO_2 的紫外光电子能谱

（四）双功能负载型金属催化剂

重整反应中常应用双功能负载金属催化剂，现以 Pt/Al_2O_3 为例说明。其第一个功能是由金属承担的加氢和脱氢功能；第二个功能是由酸性 Al_2O_3 载体承担的裂解、异构和环化等功能。

烯烃加氢成为烷烃很容易在金属原子上进行。公认机理是烯烃分子—C＝C—与两个活性金属原子结合为吸附态烯烃分子，这中间态分子进一步和两个 H 作用，生成吸附态烷烃分子，后者脱附为气相烷烃分子，并释放出两个金属中心原子。这一反应的模型为

$$H_2 + 2M \Longleftrightarrow 2H-M$$

$$2M + RHC = CH_2 \Longleftrightarrow H-\overset{\overset{\displaystyle R}{|}}{\underset{\underset{\displaystyle M}{|}}{C}}-\overset{\overset{\displaystyle H}{|}}{\underset{\underset{\displaystyle M}{|}}{C}}-H$$

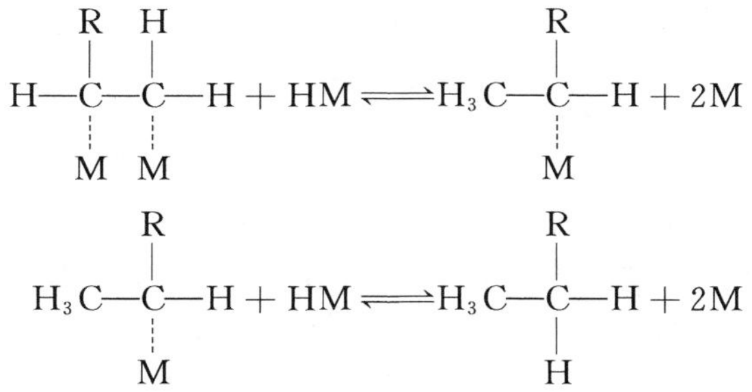

$$H-\overset{\overset{\displaystyle R}{|}}{\underset{\underset{\displaystyle M}{|}}{C}}-\overset{\overset{\displaystyle H}{|}}{\underset{\underset{\displaystyle M}{|}}{C}}-H+HM \rightleftharpoons H_3C-\overset{\overset{\displaystyle R}{|}}{\underset{\underset{\displaystyle M}{|}}{C}}-H+2M$$

$$H_3C-\overset{\overset{\displaystyle R}{|}}{\underset{\underset{\displaystyle M}{|}}{C}}-H+HM \rightleftharpoons H_3C-\overset{\overset{\displaystyle R}{|}}{\underset{\underset{\displaystyle H}{|}}{C}}-H+2M$$

金属上环烷烃脱氢反应也是类似的机理，如

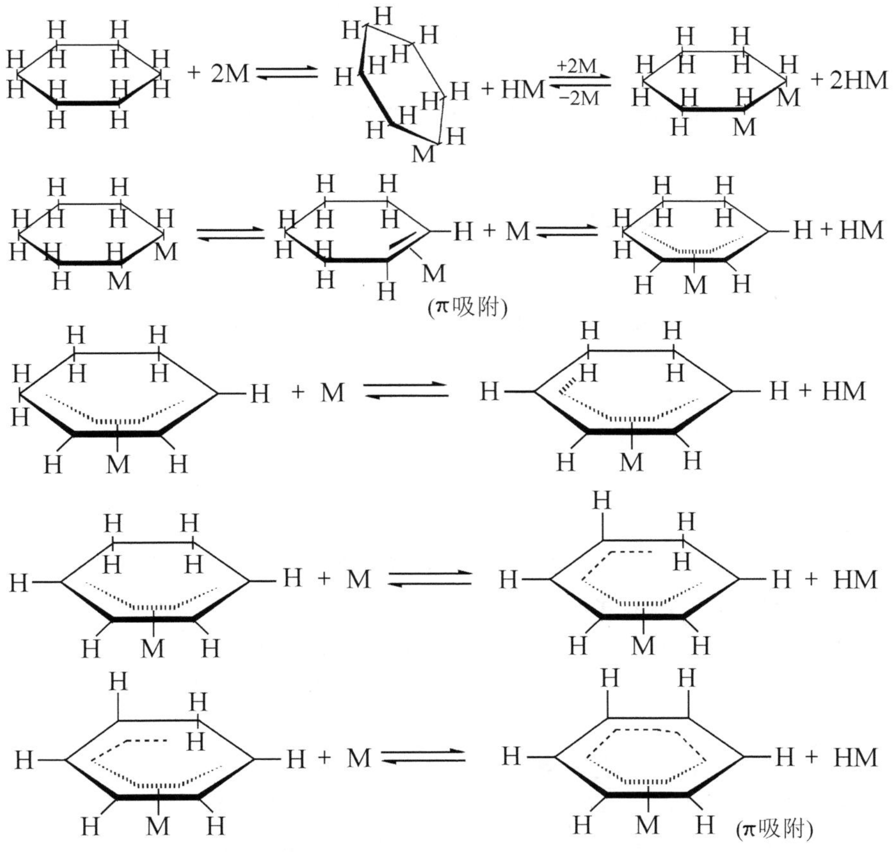

（π吸附）

（π吸附）

其中，苯的 π 吸附配合物脱附即为气相的苯。

　　异构、环化、裂解等反应常需经过生成正碳离子的中间过程，而能提供这种反应条件的则是固体表面的酸中心，负载金属的载体都有一定的酸中心而且呈不同程度的分布。例如在 Al_2O_3 上甲基环戊烷异构生成正己烯反应的中间物就是正碳离子，如下列模式所示：

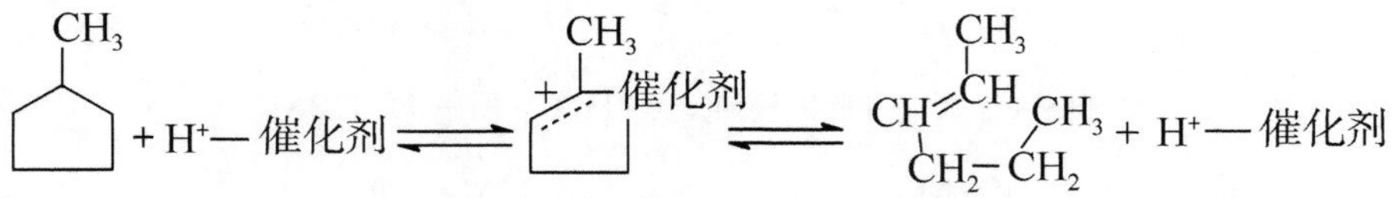

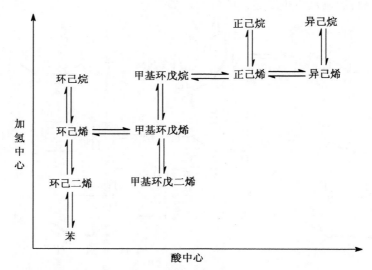

一般来说，在重整反应中所用的双功能催化剂的上述两个功能可用下列图式表示：以横坐标的方向表示发生在载体氧化物酸中心上的反应；而纵坐标的方向表示进行在所负载的金属表面原子上的加氢或脱氢反应。如环己烷的重整反应可用下列图式描述：

根据上述反应模型，在 Pt/Al_2O_3 催化剂上，正己烷首先在金属原子（此处为 Pt）上脱氢生成正己烯，后者移动到表面邻近的酸中心上而质子化为叔正碳离子，经异构为吸附态的异己烯，此异己烯再移向邻近的金属原子加氢生成异己烷而脱附。或者，上述的叔正碳离子进一步反应生成甲基环戊烷。生成的某种产物如能继续在金属原子上或表面酸中心上发生反应，便可得到更多的产物，如苯、环己烯等。

又如，正庚烷异构生成异庚烷的反应，在不同的负载型铂催化剂上的转化率有很大差别（图 7.16）。当反应在 Pt/C 或 Pt/SiO_2 催化剂上进行时，转化率很低；如果只在 SiO_2-Al_2O_3 上进行则根本不显活性；如果用粒度为 $1000\mu m$ 的 Pt/SiO_2 和 SiO_2-Al_2O_3 各占 50% 的混合催化剂，转化率明显升高；如果再降低上述混合催化剂的颗粒大小至 $5\mu m$，反应的转化率进一步增高。此例说明正庚烷异构为异庚烷不是简单的烷烃异构反应，中间经过正庚烷脱氢为烯烃，烯烃异构为异烯烃，后者再加氢为最终产物异庚烷。含适当酸中心的 SiO_2-Al_2O_3 作为载体制成的负载型 Pt 催化剂正好起双功能催化作用，因此对上述反应是有利的。

此例表明，载体颗粒大小的影响与反应过程中的扩散步骤有关。在此催化反应中，减小颗粒的大小可提高反应的转化率。

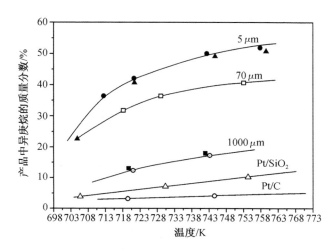

图 7.16　不同载体负载 Pt 催化剂的反应活性与温度关系

○ Pt/C；△Pt/SiO$_2$；⊙ 含 50%（Pt/C）的 SiO$_2$-Al$_2$O$_3$；

■含 50%（Pt/SiO$_2$）的 SiO$_2$-Al$_2$O$_3$；●含 50%（Pt/SiO$_2$）的 SiO$_2$-Al$_2$O$_3$；

□含 50%（Pt/SiO$_2$）的 SiO$_2$-Al$_2$O$_3$；▲含 50%（Pt/C）的 SiO$_2$-Al$_2$O$_3$

（五）烧结问题

金属催化剂的活性与暴露在反应物下的金属表面积有关，至少是顺变关系，所以要求金属有高的分散度以提高这种暴露面积，然而烧结却使金属的分散度降低，因此人们使用结构性助剂或将金属负载于惰性载体上防止烧结的发生。当然负载方法对贵金属催化剂还有其经济上的意义。

负载型金属催化剂的烧结过程大致可用图 7.17 表示。其中，（a）表示金属以分立的原子形式变成单层的二维的簇，后者较前者稳定；（b）表示二维的簇通过表面扩散形成三维的晶态粒子。此过程中边端原子的数目减少。因为处于边端的原子能量高于内部的原子能量，所以三维晶态粒子比二维的簇更稳定；（c）表示三维晶粒迁移相互接近合并成更稳定的较大的晶粒，这一过程为晶粒的生长。

晶粒生长有两种机理：

1）Ostwald 熟化。是指若有两粒子 A、B，原子自 A 分离移向 B 使 B 生长。

2）Brown 运动。是指单个晶粒沿表面迁移互相合并而生长。

当金属晶粒长到足够大时，其移动性消失，再要生长就要靠原子的表面扩散或气相的输运。

烧结是一个复杂的现象，与多种因素有关，如温度、时间、气氛、金属和载

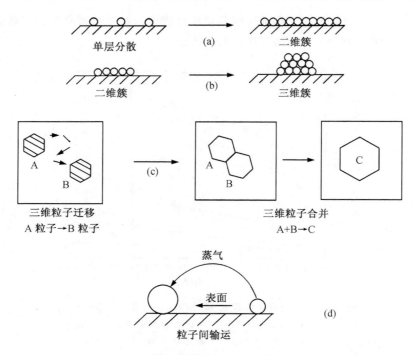

图 7.17　从单体生成晶粒和晶粒生长的各个阶段

体的种类等，其中后两项较为重要。

在 H_2 气氛、He 气氛和氧气氛下，负载金属晶粒的烧结行为不同。

对 Pt 族金属而言，在氧气氛下，形成挥发性不高的金属氧化物，它沿载体表面扩散或通过蒸气从能量高的中心转移至能量低的中心。由于金属的蒸气压太低，因此通过金属自身蒸气的转移不大可能发生。由于此种原因，在氧气氛下，在 673～773K 范围内就可以增加 Pt 在 Al_2O_3 上的分散度，这对重整催化剂的再生是有利的。类似地，负载于 Al_2O_3 上的 Ir 在氧气氛下加热也发生再分散作用。再分散的机理很可能也是通过氧化物。如果是这样，就可解释 Ir 的最佳分散温度是 673K，低于 Pt 的最佳分散温度 100K。前者的分散温度低，可能是 Ir 的氧化物挥发性较高所致。

金属和载体的本性对烧结也有重要影响。比如熔点高的金属比熔点低的金属难烧结。

金属和载体的种类不同，将决定金属-金属键能与金属-载体间键合能量的相对强弱，进而影响着金属原子自晶粒的脱离和在载体表面上的扩散，而扩散又影响晶粒的生长。

一般来说，随温度的升高和时间的延长，烧结程度加重。在 H_2 存在下，所有的金属都遵从这样的模式。

参 考 文 献

1　Anderson J R. Structure of Metallic Catalysts. Academic Press，1975

2　Somorjai G A. Chemistry in Two Dimensional Surfaces. Cornell University Press，1981

3　谢有畅，邵美成. 结构化学（上册）. 北京：人民教育出版社，1980

4　吉林大学化学系. 催化作用基础. 北京：科学出版社，1980

5　Bond G C. Catalysis by Metals. Academic Press，1962

6　Baladin A A. Adv Catal，1969，19：1

7　Gates B C，Katzer J R，Schuit G C A. Chemistry of Catalytic Processes. McGraw-Hill Book Company，
　　1979

8　Sinfelt J H，Carter J L，Yates D J C. J Catal，1972，24：283

9　Delmon B，Jacobs J A，Poncelet G. Preparation of Catalysts. Elsevier Scientific Publishing Company，
　　1970. 322

10　Boudart M. Catalysis. 4，1980

11　Baker R T K，Prestrdge B E，Garten R L. J Catal. 1979，56：390

12　Kao C C，Tsai S C，Bahl M K，Chung Y W. Surface Science，1980，95：1

13　Tauster S J，Fung S C，Carter R J. J A C S，1979，100：170

14　Sinfelt T H. Bimetallic Catalysts. John Wiley & Sons，1983

第八章　金属氧化物的催化作用与催化氧化反应

一、金属氧化物的催化作用[1,2]

金属氧化物催化剂广泛用于多种类型反应。很多金属氧化物都是半导体。由于半导体的电子能带结构比较清楚，因此能带概念曾被用来解释催化现象。能带反映半导体整体的电性质，这种概念能够描述半导体催化剂和反应分子间电子传递的能力，例如催化剂从反应分子得到电子，或将电子给予反应分子，这是事物的一方面。但对催化反应更重要的是反应分子和催化剂表面局部原子起作用形成的化学键性质，这种化学键和稳定分子内部的化学键本质不同，它属于络合催化化学键类型。将半导体催化剂的整体性质和表面局部原子与反应分子间的化学键性质结合起来研究催化作用会更全面些，但这方面工作有待深入开展。20 世纪 50 年代，前苏联学者 Вокенштейн 利用了半导体能带的研究成果，虽然引入了一点化学键的概念，但没有涉及化学键的本质，建立了半导体催化剂的电子理论，能解释一些催化现象，但这种理论没有得到广泛应用，一直停滞不前。半导体催化剂的一些性质，如电导率和脱出功等，在一定条件下仍可用于解释某些催化现象。

本节定性地介绍半导体催化剂的能带结构，并从能带结构出发，讨论催化剂的电导率、脱出功与催化活性的关系。

很多金属氧化物半导体催化剂其化学组成是非计量的，也有计量的。非计量化合物是一种固体，其中某一元素的组分按化学计量衡量，或多一些或少一些。例如 ZnO 中 Zn 和 O 原子比不等于 1，Zn 比 O 多一些。在非计量化合物中掺入杂质，亦属半导体催化剂范畴。现举例说明。

(一) 非计量化合物的几种类型

第一种是含有过量正离子的非计量化合物。例如 ZnO，其中的 Zn 过量，过量的 Zn 将出现在晶体内的间隙处（图 8.1）。由于晶体要保持电中性，所以间隙离子 Zn^+ 拉住一个电子在附近，形成 eZn^+。这个电子基本上属于间隙离子 Zn^+，温度不要太高，这个被束缚的电子即可脱离 Zn^+，在晶体中成为比较自由的电子，所以被称为准自由电子。温度升高时，准自由电子数目增多。准自由电子是 ZnO 导电性质的来源。这种半导体称为 n 型半导体。间隙原子"eZn^+"能提供准自由电子，这种原子称为施主。

第二种是比较少见的含过量负离子的非计量化合物。由于负离子的半径比较大，晶体中的孔隙处不易容纳一个较大的负离子，因此间隙负离子出现的机会很少。

$$Zn^{2+} \quad O^{2-} \quad Zn^{2+} \quad O^{2-} \quad Zn^{2+} \quad O^{2-}$$

$$O^{2-} \quad Zn^{2+} \quad O^{2-} \quad Zn^{2+} \quad O^{2-} \quad Zn^{2+}$$

$$(eZn^+)$$

$$Zn^{2+} \quad O^{2-} \quad Zn^{2+} \quad O^{2-} \quad Zn^{2+} \quad O^{2-}$$

$$O^{2-} \quad Zn^{2+} \quad O^{2-} \quad Zn^{2+} \quad O^{2-} \quad Zn^{2+}$$

图 8.1　ZnO 中含过量 Zn

Zn 原子以 eZn^+ 表示

第三种是正离子缺位的非计量化合物。例如 NiO，其中正离子 Ni^{2+} 缺位（图 8.2）。

$$Ni^{2+} \quad O^{2-} \quad Ni^{2+} \quad O^{2-} \quad Ni^{2+} \quad O^{2-}$$

$$O^{2-} \quad Ni^{2+} \quad O^{2-} \quad \square \quad O^{2-} \quad Ni^{2+}$$

$$Ni^{2+} \quad O^{2-} \quad Ni^{2+\oplus} \quad O^{2-} \quad Ni^{2+\oplus} \quad O^{2-}$$

$$O^{2-} \quad Ni^{2+} \quad O^{2-} \quad Ni^{2+} \quad O^{2-} \quad Ni^{2+}$$

图 8.2　NiO 中的 Ni^{2+} 缺位

"□" 表示缺位

图中 "□" 表示 Ni^{2+} 缺位，出现一个缺位相当于缺少两个单位的正电荷 "2+"，因此在附近有两个 Ni^{2+} 价态变化以保持晶体的电中性：$2Ni^{2+} \longrightarrow 2Ni^{3+}$，$Ni^{3+}$ 可看成是 Ni^{2+} 束缚住具有一个单位正电荷的空穴 "⊕"，即 $Ni^{3+} = Ni^{2+\oplus}$。当温度不太高时，被束缚的空穴可脱离 Ni^{2+} 成为较自由的空穴，因而被称为准自由空穴。当温度升高时，这种准自由空穴的数目增加。这就是 NiO 导电性质的来源。这种半导体称为 p 型半导体。

第四种是负离子缺位的非计量化合物。例如 V_2O_5，其中有氧缺位（图 8.3）。

V_2O_5 中 O^{2-} 缺位时，缺位 "□" 要束缚一个电子形成ⓔ，且附近的 V^{5+} 变成 V^{4+} 以保持晶体的电中性。ⓔ通常称为 F 中心。其束缚的电子随温度的升高可更多地变成准自由电子，因此 V_2O_5 是 n 型半导体。F 中心能提供准自由电子，因此被称为施主。

$$O^{2-} \quad V^{5+} \quad O^{2-} \quad V^{5+} \quad O^{2-}$$

$$O^{2-} \qquad\qquad O^{2-}$$

$$O^{2-} \quad V^{5+} \quad \boxed{e} \quad V^{4+} \quad O^{2-}$$

$$O^{2-} \qquad\qquad O^{2-}$$

图 8.3　含 O^{2-} 缺位的 V_2O_5

最后是含杂质的非计量化合物。非计量化合物掺入杂质后，有各种情况，以下仅以 NiO 为例讨论。如，NiO 掺入 Li^+。当掺入量少时，将导致 NiO 的体积膨胀、电导率下降；当掺入量超过一定值后，NiO 体积缩小、电导率上升。这一事实的解释是：Li^+ 和 Ni^{2+} 离子半径相同（0.078nm），因此 Li^+ 出现在 Ni^{2+} 的缺位处可能更为合适，如图 8.4 所示。图中（a）表示 NiO 没掺入 Li^+，（b）表示掺入了 Li^+。比较两图可看出，当 Li^+ 补充了 Ni^{2+} 缺位时（以符号 $\boxed{Li^+}$ 表示），在 $\boxed{Li^+}$ 附近要有一个 $Ni^{2+\oplus}$ 变成 Ni^{2+} 以保持电平衡。这相当于消灭了一个空穴，因此这使得靠空穴导电的 p 型半导体 NiO 的电导率下降。又因 Ni^{2+} 的半径大于 $Ni^{2+\oplus}$，结果使 NiO 的体积增加。以上实际是"Li^+"把电子"·"给了 $Ni^{2+\oplus}$，使后者变为 Ni^{2+}。此情况下掺入的 Li^+ 起施主作用。当掺入量超过 NiO 中的 Ni^{2+} 缺位数时，Li^+ 除填满缺位外，多余的 Li^+ 取代了晶格上的 Ni^{2+}。当一个

$$Ni^{2+} \quad O^{2-} \quad Ni^{2+} \quad O^{2-} \quad Ni^{2+} \quad O^{2-}$$

$$O^{2-} \quad Ni^{2+\oplus} \quad O^{2-} \quad \square \quad O^{2-} \quad Ni^{2+}$$

$$Ni^{2+} \quad \square \quad Ni^{2+\oplus} \quad O^{2-} \quad Ni^{2+\oplus} \quad O^{2-}$$

$$O^{2-} \quad Ni^{2+} \quad O^{2-} \quad Ni^{2+} \quad O^{2-} \quad Ni^{2+\oplus}$$

(a)

$$Ni^{2+} \quad O^{2-} \quad Ni^{2+} \quad O^{2-} \quad Ni^{2+} \quad O^{2-}$$

$$O^{2-} \quad Ni^{2+\oplus} \quad O^{2-} \quad \square \quad O^{2-} \quad Ni^{2+}$$

$$Ni^{2+} \quad \boxed{Li^+} \quad Ni^{2+\oplus} \quad O^{2-} \quad Ni^{2+\oplus} \quad O^{2-}$$

$$O^{2-} \quad Ni^{2+} \quad O^{2-} \quad Ni^{2+} \quad O^{2-} \quad Ni^{2+}$$

(b)

图 8.4　不掺杂与掺杂 Li^+ 的 NiO

Li^+ 取代晶格上的一个 Ni^{2+} 时，相应地引起附近的 Ni^{2+} 变成 $Ni^{2+\oplus}$，这恰好与上面提到的变化相反。显然，这个变化导致 NiO 晶体体积缩小，导电率上升。凡能提供自由空穴或接受电子的杂质称为受主，因此这时的 Li^+ 又是受主。

如果在 NiO 中引入杂质的价态比 Ni 的价态高，例如 Cr^{3+}，一般结果是使 NiO 的电导率降低，这可能是由于 Cr^{3+} 取代了晶格上的 Ni^{2+}，相应地引起邻近的 $Ni^{2+\oplus}$ 变成 Ni^{2+}，消灭了空穴，结果电导率下降。

(二) 计量化合物

金属氧化物，除了不计量的外，也有计量的。例如 Fe_3O_4，Co_3O_4 等，它们具有尖晶石型结构。在 Fe_3O_4 晶体中，单位晶胞内包含 32 个氧负离子和 24 个铁正离子，24 个铁正离子中有 8 个 Fe^{2+} 和 16 个 Fe^{3+}，即 Fe^{2+}：Fe^{3+} 为 1：2。若用两种价态的铁离子表示，Fe_3O_4 可写成 $Fe_3(Fe^{2+}$，$Fe^{3+})O_4$。由于此种计量化合物中没有施主和受主，晶体中的准自由电子或准自由空穴不是由施主或受主提供出来，这种半导体称为本征半导体。

(三) 半导体的能带结构

在上一章金属催化剂部分我们简单提到了金属的能带问题，这里我们就半导体的能带问题作稍为详细的介绍。

一般地说，能带理论是讨论固体的理论方法之一。固体既包括金属，也包括半导体。

固体是由许多原子组成的，这些原子彼此紧密相连，且周期地重复排列着，因此固体中的电子状态和原子中的不同。在固体中，原子的外层电子有显著变化，内层电子变化很小，因为原子中的电子是分别排列在内外层许多轨道上，每层轨道都对应着确定的能级。在固体中，由于原子靠得很近，不同原子间的轨道发生了重叠，电子不再局限于一个原子内运动，可由一个原子转移到相邻的原子上去，因此电子在整个固体中运动，这叫作电子共有化。外层电子共有化的特征是显著的，而内层电子的情况基本上和它们单独存在时一样。外层电子共有化后，相应的能级也发生了变化 (图 8.5)。图中圆圈代表原子中的电子轨道。在固体中，原子挨得很近，电子轨道重叠，电子不再局限于一个原子的 3s，2p，…轨道上运动，可由一个原子转移至相邻的原子上去，相应地，3s，2p 等能级发生了变化 (图 8.6)。

图 8.6 表示 n 个 3s 能级形成了 n 个 3s 共有化能级，这一组能级的总体叫作 3s 能带。3s 能带中每一个 3s 共有化电子能级对应一个共有化轨道，每一个共有化轨道最多容纳两个电子，因此 3s 能带最多容纳 $2n$ 个电子。对 2p 能带情况稍有不同，由于原子的 2p 能级对应 3 个 p 状态，因此 n 个 2p 原子能级形成 n 个

2p 共有化电子能级，每一个 2p 共有化电子能级对应 3 个共有化轨道，因此 2p 能带最多容纳 $6n$ 个电子。3s 能带和 2p 能带间存在一个间隔，其中因没有能填充电子，此间隔称作禁带。

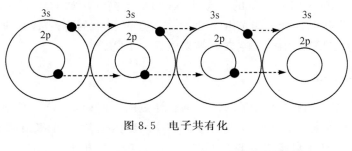

图 8.5　电子共有化

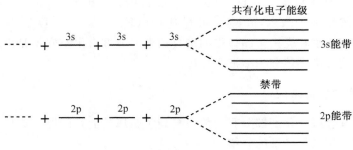

图 8.6　能带的形成

凡未被电子完全充满的能带叫导带。在外电场作用下，导带中的自由电子可从导带的一个能级跃迁到另一能级，此即导带电子能够导电的来源，此种电子为准自由电子。具有此种性质的固体称为导体。凡能级被电子完全充满的称为满带。满带中的电子不能从一个能级跃迁至另一能级，因此满带中的电子不能导电，绝缘体内的能带都是满带。

半导体是介于导体和绝缘体间的一种固体。在绝对零度附近，半导体中能量较低的能带都被电子完全充满，这时半导体和绝缘体没有区别。半导体有一个重要性质，它的禁带较窄，约 1eV。在有限温度时，电子因热运动具备的能量从最高满带激发至空带中，成为准自由电子。空带，即为没有填充电子的能带（图 8.7）。

当电子自满带激发到空带后，空带中有了准自由电子，空带变成导带，这就是半导体导电的原因。

从图 8.7 能看出另一情况，每当一个电子从满带激发到空带后，满带便出现一个空穴，用符号○表示。该空穴是准自由空穴。当外电场存在时，空穴可从能带中的一个能级跃迁至另一能级，实际上就是和电子交换位置（图 8.8）。在外

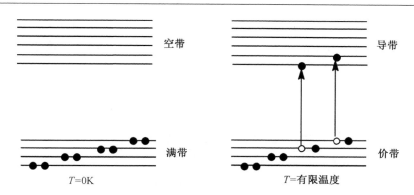

图 8.7　电子从满带激发到空带

电场作用下，准自由空穴能从能带的一个
能级跃迁至另一个能级，这是半导体导电
的另一原因。靠准自由电子导电的是 n 型
半导体，靠准自由空穴导电的叫 p 型半导
体。

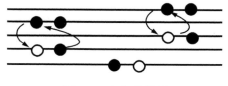

图 8.8　空穴的跃迁

　　上面已提及，非计量化合物或掺入杂
质的非计量化合物半导体中，存在着施主或受主，施主 A^+·所束缚的电子
"·"基本上不是共有化的，因此这种电子基本上处在施主的能级上；同样，受
主 $B^\oplus$ 所束缚的空穴 "O" 基本上处于受主的能级上（图 8.9）。

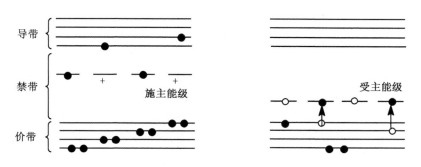

图 8.9　半导体中施主、受主的作用

　　从图 8.9 可以看到施主 A^+·束缚的电子能跃迁到导带，变成准自由电子，
如果半导体的导电性主要靠施主激发到导带的电子，它就称为 n 型半导体。图
8.9 还说明，满带的电子可跃迁至受主能级，消灭了受主所束缚的空穴，同时在
满带留下准自由空穴，这种半导体的导电性质来自这种方式产生的准自由空穴，
这种半导体称为 p 型半导体。满带由于出现空穴产生导电性质而变成了实际上的
导带。

以下介绍表征半导体（以及其他固体）性质的一个重要物理量 Fermi 能级，E_f。E_f 是半导体中电子的平均位能，因此它和电子的脱出功 ϕ 直接相关。ϕ 是把一个电子从固体内部拉到外部变成完全自由电子所需的能量，这个能量用以克服电子的平均位能，因此从 Fermi 能级到导带顶间的能量差就是脱出功 ϕ（图 8.10）。半导体的导电性质和 Fermi 能级的高低相关。

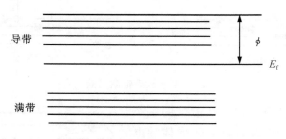

图 8.10　Fermi 能级与脱出功的关系

从统计力学知，Fermi 能级 E_f 和电子在能级 E_i 出现的概率 $f_{(E)}$ 满足下列关系

$$f_{(E)} = N_i/n_i = 1/\{e^{(E_i - E_f)/kT} + 1\} \tag{8.1}$$

其中，n_i 为处于能级 E_i 的电子的微观状态 ψ_{i1}，ψ_{i2}，$\cdots$，ψ_{in} 的数目，N_i 为处在这些微观状态中的电子数，k 为 Boltzmann 常数。当温度一定时，f 随 E_i 变化。从（8.1）式可看出：

$$T = 0\text{K 时,} \qquad 当 E_i < E_f, \quad 则 f_{(E)} = 1 \tag{8.2}$$

$$当 E_i > E_f, \quad 则 f_{(E)} = 0 \tag{8.3}$$

$$T \text{ 为任意温度时,} \qquad 当 E_i = E_f, \quad 则 f_{(E)} = 1/2 \tag{8.4}$$

（8.2）式说明在固体中，当 $T=0$K 时，低于 E_f 的那些能级 E_i 上电子出现的概率都是 1，从（8.1）式得 $N_i=n_i$，即 E_i 对应的微观状态 ψ_{i1}，ψ_{i2}，$\cdots$，ψ_{in} 都被电子填满。（8.3）式说明，当 $T=0$K 时，大于 E_f 的那些能级上电子出现的概率是零，从（8.1）式得 $N_i=0$，即 E_i 能级中微观状态 ψ_{i1}，ψ_{i2}，$\cdots$，ψ_{in} 中没有电子，是空着的。（8.4）式说明，在任意温度下，等于 E_f 的那个 E_i 能级中电子出现的概率为 1/2，从（8.1）式看出，$N_i=1/2n_i$，即 E_i 能级的微观状态 ψ_{i1}，ψ_{i2}，$\cdots$，ψ_{in} 有一半被电子占据。下面以图 8.11 表示（8.2），（8.3）和（8.4）式。

从（8.1）式看出，当温度 $T \neq 0$K 时，E_i 高于 E_f 的那些能级上电子出现的概率不为零，在 E_i 低于 E_f 的那些能级上电子出现的概率不全为 1，如图 8.12 所示。从图中两条曲线的变化明显看出，$T \neq 0$K 的曲线有偏离，这种偏离在 E_i 左边和右边都是对称的。

如果半导体掺入杂质，杂质对半导体的导电性能会产生影响，从（8.1）式容易看出此点。由于 E_f 是电子的平均位能，杂质应该直接影响 E_f，使它变化，

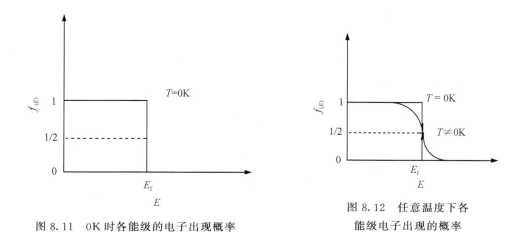

图 8.11　0K 时各能级的电子出现概率　　　　　图 8.12　任意温度下各
　　　　　　　　　　　　　　　　　　　　　　　　　　　　能级电子出现的概率

从而相应地影响了概率 $f_{(E)}$ 的数值。若杂质使 E_f 提高，则 $f_{(E)}$ 变大；反之，若降低 E_f 使 $f_{(E)}$ 变小。下面结合能带概念用图形说明杂质提高或降低 E_f 对半导体导电性能的影响（图 8.13）。

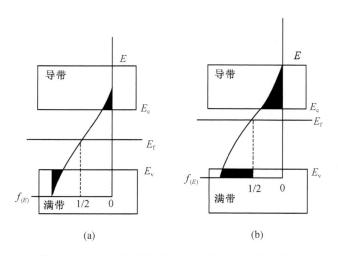

图 8.13　Fermi 能级移动对半导体导电性质的影响

图 8.13（a）和图 8.13（b）都是将能带图和概率图绘在一起构成的。（a）代表有限温度下不掺杂质的半导体，这时导带底 E_c 附近能级的电子都是由满带 E_v 附近能级中的电子跃迁而来，如果满带顶附近能级电子出现的概率是 $f_{(E)}$，空穴出现的概率就是 $1-f_{(E)}$，这些空穴的出现是由于电子跃迁到导带中去，所以导带底附近的电子出现概率也应是 $1-f_{(E)}$。图 8.13（a）中代表电子出现概率的黑色面积和满带中代表空穴出现概率的黑色面积相等。显然对上述情况，半导体中的 E_f 应该

处在 E_c 和 E_v 的正中间，这是由于概率的变化在高于 E_f 和低于 E_f 时是对称的。

图 8.13（b）代表掺杂质后 E_f 提高的情况，由于概率分布在高于 E_f 和低于 E_f 时是对称的，因此在导带底 E_c 附近能级中电子出现的概率（黑色面积）应该大于满带顶 E_v 附近能级中空穴出现的概率（黑色面积）。显然，导带底 E_c 附近能级电子的增加并非全由满带跃迁而来，也有由杂质能级中的电子跃迁而来，该杂质是施主杂质。从图 8.13（a）和（b）比较看出，施主杂质提高 E_f，使满带空穴减少。总之，掺入施主杂质提高 E_f（脱出功变小），使导带电子增多，满带空穴减少。n 型半导体的导电来源主要靠导带中的电子，施主杂质增加了 n 型半导体的电导率。p 型半导体的导电来源主要靠满带中的空穴，施主杂质降低了 p 型半导体的电导率。

作类似讨论可得另外一种情况：掺入受主杂质，降低 E_f（脱出功变大），使满带中的空穴增加，导带中的电子减少，对 p 型半导体是增加了电导率，对 n 型半导体则是降低了电导率。

总结上述讨论，可得表 8.1。

表 8.1　施主、受主杂质对半导体脱出功和电导率的影响

杂质种类	脱出功变化	电导率变化 n 型半导体	电导率变化 p 型半导体
施主	变小	增加	减小
受主	变大	减小	增加

（四）金属氧化物对气体的吸附

本节讨论半导体催化剂表面吸附反应分子的情况。当表面吸附分子后，可能在表面产生正电荷层，即反应分子将电子给予半导体，反应分子以正离子形式吸附于表面；也可能在表面产生负电荷层，即反应分子从半导体得到电子以负离子形式吸附于表面。表面形成正电荷层时，表面分子起表面施主作用，因此对半导体的脱出功、电导率的影响和表 8.1 中施主杂质的结果一致。表面形成负电荷层时，表面分子起表面受主作用，因此对半导体的脱出功和电导率的影响和表 8.1 中受主杂质的结果一致。

金属氧化物表面上有金属离子，氧负离子，缺位，因而比金属复杂得多。

分子在金属氧化物上的吸附分为低温物理吸附和高温活化吸附，前者活化能为数百到数千焦每摩尔，后者活化能可达 $200 \sim 240 \text{kJ/mol}$，相当于化学反应的活化能。

吸附对半导体性质有影响。例如给电子的气体 H_2，CO 等在 ZnO 上的吸附，表面晶格 Zn^{2+} 为吸附中心，气体把电子给半导体，以正离子形式吸附，Zn^{2+} 变为 Zn^+ 和 Zn，使半导体的电导率增加，脱出功减少。ZnO 表面上 Zn^{2+} 数目较多，所以吸附量也较多。以上是给电子气体在 n 型半导体上的吸附（ZnO 属 n 型半导体）。H_2 在 NiO（p 型半导体）上吸附时，表面上的 Ni^{3+} 为吸附中心。吸附后 Ni^{3+} 变成 Ni^{2+}，减少了空穴，因而降低了电导率，减少了脱出功。由于表面 Ni^{3+} 数目不多，因而吸附量也很小。给电子气体和接受电子气体在半导体上吸附后，对半导体性质的影响列于表 8.2。

表 8.2　随吸附而产生的半导体物性变化

吸附气体	半导体种类	脱出功	电导率	吸附中心	吸附状态	表面电荷
给电子	n	减少	增加	晶格金属离子	正离子气体吸附在低价金属离子上	增多
气　体	p	减少	减少	正离子（高价）	正离子气体吸附在低价金属离子上	增多
接受电子	n	增加	减少	正离子缺位（低价）	负离子气体吸附在高价金属离子上	减少
气　体	p	增加	增加	晶格金属离子	负离子气体吸附在高价金属离子上	减少

利用表 8.2 中半导体的性质变化，可推测吸附分子的状态。

（五）半导体催化剂的导电性质对催化活性的影响

导电性是影响半导体催化剂活性的因素之一，而且是重要的因素。上面介绍的能带结构是从催化剂的体相和整个的表面电荷考虑的，只从这个基础解释催化剂的活性是不够的。实际上，催化剂活性和反应分子与催化剂表面局部原子间形成的化学键性质密切相关，忽略这个本质，把活性完全归结为表面正电荷或表面负电荷的作用，模型过简，这有待于在实践中向前发展。下面举几个例子说明半导体催化剂的活性与导电性质的关联。

首先讨论 N_2O 的分解。

$$2N_2O \longrightarrow 2N_2 + O_2$$

有不少实验证明 N_2O 分解的步骤如下：

$$N_2O + e(从催化剂取电子) \Longleftrightarrow N_2 + O_a^- \tag{8.5}$$

$$2O^- \longrightarrow O_2 + 2e(给催化剂电子) \tag{8.6}$$

关于 N_2O 的分解曾经用一系列金属氧化物作催化剂进行过研究，不同催化剂的活性不同，活性大小以竖线的长短表示（图 8.14）。图中按温度高低不同分成 3 个区，$473 \sim 573K$ 范围内 Cu_2O，CoO，NiO 都是 p 型半导体；在 $673 \sim 773K$ 范围内 CuO 是 p 型半导体，MgO，CaO，Al_2O_3 是绝缘体，其中 CuO 活性最高；在 $873 \sim 973K$ 范围内，ZnO 是 n 型半导体，CdO，Cr_2O_3 是 p 型半导体，其中 CdO 的活性最高。总的来看，p 型半导体数目最多，活性最高，其次是绝缘体，n 型半导体的数目最少，活性最低。

当 N_2O 在 p 型半导体（例如 NiO）上分解时，则 p 型半导体的电导率增加。

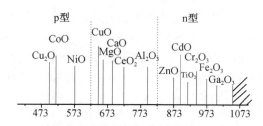

图 8.14　金属氧化物作为 N_2O 分解催化剂的相对活性序列

相对活性以反应开始进行的温度表示

当 N_2O 在 n 型半导体（例如 ZnO）上分解时，则 n 型半导体的电导率下降。

下面从（8.5）和（8.6）式解释催化剂的电导率变化和活性高低。反应（8.5）是从催化剂取走电子，形成表面 O^- 负电荷层，使 n 型半导体催化剂的电导率下降，p 型半导体催化剂的电导率增加。至于 p 型半导体催化剂的活性高于 n 型半导体催化剂，则从假定反应（8.6）是慢步骤得到解释。

反应（8.6）是控制步骤，选择催化剂加速这步反应与催化剂的活性高低密切相关。这步反应是把电子给予催化剂，实际上就是催化剂表面的 O^- 变成 O_2 分子脱附的过程。从前面介绍过的能带概念，n 型半导体是导带中的电子导电，p 型半导体是满带中的空穴导电（实际上已不是满带，而是 p 型的导带了）。一般来说，满带对应的能级低于导带对应的能级。对于各种不同材料的半导体，往往也是如此，即 n 型半导体的导带能量比 p 型半导体的导带能量高，因此，对于反应（8.6）而言，p 型半导体比 n 型半导体更易接受电子，利于加速反应（8.6）的进行。总的来讲，p 型半导体催化剂的活性高于 n 型半导体催化剂。

金属氧化物催化剂对于过氧化氢的催化分解所表现的活性可以排成如下次序：

$$Mn_2O_3 > PbO > Ag_2O > CoO > Cu_2O > CdO \gg ZnO = MgO > \alpha\text{-}Al_2O_3$$

以上规律和 N_2O 的分解情况类似：p 型半导体活性最高，其次是 n 型半导体，活性最低的是绝缘体。

现以 CO 氧化成 CO_2 为例讨论催化剂掺入杂质后对其活性的影响。

CO 氧化成 CO_2 用 p 型半导体或 n 型半导体作催化剂结果不一样。NiO 中掺入 Li^+，Li^+ 起受主杂质作用，增加 NiO 的空穴数，增加了 p 型半导体 NiO 的电导率，这和表 8.1 一致，并且在 573～723K 范围内降低了 CO 氧化反应的活化能。在 NiO 中掺入 Cr^{3+}（施主杂质），减少了 NiO 中的空穴数，使 p 型半导体 NiO 的电导率下降，这也和表 8.1 一致，并在 573～723K 范围内增加了 CO 氧化反应的活化能（图 8.15）。如果在催化剂上 CO 吸附变成正离子是控制步骤（在表面上形成正离子层），就能解释实验结果。CO 吸附后变成正离子，CO 起表面施主作用，即 CO 把电子给了 p 型半导体 NiO，减少了其导带的空穴数，空穴数的减少不利于其接受 CO 的电子，如果掺入受主杂质 Li^+，会增加空穴数，使电导率升高，利于表面吸附这一控制步骤的进行，相应降低了 CO 氧化反应的活化能。相反，在 NiO 中掺入施主杂质，则减少了其空穴数，使电导率降低，实际上是减少了 p 型半导体导带中的空穴数，不利于 CO 以正离子形式的吸附，相应地使反应活化能升高。

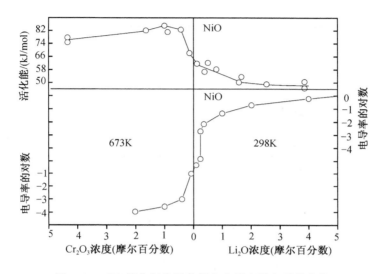

图 8.15　CO 催化氧化活化能和电导率随杂质的变化

　　CO 的氧化用 n 型半导体 ZnO 作催化剂时，在体相中分别加入 Li^+ 和 Ga^{3+}，结果随 Li^+ 浓度的增加，CO 氧化的活化能逐渐升高。在 ZnO 中加入 Ga^{3+} 之后，活化能明显降低（图 8.16）。

　　如果 CO 在 n 型半导体 ZnO 上的氧化过程中，O_2 的吸附是控速步骤（即 O_2 变成氧负离子，催化剂表面形成负离子层），则 ZnO 导带中的电子越多，导电率越高，越能提供更多的电子，促使 O_2 的吸附变快。ZnO 中掺入 Li^+（受主），使 n 型半导体的电导率下降。另外掺入 Ga^{3+} 后，Ga^{3+} 为施主，Ga^{3+} 将电子给予 ZnO 导带变成 Ga^{3+}，使 ZnO 的电导率增加，利于 O_2 在催化剂表面上转变成负离子，降低了 CO 氧化的活化能。

　　在一定条件下，导电性质可能变成影响活性的主要因素，但催化剂的活性和导电性质之间也不一定是简单关系。从图 8.15 和图 8.16 可以看出，催化剂的活性和导电性还受其他因素（如温度等）的制约。前面介绍的 CO 在 NiO 上氧化的结果，其温度是限制在 573～723K。当温度降至 453～513K 时，其结果不同。在 NiO 中掺入 Li^+ 后，随 Li^+ 浓度的增加，CO 氧化的活化能逐渐上升，即出现完全相反的结果。NiO 中掺入 Cr^{3+} 后，活化能不是升高，而是降低了。

　　金属氧化物半导体的导电性质和金属氧化物的非化学计量组成密切相关。例

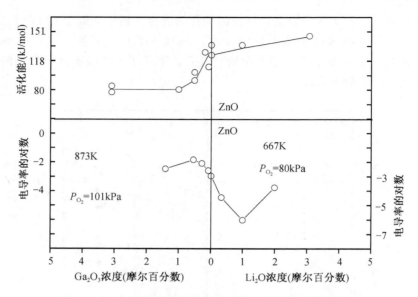

图 8.16　CO 催化氧化活化能和电导率与杂质浓度的关系

如 NiO 和 CuO 这两种 p 型半导体中都有正离子缺位，体相中还有过量的氧负离子存在。对于 NH_3 的氧化，不是催化剂的导电性质，而是它的非化学计量的过量氧与活性间存在简单的直线关系。例如氨氧化的活性以产物 $N_2O\%$ 衡量，p 型半导体催化剂 MnO，CoO，NiO 和 Fe_2O_3 中的过量氧由化学滴定法测出，将 $N_2O\%$ 和过量的氧作图（即对 O/MO 作图），得图 8.17。

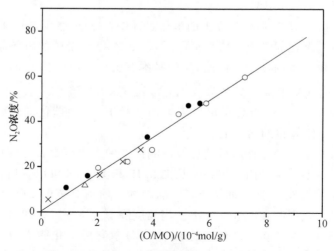

图 8.17　氨催化氧化中 MO 型金属氧化物的活性与其所含过剩氧的关系
○MnO；●CoO；×NiO；△Fe_2O_3（733K）

（六）氧化物催化剂的脱出功和反应选择性的关系

掺杂质后，改变了催化剂的导电性质，同时也改变了催化剂的脱出功。对某些反应，催化剂脱出功的改变影响了反应的选择性，这种现象称为调变作用。现以丙烯氧化生成丙烯醛为例说明。

在 CuO 上丙烯氧化成丙烯醛的研究中，往 CuO 中引入杂质 Li^+，Cr^{3+}，Fe^{3+}，SO_4^{2-} 和 Cl^- 后，反应选择性明显改变，CuO 的脱出功也同时改变。用 $\Delta\phi\%$ 代表引入杂质后 CuO 脱出功的改变，对杂质 SO_4^{2-} 和 Cl^-，$\Delta\phi>0$，即脱出功增加，这是 SO_4^{2-} 和 Cl^- 起到了受主作用的结果；对于 Li^+，Cr^{3+}，Fe^{3+}，$\Delta\phi<0$，即脱出功减少，这是 Li^+，Cr^{3+}，Fe^{3+} 起到施主作用的结果。脱出功的改变可以排成如下次序：

$$\Delta\phi(Li^+) < \Delta\phi(Cr^{3+}) < \Delta\phi(Fe^{3+}) < 0 < \Delta\phi(Cl^-) < \Delta\phi(SO_4^{2-})$$

在 CuO 掺入杂质后，对于生成丙烯醛的活化能和指数前因子都有影响，对于生成 CO_2 的活化能和指数前因子也有影响。将脱出功的改变 $\Delta\phi$ 对活化能的改变 ΔE 作图得图 8.18。图中同时给出 $\Delta\phi$ 与指数前因子对数的改变之间的关系。

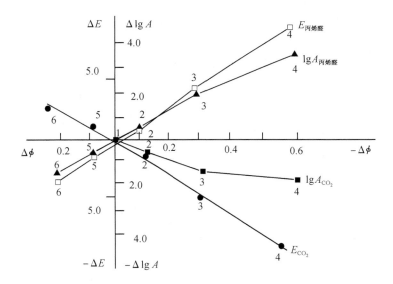

图 8.18　形成丙烯醛和 CO_2 的活化能和指数前因子对数的

变化与电子脱出功变化 $\Delta\phi$ 的关系图

1. CuO；2. $CuO+Fe_2O_3$；3. $CuO+Cr_2O_3$；4. $CuO+Li_2O$；5. $CuO+Cl^-$；6. $CuO+SO_4^{2-}$

从图 8.18 看出，CuO 中掺入杂质后，电子脱出功的增加引起生成丙烯醛反应的活化能和指数前因子的降低，而使生成 CO_2 的活化能和指数前因子增加。

丙烯在 CuO 上的氧化是一个连续过程，下式中的 r_1、r_2、r_3 分别代表各步

的反应速率

$$C_3H_6 \xrightarrow{r_1} 丙烯醛 \xrightarrow{r_2} CO_2$$

$$\xrightarrow{r_3}$$

从分析动力学数据得知，丙烯氧化为丙烯醛的速率及生成 CO_2 的速率与氧的表面浓度的一次方成正比，与丙烯醛的浓度无关。在调变了的催化剂上的反应动力学规律和上述的规律一样，因此生成丙烯醛和 CO_2 的速率可以近似用一级形式表示

$$r_{丙烯醛} = r_1 = A_1[O_2]e^{-(E_1+Q_0+\Delta\phi)/RT}$$

$$r_{CO_2} = r_2 = A_2[O_2]e^{-(E_2+Q_0+\Delta\phi)/RT}（此处略去 C_3H_6 直接生成 CO_2 的速率）$$

其中，E 为活化能，Q_0 为纯氧化铜上氧的吸附热，A 为指数前因子，$[O_2]$ 为氧在表面上的浓度，$\Delta\phi$ 为电子脱出功的变化。

生成的丙烯醛的选择性可用反应速率 r_1 和 r_1+r_2 的比值表示

$$Sel = r_1/(r_1+r_2)$$

将 r_1+r_2 代入上式，考虑到活化能 E 和反应速率常数 k 也都随 $\Delta\phi$ 而变化（图 8.18），因此 Sel 和 $\Delta\phi$ 的关系不是简单的关系，但 Sel 随 $\Delta\phi$ 的不同而变化。下面将丙烯醛 Sel 的变化 ΔSel 的实验数据对 ϕ 的变化 $\Delta\phi$ 的实验数据作图得图 8.19。从图可以看出，在 CuO 中引入 Fe^{3+}，Cr^{3+} 和 Li^+，即点 2、3 和 4，使氧化铜的脱出功变小，降低了丙烯醛的选择性，在 CuO 中引入 Cl^- 和 SO_4^{2-}，即点 5 和 6，使氧化铜的脱出功增加，提高了丙烯醛的选择性。

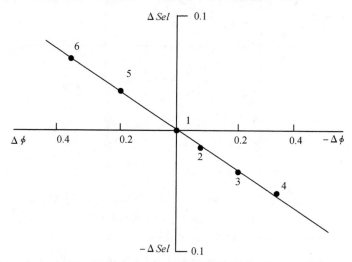

图 8.19 丙烯氧化选择性变化和脱出功变化的关系

1. CuO；2. CuO＋Fe_2O_3；3. CuO＋Cr_2O_3；

4. CuO＋Li_2O；5. CuO＋Cl^-；6. CuO＋SO_4^{2-}

二、催化氧化反应[3,9]

含氧有机化合物是有机合成、高分子合成、医药等工业部门的重要基本原料。烃类氧化由于具有设备和流程简单、原料（石油、煤、天然气和空气）极其丰富等特点，已成为基本有机合成的一个重要方向。自从复合氧化物铝酸铋催化剂对丙烯选择氧化为丙烯醛和氨一步氧化为丙烯腈获得成功之后，随着石油化工的发展，烃类直接催化氧化也获得广泛的应用，且明显具有由不同原料获得相同产品、应用同一原料可得不同产品的特点。目前工业开发的一些重要的烃类选择氧化过程及其应用的催化剂列于表 8.3。

表 8.3 选择氧化反应和工业催化剂

反应物	产物	催化剂	载体	助剂
$CH_3OH+1/2O_2$	$HCHO+H_2O$	Fe_2O_3-MoO_3 Fe_2O_3-MoO_3-TiO_2		Cr, Co, Mo
$CH_2{=}CH_2+1/2O_2$	$H_2C{-}CH_2$ (环氧乙烷)	Ag	SiO_2，Al_2O_3 SiO_2-Al_2O_3	Cu, Pd, Pt, Au
$CH_3{-}CH{=}CH_2+O_2$	$CH_2{=}CHCHO+H_2O$	Bi_2O_3-MoO_3 CoO-MoO_3 SnO_2-MoO_3 TeO_2-MoO_3	SiO_2	Fe, Ni, Cu, Cd, Te, P
$CH_3{-}CH{=}CH_2$ $+3/2O_2$	$CH_2{=}CHCOOH$ $+H_2O$	CoO-Bi_2O_3-MoO_3 CoO-TeO_2-MoO_3 As_2O_3-Nb_2O_5-MoO_3 Sb_2O_5-V_2O_5-MoO_3	SiO_2	Fe, Cu, Sn, Te, P
$CH_3{-}CH{=}CH_2$ $+3/2O_2+NH_3$	$CH_2{=}CH{-}CN+3H_2O$	Bi_2O_3-MoO_3 UO_3-Sb_2O_5 Bi_2O_3-Sb_2O_5-MoO_3 Fe_2O_3-Sb_2O_5	SiO_2	Fe, B, Te, Ce, P
$CH_3CH_2CH{=}CH_2$ $+1/2O_2$	$CH_2{=}CH{-}CN{=}CH_2$ $+H_2O$	Bi_2O_3-MoO_3 Fe_2O_3-Sb_2O_5 MgO-Fe_2O_3 ZnO-Fe_2O_3	Al_2O_3 TiO_2	Cr, Ba, Ca, Ce, Te, P
$CH_3CH_2CH{=}CH_2$ $+3O_2$	顺丁烯二酸酐 $+3H_2O$	V_2O_5-P_2O_5	SiO_2-Al_2O_3 SiO_2	Cu, Nb, Al, K
苯 $+9/2O_2$	顺丁烯二酸酐 $+2CO_2+2H_2O$	V_2O_5 V_2O_5-MoO_3 V_2O_5-Sb_2O_5	SiO_2-Al_2O_3 SiC	Cr, Na, Sn, Ag, P
乙苯 $+1/2O_2$	苯乙烯 $+H_2O$	Fe_2O_3 MgO-V_2O_5 MgO-Fe_2O_3	Al_2O_3 SiO_2	Zn, Ni, Mn, K, Ti, Ce

续表

反应物	产物	催化剂	载体	助剂
邻二甲苯 $+3O_2$	邻苯二甲酸酐 $+3H_2O$	V_2O_5	SiO_2，TiO_2 SiC	Sn，Ni， Mn，Nb
萘 $+9/2O_2$	邻苯二甲酸酐 $+2CO_2+2H_2O$	V_2O_5	SiO_2，SiC	Na，K
蒽 $+3/2O_2$	蒽醌 $+H_2O$	V_2O_5 $V_2O_5\text{-}MoO_3$	SiO_2	Na，K，Fe Cr，Ni，Co

　　上述烃类选择氧化催化剂必须具有以下一些功能：它应能提供有限量的氧给反应物，并使其形成所要求的产品而又不被深度氧化；它应能提供一些使烃吸附并被活化的中心；还应能与反应物之间传递电子。目前，用于烃类氧化的催化剂多为元素周期表中第Ⅳ，Ⅴ和Ⅵ周期那些具有未充满 d 电子层的过渡元素。较好的是Ⅴ和Ⅵ族金属的氧化物，特别是由它们组成的复合氧化物（如 V_2O_5，MoO_3，WO_3 等）。

　　由于催化氧化过程的复杂性和多样性，目前还未形成比较成熟的理论，这里仅就烃类选择氧化中较常遇到的还原-氧化模式氧化剂的酸碱作用以及反应物的键合与催化活性的关系等问题作一简单介绍。然后给出几个典型的反应实例，介绍几个不同的反应机理。自然，这里的介绍都是初步看法。所得结论都是针对一个具体问题，它往往只反映事物的一个侧面。由于催化剂和反应物的多样性以及催化氧化机理的复杂性，有不同甚至完全相反的看法也是难免的。

（一）还原-氧化机理

　　烃类催化氧化机理常常可以看作是一个还原-氧化过程。Mars 和 Van Krevelen 根据萘在 V_2O_5 催化剂上氧化动力学的研究结果，认为萘氧化反应分两步进行：① 萘与氧化物反应，萘被氧化，氧化物被还原；② 还原了的氧化物与氧反应恢复到起始状态。在反应过程中催化剂经历了还原-氧化循环过程，此种模式称为还原-氧化机理。假定直接与氧化相关的氧物种是氧化物催化剂表面上的 O^{2-}，这个过程可表示为

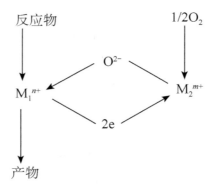

　　萘首先吸附在 M_1^{n+} 中心上，形成一个化学吸附物种，该吸附物种与同 M_1^{n+} 相关联的晶格氧反应，得到一个部分氧化产物，由相邻的 M_2^{m+} 中心转移一个晶格氧到 M_1^{n+} 中心上补偿失去的氧，同时在 M_1^{n+} 中心上产生的电子传递给 M_2^{m+}。分子氧可以吸附在 M_2^{m+} 中心上，并在此转变为晶格氧。负电荷从 M_1^{n+} 转移到 M_2^{m+}，晶格氧从 M_2^{m+} 转移到 M_1^{n+}（M_1 位氧化，M_2 位还原）。这样，还原-氧化无限重复，使反应进行下去。

　　从上述过程可以看出，萘在吸附中心上释放出的电子传递到相邻中心上去，使相邻中心上的氧分子转变为晶格氧，这就要求在催化剂上有两类可利用的中心。其中之一能吸附反应分子（如烯烃），而另一个中心必须能转变气相氧分子为晶格氧，通常这类氧化物催化剂由双金属氧化物组成，如 MoO_3-Bi_2O_3，MoO_3-SnO_2 等。有时也由可变价态的单组分氧化物构成，在选择氧化的条件下，它具有混合氧化物的特征。

　　Mars 和 van Krevelen 仅按上述催化剂还原-氧化机理，给出了萘在 V_2O_5 催化剂上氧化的动力学表示式。他们首先假定，萘按下式还原了催化剂

$$-\frac{dP_N}{dt} = k_1 P_N \theta$$

其中，θ 为氧占据的表面分数，P_N 是萘的分压。假定表面再氧化的速率正比于氧压力的 n 次方，以及未被氧占据的表面分数

$$-\frac{dP_{O_2}}{dt} = k_2 P_{O_2}{}^n (1-\theta)$$

如果氧化一个萘分子需 v 个氧分子，在稳定态时有

$$v k_1 P_N \theta = k_2 P_{O_2}^n (1-\theta)$$

所以

$$-\frac{dP_N}{dt} = \frac{1}{\dfrac{1}{k_1 P_N} + \dfrac{1}{k_2 P_{O_2}^n}}$$

在大多数情况下，所用的氧是过量的，所以 $P_{O_2}^n$ 可看作常数。当萘分压 P_N 小

时，反应速率对萘分压为一级；反之，当分压 P_N 大时，是零级反应。这些结论与测得的反应动力学结果是一致的。实验也表明，当 P_N 是常数时，反应速率对 P_{O_2} 为一级。这种稳定态浓度法按还原-氧化反应模式处理烃类催化氧化动力学问题也是常常使用的。

按还原-氧化模式处理烃类催化氧化的实例，在后面丙烯氧化中还要讨论。现在已有许多实验结果表明，还原-氧化循环模式对许多烃类催化氧化反应都是适用的，如在 MoO_3-Bi_2O_3 催化剂上烯烃的氧化和氨氧化，在 MoO_3-Fe_2O_3 催化剂上甲醇的氧化等，所以上述的 Mars 和 Van Krevelen 提出的还原-氧化机理对烃类在氧化物催化剂上的氧化反应具有较普遍的适用性。

（二）催化剂的酸碱行为

在催化氧化中，表面还原-氧化反应与催化剂接受或给出电子的能力有关，按 Lewis 酸碱概念，Lewis 酸是从 Lewis 碱的非键轨道接受电子对，可类似地想象，催化氧化反应与催化剂表面的酸碱性质也有一定的关系，因为按 Walling 的说法，催化剂的 L 酸强度是它转变碱性分子为其相应共轭酸的能力，即催化剂表面从吸附分子取得电子对的能力。催化剂的 L 碱强度是其表面把电子对给予酸性分子使其转变为相应的共轭碱的能力，然而，如同选择氧化与反应物性质及反应物-催化剂间的电子传递难易有关一样，对于特定产物的活性和选择性也必然受反应物和催化剂的酸碱性质的支配。所以可预言，一些可提供电子的反应物，如烯烃、芳烃等，它们的氧化与催化剂表面的酸性质有关，同样，像羧酸这样的酸性物质的氧化可能与催化剂的碱性相联系。

Ai 等研究了 C_4 烃类选择氧化中反应物、产物和催化剂酸碱性质的关系。他们对丁烯氧化为丁二烯，丁二烯氧化为顺丁烯二酸酐的动力学进行了研究，还采用多种方法考察了各种组成的 Bi_2O_3-MoO_3-P_2O_5 和其他混合氧化物体系的酸碱性质。图 8.20 表示一个典型的实验结果。应用氨吸附与脱附的方法，发现随着在 MoO_3-P_2O_5 体系中加入少量 Bi_2O_3，催化剂酸性迅速增加，并达到极大值，然后随 Bi_2O_3 量的再增加而降低。在酸性最大的特定的催化剂组成时，丁二烯氧化为顺丁烯二酸酐有最佳的选择性。另一方面，应用测定 CO_2 可逆吸附的方法可以看到，随着 Bi_2O_3 的逐渐加入，催化剂的碱性连续增加。丁烯转化为丁二烯的选择性曲线在酸性最大处有一个最小值，接着随催化剂的碱性增加而增加，一直到酸碱共存的交点达到最大，此后选择性随碱性的增加而降低。

作为对实验结果的一种解释，可以假定，从一个碱性分子移走一个电子所需的能量（离子化电位）小于从酸性分子移走一个电子所需的能量。所以选择性氧化反应可按反应物和产物的离子化电位高低分成不同的类型，如丁二烯→顺丁烯二酸酐，是B→A类；丁烯→丁二烯，是B→B类，A，B分别表示酸和碱。现

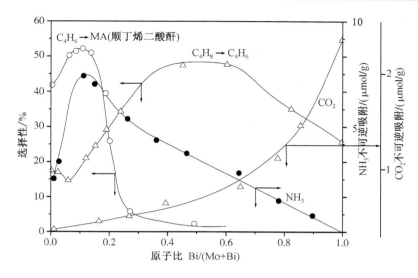

图 8.20　烃部分氧化选择性与催化剂酸碱性质关系

加 Bi_2O_3 到 MoO_3-P_2O_5 中改变组成，P/Mo＝0.2，

以 NH_3，CO_2 分别吸附测催化剂酸碱性

在讨论上面的实验结果。在酸性催化剂上，B→A 类反应有较高的选择性，这可能是由于催化剂的酸性质使碱性反应物容易吸附，而对酸性产物分子吸附较弱，使酸性产物分子相对容易脱附。这样，就限制了它进一步被氧化为 CO_2 和水。反之，对于碱性催化剂，有利于从较高离子化电位的反应物到离子化电位较低的选择氧化反应，如 A→B 类反应，反应必须在催化剂的酸性和碱性两种活性中心协同作用下进行，碱性反应物分子在酸性中心上解离吸附，脱掉一个氢原子离子 H^-，并产生一个烯丙基，这个烯丙基再转移到相邻的碱性中心上去，再失去第二个氢，并被选择氧化为产物。产物呈碱性，容易从碱性中心上脱附。靠近碱中心的氧由靠近酸中心的晶格氧取代，气相氧再补充晶格氧。这样，对 B→B 类反应，若想产物有高的选择性则要求催化剂具有酸性和碱性两种中心存在。这一解释与实验结果一致。

最后应指出，催化剂的酸碱性质变化对催化反应选择性的影响常常不是通过改变分子中官能团的反应能力，而仅仅是单纯地改变吸附性质，即改变反应物或产物分子在催化剂表面上的停留时间。如有机分子在表面上停留时间越长，则可能造成部分氧化产物在脱附之前进一步深度氧化为 CO_2 和 H_2O。作为选择氧化的催化剂常常是双组分氧化物或多组分氧化物体系，但这时催化剂的酸碱性质常常完全不同于个别组分时的固有性质。如上例中，在 MoO_3-P_2O_5（P 与 Mo 的原子比为 0.2）中加入 Bi_2O_3，开始体系酸性增加，在 Bi/(Bi＋Mo) 原子比为 0.1 时，酸性达到最大，再增加 Bi_2O_3，则酸性下降。又如，添加 P_2O_5 到 V_2O_5 催化剂中，可同时降低酸性和碱性。而添加 SnO_2，P_2O_5，V_2O_5 或 TiO_2 到 MoO_3 催化剂中，当掺入物在 20%～60% 时，MoO_3 酸性增加，当掺入量进一步增加时，酸性则降低。较系统地研究催化剂、反应物、产物的酸碱性质可能成功地为选择氧化反应确定一个最佳的催化剂组成。

（三）催化剂表面上的氧物种[4,5]

为了认识催化氧化反应的规律性，了解作为反应物之一的氧和氧化物催化剂中的氧在表面上存在的形式和在反应中的作用，无疑是我们关心的重要问题之一。第二章第五节中初步介绍了有关氧的吸附态，这里更为详细地加以讨论这一课题。

现在人们普遍认为，在催化剂表面上氧的吸附形式主要有：电中性的氧分子物种 $(O_2)_{ad}$ 和带负电荷的氧离子物种 $(O_2^-$，O^-，$O^{2-})$。上述几种吸附氧物种，人们已用电导、功函、ESR 测定和化学方法给予确定。

在以分子氧形式进行化学吸附时，氧化物的电导不变，而以离子氧形式进行化学吸附时，常常伴以很明显的电导变化，并且由于在表面上形成一负电荷层和靠近晶体表面层形成正的空间电荷，使功函随之增加，所以可借电导和功函的测量容易区别可逆吸附的分子氧和不可逆吸附的离子氧。对于离子氧 O^- 和 O_2^-，可借助两者在 ESR 谱上的不同信号而互相区别。一个更确切的方法，是使用核自旋 $I=5/2$ 的同位素 ^{17}O，它在吸附时，ESR 谱有精细结构。如吸附态为 O^- 物种，其精细结构由 6 条线组成，而吸附态为 O_2^- 物种时，由于未成对电子和两个 ^{17}O 核作用，精细结构由 11 条线组成。如在 γ 线辐照后的 MgO 上吸附的氧为 O_2^-，N_2O 吸附则形成 O^-，就是用此法鉴定的。而离子氧 O^{2-}，可根据吸附时计算出的平均电荷数，即所谓的化学法确定。

有关表面吸附氧物种的精确热力学数据，目前还不能给出，但对气相中产生各种氧离子所需的能量，作一些粗略的比较还是可以的。在气相中，形成 O_2^- 使体系能量下降，是放热过程（放热 83kJ/mol）。形成 O^- 和 O^{2-} 的过程都是吸热的。气相中形成 O^- 和 O^{2-} 过程，可以假定由以下各步实现：

$$1/2\ O_2(g) \longrightarrow O(g) \qquad \Delta H_1 = 248kJ/mol$$

$$O(g) + e \longrightarrow O^-(g) \qquad \Delta H_2 = -148kJ/mol$$

$$O^-(g) + e \longrightarrow O^{2-}(g) \qquad \Delta H_3 = 844kJ/mol$$

$$1/2\ O_2(g) + 2e \longrightarrow O^{2-}(g) \qquad \Delta H_4 = 944kJ/mol$$

氧分子首先解离为氧原子，这是一个吸热过程。由于氧较高的亲电能力，第一个电子加到中性氧原子上时放出热量。由 O_2 分子产生两个氧离子 O^- 还是一个吸热过程。但由上式可以看出，由氧分子形成两个 O^{2-} 是一个需要能量很高的过程，这是因为解离氧需要很高的解离能，另外，氧离子 O^- 有很负的电子亲合能，加上第二个电子需要更高的能量，总过程还是一个吸热过程，所以 O^{2-} 在气相中是最不稳定的形式，仅当它在与相邻的阳离子产生的电场形成的晶格中，才是稳定的，通常不把它看成表面吸附物种，而作为晶格氧。氧在表面上能稳定存在的吸附物种主要有 O^- 和 O_2^-。

　　简单的过渡金属氧化物是非计量的化合物，它们的组成与氧的压力有关。在气相中有氧存在时，确立了一系列的平衡，其中形成了各种类型的吸附氧物种，各物种间的转换依循如图 8.21 所示的路线。可以看出，在转换过程中，氧带的负电荷逐渐富集，一直到形成 O^{2-}，进入到固体的最上表面层，由氧分子变为 O^- 和 O^{2-} 所需的能量也逐渐增加。在气相中有氧时，表面上可能形成 O_2^- 和 O^- 物种，然而在气相中无氧存在时，在表面上也可能形成同样的吸附氧物种，它可能是从固体解离出的晶格氧在转换或还原（如烃）过程中的中间物。这样，不仅是气相氧，而且氧化物中的晶格氧都可能作为吸附氧物种 O_2^- 和 O^- 的来源。实际上，无论气相中有氧或无氧存在时，确实观察到了烃与过渡金属氧化物接触而发生的完全氧化反应。

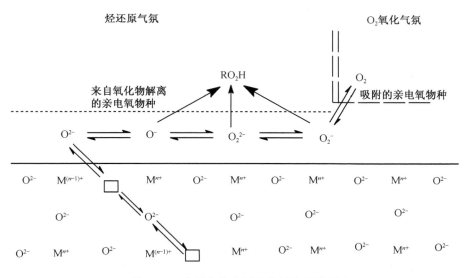

图 8.21　在氧化物表面各种氧物种平衡

（四）　氧物种在催化氧化中的作用[4~6]

　　各种氧物种在催化氧化中表现出不同的反应性能。Haber 根据氧物种反应性能的不同，将催化氧化大体分为两类，一类是经过氧活化过程的亲电氧化，另一类是以烃的活化为第一步的亲核氧化。在第一类中，O_2^- 和 O^- 物种是强亲电反应物种，它们进攻有机分子中电子密度最高的部分（图 8.22）。对于烯烃，这种亲电加成导致形成过氧化物或环氧化物中间物，在多相氧化的条件下，它们又是碳骨架降解的中间物。在均相氧化中，即在溶液中，在金属配合物催化剂作用下，烯烃氧化形成环氧化物。在多相氧化条件下，烯烃首先形成饱和醛，芳烃氧化形成相应的酐，在较高温度下，饱和醛进一步完全氧化。确实，近几年得到的一些实验结果表明，亲电氧物种对完全氧化起作用。在第二类氧化中，晶格氧离子 O^{2-} 是亲核试剂，它没有氧化性质，它是通过亲核加成插入由于活化而引起烃分子缺电子的位置上，导致选择性氧化。

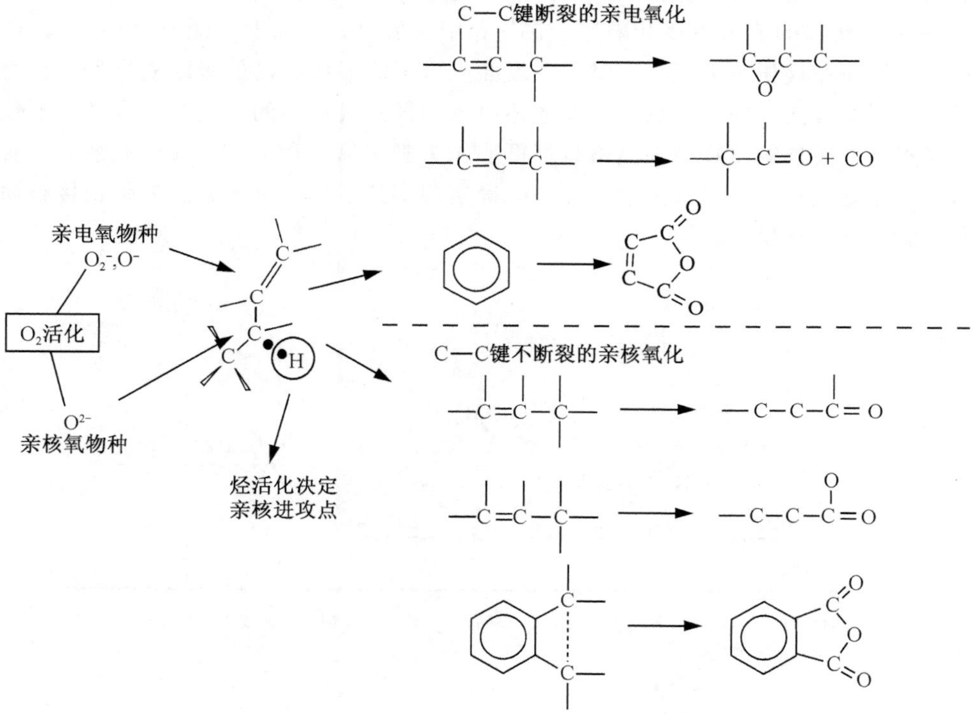

图 8.22　亲电亲核氧化示意图

在不同的氧化物表面常常形成不同的氧物种。根据形成的氧物种，可把氧化物分为三类。第一类氧化物的特点，主要是具有较多的能提供电子给吸附氧的中心，使吸附氧带较多的电荷呈 O^- 形式。属于此类的过渡金属氧化物的多数，其中的阳离子易于增加氧化度（或是具有低离子化电位的过渡金属阳离子，通常是一些 p 型半导体氧化物，如 NiO，MnO，CoO，Co_3O_4 等）。第二类氧化物的特点在于电子给体中心的浓度较低，使吸附氧带较少的负电荷呈 O_2^- 形式，这类氧化物包括一些 n 型半导体，如 ZnO，SnO_2，TiO_2，负载的 V_2O_5 以及一些低价过渡金属阳离子分散在抗磁或非导体物质中形成的固体溶液，如 CoO-MgO，

MnO-MgO 等。第三类是不吸附氧和具有盐特征的混合物，其中氧与具有高氧化态的过渡金属中心离子组成具有确定结构的阴离子形式，属于这类的氧化物有 MoO_3，WO_3，Nb_2O_3 和一些钼酸盐、钨酸盐等。对于不同氧化物上不同的氧物种显示的催化性质的一些实验结果列于表 8.4。可以看出，在氧化物表面上有亲电氧物种 O_2^- 和 O^- 存在时，烃类将发生完全氧化，而在表面上有亲核氧物种 O^{2-} 存在时，则引起选择性氧化。

表 8.4　各种氧化表面上的氧物种

催化剂	温度范围/K	氧物种	催化行为
Co_3O_4	293～623	O_2^-	完全氧化
	573～673	O^-	完全氧化
V_2O_5 及 V_2O_5/TiO_2	293～393	O_2^-	完全氧化
	533～653	O^-	完全氧化
	653	O^{2-}	芳烃选择氧化
$Bi_2Mo_3O_{12}$	538～673	O^{2-}	芳烃选择氧化

对于深度氧化，如烃的完全氧化，H_2、CO 的氧化以及氧的同位素交换反应，一些作者发现，在金属-氧键能与催化活性间有简单的反比关系，随键能值增加反应活性下降（图 8.23）。但是对于选择氧化，由于氧化过程的复杂性，在它们之间并没有像完全氧化那样总结出较简单的关系。从红外技术对许多氧化物的研究结果知道，波数在 $900\sim1000cm^{-1}$ 范围内产生的吸收谱带属于金属-氧双键（M＝O）振动吸收，在 $800\sim900cm^{-1}$ 范围产生很宽的吸收谱带属于金属-氧单键（M—O—M）振动吸收。红外吸收频率越低，表示金属-氧键强愈弱。氧与固体表面间的键合不太强会使烃迅速氧化，该固体则是一个活性高的催化剂。然而，该键合越弱，将会发生彻底氧化，使反应成为非选择性的。Trifiro[18, 19] 等对各种钼酸盐做了系统研究，发现 Fe，Co，Mn 的钼酸盐的红外光谱在 $940\sim970cm^{-1}$ 显示强吸收，钼酸铋在 $920\sim940cm^{-1}$ 内显示吸收，而对 Ca，Pb，Tl 的钼酸盐都没有观察到属于金属-氧双键的红外吸收带。在钼酸铋中，由于铋所引起的更不稳定的金属-氧的键合，可能是与 Fe，Co，Mn 的钼酸盐相比它有更高的活性原因之一。对 Ca，Pb，Tl 的钼酸盐，它们的金属-氧键强对选择氧化来说，可能又太低，自然这三个钼酸盐催化剂在氧化中表现完全是非选择性的。

晶格氧 O^{2-} 对选择氧化起着重要作用。在以上各例中已提到，在不同氧化物中，氧的反应性能有明显的区别。就是对同一氧化物，氧由于其在晶格中所处位置不同，环境不同也会有明显的性能差别。如在 V_2O_5 中，V—O 键有三种。基于对 V_2O_5 催化剂多方面的研究，一些作者认为，在氧化反应中，起重要作用的活性氧是与钒相连的双键氧。V_2O_5 晶格中每个 V^{5+} 周围有 6 个 O^{2-}，它们构成

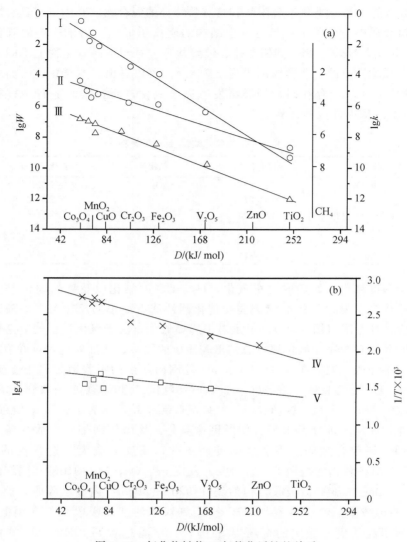

图 8.23　氧化物键能 D 与催化活性的关系

Ⅰ. 氧的同位素交换反应 $\lg k$（k 的单位为 $gO_2 \cdot m^{-2} \cdot h^{-1}$）

Ⅱ. 甲烷氧化 $\lg W$（W 的单位为 $mol\ CH_4 \cdot m^{-2} \cdot h^{-1}$）

Ⅲ. H_2 的氧化 $\lg W$（W 的单位为 $mol\ H_2 \cdot m^{-2} \cdot h^{-1}$）

Ⅳ. CO 的氧化 $\lg A$（A 的单位为单位任意）

Ⅴ. C_3H_6 氧化 $10^3/T$（反应速率为 $1.5 \times 10^{-6} mol\ O_2 \cdot m^{-2} \cdot s^{-1}$ 的绝对温度的倒数）

一个畸变的八面体（图 8.24）。其中 O^{2-} 有三种，分别表示为 $O_Ⅰ$，$O_Ⅱ$ 和 $O_Ⅲ$。$V—O_Ⅰ$ 键长为 0.154nm，$V—O_Ⅱ$ 键长为 0.202nm、188nm，$V—O_Ⅲ$ 键长为 0.177nm。此外尚有 $V—O_Ⅰ$ 键长为 0.281nm，实际上 $V—O_Ⅰ$ 中的 $O_Ⅰ$ 和另一个

V^{5+} 更靠近，也可以说基本上是属于另一个畸变八面体中的 V^{5+} 离子，因为该键最弱，晶体在此有裂开的趋势，使 $V—O_I$ 裸露在外面。V_2O_5 的红外光谱在 $1025cm^{-1}$ 处出现一个尖吸收峰，可能属于 $V—O_I$ 伸缩振动，它接近于 $VOCl_3$ 红外光谱的 $V=O$ 位置，因此，$V—O_I$ 具有双键性质，可以推测，该氧会比其他 $V—O$ 键上的氧有更大的反应能力，它容易失去，造成 V_2O_5 晶格中氧负离子缺位。由于氧缺位存在，会使其附近的 V^{5+} 转变为 V^{4+}。这种性质同 V_2O_5 的催化性能密切相关。当 SO_2 氧化为 SO_3 时，催化剂 V_2O_5 被还原，V^{5+} 变为 V^{4+}（图 8.25）。

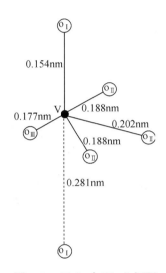

图 8.24 V_2O_5 中 $V—O$ 间距

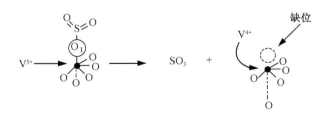

图 8.25 SO_2 的氧化

得到的 V^{4+} 再被氧化，又变为 V_2O_5。Tarama[7] 根据对调变的 V_2O_5 催化剂的研究，进一步认为，加入的调变剂 MoO_3 和 K 削弱了 $V=O$ 键，从而改善了催化剂的活性（图 8.26）。从图可以看出，当在 V_2O_5 中掺入 25% 的 MoO_3 时，CO 转化的活性也增到最大。与此同时，从 V_2O_5-MoO_3 的红外谱图（图 8.27）

可以看到，　M═O 双键的红外吸收峰相应地从 1025cm^{-1} 移至 1015cm^{-1}。苯在 V$_2$O$_5$（掺入 25％的 MoO$_3$）催化剂上氧化也得到了相似的结果。在 V$_2$O$_5$ 中加入 K$_2$SO$_4$ 也观察到 V═O 键削弱的结果。所以一般认为，V$_2$O$_5$ 催化剂的活性与从 V═O 双键移出氧的难易有关。

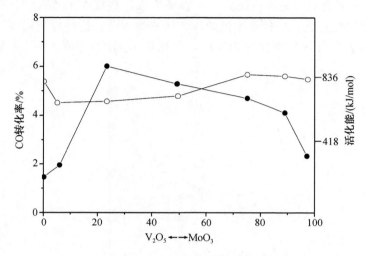

图 8.26　CO 在 MoO$_3$-V$_2$O$_5$ 上氧化的活性与活化能

●CO 转化率；○活化能

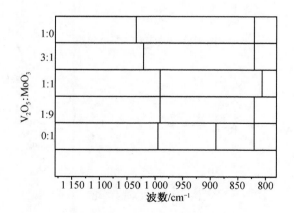

图 8.27　MoO$_3$-V$_2$O$_5$ 的红外光谱

（五）烃分子的活化

烃类分子在氧化催化剂上的键合和活化方式在催化氧化过程中起重要作用。

特别是对从有机分子的活化开始的那类氧化反应更是如此。遗憾的是由于有机分子的复杂性和多样性，相应地使它们的键合和活化方式也很复杂和多样化，目前给出一个一般的令人满意的活化模式还很困难，这里仅以较简单的烯烃为例说明。

一般情况下，较简单的烯烃和金属中心形成的表面化学键主要包括相互依赖的两个成分：一个是烯烃的最高占据 π 轨道和金属原子的 σ 受体轨道重叠。这些受体轨道可以是 $d_{x^2-y^2}$，d_{z^2}，s 或 p_z，由此形成烯烃-金属原子间的分子轨道，再者是充满的金属 π 轨道（d_{xy}，d_{yz}，d_{xz}）的电子给予烯烃最低空的 π^* 反键轨道，在金属和烯烃间形成 π 分子轨道。下面给出烯烃与金属形成的 σ 和 π 键示意图（图 8.28）。

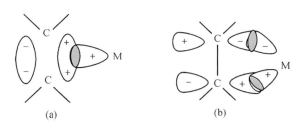

图 8.28　可能的金属 M-烯键合

(a) σ 键；(b) π 键

为了确定阳离子性质与其活化烯烃能力间的相互关系，Haber 等对各种金属离子烯丙基配合物（类似于丙烯在对应的催化剂上选择氧化过程中可能形成的中间物）的电荷分布、电子组态、轨道能量进行了计算，结果表明，对 Co^{2+}，Ni^{2+}，Fe^{2+}，Mo^{6+} 这些阳离子，π 烯丙基的电子向金属有相当大的转移，在烯丙基配体上显示正电荷。而在 Mg^{2+} 烯丙基配合物中，烯丙基保持中性，表明是一个很弱的键。不同的金属对烯烃有不同的活化能力。在烯烃选择氧化中，金属与 π 烯丙基配体成键的能力是钼酸盐催化剂活性的必要条件。显然，烯烃分子活化的另一个必要条件是烯丙基必须找到一个空配位点（阴离子缺位），使它可能与阴离子相互作用。

现在比较一下 2∶3 钼酸铋（$Bi_2Mo_3O_{12}$）和钼酸铁（$Fe_2Mo_3O_{12}$）的催化性质，在此二化合物中，金属-晶格氧键强相似，然而钼酸铋是对烯烃氧化具有活性和选择性的催化剂。两者在催化行为上的差别可能是由于烯烃分别与 Bi^{3+} 和 Fe^{3+} 键合方式上的差别。Fe^{3+} 有一个未完全充满的 d 壳层，在八面体对称性中，Fe^{3+} 的 t_{2g} 轨道 d_{xy}，d_{yz}，d_{xz} 仅是部分被填充，而 e_g 的 $d_{x^2-y^2}$，d_{z^2} 轨道是空的，使 Fe^{3+} 很容易和烯烃形成图 8.28 所示的 σ 键和 π 键，这些键容易断裂。另一方面，Bi^{3+} 有一个完全充满电子的 d 壳层。在这种情况下，可能形成 σ 键，这个 σ

键是由烯烃充满电子的 π 轨道和 Bi^{3+} 的 s 轨道或者 p 轨道所构成。如果金属离子提供的轨道其能级高于烯烃 π 轨道能级，这个 σ 键可能会使烯烃在催化剂表面上产生活化的强吸附。换言之，这使得形成 Bi^{3+}—烯烃键具有一定的难度，但是这个键又不那么容易断裂。基于以上设想，可以解释 $Fe_2Mo_3O_{12}$ 的活性为什么比 $Bi_2Mo_3O_{12}$ 低。因为吸附的烯烃不能长时间停留在 $Fe_2Mo_3O_{12}$ 催化剂表面上，使得反应发生困难。另一方面，Bi^{3+}—烯烃键断裂更加困难，使氧化反应容易发生。重要的是这些键还没有强到不能断裂的程度。烯烃在催化剂表面上的非动性，将引起它们完全氧化（非选择性的），这说明该催化剂是一个很活泼的但非选择性催化剂。

Matsuura[20] 的研究工作指出，在催化氧化反应中，反应物和催化剂表面间的键强是影响反应的主要因素。图 8.29 表明 1-丁烯在各种催化剂上的吸附热与吸附熵成直线关系。当烯烃吸附在氧化物表面上，吸附热增加时，即烯烃很强地吸附在催化剂表面上，吸附物种的吸附熵降低，即这时吸附物种在表面上的可动性降低。由熵变化看出，催化剂 $Fe_2Mo_3O_{12}$ 和 Fe_3O_4 对 1-丁烯吸附是完全非动性的，它们是高活性但非选择性的催化剂。对于催化剂 $Bi_2Mo_3O_{12}$，USb_2O_{10}，$FeSbO_4$，$FeAsO_4$ 和 Sb_2O_4-SnO_2 等，烯烃在其上的吸附是中等可动的，这些催化剂是具有活性并是选择性的。对于催化剂 $FePO_4$，吸附的 1-丁烯在催化剂表面上是非常动性的，这个催化剂是低活性的，但是选择性的。

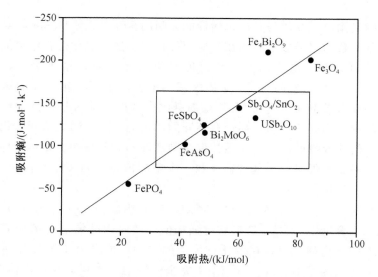

图 8.29　1-丁烯在氧化物上的吸附键强与吸附物种可动性的关系

键强用吸附热表示，可动性用吸附熵表示

三、几个典型的催化氧化反应实例

（一）乙烯氧化制环氧乙烷[8~10]

环氧乙烷是生产纤维和塑料的重要单体。乙烯在银催化剂上可氧化为环氧乙烷，银是催化氧化中一个重要的催化剂，特别是从催化氧化角度来看，它也是一种重要的反应类型，所以尽管它不是氧化物催化剂，在此也对其作一些介绍。

至今，银催化剂仍是乙烯氧化生产环氧乙烷唯一有效的催化剂。催化剂主要包括四个部分：主催化剂、调变剂、结构助剂和载体。

实验证明，金属银起催化作用，是活性组分。曾用不同方法制备各种表面状态和各种晶面的银，随之催化剂的制备也越复杂化。近来实验证明，特别是电子衍射的实验证明，反应温度下，银发生了重结晶，是无规则状态，而与催化剂的起始制备状态无关。

一些电负性物质，如 Cl，S，P 等，虽以很少量加入催化剂中，但却明显地改变了催化反应的总活化能，大大提高了催化剂的选择性，使环氧乙烷选择性达80％。这些物质又称为调变剂。在工业生产中，也常常在原料气中加入 ppm 级的卤化物，如氯乙烷等。加入这些电负性较强的物质，可能在催化剂表面上形成这些物质构成的负电层，增加了表面电子脱出功，阻止 O_2 进一步解离为 O^-，而使其停留在 O_2^- 物种阶段，保持催化剂有高的选择性。

$$CH_2 = CH_2 + 1/2\ O_2 \longrightarrow C_2H_4O + 123.5\ kJ/mol$$

$$CH_2 = CH_2 + 3O_2 \longrightarrow 2H_2O + 2CO_2 + 1331.4\ kJ/mol$$

乙烯氧化为环氧乙烷是一个放热反应，副反应生成 CO_2 和 H_2O，副反应放出的热量更多，这使银催化剂容易烧结，造成催化剂表面积缩小，活性降低。为了解决这个问题，常常在催化剂中加入一些碱土金属氧化物，如 CaO，BaO，MgO 等，加入量约 2％，以便把银颗粒均匀隔开，使其不致烧结，增强其热稳定性。这些物质称为结构性助剂，其作用已由电镜研究证明。也有人认为其作用是降低脱出功，提高了活性，降低了选择性。

考虑到该反应是放热反应以及副反应是深度氧化作用，常常选用粗孔（或无孔）和导热性好的载体，如 SiC 和 γ-Al_2O_3 等。

实验表明，乙烯在银催化剂上吸附是弱吸附，以致在乙烯氧化中的红外光谱上没有发现乙烯-银化学键的吸收峰。氧在银上吸附则是人所共知的，所以一些作者认为是气相的乙烯和吸附的氧进行反应。也有一些作者认为，乙烯在银上虽然不吸附，但却可以吸附在覆盖氧的银上，在吸附的乙烯和吸附的氧间进行反应。不论怎样，在乙烯氧化过程中，看来是以氧的活化为开端，所以氧吸附物种的鉴别是一个重要问题。实验表明，氧可以在金属上进行同位素交换反应

$$^{16}O_2 + {}^{18}O_2 \longrightarrow 2{}^{16}O^{18}O,$$

这支持了氧在金属上解离为氧原子的看法。除了以原子形态存在于表面外，实验也表明，氧也可能以分子形式存在于表面上，电子衍射等方法确定氧在银上主要以过氧银（AgO_2）形式存在，有 NaCl 型晶格，$O_2{}^-$ 离子占据了阴离子位置，晶格间距为 0.552nm，这同自由旋转的 $O_2{}^-$ 离子 Van Der Walls 半径一致。一些作者研究了在预吸附氧的银上吸附乙烯的红外光谱（图 8.30）。当乙烯吸附在预吸附氧的银上时，出现了波数为 $2959cm^{-1}$，$2847cm^{-1}$，$1460cm^{-1}$，$1440cm^{-1}$ 的谱带，如图 8.30 中的 a，b，c，这些是饱和烃分子内 C—H 键的特征吸收谱带，与气体乙烯谱带比较，可以看出，乙烯没有这些谱带，吸附乙烯后出现这些谱带说明化学吸附形成表面中间络合物时，乙烯的双键已经打开。另外，吸附乙烯后，出现 $860\sim870cm^{-1}$ 谱带，这也是气体乙烯所没有的，这可能是形成了三元环或过氧结构的结果。如果是三元环结构，从气体环氧乙烷红外谱图（图 8.30 中的 e）可以看到应有 $3019cm^{-1}$，$1265cm^{-1}$ 谱带，但是在预吸附氧的银上再吸附乙烯的红外光谱中没有看到这两条谱带，所以可把 $860\sim870\ cm^{-1}$ 谱带归之于过氧结构的贡献，形成了具有—CH_2—CH_2—O—O—结构的吸附络合物，吸附氧是以分子形式存在的。此外，ESR、质谱、化学方法对氧在银上吸附主要是以分子氧形式存在于表面上也给予一定的证明。关于氧以分子形式存在于表面的假

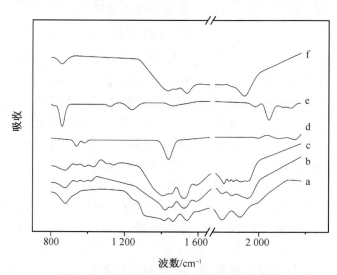

图 8.30　乙烯在 Ag 上吸附的红外光谱图

a. 368K；b. 473K；c. 573K 下在预吸附氧的 Ag 上吸附乙烯；

d. 气态乙烯；e. 气态环氧乙烷；f. 368K 下 Ag 上吸附环氧乙烷

定对解释乙烯氧化为环氧乙烷的选择性是重要的。

　　乙烯催化氧化反应动力学研究表明，在较宽的转化率范围内，环氧乙烷的选择性接近于定值 70%，一般不超过 75%（图 8.31）。得到的副产物主要是 CO_2。

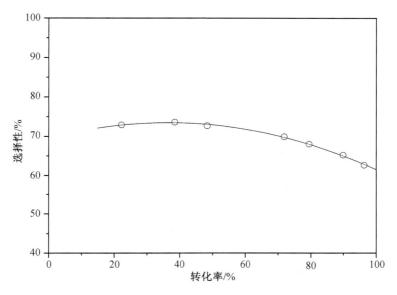

图 8.31　乙烯氧化的转化率与选择性

　　对 CO_2 的产生，提出了平行反应机理，并认为 CO_2 主要是由乙烯直接氧化得到的。动力学研究测得的反应速率常数之比 $k_1 : k_2$ 为 0.08，$k_3 : k_1$ 为 0.40，$k_3 : k_2$ 为 5。

$$C_2H_4 \xrightarrow{\quad r_1 \quad} C_2H_4O$$
$$r_3 \searrow \qquad \swarrow r_2$$
$$CO_2$$

这在乙烯和环氧乙烷分别进行氧化时也得到了证明，乙烯在氧化时产生的 CO_2 超过了环氧乙烷氧化时产生的 CO_2 量。

　　选择性接近一个定值，这启示人们提出一个配对反应机理的设想。即发生一个反应，必定要引起另一个反应。Зимаков 把它写成下面形式：

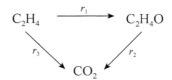

如果这个看法符合实际，每进行一个反应，将有一个氧原子留在表面上，在加热时，这个氧原子脱附或与乙烯反应

$$4Ag \underset{}{\overset{O}{\diagup \diagdown}} Ag + CH_2{=}CH_2 \longrightarrow 2CO + 2H_2O + 8Ag$$

可以看到，至少五分之一的乙烯完全氧化为 CO 和 H_2O，而乙烯氧化为环氧乙烷的选择性限定在 80%，这与实验结果 75% 相近。Voge 进一步提出下面的机理

$$Ag + O_2 \longrightarrow Ag \cdot O_{2a}$$

$$Ag \cdot O_{2a} + C_2H_{4a} \longrightarrow C_2H_4O + Ag \cdot O_a$$

$$4Ag \cdot O_a + C_2H_{4a} \longrightarrow 2CO + 2H_2O + 4Ag$$

$$2CO + Ag \cdot O_{2a} \longrightarrow 2CO_2 + Ag$$

这个反应图式认为吸附的氧分子和乙烯反应生成环氧乙烷，解离的氧原子和乙烯生成 CO，这个机理同样较好地解释了环氧乙烷选择性为 75% 的结果。

（二）丙烯氧化制丙烯醛——αH 氧化[8~10]

烯烃多相催化氧化清楚地表明，烯烃结构的不同直接关系到其与催化剂成键的特性，从而得到不同的反应产物。含 αH 的烯烃，它的 C—H(α) 键强比其他烃的 C—H 键强削弱 63~82 kJ/mol（表 8.5）。实验表明，在某些催化剂上该键更容易被氧化，得到相应的部分氧化产物。含 αH 的烃在催化氧化中具有许多共同的规律性。现以工业上广泛采用的 $Bi_2O_3\text{-}MoO_3$ 催化剂上丙烯氧化为丙烯醛为例加以说明。

表 8.5　一些分子的 H 解离能

烃种类	解离能/（kJ/mol）
H—H	433
CH_3—H	432
n-C_3H_7—H	416
i-C_3H_7—H	395
i-C_4H_9—H	378
$CH_2{=}CH$—H	441
C_6H_5—H	433
$CH_2{=}CHCH_2$—H	313
C_6H_5—CH_2—H	313

正如前述，在烃类催化氧化反应中，有一种反应途径是从有机分子的活化开始，然后进行氧的亲核加成，生成部分氧化产物。丙烯氧化制丙烯醛即属此种情况。在催化剂上丙烯吸附可能有几种情况：

$$\text{I} \qquad \overset{1}{H_2C}\text{—}\overset{2}{CH}\text{—}\overset{3}{CH_3}$$
$$\quad\quad\quad\quad \underset{K_1}{|} \ \underset{K_2}{|}$$

丙烯通过 σ 键和催化剂两个吸附中心 K_1 和 K_2 成键，按这种吸附模式氧应攻击 1 号 C 原子。

$$II \qquad \underset{\underset{K}{|}}{H_2C =\!\!= CH -\!\!- CH_3}$$

丙烯通过 σ 键与催化剂吸附中心 K 成键，这也是类似上面的非解离吸附，按这种吸附模式，氧应攻击 3 号碳原子。

$$III \qquad \underset{\underset{K}{|}}{H_2C - \overset{\overset{H}{|}}{C} - CH_2}$$

这是解离吸附，催化剂从丙烯脱下一个氢原子，余下部分和表面阳离子吸附中心 K 形成一个 π 烯丙基配合物。

一些同位素实验已确切证明，丙烯分子在某些催化剂上的吸附是属于上面的第三种模式，即丙烯经过脱氢解离吸附，形成对称的烯丙基中间配合物而被活化。该步也是速控步骤。

Sachtler 和 de Boer[11] 用放射性同位素 ^{14}C 标记的丙烯在 Mo-Bi 催化剂上进行氧化反应，然后通过光解产物确定 ^{14}C 在丙烯醛中所处的位置。

$$H_2C =\!\!= CHCHO \xrightarrow{h\nu} H_2C =\!\!= CH_2 + CO$$

实验结果表明，若以 $CH_2 =\!\!= CH -\!\!- {}^{14}CH_3$ 为反应物时，在产物中所得的 C_2H_4 和 CO 的放射性比值相等，应用 $^{14}CH_2 =\!\!= CH -\!\!- CH_3$ 为反应物时，也得到了相同的结果。用 $CH_2 =\!\!= {}^{14}CH -\!\!- CH_3$ 作反应物时，仅发现 $CH_2 =\!\!= CH_2$ 有放射性，而 CO 则没有，产物丙烯醛的羰基中没有发现 ^{14}C，这有力地说明，在有机分子与氧反应前已经形成了一个对称的烯丙基结构，使两端的可分辨性消失，在烯丙基两端形成羰基的反应机会相等。这一经典同位素研究清楚地表明，丙烯分子的活化包括 αH 的脱除和对称的烯丙基中间物的形成。

Adams 和 Jennings[12] 将动力学中同位素效应测定方法用于研究 C—H 键断裂反应。因为在反应物分子中引入同位素后改变了反应速率，即产生所谓同位素效应。这样，当在反应分子中引入 D 原子后，含较重的 D 原子的化合物比相应的不含 D 的化合物反应要慢，而且要求较高的活化能。在钼酸铋上，不同碳原子上含 D 的丙烯发生氧化时，相对反应速率不同，如表 8.6 所示。

实验结果表明，速率控制步骤是 C—H 键的断裂，而且只有当 D 在 CH_3 基团上，而不是在 CH_2 基团上时，才有同位素效应，所以脱去的 α 位上的氢，即 CH_3 上的 H，导致烯丙基中间物的形成。同时，他们还用 D 代的丙烯进行氧化反应的研究，并进一步指出，烯丙基中间物在与氧原子结合生成丙烯醛以前要脱

表 8.6　不同碳原子上含 D 的丙烯在钼酸铋上发生氧化时的相对反应速率

反 应 物	相对氧化速率
$H_2C\!=\!CHCH_3$	1.00
$H_2C\!=\!CHCH_2D$	0.85
$DHC\!=\!CHCH_3$	0.98
$D_2C\!=\!CDCD_3$	0.55

去第二个氢原子。1-丙烯-3D 的反应可以写成：

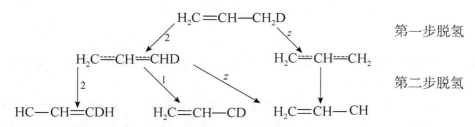

这里的数字表示反应物种按所标途径进行反应的概率。由表 8.6 数据知，脱除一个 D 和脱除一个 H 原子的速率常数比 $k_D/k_H = 0.55/1.00$，此比值又称为相对识别概率，以 Z 表示，即如果脱除一个氢原子的概率为 1，那么脱除一个 D 原子的概率就是 0.55。这样，按上述历程从相对反应速率得到的同位素效应信息就可以预测出 D 连到丙烯醛某个碳原子上的概率。实验与预测结果一致，并进一步表明，丙烯在钼酸铋催化剂上经历了第一步脱 αH、第二步脱 H、与氧的结合生成丙烯醛。

　　Haber[13] 等用 SINDO 方法对丙烯与氧化物催化剂表面的相互作用所作的量子化学计算，给丙烯分子的活化提供了令人满意的说明。催化剂表面模型是选用的钴或镁离子的八面体配合物，五个氧围绕着金属离子，丙烯从第六个位置配位到此配合物上。图 8.32 中曲线 Ⅰ 表示出体系总能量对丙烯与钴络合物平面间距的关系。总能量变化的最低点相当于形成了一个稳定的表面中间配合物。虚线 Ⅰ 表示，不是整个丙烯而仅仅以烯丙基离开表面，并且氢原子以 OH 形式留在表面上时体系总能量的变化。可以看出，在能量上，这个过程比丙烯离开表面更有利。在图 8.32 中也示出了双原子 C—H（曲线 Ⅱ）和 O—H（曲线 Ⅲ）的能量贡献对丙烯与钴配合物平面间距的关系。这些双原子能量贡献 E_{AB} 可以作为成键原子（A—B）键能的半定量的度量。显然，当丙烯分子接近氧化钴表面时，C—H 键连续不断地变得不稳定（曲线 Ⅱ），反之，O—H 的键强增加，并且在间距为 0.21nm 处达到最大值，这正处于最稳定的配合物形成的间距 0.195nm 之前。由此可得出结论，当丙烯和氧化钴接触时，发生了活化化学吸附，C—H 键断裂，形成一个烯丙基配合物，配位在活性中心上。

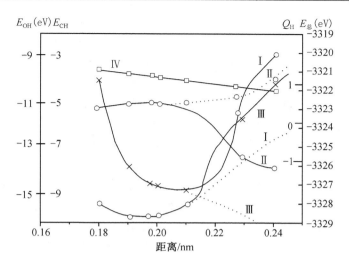

图 8.32　丙烯分子到钴配合物平面间距与以下各能量关系
Ⅰ. 总能量；Ⅱ. 双原子能量中 C—H 贡献；Ⅲ. OH 贡献；
Ⅳ. 氢原子电荷及相互作用；虚线指烯丙基物质

在丙烯活化即脱除 αH 形成烯丙基表面配合物以后，接着是氧的亲核进攻。实验证明，进攻的氧是晶格氧 O^{2-}。图 8.33 给出丙烯和丁烯分别在 Bi_2MoO_6 催化剂上与晶格氧反应的能力。实验时，将烯烃和氧的混合物脉冲注射到含钼酸盐

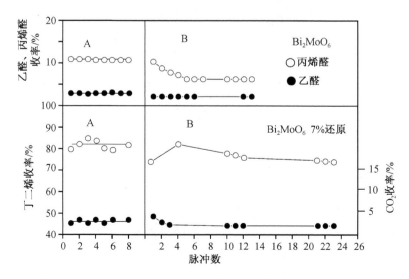

图 8.33　在 Bi_2MoO_6 上丙烯（上图）和丁烯（下图）的氧化活性
A. 有氧存在；B. 无氧存在

催化剂的微型反应器中，于是得到产物对脉冲次数的关系。对于丁烯的情况，发生了氧化脱氢，得到了约 80％的丁二烯（A 谱），在第八次脉冲后，脉冲纯丁烯（B 谱），这时丁二烯收率实际保持不变。当气相不含氧时，必定是钼酸盐催化剂的氧参与反应，甚至在晶格氧被抽除的量相当于有 7％固体被还原以后，丁二烯收率仍保持不变。所以可认为钼酸盐能迅速地为烯烃反应提供晶格氧，且其速率高于表面反应本身。对于丙烯的情况则稍微复杂些，当脉冲丙烯和氧的混合物时，丙烯醛的收率为 12％，而当脉冲纯丙烯时，收率下降，一直到一个较低水平的转化，接着类似于丁烯的情况，收率实际保持不变。对于丁烯氧化脱氢为丁二烯，仅需以水的形式从丁烯分子脱除氢，该过程所需的晶格氧可以很迅速地通过体相扩散来补充，所以该催化剂的活性保持不变，甚至在反应混合物中无氧时，也能维持该活性。而另一方面，对丙烯氧化为丙烯醛的情况则不同，这个反应要经过连续的两步过程，除了与丁烯相同要完成以水的形式从丙烯脱除氢的步骤外，还需要经过插入氧的步骤，在这步中，表面的晶格氧不能迅速地从体相得到补充，使得在脉冲纯丙烯时，活性下降到一个低的水平。许多催化氧化实验都证明，在上述还原-氧化机理中晶格氧是真实的反应物。近年来，Sancier 研究了在 $^{18}O_2$ 存在下，丙烯在钼酸铋催化剂上的氧化，得到了两种产物，$CH_2\!=\!CH\!-\!CH^{18}O$ 和 $CH_2\!=\!CH\!-\!CH^{16}O$，反应活化能分别为 $(54.6\pm1.6)\,kJ/mol$ 和 $(100.8\pm1.6)\,kJ/mol$，说明吸附氧和晶格氧都参与了反应。低温时，由于晶格氧移动较慢，主要是吸附氧参与反应，在较高温度下，晶格氧移动较快，容易与丙烯反应，所以一般在较高温度下，主要是晶格氧参加反应，然后从气相补充失去的晶格氧，实现还原-氧化反应过程。按此机理丙烯氧化为丙烯醛可以简写为

$$C_3H_6 + M_1^{n+} + O_2 \longrightarrow [C_3H_5\!-\!M_1^{(n-1)+}\!-\!OH^-]$$
$$[C_3H_5\!-\!M_1^{(n-1)+}\!-\!OH^-] + O^{2-} + M_1^{n+} \longrightarrow C_3H_4O + 2M_1^{(n-2)+} + H_2O$$
$$M_1^{(n-2)+} + M_1^{m+} \longrightarrow M_1^{n+} + M_2^{(m-2)+}$$
$$M_2^{(m-2)+} + 1/2O_2 \longrightarrow M_2^{m+} + O^{2-}$$

总反应可写为

$$C_3H_6 + O_2 \longrightarrow C_3H_4O + H_2O$$

我们所讨论的 $Bi_2O_3\text{-}MoO_3$ 催化剂中，M_1 和 M_2 是哪个金属呢？Haber 等假定伴随脱掉第一个氢，烯烃吸附在较低价的阳离子上，即在 $Bi_2O_3\text{-}MoO_3$ 体系的 Bi^{3+} 上或 $SnO_2\text{-}MoO_3$ 体系的 Sn^{4+} 上，如前所述，认为在 $Bi_2O_3\text{-}MoO_3$ 上丙烯是经过金属-烯丙基中间配合物氧化为丙烯醛。在单独的 Bi_2O_3 上，丙烯氧化时仅发现产物为 1,5-己二烯，这正好说明该产物可能经两个烯丙基物种缩合而成。基于这一结果，他们认为，在钼酸盐、钨酸盐这类催化剂中，像铋这样的阳离子

起活化丙烯脱除 αH 的作用，而钼和钨阳离子多面体上的氧起插入作用。Mössbauer 谱研究也表明，以氧处理过的 SnO_2-MoO_3 催化剂表面，丙烯和丙烯醛吸附在 Sn^{4+} 上（通过氧），而不是吸附在 Mo^{6+} 上，这也支持了反应物是吸附在催化剂中较低价阳离子的看法。Haber 进一步认为钼-氧多面体起到了第二类中心的作用，M_2^{m+} 这些中心能和氧分子反应，并释放出晶格氧给表面中间物。表 8.7 中的数据支持这种看法。这里列出了丙烯和 1-丁烯（在氧存在下）在各种钼酸铋催化剂上氧化和以丙烯还原钼酸铋（无氧存在）的活化能，1-丁烯反应活化能恒定在 46kJ/mol，丙烯还原钼酸铋的活化能实际也是常数，65kJ/mol。对丙烯的氧化，在某种程度上也得到了相同的结果，活化能从 59kJ/mol 到 71kJ/mol，在三个不同的钼酸铋上（包括不同的钼氧关系）具有恒定的动力学参数，可以认为铋离子是烯烃的吸附中心。附带指出，氧存在时丙烯的反应活化能粗略地等于无氧存在时的活化能，所以无氧存在时的结果可用有氧存在时的情况。

表 8.7　丙烯和丁烯在 Mo-Bi-O 催化剂上的反应活化能（kJ/mol）

催化剂	丙烯还原钼酸铋	氧化	
		丙烯	1-丁烯
Bi_2MoO_6	65	59	46
$Bi_2Mo_2O_9$	67	63	46
$Bi_2(MoO_4)_3$	67	71	46

必须指出，上述讨论看来具有一定道理，但对所有的选择氧化和催化剂来说，通常还不能完全简单地把 M_1 和 M_2 分别归于催化剂中低价和高价金属离子环境，一些研究者指出，完全相反的看法以及分别由两个金属离子与相应的空穴构成活性中心的看法也是有道理的，这在 Gates 所著的书中[14]以及有关催化氧化的评论中作了一些介绍。

（三）丙烯氧化为丙酮——双功能催化作用

丙烯除了经过烯丙基中间物氧化为丙烯醛外，在低温和水蒸气存在下，在一些催化剂上还发生另外一种类型的氧化反应生成丙酮[15]。生成该产物的催化剂主要是 MoO_3 和一种过渡金属氧化物，如 Co_3O_4，TiO_2，Fe_2O_3，Cr_2O_3 和 SnO_2 等组成的双氧化物催化剂，其中以 SnO_2-MoO_3（Sn 与 Mo 之比为 9）催化剂为最好，在 388~408K 之间，催化剂将 3%~9% 的丙烯转化为丙酮，选择性约为90%。这种催化剂也可使 1-丁烯和 2-丁烯选择性地转化为甲乙酮，异丁烯转化为叔丁醇，2-戊烯转化为甲基异丁基酮与二乙基酮的混合物。

在上述一些催化剂中，如富钼的 SnO_2-MoO_3 和 Fe_2O_3-MoO_3 等，可作为烯丙基氧化催化剂，然而在低温和水存在下，却没有发现烯丙基氧化产物——丙烯醛，而发现了丙酮，看来是在不同条件下进行机理不同的两类氧化反应。

　　丙烯在双氧化物催化剂上，特别是在 $TiO_2\text{-}MoO_3$ 上，发现产生相当量的异丙醇，反应温度越低，得到的醇也越多，另外，一些醇在这些催化剂上能形成烯，说明这些催化剂是有水合能力的。Ozaki[16] 的研究工作表明，丙酮生成速率和表面酸浓度成直线关系（图 8.34），这与烯烃水合是由酸催化的公认看法相一致。

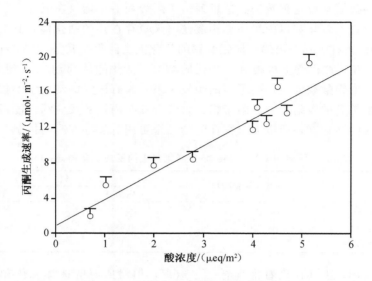

图 8.34　丙酮生成速率与酸浓度的关系

　　同时，在这些催化剂上以及烯烃氧化相同的条件下，醇易氧化为醛、酮，说明这些催化剂也具有氧化能力，Ozaki[17] 进一步研究了在 $SnO_2\text{-}MoO_3$ 催化剂上，有 $H_2^{18}O$ 存在时，丙烯氧化过程中氧进入产物的途径。通常的氧化反应中，氧原子加入氧化产物有两个不同的途径，一种是从气相的氧分子来，加入反应产物，另一种是从 H_2O 分子中来，加入反应产物。

$$R + 1/2O_2 \longrightarrow RO$$
$$R + 1/2O_2 + H_2O^* \longrightarrow RO^* + H_2O$$

实验结果是，标记的氧加到产物酮上，生成 $CH_3C^{18}OCH_3$，而没有加到与酮同时产生的丙烯醛上。这些结果说明，在催化剂表面上存在两种不同类型的活性氧，一种来自水分子，一种来自分子氧。丙酮分子中的氧是来自 H_2O，不是来自晶格氧或分子氧，而丙烯醛中的氧则是来自后者。由于在水存在下，氧化物容易形成羟基

$$\square + \frac{1}{2}O^{2-} + H_2O \longrightarrow 2OH^-$$

OH^- 提供了质子，使催化剂表面具有 B 酸性，OH^- 与烯作用形成正碳离子，并

由此引起进一步的反应

$$CH_2=CH-CH_3 + \underset{\textstyle /\!/\!/\!/}{\overset{\textstyle H}{\underset{\textstyle}{O}}} \rightleftharpoons [CH_2-CH-CH_3]^+ \atop \underset{\textstyle /\!/\!/\!/}{O}$$

$$[CH_2-CH-CH_3]^+ + H_2O \rightleftharpoons [CH_3-CH-CH_3]_a + \underset{\textstyle /\!/\!/\!/}{\overset{\textstyle H}{O}}$$

$$[CH_3-CH-CH_3]_a + O \longrightarrow CH_3-\underset{\textstyle O}{\overset{\textstyle \|}{C}}-CH_3 + H_2O$$

　　这是一个与 αH 氧化完全不同的机理，这里假定反应是由水合和氧化脱氢两步完成。第一步是酸催化形成正碳离子，后者水合形成醇中间物；第二步是醇氧化脱氢形成酮。关于催化剂本身研究的不多，有的作者认为，酸催化的活性中心是由两个氧化物结合形成的酸中心，该催化剂具有双功能催化作用。

参 考 文 献

1　Вокенштейн Ф Ф. 半导体催化电子理论. 吕永安等译. 北京：科学出版社，1963

2　Thomas T M, Thomas W J. Introduction to the Principles of Heterogeneous Catalysis. Academic Press, 1967

3　Dadyburjor B, Jewur S S, Rukenstein E. Catal Rev, 1979, 19 (2)：293

4　Bielanski A, Haber J. Catal Rev, 1979, 19 (1)：1

5　Haber J. Surface Properties and Catalysis by Non-Metals. Ed. by Bonnelle J P, Demon B, Derouane E P, 1982. 1

6　Haber J. Proc 8th Intern Cong Catal. Ⅰ. Berlin, 1984. 85

7　Tarama K. Proc 3rd Intern Cong Catal, 1984, 288

8　Voge H H, Adams C R. Adv Catal, 1967, 17：151

9　Hucknall K J. Selective Oxidation of Hydrocarbons. Academic Press, 1974

10　Sachtler W M. Catal Rev, 1970, 4：27

11　Sachtler W M, de Bohr N H. Proc. 3rd. Intern Cong Catal. Amsterdam, 1965. 252

12　Adsms C R, Jennings T J. J Catal, 1963, 2：63

13　Haber J, Witko M. J Mol Catal, 1980, 9：399

14　Gates B C, Katzer J R, Schuit G C A. Chemistry of Catalytic Processes. McGraw Hill Book Company, 1979

15　Moro-oka Y, Takita Y, Ozaki A. J Catal, 1971, 23：183

16　Takita Y，Ozaki A，Moro-oka Y．J Catal，1972，27：185

17　Moro-oka Y，Takita Y，Ozaki A．J Catal，1972，27：177

18　Trifiro F，Centola P，Pasquon I．Proc 4th．Intern Cong Catal．Moscow，1969．310

19　Mitchell P C H，Trifiro F．J Chem Soc，1970，A（18）：3183

20　Matsuura I．Proc 6th Intern Cong Catal．London，1976．819

第九章　固体催化剂设计

多相催化反应是十分复杂的过程，人们对其复杂性尚未得到系统的了解和认识，对特定类型催化反应（如氧化、加氢、环化等）的确切机理的认识也不够全面，因此设计一种适用特定反应的新的和改进型催化剂是非常不容易。尽管如此，由于近百年来人类在这个复杂的领域已从事了大量的实践，获得了丰富的知识，其中有的已在某种程度上加以系统化并归纳为若干定性的、甚至是半定量的规律，这就为设计特定多相催化反应所需的催化剂提供了一定的依据和可以借鉴的资料。因此可以说，催化剂制备领域发生了一定的变革，催化剂制备理论有了进一步发展。这主要表现在：由于催化科学的进步，在一定程度上减少了制备催化剂的盲目性、经验性，大大提高了设计催化剂的针对性和科学性，对新开发出来的催化剂的认识比过去对催化剂的认识要深刻得多，同时，在开发过程中在很大程度上应用了预选择，目前，国内外已有这方面的专著出版[1~8]。

本章将分别叙述：有关催化剂设计问题，扼要介绍催化剂制备的主要方法和概括介绍多相催化剂的评价方法。

一、催化剂设计的总体考虑

催化剂在化学工业上的用途没有止境，在非化学工业的领域中的应用日益广泛，如能源的开发与节能，原料转化的新工艺都需要开发新的催化剂；消除有害物质对环境的污染也寄希望于催化剂。催化剂的研究开发是十分重要的。然而，成功地开发一种催化剂费时很多，例如 Haber 筛选了 2 万种催化剂才发现了合成氨的有效催化剂，在这种背景下，就产生了催化剂设计。所谓催化剂设计就是根据合理的程序和方法有效地利用未系统化的法则、知识和经验，在时间上和经济上最有效地开发和制备新催化剂的方法。

在着手选择和设计催化剂之前，先要作热力学分析，指明反应的可行性，最大平衡产率和所要求的最佳的反应条件，催化剂的经济性和催化反应的经济性，环境保护等。在对催化剂和催化反应有了一个总体性的合理了解以后，还要分析催化剂设计参数的四要素，即活性、选择性、稳定性或寿命和再生性。

多相催化反应是由若干基本步骤组成的，在这些步骤中，反应分子的吸附，吸附物种间或吸附物种与气相粒子的表面反应，以及生成物的脱附主要与所设计的催化剂的化学性质有关，而所涉及的扩散则主要与物理性质有关。因此催化剂的设计应该满足实现上述基本步骤的条件。

在确定了所研究的反应类型后，就应着重考虑反应物、生成物赖以进行的吸附、脱附以及化学反应的表面是什么样子，它的组成、结构及性能。可见确定反应的类型是研制催化剂的前提，此外还需具备固体化学和表面化学的知识。

由于化学工业的发展和催化科学的进步，人们在固体材料开发的基础上，进一步充实和丰富了对固体化学的认识。由于表面科学有了飞跃性的进步，各种表面测试技术和现代能谱分析手段揭示出表面的纹理面貌，特别是原位测试设备的研制与使用，积累了关于表面动态的知识，固体结构的量子化学理论。在大型计算机的辅助下可以从理论上得出表面详细的分子物种、结构能态和化学键的类型等，此外，长期的催化实践已经积累了大量的、丰富的文献资料可供借鉴，所有这些一方面推动了多相催化这样一种特定的气固或液固界面现象的研究，另一方面也为催化剂的设计和研究提供了相应的科学基础。

为某一特定反应设计催化剂，首先要确定选择何种材料作为主要组分、次要组分和载体等。当然，还应考虑制备方法。欲使一个催化剂发挥其良好的催化性能，还应提出适当的反应条件。也就是说，要把催化剂制备与反应器的选择协调起来，通盘考虑。

二、催化剂主要组分的设计

催化剂可由单一组分构成，如某些金属，Ni，Pt，Pd，…；某些盐，$ZnCl_2$，$CuCl_2$，…；某些氧化物，ZnO，Al_2O_3，…；某些金属有机化合物，$RhCl(PPhCl_3)_3$，…。催化剂也可由多组分组成，成为多组分的复合物，如 $CuO\text{-}Cr_2O_3$，$Pt\text{-}Rh$，$P_2O_5\text{-}MoO_3\text{-}Bi_2O_3$ 等。

一般而言，大多数固体催化剂由三部分组成：活性组分、助剂和载体。催化剂的设计，最主要是寻找主要组分，所谓主要组分就是指催化剂中最主要的活性组分，是催化剂中产生活性、可活化反应分子的部分。例如对于 SO_2 氧化反应，在工业上是把 V_2O_5 负载于硅藻土上制成催化剂，V_2O_5 是活性组分。即使将 V_2O_5 载于像活性炭、Al_2O_3 等惰性物质上，或不负载而直接使用，依然显示活性，这一点可以用来区分活性组分和载体。又例如在合成氨中使用的铁催化剂中，尽管含有 Al_2O_3，K_2O，但真正产生活性的是铁，所以活性组分是铁。

一般来说，只有催化剂的局部位置才产生活性，它称作活性中心或活性部位，固体表面是不均匀的，表面各处的物理、化学性质不尽一致，即使以纯金属作为催化剂情况下，处在不同部位的原子也有不同的催化性能，如在缺陷处、棱角处的原子都不同于处在面上的原子。以上现象称催化剂的非均匀性。催化剂表面的非均匀性还有许多实验上的证明。

活性中心可以是原子、原子团、离子、离子缺位等，形式多种多样。在反应中活性中心的数目和结构往往发生变化，验明活性中心的化学本性是一个困难的、但却是重要的研究课题。

主要组分的选择可按以下的基本原理或原则：①根据有关催化理论归纳的参数来进行考虑；②基于催化反应的经验规律；③基于活化模式的考虑。

（一）根据有关催化理论的参数进行考虑[2]

催化剂的开发，50%是靠经验与直觉，约40%是靠实验的优化，余下的10%才是理论指导，尽管如此理论指导还是有益的，随着催化科学的向前发展，理论的指导作用必然会增加其比重。由于前面几章已经详细介绍了有关的催化理论，下面只作简单的归纳。

1. d特性百分数

价键理论把金属原子的电子分为两类，一类是成键电子，可形成金属键；另一类是原子电子，对金属键的形成不起作用，但其磁性与化学吸附有关。过渡金属电子有两类轨道，一类是成键轨道，由外层s，p，d轨道杂化而成；另一类是非键轨道或原子轨道。在成键轨道占的百分率称为d特征百分数，金属键的d特征百分数越大，表示留在d带中的百分数越多，也就表示d带中空穴越少。对化学吸附而言，催化反应要求吸附不能太强，太强了不能移动就无活性；吸附也不能太弱，太弱了不能活化反应分子，要求适中。在金属加氢催化剂中，d特性百分数在40%～50%之间为佳。金属的d特性百分数与催化活性有一定关系，例如乙烯在各种金属薄膜上的催化加氢，随金属d特性百分数增加，加氢活性也增加，Rh>Pd>Pt>Ni>Fe>Ta。关于d电子的特征已在本书第七章讨论过了，可供参考。

2. 未成对电子数

过渡金属和靠近过渡金属的某些金属，它们的催化活性常与d轨道的填充情况有密切关系。过渡金属的外层电子排列如下：

Fe	$3d^6$	↑↓	↑	↑	↑	↑	$4s^2$	↑↓	
Co	$3d^7$	↑↓	↑↓	↑	↑	↑	$4s^2$	↑↓	
Ni	$3d^8$	↑↓	↑↓	↑↓	↑	↑	$4s^2$	↑↓	

价电子都是3d和4s。根据能带理论，过渡金属处于原子态时，原子中电子能级是不连续的。由原子形成金属晶体时，原子间生成金属键，电子能级相互作用而形成3d能带和4s能带，能带发生部分重叠，一些s带电子占据了d带。例如，Ni原子中3d能级上有8个电子，4s能级上有2个电子，但用磁化学法测

Ni 晶体，发现 3d 能带中有 9.4 个电子，4s 能带仅有 0.6 个电子，因而 Ni 的 d 带中每个原子有 0.6 个空穴，即具有 0.6 个不成对电子。d 带空穴值越多，未成对电子数越多。过渡金属的 d 带空穴值见表 9.1。过渡金属的不成对电子在化学吸附时，可与被吸附分子形成吸附键。按能带理论，这是催化活性的根源。

表 9.1　过渡金属的 d 带空穴值

元　素	Fe	Co	Ni	Cu
原　子	$3d^6\ 4s^2$	$3d^7\ 4s^2$	$3d^8\ 4s^2$	$3d^{10}\ 4s^1$
能　带	$3d^{7.8}\ 4s^{0.2}$	$3d^{8.3}\ 4s^{0.7}$	$3d^{7.4}\ 4s^{0.6}$	$3d^{10}\ 4s^1$
d 带空穴	2.2	1.7	0.6	0

3. 半导体费米能级和脱出功

由半导体的费米能级和脱出功来判断电子得失的难易程度，进而了解适合于何种反应[2]。

半导体催化剂是使用很广泛的非化学计量的氧化物，非化学计量往往是由杂质或缺陷所引起的。如：

合成气制甲醇催化剂　$ZnO\text{-}Cr_2O_3\text{-}CuO$

丙烯氨氧化催化剂　$MoO_3\text{-}Bi_2O_3\text{-}P_2O_5/SiO_2$

丁烯氧化脱氢催化剂　$P_2O_5\text{-}MoO_3\text{-}Bi_2O_3/SiO_2$

二甲苯氧化制苯酐催化剂　$V_2O_5\text{-}TiO_2\text{-}K_2O\text{-}P_2O_5/SiO_2$

上述各种催化剂均属于半导体催化剂。

在本书第八章已较详细地介绍了半导体催化剂的作用机理，在此仅从主催化剂的设计角度简述如下：

n 型半导体是电子导电，p 型半导体是带正电荷的空穴导电。氧在 p 型半导体上容易吸附，因为需要从氧化物中取出电子，使 O_2 变为 O^-，p 型半导体的金属离子易脱出电子而容易生成 O^-、H_2、CO 等还原性气体，在吸附时，它们把电子给予氧化物，所以在 n 型半导体上容易吸附。

费米能级 E_f 是表示半导体中电子的平均能量。

脱出功 φ，是把一个电子从半导体内部拉到外部变为自由电子时所需的最低能量。从费米能级到导带顶的能量差即为脱出功。

本征半导体是一种既有 n 型导电又有 p 型导电的半导体，但本征半导体不常见，氧化物催化剂可能是主要依靠电子导电的 n 型半导体，也可能是空穴导电的 p 型半导体。

本征半导体的 E_f 在禁带中间，n 型半导体的 E_f 在施主能级与导带底之间，p 型半导体的 E_f 在满带顶与受主能级之间。在催化剂制备过程中引入了杂质，制得的金属氧化物偏离了化学计量，这样就在满带和空带之间的禁带区域出现新的能级，新能级提供自由电子，称为施主能级，施主能级上的自由电子，受温度激发后跃迁到空带，成为 n 型导电，因而杂质产生施主能级的半导体称为 n 型半导体。

如新能级位于满带上端附近，由于新能级能够接受满带中跃迁来的价电子，故称为受主能级。受温度激发后满带中的价电子跃迁到受主能级。在满带中形成了空穴，产生 p 型导电，因而杂质产生受主能级的半导体称为 p 型半导体。

施主杂质提高了费米能级，使脱出功变小，受主杂质降低了费米能级，使脱出功变大，施主杂质能给电子，使导带的电子增多，满带的空穴减少，因而施主杂质可增加 n 型导电，减少 p 型导电，反之受主杂质使满带的空穴增多，导带电子减少，结果增加 p 型导电，减少 n 型导电。

气体分子在表面上的吸附也可以看作增加一种杂质，以正离子形态被吸附的 CH_3^+，$C_6H_5^+$ 可以看作能给出电子的施主杂质，以负离子形态吸附的 O^{2-}，O^- 等可接受电子的气体可看作受主杂质。

基于催化的能带理论选择主催化剂的一个实例是 N_2O 催化分解成氮和氧。在本书第八章已详细讨论过了。其结果是 p 型半导体如 Cu_2O、NiO、CoO 是比 n 型半导体如 ZnO、TiO_2、MoO_3、Fe_2O_3 更活泼的氧化催化剂。理论研究指出，对于许多涉及氧的反应，p 型半导体氧化物（有可利用的空穴）最活泼，绝缘体氧化物次之，n 型半导体氧化物最差。活性最高的半导体氧化物催化剂，常是易于与反应物交换晶格氧的催化剂。N_2O 的催化分解，CO 的催化氧化，烃的选择性催化氧化都遵循这些规律。

所以，由半导体的费米能级和脱出功来判断电子得失的难易程度，进而了解适合于何种反应。

4. 晶体场、配位场理论

这一理论主要是从研究络合物的化学键的性质而发展起来的。晶体场理论认为中心离子的电子层结构在配位场的作用下，引起轨道能级的分裂，从而解释了过渡金属化合物的一些性质。在催化作用中，当一个质点被吸附在表面上形成表面复合物，则中心离子的 d 轨道在配位场的影响下会发生分裂，分裂的情况与过渡金属离子的性质和配位体的性质有关；同时，中心离子对配位体当然也有影响。发生在这种表面复合物上的能量交换，依赖于很多因素，络合催化中的晶体场稳定化能（crystal field stabilisation energy，简写为 CFSE），是一个重要因素。

众所周知，d 轨道共有 5 种，中心离子的 d 轨道在配位场的影响下会发生分裂，原来能量相同的 d 轨道会分裂成能量不同的两组或两组以上的轨道。配位体与中心离子的五重简并的 d 轨道能发生分裂，一组为高能量的 e_g，一组为低能量的 t_{2g}，二者的能量差为 $10D_q$。在不同对称性的配位场作用下，d 轨道能量分裂方式也不同，根据分裂后 d 轨道的相对能量，可以计算过渡金属的总能量。一般来说，这种能量比未分裂前要低，因此，给配合物带来了额外的稳定化能（CFSE），表 9.2 列出了有 d 电子的离子在不同情况下的稳定化能[9]。

表 9.2　离子的稳定化能（CFSE）（单位 D_q）[1)]

d^n	弱　场			强　场		
	正方形	正八面体	正四面体	正方形	正八面体	正四面体
d^0	0	0	0	0	0	0
d^1	5.14	4	2.67	5.14	4	2.67
d^2	10.28	8	5.34	10.28	8	5.34
d^3	14.56	12	3.56	14.56	12	8.01
d^4	12.28	6	1.78	19.70	16	10.68
d^5	0	0	0	20.84	20	8.90
d^6	5.14	4	2.67	29.12	18	6.12
d^7	10.28	8	5.34	26.84	18	5.34
d^8	14.56	12	3.56	14.56	12	3.56
d^9	12.28	6	1.70	12.28	6	1.78
d^{10}	0	0	0	0	0	0

1) 规定 d 轨道在正八面体中分裂为 d_r（或 t_g）和 d_e（或 t_{2g}）的能量差 Δ 为 $10D_q$。

根据实验数据，得出如下规律[2]：

1）同周期同价过渡金属离子的 D_q 值相差不大。

2）同一过渡金属的三价离子比二价离子的 D_q 值大。

3）以同族同价离子比较，第三过渡序＞第二过渡序＞第一过渡序，各相差约 30%～50%。

次序如下：

Mn（Ⅱ）＜Co（Ⅱ）＜V（Ⅱ）＜Fe（Ⅲ）＜Cr（Ⅲ）＜Co（Ⅲ）＜Mn（Ⅳ）＜Mo（Ⅲ）＜Rh（Ⅲ）＜Ir（Ⅲ）＜Re（Ⅳ）＜Pt（Ⅳ）

配位体场强对 Dq 值的次序如下：

CN^-＞NO_2^-＞己二胺＞NH_3＞NCS^-＞H_2O＞OH^-＞F^-＞SCN^-＞Cl^-＞Br^-＞I^-

由上面的规律可对配合物的稳定性作出相对估价，从而为催化剂的选择提供参考。

（二）基于催化反应的经验规律

1.活性模型法[10~14]

这种选择催化剂的方法被普遍应用，在过去一些年代里直至现今，对于某一类催化反应或某一类型的催化反应的研究（如氧化还原反应、加成消除反应、取代反应、分子重排、环化反应等），常常得出不同催化剂所显示的活性呈现有规律性的变化。图 9.1 是包含有加氢或脱氢反应的活性模型（activity patterns）[13]，

图 9.2 是氧化反应的活性模型[15,16]。这种局部经验或规律是相当多的，我们可用前面几章所述的理论进行一些初步的解释。虽然不能说一定能从这些局部数据得出所需要的催化剂，但毕竟与某些催化反应有类似的地方，可以减小范围，减少实验工作量。

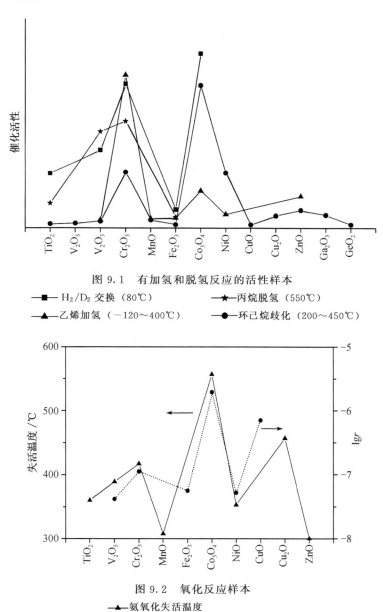

图 9.1　有加氢和脱氢反应的活性样本

■── H₂/D₂ 交换（80℃）　　　　★── 丙烷脱氢（550℃）

▲── 乙烯加氢（−120～400℃）　　●── 环己烷歧化（200～450℃）

图 9.2　氧化反应样本

▲── 氨氧化失活温度

●····· 丙烯氧化速率对数（lgr）（300℃）

类似的催化活性模型 David. Trimm [4] 在他的《工业催化剂的设计》中已详尽地列出。从催化剂设计的观点来说，这些活性模型对可能有用的催化剂提供非常有用的启示。

2. 从吸附热推断

在某些情况下，可以从吸附热的数据去推断催化剂的活性。通常，如果反应气体分子在固体表面上吸附很强的话，它不会被取代，不能和别的分子（被表面吸附的或气相中的）反应，如果吸附很弱，或是由于停留时间过分短暂，都不利于催化反应。因此，通常是对反应分子具有中等强度的固体表面具有良好的催化活性。对烯烃加氢、合成氨等 G. C. Bond 做过详细的研究[17]。以合成氨为例，Pt 对 N_2 的吸附很弱，而钒对 N_2 的吸附又太强，都不是良好的催化剂。而有中等吸附强度的铁，却是良好的催化剂。用于这种经验关联的参数，还有每摩尔吸附氧与金属最高氧化物的生成热曲线，也就是 Tanaka-Tamara 规则；还有用其他气体吸附热关联的，如 N_2、H_2、NH_3、C_2H_4 等都呈现出类似的图像。前苏联的催化学者，А. А. Баландин 教授，早在 20 世纪 50 年代就观察到这种规律，对于任何的金属催化反应，以其观测到的相对活性与相应金属氧化物的生成热对画，呈火山型曲线。只是由于缺乏这些中间物的热化学数据，才妨碍了这种火山型曲线的正确预告。

图 9.3 是 M. A. Vannice 给出的 CO 在某些金属上的吸附热与 CO 加 H_2 甲烷

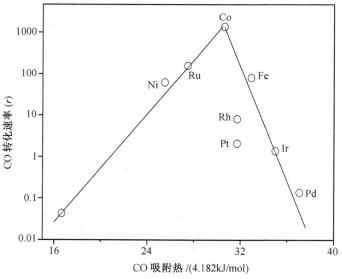

图 9.3　金属对 CO 甲烷化反应的活性与吸附热的关系

金属载在氧化物载体上

化的活性之间的关系[18]。可以看出中等吸附强度（吸附热 117.24～133.98kJ/mol）的金属有较高的活性。由于 Co 和 Ru 价格昂贵，而 Fe 易于积炭，故工业上以 Ni 为催化剂。

这些经验规则是很好的，但是，也提出了几点值得考虑。首先，它是用热力学参量，但不是动力学所必须的。其次，在金属对 CO 甲烷化反应的活性与吸附热的关系的讨论中，火山曲线的关联是正确的，但最具活性的金属不一定在火山顶部，常决定于其抗结焦的能力。

图 9.4 表明当以催化加氢脱硫活性（速率）对金属硫化物生成热作图时，呈现明显的火山型关系，这可以用中等键合原理来解释，硫化物生成热熵的最佳值估计为 146.55～188.42kJ/mol 金属原子的范围内。

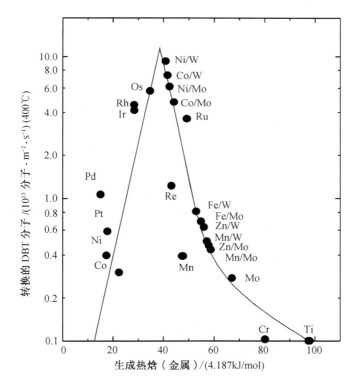

图 9.4　加氢脱硫催化活性与单、双金属硫化物生成热的关系火山图

此外，在催化领域中常见的小分子的吸附热数据对判断各小分子在相应金属或氧化物上的活化性能也可提供重要信息。图 9.5 示出了 O_2、H_2、CO 在许多过渡金属上的吸附热数据[4]，这对 CO 和 H_2 的 F-T 反应或 $CO+1/2O_2 \longrightarrow CO_2$ 反应催化剂的设计也是必不可少的参考资料。

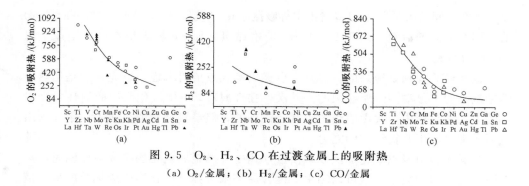

图 9.5　O$_2$、H$_2$、CO 在过渡金属上的吸附热

（a）O$_2$/金属；（b）H$_2$/金属；（c）CO/金属

（三）基于反应物分子活化模式的考虑

在多相催化反应中，常遇到的反应物之一都是 H$_2$、O$_2$、N$_2$、CO 等小分子，这些分子的活化有一定的规律，多数是以 Langmuir-Hinshelwood 机理或以 Rideal 机理进行，另外饱和烃分子、不饱和烃分子和芳烃分子等，也都有各自的特征活化途径。随着催化剂的类型不同，它们的活化方式也随之不同，因此了解这些分子的吸附性能对多相催化剂的设计是十分重要的，前人在这方面已经积累了许多实验数据，可供设计某些催化剂时参考。

1. H$_2$ 分子的活化[3]

有均匀解离和非均匀解离两种。在金属催化剂上，在 $-50 \sim -100$℃下，可以按 Langmuir-Hinshelwood 机理进行解离吸附。解离后的原子 H 可在金属表面上有移动自由度，可以对不饱和物催化加氢。

$$H_2 \longrightarrow H\cdots H \quad H \rightarrow H \qquad C_2H_4 \xrightarrow{H} C_2H_5 \xrightarrow{H} C_2H_6$$

$$\boxed{M} \qquad \boxed{M \quad M} \qquad \boxed{M\,M\,M}$$

在金属氧化物上，如 Cr$_2$O$_3$、Co$_3$O$_4$、NiO、ZnO 等，在 400℃下经真空干燥处理，以除去氧化物表面的羟基进行脱水，使金属离子裸露，在常温下可使 H$_2$ 非解离吸附。

$$\begin{array}{ccc} H^{\delta-} & \cdots & H^{\delta+} \\ | & & | \\ Zn & - & O \end{array}$$

2. O$_2$ 分子的活化

有非解离活化和解离活化两种，前者以 O$_2^-$ 形式参与表面过程，后者以 O^{2-}

或 O^- 形式参与，贵金属 Ag 是对氧吸附亲和力最小的，故多以分子态 O_2^- 形式吸附。乙烯在 Ag 催化剂上进行的环氧化反应，其氧化主要靠 O_2^- 起作用，按下述方程进行。

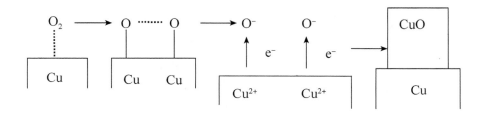

残存在 Ag 催化剂上的原子氧 O 进行副反应的催化：

$$C_2H_4 + 6O \longrightarrow 2CO_2 + 2H_2O$$

$$6C_2H_4 + 6O_2 \longrightarrow 6C_2H_4O + 6O$$

所以，环氧乙烷的收率为 6/7，约为 80% 左右，而 CO_2 的收率为 1/7，约为 14% 左右。

在其他金属上，O_2 的吸附活化变成 O^{2-} 或 O^- 形式参与表面反应过程，结果是造成深度氧化，形成 CO_2。能为氧所氧化的金属，结果是以氧化-还原（redox）型进行选择氧化。例如：铜催化的甲醇氧化为甲醛，按下式进行：

$$Cu + 1/2 O_2 \longrightarrow CuO$$

$$CuO + CH_3OH \longrightarrow Cu + HCHO + H_2O$$

在金属氧化物催化剂如 MoO_3/SiO_2、V_2O_5/SiO_2 等上，O_2 以解离式的吸附生成 O^- 参与表面过程，若它们吸附非金属氧化物，也可以在表面形成 O^-，如 $N_2O \longrightarrow N_2 + O^-$。$CH_4$ 和苯在这些金属氧化物催化剂上的催化氧化，就是属于这种类型，其产物分别为 CH_3OH 和 C_6H_5OH，O^- 插入 C—H 键中。

表 9.3 列出了不同金属上氧的吸附态类型[4]，这些数据对于分析金属或金属氧化物上进行的氧化反应有一定的参考价值。

表 9.3　氧吸附的不同形式

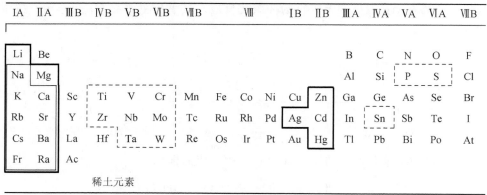

IA	IIA	IIIB	IVB	VB	VIB	VIIB		VIII		IB	IIB	IIIA	IVA	VA	VIA	VIIB
Li	Be												B	C	N	O	F
Na	Mg												Al	Si	P	S	Cl
K	Ca	Sc	Ti	V	Cr	Mn	Fe	Co	Ni	Cu	Zn	Ga	Ge	As	Se	Br
Rb	Sr	Y	Zr	Nb	Mo	Tc	Ru	Rh	Pd	Ag	Cd	In	Sn	Sb	Te	I
Cs	Ba	La	Hf	Ta	W	Re	Os	Ir	Pt	Au	Hg	Tl	Pb	Bi	Po	At
Fr	Ra	Ac														

稀土元素

注：————— 能形成过氧化物(O_2^{2-})的元素；
　　————— 能形成超氧化物(O_2^-)的元素；
　　--------- 能形成过氧化物(OOH)的元素。

这些不同的氧化物的形成，是由于不同的氧吸附形式造成的。

3. CO 分子的活化

CO 分子的解离能较大，为 1073kJ/mol，故其分子相对比较稳定。如果经过

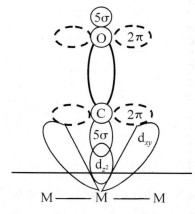

金属吸附后，由于 M 与 CO 之间形成 δ-π 键合，使之成为 M $=$ C $=$ O 结合，将 CO 的三键减弱而活化。例如，在贵金属 Pd、Pt、Rh 等上 CO 吸附都能使之活化，温度高到 300℃ 都保持分子态吸附。如若为 Mo、W、Fe 等过渡金属，它们对 CO 的吸附亲和力强，即使在常温下也能使 CO 解离吸附活化，因为 H_2 分子也易于被这类金属解离吸附活化，因此若 CO 与 H_2 二者共存时，易进行氢醛化反应。

4. 饱和烃分子的活化

用金属和酸性金属氧化物都可以奏效，当然活化的机制和所进行的催化反应是不相同的。能够使 H_2 解离吸附的那些金属，都可以使饱和烃的 C—H 键发生解离吸附，达到活化。例如，

$$H-\underset{\underset{H}{|}}{\overset{\overset{H}{|}}{C}}-CH_2-R \xrightarrow[-M-H]{M} H-\underset{\underset{M}{|}}{\overset{\overset{H}{|}}{C}}-CH_2-R \xrightarrow[-M-H]{M} \underset{\underset{M}{|}}{\overset{\overset{H}{|}}{C}}-\underset{\underset{M}{|}}{\overset{\overset{H}{|}}{C}}-R$$

　　由于 M 对 H 的亲和力强，可将 H 拔出，这已用同位素示踪技术得到证明。饱和烃在高温下经金属催化活化脱氢生成烯烃和 H_2。有时，在相邻金属上吸附的 C—C 键进行氢解。

　　如果饱和烃分子是在超强酸型的金属氧化物催化剂作用下，它就被拔出 H^-，而自身以正碳离子形式活化，后者再在相适应的反应下进行而生成稳定产物。

5. 不饱和烃分子的活化

　　依酸性催化剂、金属催化剂和碱性催化剂而异，酸性催化剂主要以其 H^+ 与不饱和烃分子加成生成正碳离子，后者在高温下一般发生 β 位置 C—C 键的断裂，生成裂解产物，也有可能发生—CH_3 基的移动，进行骨架异构化，直链变成支链，这种反应都是以三元环或者四元环为中间物：

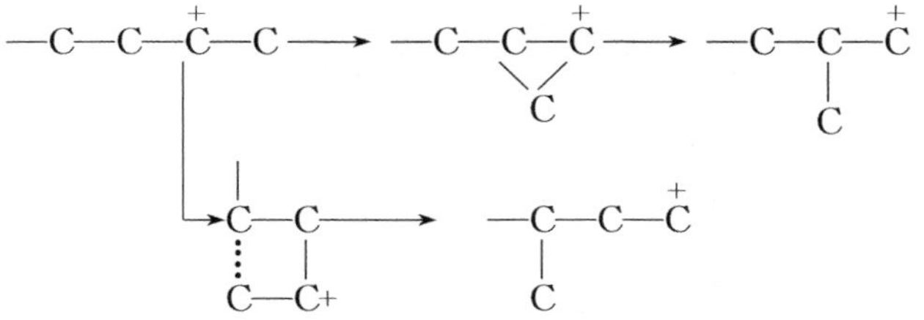

　　再有一种可能是在低温下正碳离子可与另一不饱和烃分子的 δ-碳原子起烷基加成反应：

$$CH_3 \overset{+}{-}CH + CH_2^{\delta-} = CH_3-CH-CH_2 \overset{+}{-}CH$$
$$\qquad\quad | \qquad\qquad\qquad\quad | \qquad\qquad\;\; |$$
$$\qquad\quad R \qquad\qquad\qquad\quad R \qquad\qquad\;\; R$$

　　最后一种可能是有 H_2O 存在时，反应生成醇：

$$R\overset{+}{-}CH-CH_3 + H_2O \longrightarrow R-CH(OH) \cdot CH_3 + H^+ （催化剂）$$

　　不饱和烃分子的金属催化剂活化主要起自催化加氢反应，因为吸附态的 H 原子易在金属表面移动。碱催化剂的活化主要是使烷基芳烃进行侧链烷基化：

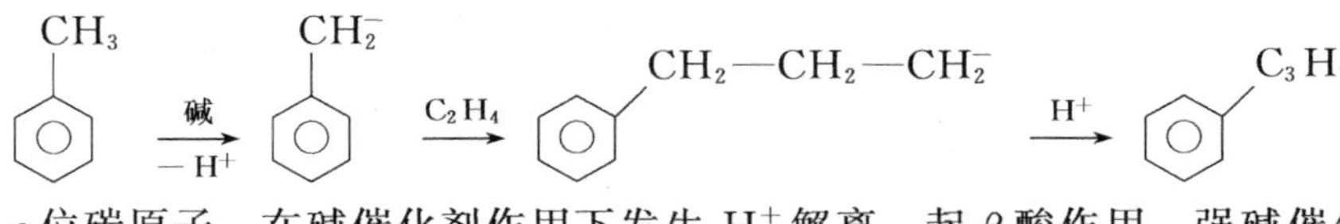

苯环 σ 位碳原子，在碱催化剂作用下发生 H^+ 解离，起 β 酸作用，强碱催化剂将 H^+ 吸引去，生成烯丙基。对于非典型的酸碱性以外的金属氧化物，它们对不饱和烃的活化，可能是 σ-π 键合型的络合活化，这些金属氧化物在真空加热条件下，表面高度脱水，金属离子裸露于外部，其空 d 轨道可接受来自不饱和烃 π^+ 键电子，形成 σ 键；金属占用 d_{xy} 轨道上的 d 电子，反授予不饱和烃的 π^+ 空轨

道，形成 π 键。通过 σ-π 键合的全过程，等于不饱和烃分子将键合的 π 电子跃迁到 π⁺ 轨道上，达到活化的目的，各种 α-烯烃在这类氧化物催化剂上的聚合、齐聚过程，就是这种活化引发的结果[3]。Trimm，Lepage 等的专著[4]，都有活化模式的详细介绍，可供参考。

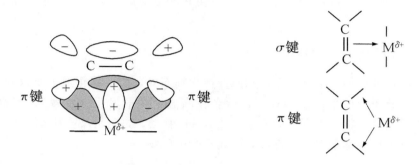

（四）催化剂主要组分设计实例——丙烯脱氢环化生成苯催化剂的设计

现以丙烯脱氢环化生成苯的反应为例，讨论所需催化剂的主要组分设计。

热力学计算表明，丙烯转化为苯是可能的。尽管涉及实现这一催化过程的文献报道较少，但可以参考反应类型比较接近的转化过程，例如在酸性催化剂上烯烃的聚合反应或环化反应。但是参考聚合反应需着重考虑二聚过程，参考环化反应需进一步考虑脱氢过程，只有这样才能有助于设计适用于丙烯二聚、环化、脱氢生成苯的反应所需的催化剂。

丙烯转化为苯的反应过程是：

$$2CH_3—CH=CH_2 \xrightarrow{①二聚脱氢} CH_2=CH—CH_2—CH_2—CH=CH_2 + H_2$$

②脱氢环化

$$\bigcirc + H_2 \xrightarrow{③脱氢} \bigcirc + H_2$$

由上述机理可以看出，由丙烯生成苯，涉及脱氢、二聚和环化三个过程，而且在所有三步中都发生脱氢反应。因此，在这一例中可将脱氢过程作为设计催化剂的主要考虑依据，并兼顾二聚和环化过程。这个反应的第一步应是丙烯在表面上的吸附过程。文献资料报道，丙烯既可在金属上吸附，也可在金属氧化物上吸附。以下讨论以金属氧化物为主的催化剂。

许多吸附实验和相应吸附态间的反应性能研究表明，参与反应的吸附物种（主要是化学吸附物种）在表面的吸附要适当，不能太强，也不能太弱，其理由在前面有关章节已作过介绍。

丙烯在金属氧化物上可以进行解离吸附，即丙烯分子中的一个氢原子解离形

成 π-烯丙基中间物，这可写成

$$CH_3-CH=CH_2+O-M-O \longrightarrow [\underline{CH_2-CH-CH_2}]^+ + H^-$$
$$O-M-O$$

或写成

$$CH_3-CH=CH_2+O-M-O \longrightarrow [\underline{CH_2-CH-CH_2}] + OH^-$$
$$O-M$$

但亦有较多文献报道，丙烯还会氧化生成丙烯醛或者二聚生成己二烯，即

$$CH_3-CH=CH_2 \longrightarrow \underline{CH_2-CH-CH_2} \longrightarrow CH_2=CH-CHO$$
$$2CH_3-CH=CH_2 \longrightarrow \underline{CH_2-CH-CH_2} + \underline{CH_2-CH-CH_2} \longrightarrow$$
$$CH_2=CH-CH_2-CH_2-CH=CH_2$$

　　由上述两个反应式可明显看出，由丙烯生成丙烯醛和己二烯的差别，在于生成的 π-烯丙基按什么方向进一步反应。如果一个 π-烯丙基物种单独失去一个氢原子复合一个氧原子便可得到丙烯醛，如果两个相邻的 π-烯丙基物种相结合失去一个氢分子，则得己二烯。生成己二烯尚不是最后目的，它还需环化，再经最后的脱氢而生成苯。既然本设计所需的主要产物应是经环己烯脱氢而得的苯，于是就应选择可以同时吸附两个 π-烯丙基并同时得到两个电子的金属的氧化物，其间金属离子被还原成低两价的金属离子，$M^{n+} \longrightarrow M^{(n-1)}$，此过程可写成：

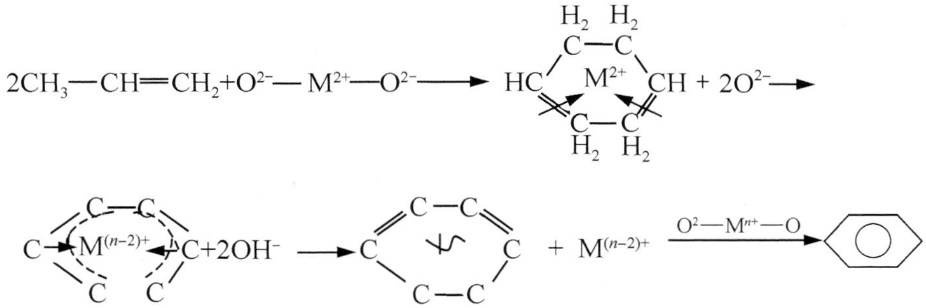

　　由元素周期表中可找出的能够实现这些反应步骤的金属离子有 Sn^{2+}/Sn^{4+}，Ti^{+}/Ti^{3+}，Pb^{2+}/Pb^{4+}，Bi^{3+}/Bi^{5+} 及 In^{+}/In^{3+} 等。尽管这些金属可作为该反应主活性组分的选择对象，但还要考虑实践中的其他因素，如公害、资源以及加工是否方便等。最后选择 Bi 系和 In 系为催化剂的主要组分。

　　如前所述，丙烯可在某些氧化物上以解离方式吸附产生 π-烯丙基中间物，并根据这种中间物所处的表面环境和进一步反应的能力可相继得到二聚产物己二烯，环化脱氢产物环己二烯及苯、丙烯醛和 CO_2、H_2O 等，可见，即使选择了 In_2O_3 和 Bi_2O_3 这类氧化物作为主要组分，也不是没有问题了。由于丙烯在其上的解离吸附固然可能在一个中心上存在两个 π-烯丙基中间物，但也能发生单个

的 π-烯丙基吸附在相隔较远的中心上的情况，以致仍不能避免生成苯以外的产物，尤其是作为彻底氧化产物的 CO_2 更易生成，那么就产生了选择催化剂次要组分的问题，它的解决可以防止副产物的产生。

上面叙述的是选定最适宜主催化剂（即主要组分）的一些普通规律。主要组分要添加助催化剂，并以载体负载，使催化性能进一步提高。

三、助催化剂的选择与设计

在固体催化剂设计的整个过程中，仅由初步设计而进行的实验结果往往不能达到预期的目的，而需对其加以调整与修正，以使所进行的设计更加完善。所采用的措施包括加入次要组分如：助剂、载体、添加剂、抑制剂等以提高催化剂的某种性能。次要组分的设计也是相当重要的。有关催化剂的许多专利，往往就在于次要组分的关键作用，次要组分往往使催化剂得到许多新的性质，从而产生很大的经济效益。在本节中主要介绍助催化剂的选择和设计。

（一）助催化剂的种类与功能

1. 助催化剂

助催化剂是负责调变主要组分的催化性能，自身没有活性或只有很低活性的物质，以少量加入催化剂后，与活性组分产生某种作用，使催化剂的活性、选择性、寿命等性能得以显著改善，这种物质也称为助剂。

合成氨反应最早只用由 Fe_2O_3 还原制得的纯铁作为催化剂，Al_2O_3 和 K_2O 就是助剂。由 Fe_2O_3 还原制得的纯铁作催化剂，虽然它有活性，但活性很快就下降了。在熔融的 Fe_2O_3 中加入少量的 Al_2O_3 制得的铁催化剂，活性可以保持几个月。若在这样的 $Fe-Al_2O_3$ 中再加入 K_2O，活性会更加增高。有许多物质，具有类似氧化铝和氧化钾的作用，当它们以百分之几以至千分之几的量加入催化剂后，使催化剂的某些性能显著改善，这种物质通称为助剂。在合成环氧乙烷的银催化剂中常加入氧化钙或氧化钡作助剂，在苯加氢用的铜催化剂中加入镍作助剂。

加入助剂后，催化剂在化学组成、所含离子的价态、酸碱性、结晶结构、表面构造、孔结构、分散状态、机械强度等各方面可能发生变化，由此而影响催化剂的活性、选择性以及寿命等。

元素或化合物都可作为助剂加入催化剂。一种助剂所产生的作用是多方面的。助剂的种类、用量和加入方法不同得到的效果也有差别。

助剂和载体所起的作用在有些情况下不易严格区分，较多数的载体也常常对活性组分起作用。一般说，助剂用量少（通常低于总量的 10％）而又是关键性的次要组分，而含量较大且主要是为了改进催化剂物理性能的组分称作载体。

活性组分和助剂的关系，与多组分催化剂中各组分相互间的关系不同。活性组分在不加助剂时本来就有一定的活性、选择性和寿命，加入助剂后，这些性质得到改善，但只有助剂本身单独存在时，助剂不显活性。多组分催化剂中任一组分单独使用时，通常没有活性或活性很低，必须把这些组分复合在一起后才产生活性。

2. 助剂的种类与功能

Germain 把助剂分为两类[7]：结构性助剂（structural promoter）和调变性助剂（textural promoter）。

（1）结构性助剂

此种助剂是惰性物质，在催化剂中以很小的颗粒形式存在，起到分隔活性组分微晶，避免它们烧结、长大的作用，从而维持了催化剂的高活性表面不降低。

像合成氨的铁催化剂中加入的 Al_2O_3，合成甲醇用的 ZnO 催化剂中加入的 Cr_2O_3 等，都是结构性助剂。

具体来说，合成氨的铁催化剂的活性组分是小晶粒形态的 α-Fe，其活性很高，但不稳定，短时间内就失活。在制备过程中若加入少量 Al_2O_3 就可使其活性延长。原因是 Al_2O_3 在多孔 α-Fe 微晶结构中起到隔膜作用，防止铁晶粒的烧结，避免了活性表面的下降。CO 的选择化学吸附实验表明，Al_2O_3 在催化剂中主要分布在颗粒外表面上，并且还发现，在 873K 下退火时，不加 Al_2O_3 的 α-Fe 晶粒显著增大，加了 Al_2O_3 的 α-Fe 晶粒大小不变。

ZnO 中加入的 Cr_2O_3 也有类似作用，加入 Cr_2O_3 抑制了 ZnO 微晶的长大，维持了所需的活性表面。

一个有效的结构性助剂应该具备以下的性质：

1）不与活性组分发生反应形成固体溶液。

2）应当是很小的颗粒，具有高度的分散性能。

3）有高的熔点。

判别一个助剂是否是结构性助剂常使用两种方法：

1）用比表面判断。结构性助剂的存在使催化剂保持较高的比表面，因此从有助剂与无助剂时比表面的高低判断助剂是否为结构性的。

2）结构性助剂的加入不改变反应的活化能。因此从反应的活化能变化与否判断助剂是否是结构性的。

（2）调变性助剂

此种助剂改变催化剂的化学组成，引起许多化学效应以及物理效应。

对金属和半导体催化剂而言，可以观察到这类助剂引起催化剂电导率和电子脱出功的变化。所以调变性助剂又可称为电子性助剂。调变性助剂有时使活性组分的微晶产生晶格缺陷，造成新的活性中心。

判别调变性助剂常用两个标准：一是化学吸附强度，二是反应活化能。加入调变性助剂使催化剂的化学吸附强度和反应活化能都发生改变。化学吸附强度的变化表现为吸附等温线的不同。

仍以合成氨催化剂为例说明调变性助剂的作用。在 Fe-Al$_2$O$_3$ 的基础上，再加入第二种助剂 K$_2$O，催化剂活性更得到了提高。这可能由两个因素造成：一方面是 K$_2$O 和活性组分 Fe 的作用，这是比较重要的方面，另一方面是 K$_2$O 和 Al$_2$O$_3$ 的交互作用。K$_2$O 起电子给体作用，Fe 起电子受体作用。Fe 是过渡元素，其空轨道可以接受电子。K$_2$O 把电子传递给 Fe 后，增加了 Fe 的电子密度，提高了对反应物之一的氮的活化程度。

还有一些实验结果与上面的解释相符。金属钾比氧化钾具有更强的给电子能力，当把钾蒸发至铁上，比用 K$_2$O 做成的催化剂活性提高 10 倍，像 Fe、Ru 这样的金属，本来对合成氨都有活性，但把它们负载在活性炭上之后，却失去了活性。如果把金属钾吸附于上述负载体系之后，却又产生了活性，且活性随钾的添加量的增加而激增。这进一步说明了助剂的给电子作用。给电子能力不同的 Cs、K、Na 等加至上述负载体系后，在给电子能力和催化剂活性间确有规律性联系，如图 9.6 所示，图中以电离电位表示给电子能力。Cs 的电离电位最小，给电子能力最强，活性最高。Na 的情况则相反。在上述情况下，Fe 和 Ru 相对于活性炭是电子给予体，活性炭是电子接受体，所以 Fe、Ru 负载于活性炭后，就失去了活性，当再吸附了碱金属后，碱金属通过活性炭把电子传递给 Fe、Ru，所以 Fe、Ru 又恢复了活性，并且其活性随加入的碱金属的量及其种类而变化。

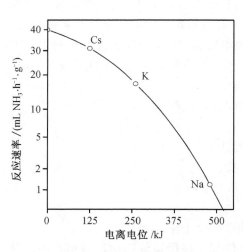

图 9.6　电离电位与活性关系

（二）助催化剂的设计

助催化剂的选择和设计通常有两种方法，第一种方法比较直接，就是针对催化剂的主要组分在催化反应中出现的问题，运用现有的科学知识结合已掌握的催化理论进行助催化剂的设计。第二种方法就是比较注重理论依据，对该催化反应机理进行研究，使催化剂得到改进。

1. 针对催化剂的主要组分出现的问题，运用科学知识和催化理论设计助催化剂

这种方法应用比较简便，并常能取得效果。如在烯烃异构环化反应中常会同时生成裂解产物。这就需要调节所用催化剂的酸性质，使其酸中心减少，这可通过添加碱性物质实现。如周期表中第一、第二两个主族金属氧化物，就可能起到这种作用。然而这也只是原则上的考虑，实践中究竟选哪种氧化物合适，添加多少量合适，还需由实验确定。

又如，同是烯烃的反应，如目的产物是芳烃（如丙烯氧化脱氢环化生成苯的反应），照例都会生成一定数量的 CO_2，如前所述，生成 CO_2 比生成其他产物需要较多的氧，所以，添加不利于氧吸附的物质，就可在一定程度上抑制 CO_2 的生成，从而达到提高目的产物选择性的目标。

2. 通过研究催化反应机理确定助催化剂

这种方法是比较注重理论依据的方法，这是准确的，因为弄懂了催化机理必然会使催化剂得到改进，但是催化机理的研究相当费时费力，所以这种方法适于影响较大，一经改进就有很大效益的场合。一般只用在那些有改进余地又是通用的催化剂上[3]。

最广泛使用的方法是采用最新发展的分析研究催化剂表面和所发生的表面反应。由于催化反应是在催化剂表面上进行的，所以，掌握更多的催化表面知识对催化剂的设计也是十分必要的。如：低能电子衍射（LEED）、电子自旋共振（ESR）、穆斯堡尔谱（MS），特别是 20 世纪 70 年代发展起来的电子能谱仪，如 X 射线光电子能谱（X-PES）或 ESCA、俄歇电子（AES），特别是电子自旋共振（ESR）与红外光谱或激光拉曼光谱相结合特别有用，给我们提供了研究固体催化剂表面结构和组成的有力工具。例如通过电子能谱的研究，发现分子筛外表面的硅铝比为体内的二倍。Somorjai 等用低能电子衍射和光电子能谱研究，认为在不同的晶面上催化活性不同，指出高密勒指数的晶面对一些化学吸附和催化具有特殊的活性。在尹元根主编的《多相催化剂的研究方法》一书中介绍了各种物化方法和近代物理方法及其应用例证和方法的有效范围等，值得在进行催化剂表面和表面反应的研究时参考。此外，Knozinger 及其合作者利用同位素示踪实验，公布了"时间微分扰动角关联"（time differential perturbed angular correlation，TDPAC）方法，对研究催化剂表面的组分价态及其分布状态，也是一种有效的研究方法。

进行上述研究的主要目的是试图找到活性中心或所需的中间体，通过添加组

分和改变催化剂的方法，使反应沿着需要的途径，以最佳状态顺利进行。

　　另一种方法是间接的。一般是设计一种具有特定骨架结构的催化剂，它包括对同类催化剂的研究，研究其中可以控制的部分，如原始催化剂组分之一的定位或原子价。在此种催化剂中，主要组分处于特定的化学环境中，如特定的电子结构和结晶结构环境中。做这方面研究的目的是为了鉴别不同添加剂和已知中间体的作用，研究影响活性和选择性的各种因素，以便使催化剂获得最佳性能。

　　Trimm 在他的专著《工业催化剂的设计》（Design of Industrial Catalysis）一书中，对合金催化剂、金属氧化物固溶体、金属簇合物催化剂等骨架结构体系已进行了详尽的讨论。下面仅以金属氧化物固溶体和调节氧化物的酸性分别加以讨论。

　　采用金属氧化物固溶体解决催化剂设计中的次要组分问题，主要面对着复合金属氧化物，这是一个涉及范围十分广泛的研究课题。这类氧化物固溶体的突出特点是具有明确的晶体结构，例如钙钛矿型（perovskite）、尖晶石型（spinel）、白钨矿型（scheelite），Keggin 型的杂多酸（heteropolyacid with a Kiggin structure）及分子筛等。人们常常把某些具有催化活性的金属按其氧化物的构型同另一种氧化物组成固溶体。由上述可看出，所列这些类型的固溶体中的多数至少包括两种金属氧化物（也有例外，如仅由一种氧化物组成，如 Co_3O_4，Fe_3O_4 等都是尖晶石结构，即 $CoCo_2O_4$ 及 $FeFe_2O_4$）。两种金属氧化物必须按一定的配位形式和一定的结构结合在一起。在研究这些类型的复合氧化物体系时，习惯于把两种氧化物分别称为主体氧化物（常指量多的那一个）和客体氧化物（常指量少的那一个）。主客体氧化物的比例改变到一定程度就会引起主体氧化物晶格结构的变化，相应地要影响其催化活性。所以，借助这类氧化物，一方面可研究次要组分所起的作用，另一方面也可研究主要组分和次要组分的催化机理，有利于进行系列化工作。

　　关于复合氧化物的结构变化与其催化性能的关系，应着重研究以下几个方面。

　　（1）固溶体内有关离子原来的配位环境及其变化

　　由于几何结构和电子结构方面的原因，对某特定反应有催化活性和选择性的固溶体中的客体氧化物应具有特定的配位状态。因此需对这种特定的配位环境加以研究。其次是将所需的催化剂的主要组分及次要组分制成这种特定配位环境的固溶体。现以 AMO_4 复合氧化物为例进行讨论。表 9.4 给出了能形成 AMO_4 型复合氧化物的有关金属离子。

　　白钨矿型复合氧化物作为一类催化剂，其研究价值在于其中可产生 A 阳离子缺位（即晶格缺陷），缺位浓度可以高达 A 阳离子总浓度的 1/3。此外，A 阳离子还可被另外的阳离子B部分置换。所以上述的 AMO_4 可以更确切地表示为

表 9.4　白钨矿型复合氧化物的化学式

$A^+M^{7+}O_4$	$A^{2+}M^{6+}O_4$	$A^{3+}M^{5+}O_4$	$A^{4+}M^{4+}O_4$
$KReO_4$	$PbMoO_4$	$BiVO_4$	$ZrGeO_4$
$KCrO_3F$	$NaBi(MoO_4)_2$	$La_2(TiO_4)(WO_4)$	
KO_sO_3N	$Na_2Th(MoO_4)_3$	$Bi_3(FeO_4)(MoO_4)_3$	

注：A^+：Li^+，Na^+，K^+，Rb^+，Cs^+，Ag^+，Tl^+，NH_4^+；

A^{2+}：Ca^{2+}，Sr^{2+}，Ba^{2+}，Cd^{2+}，Pb^{2+}，Eu^{2+}；

A^{3+}：Bi^{3+}，稀土元素离子；

A^{4+}：Th^{4+}，Zr^{4+}，Hf^{4+}，Ce^{4+}，U^{4+}；

M^{2+}：Zn^{2+}；

M^{3+}：Ga^{3+}，Fe^{3+}；

M^{4+}：Ge^{4+}，Ti^{4+}；

M^{5+}：V^{5+}，As^{5+}，Nb^{5+}，Ta^{5+}，Mo^{5+}；

M^{6+}：Mo^{6+}，W^{6+}，Cr^{6+}，S^{6+}；

M^{7+}：Re^{7+}，Tc^{7+}，Ru^{7+}·，I^{7+}；

M^{8+}：Os^{8+}。

以下通式：

$$A_xB_y\phi_zMO_4$$

其中，ϕ 为缺陷符号，且 $x+y+z=1$。这样，便有可能制备一系列含 A，B 两种阳离子及一定数量阳离子缺陷的白钨矿型复合氧化物。关于钼酸铋（一种白钨矿型复合氧化物）对丙烯活化的研究表明，形成的缺陷有助于烯丙基中间物种的生成，而 Bi 的功能主要是与 O 构成活性中心。

（2）调节氧化物的酸性

氧化物的酸性可以从两方面影响丙烯以烯丙基物种反应的途径：①改变烯丙基中间物的电子性质；②改变 M—O 键强。在 Bi_2O_3 表面上，丙烯吸附形成的烯丙基呈中性或弱正电性，其电子结构与 Bi^{3+} 的酸碱性质有关。如果该离子显酸性，则由于金属离子电负性大，烯丙基的电子便定域在此金属离子上，结果该烯丙基会荷正电易于与氧负离子亲核加成，得到丙烯醛。离子的酸性愈强，产生丙烯醛的选择性愈高。相反，在酸性较弱的离子上，烯丙基中间物可保持其自由基类型的特征，而不易接近氧离子。在此情况下，两个烯丙基偶联为环己二烯，并进一步脱氢生成苯。由表 9.5 可见，所列九种含 Bi^{3+} 的催化剂，由于含有 P，S，As，Ti 和 Mo 等金属离子而改变了酸强度使反应方向发生变化。突出的结果是含 Mo 离子的 Bi^{3+} 盐有利于生成丙烯醛，而其他含 Bi^{3+} 的盐都利于生成苯。经进一步分析发现，不同 Bi^{3+} 盐对丙烯氧化生成丙烯醛或苯的反应有不同的选择性。这一事实同所用催化剂的酸强度 H_0 有关。所用催化剂即使都是酸性物质，但随 H_0 值的变化，也会使丙烯催化氧化的选择性发生规律性的改变。

表 9.5　酸强度对丙烯氧化脱氢活性的影响

催化剂	选择性/%		酸强度 H_0
	C_6H_6	C_3H_4O	
$2Bi_2O_3 \cdot P_2O_5$（Bi：P = 2：1）	49.0	0	$+7.1 \sim +6.8$
$BiAsO_4$（独居石）	33.8	5.8	$+6.8 \sim +4.0$
$BiPO_4$（高温型）	26.9	6.6	$+6.8 \sim +4.0$
$Bi_2O_4 \cdot 2TiO_2$（Bi：Ti=1：1）	18.0	0.3	$+7.1 \sim +6.8$
$(B_2O)_2SO_4$	10.0	4.0	$+6.8 \sim +4.0$
$BiPO_4$（独居石）	9.1	38.6	$+1.5 \sim -3.0$
$(BiO)_2MoO_4$（Bi：Mo=2：1）	0	66.1	$+3.3 \sim +1.5$
$Bi(BiO)(MoO_4)_2$（Bi：Mo=1：1）	0	91.7	$+1.5 \sim -3.0$
$Bi_2(MoO_4)_3$（Bi：Mo=2：3）	0	94.7	$+1.5 \sim -3.0$

注：C_3H_6：9%，O_2：18%，773K，空速 $1.0g \cdot s^{-1} \cdot mL^{-1}$。

由表 9.5 还可看到另一事实，即由丙烯无论生成苯还是生成丙烯醛，比较合适的催化剂构型基本上都是 AMO_4 型的复合氧化物。因此可调节其酸强度而改变其催化性能，使其有利于目的产物的生成。把设计主要组分和次要组分的问题与所形成的化合物的构型特征结合起来，可为进一步认识某一特定构型与催化性能的关系提供实验证据。读者可参阅有关复合氧化物方面的专著[19]。至于研究反应机理的种种具体方法，在许多专著中都作了论述[20~22]，在此不再赘述。

四、载体的选择

催化剂的主要活性组分通常是比较昂贵的，其活性取决于表面积、孔隙率、几何构型等多种因素。要制备高效率的催化剂，常把催化剂的活性组分分散在固体表面上，这种固体就称为载体。

（一）载体的作用

载体对活性组分起到机械的承载作用，在一定条件下，对某些反应也是具有活性的组分。近代的研究表明，载体不单单是对活性组分起到机械的承载作用，在一定条件下，对某些反应来说，载体也具有活性。并且，载体与活性组分间可以发生化学作用，导致具有催化性能的新的表面物种的形成。载体的作用介绍如下。

1. 降低催化剂成本

例如节约贵重金属材料（铂、钯、铑）等的消耗，大大提高活性组分的利用率。另外载体可提高催化剂的性能，在经济上可获得更大的效益。

2. 提高催化剂的机械强度

使催化剂有最适宜的几何构型。对某些活性组分来说，只有把活性组分负载在载体上之后，才能使催化剂得到足够的强度和几何构型，才能适应各种反应器的要求，如固定床催化剂应有较好的耐压强度和有利的传热传质条件，流化床的催化剂载体应有较好的耐磨损和冲击强度等。

3. 催化剂的活性和选择性

使用载体可以提高催化剂的比表面积，使活性组分微粒化，可增加催化剂的活性表面积。另一方面，微粒化的结果使晶格缺陷增加，生成新的活性中心，提高催化剂的活性。载体与活性组分间，特别是与金属组分间作用的研究，已有了深入的发展，在过渡金属氧化物表面上存在着金属-载体强相互作用，产生了协同效应，协同效应有正有负，正的协同效应使系统的性质优于活性组分和载体的性质，负的则反之。所以，研究协同效应可为催化剂性能的有效发挥提供理论依据。详见第七章。

有时载体也可提供某种活性中心。多功能催化剂是指一种催化剂可以同时提供多种反应，也就是说在催化剂中有几种活性中心，载体也可以提供某种活性中心。如在加氢反应中需要选择非酸性载体，而在加氢裂解中需要选择酸性载体。载体的酸碱性质影响反应方向。再例如 CO 和 H_2 的反应，将钯载在碱性载体上作催化剂时，产品为甲醇；若载在酸性载体上时，产品为甲烷。所以，载体也可以改变反应的方向和选择性。

4. 延长催化剂的寿命

提高催化剂的耐热性、耐毒性、提高传热系数并使活性组分稳定化。

（1）提高耐热性

载体本身要有一定的耐热性，防止高温下自身晶相变化或因热应力而开裂。所以一般采用耐火材料作为载体。

当不使用载体时，活性组分颗粒接触面上的原子或分子会发生作用，使粒子增大，一般称之为烧结。烧结开始的温度有两种表示方法，在结晶表面有原子开始移动的温度为 T_H（即 Hütting 温度），晶格开始松动的温度 T_T（即 Tammann 温度）。若以 T_m(K) 作为熔点，则 $T_H \approx 0.3 T_m$，$T_T \approx 0.5 T_m$。在加氢和氧化反应中使用的 Cu 和 Ag 这样熔点低的金属（$T_m \approx 1300K$）催化剂，大致在 200℃以下即发生烧结，但使用载体后 300~500℃才发生烧结，耐热性大大提高。如利用共沉淀法制得载在 Cr_2O_3 上的铜催化剂，由于提高了分散度，在 250~800℃下工作仍不发生烧结。

（2）提高耐毒性

使用载体后使活性组分高度分散，增加活性表面，同样量的催化剂毒物对之就变得不敏感了，载体吸附了一部分毒物，甚至可能分解部分毒物，可以提高催化剂的耐毒性，从而延长催化剂的寿命。

（3）提高传热系数

氧化反应与加氢反应有很大热效应，在高负荷大空速下操作时，如果不移去反应热而使反应热在催化床层累积，易发生烧结而降低活性。反应热的累积常在固定床反应器中有热点生成，此时易并发副反应，进入不稳定反应操作区域，发生操作上的危险。使用载体后增加了放热面，提高了传热系数，特别是用 SiC 或 α-Al_2O_3 等导热性好的载体后，大大提高了散热效率，可防止催化剂床层的过热而导致活性下降。

（4）催化剂活性组分的稳定化

在并不高的温度下，某些活性组分如 MoO_3、Re_2O_7、P_2O_5、Te 等易发生升华，在反应中会逸出一部分，使催化剂的组成和化合形态发生变化，使催化剂的活性和选择性发生变化。

烃类部分氧化反应使用的催化剂之一，V_2O_5-MoO_3 系催化剂在 350～500℃下使用，蒸气压较高的 MoO_3 在反应中慢慢升华，选择性也逐步下降，成为完全氧化。如果用 Al_2O_3 来负载，就可以大大减少 MoO_3 的升华损失，延长使用寿命。

（二）载体的种类

作为催化剂的载体可以是天然物质（如沸石、硅藻土、白土等），也可以是人工合成物质（如硅胶、活性氧化铝等）。天然物质的载体常因来源不同而其性质有较大的差异，例如，不同来源的白土，其成分的差别就很大。而且，由于天然物质的比表面积及细孔结构是有限的，所以，目前工业上所用载体大都采用人工制备的物质，或在人工制备物质中混入一定量的天然物质后制得。

载体的种类很多，可按比表面大小或酸碱性来分类。

1. 按比表面大小分类

大致可分为两类。

（1）低比表面积载体

如：SiC、金刚石、沸石等，比表面在 $20m^2/g$ 以下，属于低比表面载体。这类载体对所负载的活性组分的活性没有太大的影响。低比表面载体又分无孔与有孔二种。

1）无孔低比表面载体，如石英粉、SiO_2 及钢铝石等，它们的比表面积在 $1m^2/g$ 以下，特点是硬度高、导热性好、耐热性好，常用于热效应较大的氧化反应中。

2）有孔低比表面载体，如沸石、SiC 的粉末烧结材料；耐火砖、硅藻土等，比表面低于 $20m^2/g$。沸石是一种无定形硅酸盐，以酸洗去可溶性物质后，可作为载体。硅藻土是由半无定形的 SiO_2 组成，含有少量 Fe_2O_3，CaO，MgO，Al_2O_3。我国硅藻土比表面一般在 $19\sim65m^2/g$，比孔容在 $0.45\sim0.98cm^3/g$，孔半径为 $500\sim8000Å$，可先用酸除去酸溶性杂质。这样处理后，可提高 SiO_2 含量，增大比表面及孔容和孔径，也可增加其热稳定性。硅藻土主要用于固定床催化剂载体。

（2）高比表面载体

如活性炭、Al_2O_3、硅胶、硅酸铝和膨润土等，比表面可高达 $1000m^2/g$。也分有孔与无孔二种。

TiO_2、Fe_2O_3、ZnO、Cr_2O_3 等是无孔高比表面载体，这类物质常需要添加黏合剂，于高温下焙烧成型。

分子筛、Al_2O_3、活性炭、MgO、膨润土是有孔高比表面载体，这类载体常具有酸性或碱性，并由此而影响催化剂的性能，载体本身有时也提供活性中心。

以高比表面载体制作催化剂时，有的先把载体做成一定形状，然后采用浸渍法而得催化剂，也有的是把载体原料和活性组分混合成型，经焙烧而得催化剂。

部分载体的比表面和比孔容列于表 9.6 中。

表 9.6　部分载体的比表面和比孔容

载体	比表面/(m^2/g)	比孔容/(cm^3/g)
活性炭	$900\sim1100$	$0.3\sim2.0$
硅胶	$400\sim800$	$0.4\sim4.0$
Al_2O_3-SiO_2	$350\sim600$	$0.5\sim0.9$
γ-Al_2O_3	$100\sim200$	$0.2\sim0.3$
膨润土	$150\sim280$	$0.3\sim0.5$
矾土	~150	~0.25
MgO	$30\sim50$	0.3
硅藻土	$2\sim80$	$0.5\sim6.1$
石棉	$1\sim16$	—
钢铝石	$0.1\sim1$	$0.03\sim0.45$
金刚石	$0.07\sim0.34$	0.08
SiC	<1	0.40
沸石	~0.04	—
耐火砖	<1	—

2. 按酸碱性分类

归纳如下（括号内为熔点℃）：

碱性材料：MgO（2800）；CaO（1975）；ZnO（1975）；MnO_2（1600）。

两性材料：Al_2O_3（2015）；TiO_2（1825）；ThO_2（3050）；Ce_2O_3（1692）；

CeO$_2$（2600）；CrO$_3$（2435）。

中性材料：　MgAl$_2$O$_4$（2135）；CaAl$_2$O$_4$（1600）；Ca$_3$Al$_2$O$_4$（1553 分解）；
　　　　　　MgSiO$_2$（1910）；Ca$_2$SiO$_4$（2130）；CaTiO$_3$（1975）；
　　　　　　CaZnO$_3$（2550）；MgSiO$_3$（1557）；Ca$_2$SiO$_3$（1540）；碳。

酸性材料：　SiO$_2$（1713）；SiO$_2$；Al$_2$O$_3$；沸石；磷酸铝；碳。

(三) 几种主要的载体

下面介绍几种主要的载体。

1. Al$_2$O$_3$

氧化铝是在工业催化剂中用得最多的载体。价格便宜，耐热性高，活性组分的亲合性很好。高比表面的 Al$_2$O$_3$ 作为载体可用在石油重整催化剂（Pt，Pt-Re），加氢脱硫催化剂（CoO-MoO$_3$-NiO），汽车排气净化催化剂等场合；低比表面的 Al$_2$O$_3$ 可作为乙烯氧化制环氧乙烷、苯氧化制顺酐（V$_2$O$_5$-MoO$_3$-P$_2$O$_5$-Na$_2$O）等催化剂的载体。

从结构角度分，氧化铝有许多种，一般可用 X 射线衍射法将它们区分。通常先由铝盐制备出氢氧化铝，后者脱水即得氧化铝。在制备中经历三种不同的水合状态：

Al$_2$O$_3$·3H$_2$O 或 Al（OH）$_3$，包括拜尔石和水铝石；

Al$_2$O$_3$·H$_2$O 或 AlO（OH），主要是水软铝石；

Al$_2$O$_3$·nH$_2$O（n<0.6），n 随温度升高而降低。

各种形态的 Al$_2$O$_3$ 在 1470～1570K 下焙烧都转化为 α-Al$_2$O$_3$。以上各物种的转化关系示于图 9.7。

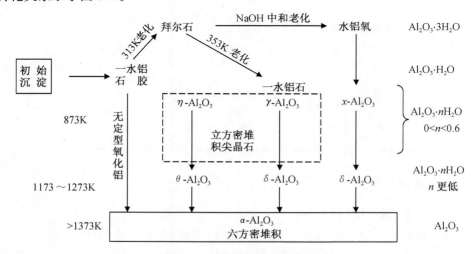

图 9.7　氢氧化铝的分解序列

Al$_2$O$_3$的晶体形态与制备时的温度、pH 值、老化时间等因素有关。氧化铝含有一定量的结构水，在加热过程中这些水慢慢失去。氧化铝还可能包含一些在制造过程中引入的杂质。作为载体而经常使用的是 γ-Al$_2$O$_3$ 和 η-Al$_2$O$_3$，它们具有高的比表面和热稳定性，结构类似，不易区别，实验上只能从它们具有微细差别的 X 射线衍射图将它们分别开。在 η 和 γ-Al$_2$O$_3$ 中，氧的排列与尖晶石（MgAl$_2$O$_4$）中氧的排列一样，但 η 型中的氧相对于 γ 型来说又有一定程度的畸变。尖晶石型结构中所有的氧都是等价的，这些氧按立方密堆积排列，排列的间隙中有两种位置可供阳离子占据：八面体心位子（与六个氧配位），四面体心位子（与四个氧配位），参见图 9.8。从晶体学来说，尖晶石结构中金属原子与氧原子的数量比为 3：4，而 Al$_2$O$_3$ 中，由于计量关系要求，金属与氧原子的数量比为 2：3，因而有些阳离子位子是空的，没有 Al^{3+} 占据。

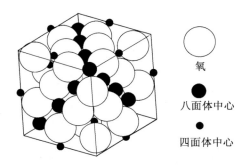

氧

● 八面体中心

● 四面体中心

图 9.8　尖晶石 MgAl$_2$O$_4$ 的晶格

氧化铝有微弱的酸性，其表面结构羟基不显 Brönsted 酸性，结构羟基失水得到的裸露的铝原子显 Lewis 酸性，η-Al$_2$O$_3$ 的酸性稍强于 γ-Al$_2$O$_3$，所以 η-Al$_2$O$_3$ 有较高的酸催化活性。一些电负性较强的元素，如氟、氯等元素通过诱导效应可以提高 Al$_2$O$_3$ 的酸性。

2. 硅胶

硅胶的化学成分为 SiO$_2$，通常由水玻璃酸化制取。水玻璃主要成分为硅酸钠，它与酸作用后生成硅酸；硅酸再发生聚合、缩合，形成结构不确定的聚合物，其中主要含 Si—O—Si 键，这种聚合物以凝胶或胶体形式沉淀；沉淀物经干燥最终得到干胶。室温下硅胶表面有一层物理吸附的水，表面上同时存在着硅烷醇——SiOH 结构。在 423～473K 时，大部分吸附的水脱附，表面上主要留下—SiOH。在更高温度下，相邻的—OH 脱水形成 Si—O—Si 结构。

SiO$_2$ 可作为萘氧化制苯酐的 V$_2$O$_5$-K$_2$SO$_4$ 催化剂，乙烯制乙酸的 Pd 催化剂，乙烯水合制乙醇的 H$_3$PO$_4$ 催化剂等的载体，但在工业上的应用少于 Al$_2$O$_3$，这是因为制造较困难，与活性组分的亲和力弱，水蒸气共存下易烧结等缺点，影响了它的使用，但仍是用得较多的载体。

SiO$_2$ 的表面活性基团是 Si—OH 和 Si—OR 二种，对催化剂制备来说 Si—OH 尤为重要，它显示弱酸性，当 pH 较大时，OH 中的 H 以 H$^+$ 形式解离，Si—OH 数量可采用 NaOH 滴定、UO$_2$ 或 Al（OH）$_2$Cl 的吸附、氘的交换等方法来求取。一般 Si—OH 量为 $0.5\sim1$meq/g，以表面积 $0.25\sim0.50$nm^2 存在一个 OH 基为宜。

SiO$_2$ 的比表面积为 $300\sim720$m^2/g，孔容为 $0.4\sim1.1$cm^3/g，堆相对密度为 $0.4\sim0.7$。

当加热温度上升时，Si—OH 量减少，200℃时约 0.20nm^2 中存在一个 OH，800℃以上时为 1nm^2 存在一个 OH；在 600℃以下比表面和孔容不变，700℃开始比表面与孔容减少，1000℃时二者都趋于零。

3. 硅藻土

它的化学成分为 SiO$_2$，它是由古代硅藻类生物在久远的地质作用下演变而来的。硅藻土中含少量的 Fe$_2$O$_3$、CaO、MgO、Al$_2$O$_3$ 及有机物，其孔结构和比表面随产地而变。我国的硅藻土比表面一般在 $20\sim65$m^2/g，比孔容在 $0.95\sim0.98$cm^3/g，主要孔半径在 $50\sim800$nm。硅藻土在使用前要用酸处理，一是为了提高 SiO$_2$ 的含量，降低杂质含量，增大比表面、比孔容和主要孔半径；二是为了提高热稳定性，经酸处理后，再在 1173K 下焙烧，可进一步增大比表面。

硅藻土主要用于制备固定床催化剂。

4. 活性炭

活性炭主要成分是 C，此外还有少量 H、O、N、S 和灰分等。这些物质少，但对活性炭性质有一定影响。活性炭具有不规则的石墨结构，活性炭表面上存在着羰基、醌基、羟基和羧基等官能团。活性炭的化学组成，因原料和制备方法不同而有差别。活性炭表面化学结构示意图见图9.9。

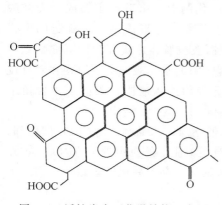

图 9.9　活性炭表面化学结构示意图

活性炭的特征是具有发达的细孔和大的表面积，热稳定性高，因而很早以前就已用作贵金属催化剂的载体。制造活性炭的原料有木材和果壳等植物和煤、石油等矿物经炭化再活化而成。一些成型产品是加入沥青等黏结剂，再成型和活化。活化方法是在水蒸气、CO$_2$、空气等氧化性气氛中于 $750\sim1050$℃处理，也可用 ZnCl$_2$、H$_3$PO$_4$ 浸渍再高温处理。一般活性炭含有 5% 的灰分，比表面积为 $500\sim1200$m^2/g。微孔径为 0.5nm，孔容为 $0.6\sim1.0$cm^3/g，填充密度为 $0.4\sim0.56$g/cm^3。

最近，用再生纤维素或聚丙烯腈为原料制造纤维状活性炭，比粒状活性炭有更大的比表面积。

5. 二氧化钛

TiO_2具有锐钛矿、板钛石、金红石三种结晶形态。板钛石因为不稳定难以合成；锐钛矿在较低温度下生成，相对密度较小，为 3.84，比表面积较大；锐钛矿在 $600 \sim 1000℃$ 加热就变为金红石，相对密度增大为 4.22，比表面积急剧下降。

TiO_2 表面存在 OH 基，制备方法和杂质能影响其酸碱性，但总的来说是较弱的。Ti 与一个 OH 基连接呈碱性，二个 Ti 与一个 OH 连接呈酸性。

工业用 TiO_2 担体的化学组成（质量分数）为：TiO_2 95%，SO_3 3.64%，H_2O 1.66%。比表面积为 $72m^2/g$。

制造方法是以 $Ti(SO_4)_2$、$TiOSO_4$ 或 $TiCl_4$ 等水溶液中和或加水分解而得 $Ti(OH)_4$，水洗、干燥、烧成。含少量 SO_4^{2-} 的 TiO_2 耐热性很高，也带来了表面酸性。在 800℃ 以下烧成时得到锐钛矿型的 TiO_2。以 $TiCl_4$ 作为原料的场合，得到较高纯度的 TiO_2，在 600℃ 以下加热容易变为金红石型 TiO_2。

二氧化钛过去只作为颜料，但近年来已较多地被用作为催化剂载体。在火力发电厂等废气中脱除 NO_x 时，目前是以 NH_3 作为还原剂来脱除 NO_x 的。催化剂就是由超细的 TiO_2 作为载体与过渡金属氧化物 V_2O_5 组成的。

6. 层状化合物

在层状结晶中，层与层之间的间隙比形成层面的原子间的间隔大得多，层间的结合力仅为范德华力或静电力，是十分弱的，所以易破坏，这种弱的结合力使其他分子或离子进入两层之间，形成许多层间化合物。

这种层状结晶可以用离子交换来形成层状化合物，也可因电荷移动或氢键形成层间化合物，但二者不同，前者的结晶是硅酸盐（蒙脱土、蛭石等）、磷酸盐（磷酸锆等）、钛酸盐、钼酸盐等，后者的结晶是石墨、硫化物（MoS_2、TiS_2 等）、氧化物（MoO_3、V_2O_5）等，作为催化剂载体使用的是无机离子交换的蒙脱土。

层状化合物的重要性，在于其大孔结构。目前，孔径大于沸石分子筛的只有蒙脱土等材料。其通式为

$$(Si_8)(Al_4)(O_{20})(OH)_4$$

蒙脱土的层结构是由二个硅氧四面体片和夹在中间的铝氧八面体片所构成。八面体层的 Al^{3+} 可被 Mg^{2+} 或其他阳离子取代，由于存在层间阳离子，电荷达到平衡。把各种有机分子或阳离子引入层状化合物，有时可得到较大的层间距。当层状化合物层间电荷密度一定时，引入有机分子或阳离子的体积越大，层间距离

就越大，就有利于得到大孔结构。例如引入 Al^{3+}，层间距为 $8.5 \times 10^{-10}\,m$，引入 Zr 后层间距为 $7.1 \times 10^{-10}\,m$，引入 Cr 后层间距为 $3.0 \times 10^{-10}\,m$，引入 Ti 后层间距为 $3 \times 10^{-10}\,m$，引入 Zn 后层间距为 $5.7 \times 10^{-10}\,m$。引入金属离子后，或改善了层状化合物性能，或产生新的功能。

7. 碳化硅

碳化物系陶瓷的熔点高于 2000℃，具有高热传导率，高硬度，强耐热、耐冲击性，但在氧化气氛中容易被氧化。耐氧化性次序为

$$SiC（1500℃）> B_4C \approx TiC（600℃）$$

所以在碳化物系陶瓷中只有 SiC 可用作为载体。

工业碳化硅是用硅和碳在高温下反应而成。高纯度的 SiC 用 $SiCl_4$ 与烃类反应而得。它的烧结体是在 SiC 中加入 $10\% \sim 20\%$ 的 Si 和碳，在非氧化性气氛下高温烧成。在烧成中 Si 与 C 反应生成 SiC，把原料中 SiC 颗粒结合在一起，形成机械强度很大的烧结体。另外，若加入黏土和 Al_2O_3 作为黏结剂再成型，可得多孔性 SiC。

国外一些 SiC 载体产品的物性见表 9.7，都具有大的热传导率与没有微孔的特点，可用作为选择性氧化催化剂的载体。

表 9.7　SiC 载体的性质

牌 号	形 状	化学组成（质量分数）/%			比表面积 /（m²/g）	气孔率 /%	填充密度 /（g/cm³）	吸水率 /%
		SiC	Al₂O₃	SiO₂				
4C01	球，片，各种形状	84	3.0	12	<1	40	1.9	18
TS102	球，各种形状	98	0.4	0.5	0.2~0.5	32~36	1.9~2.1	14~18
Norton BS131	片，各种形状	65.8	4.7	28.5	<1	39~43	1.0	22~25

8. 分子筛

各种分子筛、黏土、石墨层间化合物、结晶磷酸铝等都具有与反应分子相同程度大小的微孔，见表 9.8[3]。

若使用如表 9.8 中右边那些载体，则仅使特定大小的分子在微孔内反应，或者说是仅有特定大小的分子生成。这就是择形性催化剂。而当 Na^+ 被 H^+ 或其他金属离子（La^{3+}，Ce^{3+} 等）交换后的分子筛，就能表现出固体酸性，负载金属催化剂后就成为双功能催化剂。

分子筛是结晶硅铝酸盐，SiO_4 四面体或 Al 取代 Si 成为 AlO_4 四面体，共有氧原子，而缩合成为三元立体网结构的硅酸铝，形成了氧原子的 $4 \sim 12$ 元环的孔道。硅氧四面体和铝氧四面体通过共用氧原子相互联结。由于铝原子是三价的，

表 9.8　反应物分子直径与载体的有效进入口径

反应物分子	分子直径/nm	载　　体	有效进入口径/nm
H_2O	~0.27	A 型沸石	0.3~0.5[1]
O_2	~0.33	毛沸石	0.35~0.5[1]
N_2	~0.37	ZSM-5	0.5~0.62[1]
正烷烃	~0.48	丝光沸石	0.4~0.7[1]
一个侧甲基的链烷烃	~0.52	X、Y 型沸石	~0.8
苯、甲苯、对二甲苯	~0.58	$AlPO_4$-16, 20	0.3
邻、间二甲苯	~0.62	$AlPO_4$-14, 33	0.4
1,3,5-三甲苯	~0.72	$AlPO_4$-17, 18	0.47
		$AlPO_4$-11	0.61
		$AlPO_4$-5, 31	~0.8

1) 根据离子交换而使口径变化的范围。

所以铝氧四面体有一个氧原子的价电子没有得到中和，使整个铝氧四面体带有一个负电荷。为了保持电中性，在铝氧四面体附近必须有一个带正电荷的金属阳离子来平衡负电荷。在合成沸石中，该金属阳离子一般为钠离子。硅氧四面体和铝氧四面体通过氧桥相互联结起来，可形成多元环，各种不同的多元环通过氧桥相互联结，又可形成具有三维空间的多面体，叫做晶穴或笼。晶穴与外部或与其他晶穴相通的部位叫做晶孔，围成主晶穴的最大的多元环，称为沸石的主晶孔。A型沸石主晶孔是八元环，X 型和 Y 型沸石的主晶孔是十二元环。由此可知，各种分子能否进入沸石晶体内部，是由主晶孔的有效孔径决定的，而晶穴的体积决定着可以容纳的分子数目。

上面讲到的沸石中的金属阳离子可被其他阳离子交换，并保持骨架结构不发生变化，由于阳离子的大小不同，以及在晶穴中位置的改变，可以使沸石的孔径发生变化，表 9.8 中四种沸石孔径有一个范围，其变化范围即由于阳离子交换而引起。另外，由于沸石中不同阳离子所产生的局部静电场不同，对吸附分子的极化能的影响也不同，从而影响沸石的分子筛作用及吸附和催化性能。

X 型沸石和 Y 型沸石的晶体结构完全相同，区别只是硅和铝的原子比不同。但是每个晶胞中硅和铝原子的总数相同，都是 192，相当于 8 个八面沸石笼。

X 型沸石的晶胞组成：$Na_{86}(Al_{86}Si_{106}O_{384}) \cdot 264H_2O$

Y 型沸石的晶胞组成：$Na_{56}(Al_{56}Si_{136}O_{384}) \cdot 264H_2O$

丝光沸石的晶胞组成：$Na_8(Al_8Si_{40}O_{96} \cdot 24H_2O$

在沸石中 Si 被 P 所取代，美国公司在 20 世纪 80 年代开发了磷酸铝，它们中间有 14 种 $AlPO_4$ 具有微孔结构，6 种 $AlPO_4$ 具有二维层状结构。在合成时铝源用 $Al(OH)_3$，P 源用 H_3PO_4，与 ZSM-5 相同，在各有机胺及四级铵盐存在下于 100~250℃反应 1~7 天，结晶化生成物的组成为：$xR \cdot Al_2O_3 \cdot (1\pm0.2)P_2O_5 \cdot yP_2O_5$。R 表示有机胺或四级铵盐，起模板剂作用。

AlPO₄的热稳定性很高，即使在1000℃仍能保持立体结构，孔容为$0.04\sim$
$0.35cm^3/g$，孔径为$0.3\sim0.8nm$，与沸石差不多大小。具有固体酸性，但不能
进行离子交换。

MCM系列分子筛是一种新型的介孔分子筛。1992年Mobil公司报道了一类
孔径可在$1.5\sim20nm$之间调变的新型M41S分子筛。M41S具有很高的热稳定
性、水热稳定性和耐酸碱性。MCM41是M41S的一员，根据形成机理可以认为
它是一种具有六方柱棱状一维线型孔道的分子筛，孔径在$1.5\sim10nm$之间。
MCM41几乎无强酸中心，主要以弱酸和中等强度的酸为主[23]。

沸石分子筛最突出的特点在于它具有形状选择性，即择形性。具体来说可分
为：

1）反应物选择性。不允许太大的分子扩散进入沸石孔道。

2）产物选择性。仅允许反应期间所生成的较多小分子扩散离开孔道。

3）过渡态受阻的选择性。若反应的过渡态产物所需要的空间比可用的孔道
还大，则这反应不能进行。

4）分子运行限制。在具有两类孔道的沸石中，由于这两类孔道具有不同的
孔窗和几何特性，反应物分子可优先通过其中一类孔道进入沸石。反应后则由于
沸石对体积或形状的限制产物经另一类孔道离开沸石，这样就将反扩散减小到最
低程度。

5）孔窗静电效应造成的选择性。这种静电效应起源于孔窗处的电场与反应
物分子的偶极距之间的相互作用。这种作用或允许或禁止反应物分子扩散到沸石
中，但在这种孔窗择形情况下不一定不能反应。如邻二甲苯与邻二氯苯在同样的
HZSM-5上，异构化的效果完全不同，前者异构化的产物趋于热力学平衡，而后
者主要产生间位体，对位体很少。

（四）对载体的要求和选择

由于多相催化反应是在催化剂表面上进行的，因此需将有催化活性的物质分
散在载体上以获得大的活性表面，这样也可减少活性组分的用量。近年来，由于
催化科学的发展，许多与载体有关的催化现象逐渐被人们所认识。在载体参加的
某些表面现象中最为重要的是金属与载体的相互作用，载体在双功能催化剂中的
作用，以及发生在活性金属及氧化物载体间的溢流作用（spillover），即吸附在金
属上的氢能够转移至载体上，这在加氢反应中有重要意义。这三种与载体有密切
联系的作用，在多相催化反应机理研究以及表面化学研究中占有相当重要的地
位，已引起催化及表面科学工作者的兴趣。

选择载体应注意下列各种性能和问题：

1. 良好的机械性能

载体应具有一定的强度，如抗磨损、抗冲击以及抗压性能等，适当的体相密度，有稀释过于活泼物质的本领。

2. 几何状态

载体可以增加催化剂的比表面，可以调节催化剂的孔隙率，可以调节催化剂晶粒及颗粒大小。

3. 化学性质

载体能同活性组分作用以改善催化剂的活性，避免烧结现象，抵抗中毒。

4. 经济核算

资源、成本和加工。

5. 热稳定性

以上各条只是选择载体的参考因素，并非绝对的标准，因为很难有某种载体能同时满足各种要求。例如，人们常不希望载体本身带有催化活性，但大多数广泛应用的载体多少都有些活性。例如，常用载体 $\gamma\text{-}Al_2O_3$，就是醇脱水为烯的催化剂。如果载体的活性对目的反应有利则可取，否则应将其活性毒化或调节使用温度加以避免，因为有些载体在不同温度下性质差别很大。

前面我们已经介绍了一些常用载体及其基本物性，也列出了一些载体的酸碱性质，在选择载体时要考虑载体的酸碱性。

许多无机氧化物都可当作载体用，但最后确定某种氧化物是否适用，还需考察待选氧化物的化学性质。例如 Al_2O_3，SiO_2，ZrO_2 和 ThO_2 等是具有一定酸性的氧化物，而 CaO，MgO 则是具有很强碱性的氧化物，我们应根据具体反应加以选择。

此外，一些半导体氧化物也可选为载体，如 Cr_2O_3，TiO_2，ZnO 等。这些载体也有一定的活性，使用时可借温度变化调节其活性。

活性炭或无定形炭以及石墨也是良好的载体。活性炭的比表面高者达 $1000m^2/g$。除对某些氧化反应和氯化反应外，它基本上是催化惰性的。

五、催化剂物理结构的设计

催化剂的催化性能除了与化学组成有关以外，还受到物理结构的影响，物理结构即指：组成固体催化剂的各粒子或粒子聚集的大小、形状与孔隙结构所构成的表面积、孔体积、孔大小的分布及与此有关的机械强度。具体地说它应包括催化剂的外形、颗粒的大小、真密度、颗粒密度、堆密度、比表面、孔容积、孔径分布、活性组分的分散度及机械强度等。这些指标的优劣直接影响反应速率的改变，影响到催化剂本身的催化活性、选择性、过程的传质与传热、流体的压力降以及催化剂的寿命等，不同的催化反应对这些指标要求是不同的。在催化剂设计中要了解宏观结构与催化性能之间的关系，催化剂的化学组成确定以后，再根据反应的要求来设计催化剂的物理结构，以满足催化反应的要求，这在催化剂设计中是十分重要的。

(一) 催化剂的物理结构对催化反应的影响

在催化剂上的反应速率（活性）r 可表示为 3 个参数的乘积

$$r = r_s S_g f$$

其中，r_s 为催化剂单位表面上的反应速率（比活性）；S_g 为催化剂的比表面；f 为催化剂的内表面利用率。

可以认为，工业催化剂在较高的操作温度下，比活性 r_s 只取决于催化剂的化学组成，是一个常数，因此对于一定化学组成的催化剂其活性取决于 S_g 及 f。催化反应主要是在多孔催化剂的内表面上进行的，当 r_s 一定时，比表面愈大催化活性愈高。对于微球状的催化剂颗粒，其比表面又与微球半径 R 成反比，因此，微球半径愈小比表面愈大，催化活性也愈高。上述结果说明了宏观物性颗粒大小、比表面对反应速率的影响。另一方面，反应是在催化剂细孔的内表面上进行的，只有反应物分子能顺利地进入细孔深处；生成物分子又能顺利地由细孔内部扩散出来，反应才能顺利地进行。因此，孔结构的性质，包括孔径的大小、形状、长度、弯曲情况、孔体积及孔径分布等决定了反应物及生成物分子自由扩散的性质以及反应分子到达内表面的程度，亦即对内表面利用率 f 也给予影响，从而影响到反应速率。

宏观结构因素的影响不是孤立而是相互联系的，为进行改进而变更其中某一因素时，其他的性能特点也会随之变化。例如，催化剂颗粒大小与表面积有关，表面积大小又与孔结构有关；催化剂的外形既与机械强度又与流体阻力等因素有关。因此在催化剂设计时必须把这些因素综合起来考虑。而催化剂宏观结构的变化起因于催化剂制备过程的化学机制和物理成型等因素。明确了要求及起因就能在制备及成型过程中根据反应的要求来进行设计及控制。

(二) 催化剂的形状选择

在不同的使用场合，催化剂需要不同的形状与大小。表 9.9 给出了工业上使用的各种催化剂的形状。

表 9.9　各种催化剂的形状

分类	反应系统	形状	外径	典型图	成型机	原料
片	固定床	圆形	3～10mm		压片机	粉末
环	固定床	环状	10～20mm		压片机	粉末
圆球	固定床、移动床	球	5～25mm		造粒机	粉末，糊
圆柱	固定床	圆柱	(0.5～3) mm×(15～20) mm		挤出机	糊
特殊形状	固定床	三叶、四叶形	2.4mm×(10～20) mm		挤出机	糊
球	固定床、移动床	球	0.5～5mm		油中球状成型	浆
小球	流动床	微球	20～200μm		喷雾干燥机	胶，浆
颗粒	固定床	无定形	2～14mm		粉碎机	团粒
粉末	悬浮床	无定形	0.1～80μm		粉碎机	团粒

　　环形催化剂一般用转动造粒法或催化剂前驱的浆在矿物油中滴下的方法成型。前者用得较广泛，但机械强度不太大。油中成型的催化剂强度较大，但用得不多，仅限于三氧化二铝、二氧化硅、硅铝酸盐等。特殊形状的是用含水糊状物从特定形状的孔中挤出，所以能得到各种形状的催化剂。

　　催化剂的形状和大小是由催化剂层的压力损失的催化有效系数的综合考虑来决定，形状越大，压力降越小，但有效系数也变小。粒径 d_p 和反应器管径 d_t 之比 $d_p/d_t > 1/10$ 时易发生偏流，这是粒径大小决定时的主要出发点。而粒子形状还影响催化层的空隙率和压降大小。

　　表 9.9 中采用三叶形等特殊形状的目的是扩大粒子外表面积，使粒子内的传质阻力减小，优化催化层内的流动状态，减小压力损失。

　　根据对任意形状催化剂有效系数的理论和实验研究，催化剂的代表长度 L_p，定义为"粒子体积/粒子外表面积"，根据 Thiele 数来整理，$\phi \equiv L_p(k/D_e)^{1/2}$，$k$ 为微孔内单位体积的速度常数，D_e 为有效扩散系数。由形状引起的催化剂有效系数 η 差别不大，特别是大小二个极限 η 值全部相同。若考虑物理形状，得到这个结论是很自然的，因为当 ϕ 值小时，粒子内部一样有效，活性与体积成比例而与形状无关，所以圆柱与球等价；当 ϕ 值最大时，催化剂外表面附近进行催化反应，活性与外表面积成正比，与形状无关。在中间区域不同形状的差别也不大，实验也证实这一点，但严格讲对于某给定形状的有效系数的数值必须计算而得。

　　在工业装置中，必须选择一定外形的固体催化剂，使压力降下降，又必须保持较高的有效表面积。一般当颗粒的直径增加时，压力降下降，而同时有可能引起催化效率的下降，这是人们所不希望的，因而对异形载体及蜂窝载体的研究是一个十分重要的课题，它们为制造低压力降、高效率的催化剂提供了可能性。

（三）催化剂的比表面及孔结构的设计与选择

1. 催化剂的微孔结构和比表面对催化性能的影响

有关催化剂的比表面与孔结构对催化性能的影响，在本书第四章已详细地介绍过了。一般而言，表面积愈大催化剂的活性愈高，如在硅酸铝催化剂上进行的烃类裂解反应，常可观察到表面积与催化剂活性的直线关系。可以认为，在这种化学组成一定的催化剂表面上，活性中心是均匀分布的。但这种关系并不普遍，因为具有催化活性的面积只是总表面积的很小一部分，而且活性中心往往具有一定的结构。由于制备或操作方法不同，活性中心分布及其结构都可能发生变化。换言之，在多数催化剂表面上是不均匀的，用某种方法制得的表面积大的催化剂不一定意味着它的活性表面积大，并具有适宜的活性中心结构，所以催化活性和表面积常常不能成正比关系。

还应指出，也并非在任何情况下催化剂的表面积愈大愈好。如：催化氧化为强放热反应，如果催化剂的表面积大，则单位时间反应量催化剂的活性高，这样，单位容积反应器内，单位时间反应量就很大，使反应装置中的热平衡遭到破坏，造成高温或局部高温，甚至发生事故。此外，由于表面积和孔结构是紧密联系的，比表面大则意味着孔径小、细孔多，这样就不利于内扩散，不利于反应物分子扩散到催化剂的内表面，也不利于生成物从催化剂内表面扩散出来。所以对于选择性氧化反应来说，为了便于反应物分子和生成物分子的扩散，以避免深度氧化，故对于这类反应就必须控制催化剂的比表面，选择一些中等比表面或低比表面的催化剂或催化剂载体。

2. 孔结构的选择原则

如第四章所述，孔结构对催化反应速率、内表面利用率、反应选择性、热传导和热稳定性都有影响，所以孔结构的选择与设计尤为重要。选择的一般原则[3]如下：

1）对于加压反应一般选用单孔分布的孔结构，其孔径 d 在 $\lambda \sim 10\lambda$ 间选择。对要求高活性来说 d 应尽量趋于 λ，但在活性允许的情况下考虑到热稳定性则应尽量使 d 趋于 10λ。

2）常压下的反应一般选用双孔分布的孔结构。小孔孔径在 $\lambda \sim \lambda/10$ 之间。单从活性看小孔孔径应尽量趋于 $\lambda/10$，但这时表面效率降低，考虑到其他因素

应在 $\lambda\sim\lambda/10$ 间选择。而大孔的孔径为使扩散受孔壁阻力最小，应选 $\geqslant 10\lambda$ 的孔。

3) 在有内扩散阻力存在的情况下，催化剂的孔结构对复杂体系反应的选择性有直接的影响。对于独立进行或平行的反应，主反应速率愈快、级数愈高，内扩散使效率因子降低愈大，对选择性愈不利。在这种情况下，为提高催化剂的选择性应采用大孔结构的催化剂。对于连串反应如果目的产物是中间产物，那么深入到微孔中去的扩散只会增加它进一步反应掉的机会，从而降低了反应的选择性，在这种情况下也应采用大孔结构的催化剂。

4) 从目前使用的多数载体来看，孔结构的热稳定性大致范围是：$0\sim10nm$ 的微孔在 $500℃$ 以下、$10\sim200nm$ 的过渡孔在 $500\sim800℃$ 范围内、而大于 $200nm$ 的大孔则在 $800℃$ 下是稳定的。因此在反应过程中要得到稳定的孔结构可参考上述来选择。

(四) 催化反应的结构敏感性和非敏感性

在催化剂设计的时候还应注意有的催化反应对催化剂表面相的结构是敏感的，这样的反应称为结构敏感反应（structure sensitive reaction），反之称为结构非敏感反应（structure insensitive reaction）。以下用构敏反应和非构敏反应两个简称分别代表上述两种反应。在设计催化剂时，也应该根据反应所隶属的类型，尤其是反应中涉及的断键和成键对表面结构的要求初步判断反应属哪一种。这会简化设计工作。

Boudart 等[24]指出，构敏反应的速率随催化剂颗粒大小而变化，非构敏反应则不变。表 9.10 列出若干构敏反应及非构敏反应。从表可见，一个反应在某一催化剂上是构敏反应，而在另一催化剂上可能是非构敏反应；在同一催化剂上，有的反应是构敏的，有的反应是非构敏的。

如在 Pt 单晶上或负载于不同载体的 Pt 催化剂上，环丙烷氢解开环生成丙烷的反应速率都十分接近，从而表明该反应在 Pt 催化剂上为非构敏反应。

表 9.10　某些构敏和非构敏反应

构 敏 反 应			非 构 敏 反 应		
反应类型	反应物	催化剂	反应类型	反应物	催化剂
氢解	乙烷	Ni	开环	环丙烷	Pt
	甲基环戊烷	Pt			
加氢	苯	Ni	加氢	苯	Pt
异构	异丁烷	Pt	脱氢	环己烷	Pt
	己烷	Pt			
环化	己烷	Pt			
	庚烷	Pt			

　　催化剂物理结构的设计还包括催化剂机械强度、活性组分分散度等方面的设计，有关专著[3]已有论述，可供参考。

　　为某一特定反应设计催化剂，除了要确定选择何种材料作为主要组分、次要组分和载体等，当然，还应考虑制备方法。欲使一个催化剂发挥其良好的催化性能，还应提出适当的反应条件。也就是说，还要把催化剂制备与反应器的选择协调起来，通盘考虑。

参 考 文 献

1　L L 赫格达斯（美）. 催化剂设计——进展与展望. 彭少逸，郭燮贤，闵恩泽等译. 北京：烃加工出版社，1989

2　戚蕴石. 固体催化剂设计. 上海：华工理工大学出版社，1994

3　黄仲涛，林维明，庞先桑，等. 工业催化剂设计与开发. 广州：华南理工大学出版社，1991

4　戴维 L 特里姆. 工业催化剂的设计. 金性勇，曹美藻译. 北京：化学工业出版社，1984

5　向德辉，翁玉攀，李庆水，等. 固体催化剂. 北京：化学工业出版社，1983

6　李荣生，甄开吉，王国甲. 催化作用基础. 第 2 版. 北京：科学出版社，1990

7　Germain J E. 多相催化. 郑绳安，高滋译. 上海：上海科学出版社，1961

8　吴越. 催化化学. 北京：科学出版社，1998

9　大连工学院无机物教研组. 无机化学. 北京：人民教育出版社，1978

10　Jacono M L. Sgamellotti A, Cimino A. Z Phys Chem Neue Folge, 1970，70：179

11　Sachtler W M H, van Santen R A. Adv Catal, 1979，26：69

12　Hiam L, Wise H, Chaikin S. J Catal, 1968，9：272

13　Greensfelder B S, Voge H H, Good G M. Ind Eng Chem, 1949，41：2573

14　Bond G C. Catalysis by Metals. Academic Press, 1979

15　Dowden D A. Cat Revs Sci Eng, 1972，5：1

16　Busby J A, Trimm D I. Chem Eng J, 1977，13：149

17　Bond G C. Catalysis by Metals. Academic Press, 1962

18　Vannice M A. J Catal, 1967，2：232

19　Burton J J, Garten R L. Advanced Materials in Catalysis. Academic Press, 1977

20　尹元根. 多相催化剂的研究方法. 北京：化学工业出版社，1988

21　Knözinger H. 1) Proc 9th Intern Congr Catal Calgary, 1988；2) J Catal, 1989，115：31～48

22　Anderson R B. 催化研究中的实验方法（Experimental Methods in Catalytic Research 中译本）. 第一卷，中国科学院大连化学物理研究所等译. 北京：科学出版社，1987. 第二卷，中国科学院长春应用化学研究所催化研究室译. 北京：科学出版社，1983. 第三卷，尹元根等译. 北京：科学出版社，1986

23　钟邦克. 精细化工过程催化作用. 北京：中国石化出版社，2002

24　Boudart M. Adv Catal, 1969，20：153

第十章 固体催化剂的制备

催化剂的主要活性组分、次要活性组分、载体均已选定以后，催化剂的性能就决定于制备了。有关催化剂制备论述的专著不少，本章着重介绍固体催化剂常用制备方法以及催化剂性能控制的方法。

固体催化剂在催化反应条件下要求本身不发生状态变化，即不汽化或液化。催化剂制备的流程一般较长，影响因素复杂，即使在实验室的条件下催化剂性能的重现性也较差，工业上制备的催化剂要保证重复就更不容易了。因而必须了解制备过程各因素对催化剂活性、选择性、寿命等性能的影响。找出关键因素，提高重现性。

一、催化剂制备方法的选择

由于多相催化作用与均相催化作用不同，特别是气固催化作用，催化剂用在异相催化反应中，要求固体催化剂具有复杂的化学组成和特殊的物理结构，这就导致制备技术的复杂化，需要寻找各种各样的制备方法和一连串的操作工序。归纳起来，固体催化剂的制备大致采用如下程序[1]，如图 10.1 所示。

图中的"催化剂制备准备"中包括所准备的资料和文献收集，试剂、仪器、装置等物质准备。随之选择载体和制成中间体。在催化剂制备中，根据中间体的制备方法而分成浸渍法、沉淀法、混合法、离子交换法、熔融法等。中间体必须用水洗净，除去阴离子等不需要的成分，如果活性组分是水溶性的场合，水洗时会溶出活性组分，可用非水溶剂洗涤。接下来就从中间体中除去水等溶剂并干燥。

为了固化和干燥，通常在 80～300Pa 下处理。在干燥时要注意可能造成负载的活性组分不均匀。特别在活性组分与载体的亲和力弱的场合，活性组分常在载体上分布很不均匀，防止的方法是在低温下较长时间内慢慢干燥，可使分布均匀。反应操作和反应装

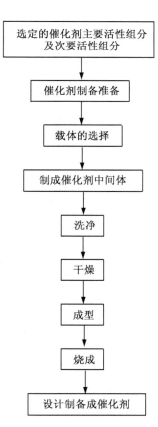

图 10.1 催化剂制备程序

置对催化剂的粒子大小有一定要求，为了使催化剂具有一定强度，必须进行成型操作。在工业上流动床用的微球催化剂则是在干燥的同时进行造粒操作。最后为了同时除去不需要的成分，在一定气氛（氧化性或还原性气氛，有无水蒸气等）和温度下使催化剂中间体加热分解和活化。

　　所谓活化是使催化剂被部分烧成，调节活性中心浓度以提高选择性。这种烧成若在空气中进行的话，金属盐和金属氢氧化物变为金属氧化物。若在还原气氛中加热处理，则被还原成金属催化剂。在同一温度下，变化加热时的气氛，得到的催化剂构造是不同的。催化剂制备方法的设计，包括中间体制备方法的选择和载体的选择。有关载体的选择已在第九章中叙述。要制得重现性好的催化剂是十分重要的，特别是在制备的放大中，制备各过程引起的反应，传质、传热的放大影响，原料中杂质的影响等对催化剂性能重现性的影响因素都必须注意。

二、常用的制备方法

　　常用的制备方法有天然资源的加工、浸渍法（包括喷涂法、真空蒸发法）、沉淀法（包括共沉淀法、均匀共沉淀法和超均匀沉淀法）、混合法、沥滤法、离子交换法、均相络合催化剂的固体化等。

　　下面分别介绍。

(一) 天然资源的加工

　　我国有丰富的硅铝酸盐资源，如膨润土、硅藻土、羊甘土、蒙脱土以及高岭土等。它们都是结构不同、含量不同的硅铝酸盐。为了适用于某一特定的催化反应，加工时应采用不同的方法和条件。例如裂解反应所用的活性白土，就是用蒙脱土或高岭土经酸处理而得，酸处理中，这些黏土结构发生了一定的变化而产生了酸性质。又如氯氰在三聚时使用的活性炭催化剂，就是由山核桃壳加工而成。先把山核桃壳于高温通水蒸气灼烧，再用盐酸萃取，然后用水煮沸多次，样品烘干后通氮气焙烧活化即成催化剂。

(二) 浸渍法

　　将载体置于含活性组分的溶液中浸泡，达到平衡后将剩余液体除去（或将溶液全部浸入固体），再经干燥、煅烧、活化等步骤，即得催化剂。

　　浸渍溶液中所含的活性组分，应具有溶解度大、结构稳定或可受热分解为稳定化合物的特点。一般多选用硝酸盐、乙酸盐、铵盐等。如乙烯氧化制环氧乙烷所用的银催化剂，即是将一定浓度的硝酸银溶液，浸在载体 SiC 上，经干燥、加热分解得到 Ag_2O/SiC，再用氢或甲醛还原即得银催化剂。也可将硝酸银溶液先浸渍在 SiC 上，再以 NaOH 溶液为沉淀剂进行沉淀，得到 AgOH/SiC，再经进一步加热分解、还原即可。

浸渍法的基本原理可简述如下。当多孔载体与溶液接触时，由于表面张力作用而产生的毛细管压力，使溶液进入毛细管内部，然后溶液中的活性组分再在细孔内表面上吸附。不同组分（包括溶剂分子）在载体上有竞争吸附作用，这可以有不同的情况。

1. 溶剂很快被吸附

例如以 $\eta\text{-Al}_2\text{O}_3$ 为载体，浸渍钼盐和钴盐的水溶液制备 $\text{MoO}_3\text{-CoO}/\eta\text{-Al}_2\text{O}_3$ 催化剂时，水在 $\eta\text{-Al}_2\text{O}_3$ 上的吸附很快，所以浸渍开始不久，便由于水量减少，再加上吸附放热引起的蒸发而使溶液变浓，结果影响浸渍的均匀性。遇此情况，一般是将载体先用水处理，再浸入含活性组分的溶液。

2. 多组分溶液

由于有两种以上的溶质共存，所以会改变原来某一活性组分在载体上的分布情况，例如制备铂重整催化剂时，溶液中加入一些乙酸，由于竞争吸附可改变铂在载体上的分布。如图 10.2 所示。随乙酸量的增加，催化剂活性开始上升，待乙酸含量达一定值时，催化活性出现一极大值，继续增加乙酸含量，活性则又下降。

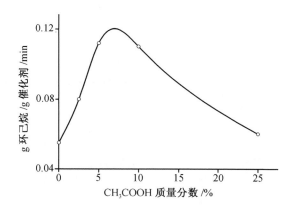

图 10.2　CH_3COOH 加入量对催化剂活性的影响

3. 多种活性组分的浸渍

可采用分步法，先将一种活性组分浸渍后，经干燥焙烧，再浸渍另一活性组分，再干燥焙烧。因为浸渍既包括向细孔内的扩散又包括吸附，所以在计算理论浸渍量时要以载体的比表面和孔容为依据。如果载体对某一活性组分的比吸附量

为 W_g（即每克载体的吸附量），由于孔径大小不一，某活性组分只能进入大于某一孔径的细孔，以 V' 代表每克载体所具有的这部分孔的体积，以 w 代表每毫升浸渍液中含活性组分的克数，则每克载体对该活性组分的浸渍量 W_i 可写成

$$W_i = V' \cdot w + W_g$$

常由于其他原因使真正的浸渍量同它偏离。例如浸渍中，器壁上残留溶液，或吸附机理的复杂性以及各组分间的相互作用都是造成偏离的因素。所以在制备过程中，要根据具体情况加以分析和判断，从而确定适当的浸渍量。在浸渍时，应把浸渍量配成与载体体积大致相等的溶液。若载体体积大于浸渍液体积，则有部分载体无法同浸渍液接触，相反则不能使活性组分全部留在载体上。

4. 浸渍条件的影响

影响浸渍效果的因素主要是浸渍液的性质、载体的特性和浸渍条件等。浸渍过程有溶液的浸透、溶质的吸附、溶质与载体的反应、溶质的迁移等现象发生，这些现象与上述因素密切相关。为了得到预期的浸渍效果，必须对影响因素有所了解。以下是一些比较重要的浸渍条件。

（1）浸渍时间

当浸渍溶液与孔性载体接触时，溶液借助于毛细吸引（毛细压力）的作用，向载体颗粒中心渗透，直至充满微孔为止。根据载体的孔径大小 r（几个 Å 至几千 Å）、溶液的表面张力 σ 和接触角 φ，这个渗透推动力 ΔP 可由下式计算得知：

$$\Delta P = \frac{2\sigma\cos\varphi}{r}$$

其值大约为几百至上千大气压。但是，由于微孔很细，溶液具有一定的黏度 η，渗透阻力也是很大的，溶液要从孔口渗透到颗粒深处，还是需要花费一段时间。渗透时间 t 与渗透距离 x 的关系为：

$$t = \frac{2\eta}{\sigma} \cdot \frac{x^2}{r}$$

由此可见，渗透时间与黏度系数、表面张力、孔径和粒度有关。对于常用的载体，渗透时间一般只需半分钟至几分钟。有时，在浸渍之前将载体抽真空，赶除孔内的气体，有助于溶液的顺利渗透。看来，只要有一定的接触时间，并不必要进行真空操作。某些载体颗粒的毛细吸力和渗透时间列于表 10.1。

表 10.1 某些载体颗粒的毛细吸力和渗透时间

载 体	比表面/（m²/g）	毛细吸力/atm	渗透二毫米的时间/s	
			计算的	实测的
细孔硅胶	650	1300	210	—
氧 化 铝	110	200	35	—
硅铝小球	350	640	105	95±20

　　但是，必须注意到，浸渍时间不等于渗透时间，溶液渗透到颗粒的中心，并不意味着溶液分布均匀了。如果载体对溶质没有吸附作用，负载全靠溶质浓缩结晶沉积，那么可以认为渗透时间就是浸渍时间，如果有吸附作用，要使溶质在载体表面上分布均匀，溶质必须在孔内建立吸附平衡，这就需要一段比渗透时间长得多的浸渍时间[3]。

　　关于浸渍量与浸渍时间的关系请见表 10.2 Al_2O_3 浸渍于硝酸镍溶液的实例。结果表明，浸上的硝酸镍量（表中以 NiO 量表示）是浸渍时间的函数[2]。

表 10.2　浸渍时间对浸渍量的影响

时间/h	吸附的 Ni（以 NiO 的质量分数计）/%
0.25	2.34
0.50	3.53
1	4.12
3	4.38
20	4.46

　　由图 10.3 的例子可以看出，载体颗粒内部浸渍物质的浓度随浸渍时间增加，而浸渍物浓度的"外壳层"则随浸渍时间的增加而逐渐消失。图中 $(R/R_0)=1$ 代表载体颗粒的外表层位置，$(R/R_0)=0$ 则代表颗粒中心处。

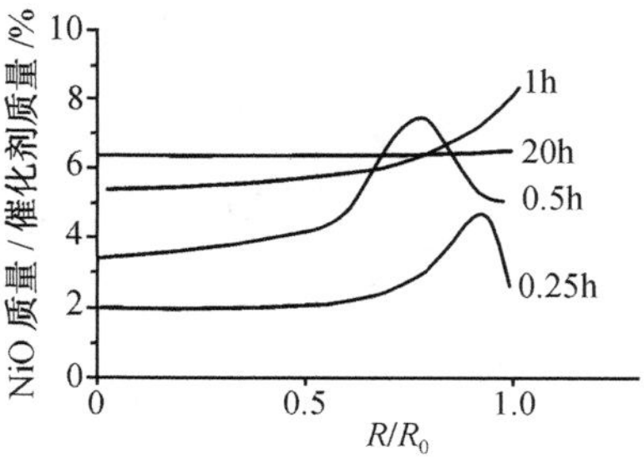

图 10.3　组分在载体粒内分布与浸渍时间的关系
溶液浓度：1mol/L，载体：Al_2O_3，预先润湿

（2）浸渍液浓度

　　浸渍液浓度是影响浸渍效果的重要因素之一，表 10.3 是一个例子。

（3）浸渍前载体状态

　　在浸渍前，将载体干燥或润湿会产生不同

表 10.3　浸渍液浓度的影响

外部浓度/(mol/L)	吸附的 Ni(以 NiO 的质量分数计)/%
0.04	0.18
0.08	0.74
0.29	1.54
0.63	2.96
0.98	4.05

注：浸渍时间 0.5h，干燥载体。

的浸渍效果。如图 10.4 所示，载体状态不同使组分在载体内部的分布不均匀，且当浸渍液浓度愈大，不均匀性愈显著。在同样浓度的浸渍液条件下，干燥载体内浸渍组分的分布比湿载体时均匀。

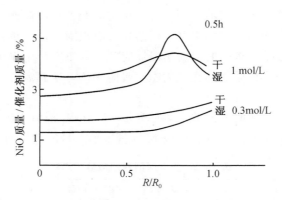

图 10.4　浸渍前载体状态对浸渍组分分布的影响

（4）活性组分分布对催化活性影响

对负载型催化剂而言，载体内的活性组分分布状况是影响催化活性的重要因素，一般有四种分布形式，见图 10.5。

图 10.5　在载体内的活性组分分布情况

上图中阴影部分代表载体中活性组分的分布，A 型为均匀型催化剂，B 型为蛋壳型催化剂，C 型为蛋白型催化剂，活性组分分布在次表面层内，D 型为蛋黄型催化剂，活性组分分布在载体核内。

当催化剂颗粒的内扩散阻力大的时候，反应优先在外表面附近发生，此时把活性组分负载在外表面附近，可有效利用活性组分。如在固定床绝热反应器中进行 SO_2 氧化反应，使用蛋壳形 Pt 催化剂较好；又如固定床用萘氧化生产苯酐时使用蛋壳形催化剂能得到很好结果。对于正级数反应，蛋壳型催化剂效率因子最高，而对于负级数反应，蛋黄型较好，因为扩散阻力增大了反应速率，当然也可选蛋白型，例如 CO 的氧化反应即使用蛋白型催化剂。当反应物中含微量毒物，易在催化剂上沉积，沉积是从外表面开始发生，使用蛋白型内层负载时就可保护活性组分不中毒，可延长使用寿命，对于 $Pd-Pt/Al_2O_3$ 催化剂，若把活性高而耐毒性较差的 Pd 放在内层，把活性比 Pd 差、但耐毒性好的 Pt 放在外层负载，得到的汽车尾气处理催化剂既有高活性又有长的寿命。

5. 几个浸渍法制备催化剂的实例

(1) 甲醇氧化制甲醛用铁钼系催化剂

将 $Fe_2(MoO_4)_3$ 粉与草酸混合，用蒸馏水加热溶解，配成两种不同比重的溶液，分两次浸渍于硅胶上，即先将第一种比重的溶液浸渍烘干过的硅胶，加热分解，这样得到的黄绿色催化剂再用第二种比重的溶液进行第二次浸渍，再经类似以上的热处理活化分解，便得最后的催化剂。

(2) 乙烯空气氧化制环氧乙烷用银催化剂

将乳酸、过氧化钡、硝酸亚铈和新制的碳酸银加在一起，再加入过量的 H_2O_2 溶液，则生成橙黄色乳酸银溶液，然后取一定量的刚玉球状载体预热后，于 $363\sim373K$ 下在乳酸银溶液内浸渍若干分钟，再经干燥即成催化剂。

(3) 异丁烷催化脱氢用 $Cr_2O_3 \cdot K_2O/Al_2O_3$ 催化剂

将铬酸酐（CrO_3）溶于适量水，然后用 γ-Al_2O_3（制法见后）放于上述溶液内浸渍，然后干燥，再于电炉中煅烧得到 Cr_2O_3/Al_2O_3，其次将很稀的 KNO_3 溶液快速浸渍于上面得到的 Cr_2O_3/Al_2O_3，再一次干燥后于电炉内煅烧即得 Cr_2O_3 · K_2O/Al_2O_3。

(4) 邻二甲苯制苯酐用 V_2O_5-$K_2S_2O_7$-Sb_2O_5-TiO_2 催化剂

在水中加入 K_2SO_4，溶解后加到硫酸氧钒溶液中。在加热情况下缓慢加入 $SbCl_3$-HCl 溶液（如有水解产物白色沉淀析出，可补加浓硫酸、浓盐酸，搅拌至溶解），将所得蓝色透明溶液加到预热的钛胶载体上进行浸渍，放置过夜，烘干、煅烧后成催化剂。

(三) 滚涂法和喷涂法

许多部分氧化的反应中，为了防止反应物深度氧化，在用浸渍法制备催化剂时，固然可以选用孔容小、比表面小的载体，不使活性组分浸入载体所有可以达到的内孔，尽量利用外表面，但由于其他方面的原因（如考虑传热效应），而不得不采用多孔、比表面大的载体时，则可应用滚涂或喷涂的方法将活性组分负载于载体上。喷涂法可以看成是由浸渍法派生而出的，而滚涂法则可看成是共混合法。

滚涂法是将活性组分先放在一个可摇动的容器中，再将载体布于其上，经过一段时间的滚动，活性组分逐渐黏附其上，为了提高滚涂效果，有时也要添加一定的黏合剂。滚涂法也同浸渍法一样，可以多次滚涂。如乙烯氧化制环氧乙烷用银催化剂，除可用前述若干方法外，也可应用滚涂法。如果以 $AgNO_3$ 为原料、以刚玉球为载体，可按下列步骤进行，先将右旋葡萄糖水溶液加到含硝酸银的溶液中，再往此溶液中缓慢加入 KOH 溶液，生成的沉淀物经洗涤除去过量 K^+ 后准备滚涂用。滚涂时，是将上述沉淀与 $Ba(OH)_2 \cdot 2H_2O$ 的细粉末混合，分成两等份。先将一份同刚玉球混合滚涂，再加入剩余一份继续滚涂。干燥后再经一定处理后备用。

喷涂法操作与滚涂法类似，但活性组分不同载体混在一起，而是用喷枪或其他手段喷附于载体上。如丙烯腈合成所用磷钼铋薄层催化剂即用此法制成。催化剂以刚玉为载体，具体步骤是将磷钼酸铋活性组分同黏合剂硅溶胶混在一起，用喷枪喷射到转动容器中的预热刚玉上。喷涂法中加热条件十分重要，对喷涂效果影响很大。

（四）沉淀法

严格说，几乎所有的固体催化剂，至少都有一部分是由沉淀法制成的。浸渍法中的载体在其合成的某一步中，是经过沉淀的，如 Al_2O_3、SiO_2 等。共混合催化剂中的一种或多种组分，有时也是经沉淀法得到的。由于沉淀法应用比较广泛，同时也比较经典，所以在这里讨论得详细一些。

沉淀法的基本原理是在含金属盐类的水溶液中，加进沉淀剂，以便生成水合氧化物、碳酸盐的结晶或凝胶。将生成的沉淀物分离、洗涤、干燥后，即得催化剂。

这种方法和定量分析化学、无机化学中的沉淀操作相似，其基本原则是大家熟悉的，但由于要得到具有一定活性的化合物，所以在操作上必须更加严格。

1. 沉淀法的控制因素

在沉淀法中，沉淀剂的选择、沉淀温度、溶液浓度、沉淀时溶液的 pH 值、加料顺序及搅拌速率等对所得催化剂的活性、寿命及强度等有很大影响。以下讨论这些因素。

（1）沉淀剂的选择

采用什么沉淀反应，选择什么样的沉淀剂，是沉淀工艺设计的第一步。在充分保证催化剂性能的前提下，沉淀剂应能满足技术上和经济上的要求。下列几个原则可供选择沉淀剂时参考。

1）尽可能使用易分解并含易挥发成分的沉淀剂。常用的沉淀剂有氨气、氨水和铵盐（如碳酸铵、硫酸铵、乙酸铵、草酸铵），还有二氧化碳和碳酸盐（如碳酸钠、碳酸氢铵）和碱类（如氢氧化钠）以及尿素等。这些沉淀剂的各个成分，在沉淀反应完成之后，经过洗涤、干燥或煅烧，有的可以被洗除出去（如 Na^+、SO_4^{2-}），有的能转化为挥发性的气体而逸出（如 CO_2、NH_3、H_2O），一般不会遗留在催化剂中。最常用的沉淀剂是氢氧化铵和碳酸铵等，因为铵盐在洗涤和热处理时易于除去，用 NaOH 和 KOH 常会遗留 K^+ 和 Na^+ 于沉淀中，且KOH 价格又贵。若用 CO_2 为沉淀剂，则因是气液相反应，不易控制。

2）形成的沉淀物必须便于过滤和洗涤。沉淀可以分为晶形沉淀和非晶形沉淀，晶形沉淀便于过滤和洗涤。上述那些盐类沉淀剂原则上可以形成晶形沉淀，而碱类沉淀剂一般都会生成非晶形沉淀。

3）沉淀剂的溶解度要大一些。溶解度大的沉淀剂，可能被沉淀物吸附的量比较少，洗涤脱除也较快。沉淀物溶解度愈小，沉淀反应愈完全，原料消耗愈少。这对于铜、镍、银等比较贵重的金属特别重要。

4）沉淀剂不应造成环境污染。

（2）溶液浓度的影响

溶液中生成沉淀的首要条件之一是其浓度超过饱和浓度。如以 C^* 表示饱和浓度，C 为过饱和浓度，则溶液的饱和度定义为

$$\alpha \equiv \frac{C}{C^*}$$

溶液的过饱和度定义为

$$\beta \equiv \frac{C - C^*}{C^*}$$

溶液的过饱和度达到什么数值才生成沉淀，目前还只能根据大量实验来估计。溶液的浓度对沉淀过程的影响表现在对晶核的生成和晶核生长的影响。

晶核的生成。沉淀过程要求溶液中的溶质分子或离子进行碰撞，以便凝聚成晶体的微粒——晶核。这个过程称为晶核的生成或结晶中心的形成。此后更多的溶质分子或离子向这些晶核的表面扩散，使晶核长大，此过程称为晶核的生长。溶液中生成晶核是产生新相的过程，只有当溶质分子或离子具有足够的能量以克服它们之间的阻力时，才能相互碰撞而形成晶核。当晶核生长时，则要求溶液同晶核表面之间有一定的浓度差，作为溶质分子或离子向晶核表面扩散的动力。一般用简便的关系式表示晶核生成的速率，即 $N = k\,(C - C^*)^m$，式中 m 值的范围为 3～4，N 为单位时间内单位体积溶液中生成的晶核数目，k 是晶核生成速率常数。

晶核的生长。晶核长大的过程与化学反应的传质过程相似。它包括扩散和表面反应两步，溶质粒子先扩散至固液界面上，然后经表面反应而进入晶格。

当溶液中有晶核存在时，固液界面处存在着浓度差，见图 10.6。

当溶质粒子的扩散和表面反应达平衡时，有

$$\frac{Ds}{\delta}(C - C') = k's(C' - C^*)$$

其中，左侧为扩散速率，右侧为表面反应速率，D 为溶质粒子的扩散系数，s 为晶体的表面积，δ 为溶液中滞流层的厚度，k' 为表面反应的速率常数。晶核生长的速率可表示为

$$\frac{\mathrm{d}m}{\mathrm{d}t} = k's(C' - C^*)$$

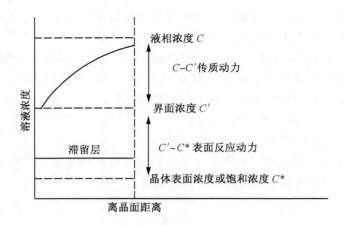

图 10.6　溶液浓度与离晶面距离的关系

其中，$\dfrac{\mathrm{d}m}{\mathrm{d}t}$ 实际上是单位时间内沉积的溶质量。经简化并消去 C'，得

$$\frac{\mathrm{d}m}{\mathrm{d}t} = \left[s(C - C^*) \right] \Big/ \left(\frac{1}{k'} + \frac{1}{k_\mathrm{d}} \right)$$

其中，$k_\mathrm{d} = D/\delta$，为扩散速率常数。当 $k' \gg k_\mathrm{d}$，则有

$$\frac{\mathrm{d}m}{\mathrm{d}t} = k_\mathrm{d} s(C - C^*)$$

此即一般的扩散速率方程式，表明晶核生长的速率决定于溶质粒子的扩散速率，这种情况称晶核生长为扩散控制。反之，当 $k_\mathrm{d} \gg k'$，

$$\frac{\mathrm{d}m}{\mathrm{d}t} = k' s(C - C^*)$$

此情况称晶核生长为表面反应控制。以上是关于晶核生长速率的理论结果，实际的晶核生长速率常为 $(C - C^*)^n$ 的函数，$n = 1 \sim 2$，即

$$\frac{\mathrm{d}m}{\mathrm{d}t} = k' s(C - C^*)^n, n = 1 \sim 2$$

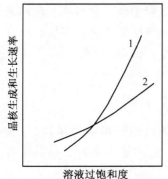

图 10.7　过饱和度对
晶核生成、生长的影响

由上述讨论可知，晶核生长的速率与溶液中的浓度差有直接关系，即与溶液的过饱和度 β 有关。总结上述讨论结果，可将浓度对晶核生成与晶核生长的影响示于图 10.7。图中，曲线 1 和 2 分别表示晶核析出速率、晶核生长速率与溶液过饱和度的关系。

（3）沉淀温度

上已提到，溶液的过饱和度直接影响晶核的生成和生长，而过饱和度是与温度有关的，当溶液中溶质数量一定时，温度高则过饱和度降低，使晶核生成的速率减小；而当温度低时，由于溶液的过饱和度增大，而使晶核的生成速率提高。似乎温度与晶核生成速率间是一种反变关系，但再考虑到能量的作用，其间的关系并不这样简单，在温度与晶核生成速率关系曲线上出现一极大值（图10.8）。

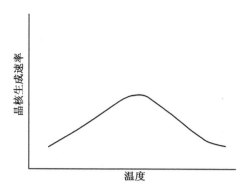

图 10.8 温度对晶核生成速率的影响

不少研究工作表明，晶核生成速率最大时的温度低于晶核生长速率最大时的温度，即在低温时有利于晶核的生成，不利于晶核的生长，所以在低温时一般得到细小的颗粒。例如低压合成甲醇所用的 $Cu\text{-}ZnO\text{-}Cr_2O_3$ 催化剂，在低温沉淀时得到的颗粒就小（表10.4）。

表 10.4 温度对沉淀粒子大小的影响[4]

沉淀温度/K	颗粒大小/nm（还原温度：523K）	颗粒大小/nm（还原温度：623K）
303	7.35	15.9
338	10.05	18.2
338	15.9	20.1
358	17.4	20.1

（4）加料顺序

沉淀法中，加料顺序对沉淀物的性质有较大影响，加料顺序大体可分为正加法与倒加法两种，前者是将沉淀剂加到金属盐类的溶液中，后者是将盐类溶液加到沉淀剂中。加料顺序通过溶液 pH 值的变化而影响沉淀物的性质。用沉淀法制 $Cu\text{-}ZnO\text{-}Cr_2O_3$ 催化剂时，正加法所得铜的碳酸盐比较稳定，而倒加法得到的碳酸盐由于来自较强的碱性溶液易于分解为氧化铜。

加料顺序通过影响沉淀物的结构而改变催化剂的活性。上述 $Cu\text{-}ZnO\text{-}Cr_2O_3$，催化剂随加料顺序的不同而具有不同的比表面和粒度（图10.9）。倒加快加、正加快加、倒加慢加所得催化剂的比表面较大，而用正加慢加法所得催化剂的比表面较小。它们的粒度大小变化与比表面大小变化有相反的趋势。

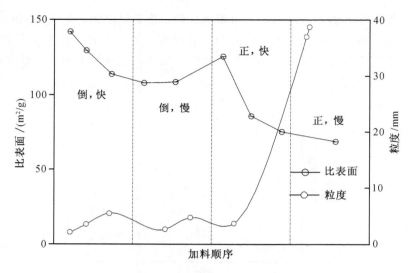

图 10.9　加料顺序对催化剂比表面和粒度的影响

此外，加料顺序还影响簇粒的分布。现仍以 Cu-ZnO-Cr$_2$O$_3$ 为例。用正加法，加料速率愈慢，所得铜的粒子愈大，表明在酸性溶液中铜有优先沉淀的可能，同时也表明，沉淀是分步进行的，结果得不到均匀的簇粒。相反，用倒加法，溶液由碱性变中性，就有可能消除因酸度变化而出现的分步沉淀过程，使所得的沉淀簇粒趋向均匀。

（5）pH 值

沉淀法常用碱性物质作沉淀剂，沉淀物的生成在相当大的程度上受溶液 pH 值的影响。在制备 Cr$_2$O$_3$-Al$_2$O$_3$（K$_2$O 为助剂）催化剂时，介质的 pH 值对其孔隙结构、热稳定性、催化性能和机械强度等都有明显影响。表 10.5 列出在制备这个系列催化剂中 pH 值对热稳定性的影响。

表 10.5　pH 值对催化剂热稳定性的影响

催化剂	沉淀时介质的 pH	催化剂活性（848K）		活性损失/%	催化剂活性（873K）		活性损失/%
		热处理	蒸汽处理		热处理	蒸汽处理	
K$_1$	6.3	28.4	21.4	24.6	37.6	27.2	27.6
K$_2$	7.5	38.4	30.0	21.8	43.7	37.6	14.0
K$_3$	8.4	40.5	35.6	12.1	46.6	40.2	13.7
K$_4$	9.8	42.0	37.4	11.0	49.3	43.5	11.8
K$_5$	—	38.5	14.0	63.6	33.6	20.0	40.7

（6）沉淀与母液分离的方法

例如丙烯选择氧化为丙烯醛催化剂 Mg$_8$Fe$_3$Mo$_{12}$O$_n$ 的制备，是将粉末状的钼酸加入搅拌着的硝酸盐热水溶液中，用硝酸酸化，然后加入稀氨水直至 pH 为

5。所得沉淀经过过滤干燥，研为粉末，在 593K 空气下预焙烧 1.5h，再研磨，在 793K 空气下焙烧 2h。这是获得催化剂的第一种方法。

另一方法是将上述反应混合液在连续搅拌下蒸发至黏稠的泥浆状，再按上述方法干燥焙烧。两法虽然都得到 $Me_{11-x}Fe_xBiMo_{12}O_n$ 的组成（Me 为 Mg，Co，Ni 等，$0 \leqslant x \leqslant 4$），但催化剂的活性、选择性差别很大（表 10.6）。

表 10.6　分离方法对催化剂活性、选择性的影响[1]

方法	活性/%	选择性/%
1	50	90
2	8	85

1) 反应温度为 703K。

上面讨论了沉淀形成的过程以及离子本性、外界条件与沉淀物性状的关系。在实际工作中，应根据催化剂性能对结构的不同要求，注意控制沉淀的类型和晶粒大小。对可能形成晶形的沉淀，应尽量创造条件，使之形成颗粒大小适当、粗细均匀、具有一定比表面和孔径、含杂质量较少、容易过滤和洗涤的晶形沉淀。即使对不易获得晶形的沉淀，也要注意控制条件，使之形成比较紧密、杂质较少、容易过滤和洗涤的沉淀，尽量避免胶体溶液的形成。

根据上述基本原理，为了得到预定组成和结构的沉淀物，对于不同类型的沉淀，应该选择适当的沉淀条件。

（7）晶形沉淀与非晶形沉淀的形成条件

晶形沉淀的形成条件[3]如下：

1）开始沉淀时，沉淀剂应在不断搅拌下均匀而缓慢地加入，以免发生局部过浓现象，同时也能维持一定的过饱和度。为使溶液的过饱和度不致于太大，沉淀应在适当稀的热溶液中进行，可以使晶核生成的速度降低，有利于晶体长大。同时，温度愈高，吸附的杂质愈少。沉淀完毕，应待熟化、冷却后过滤和洗涤。

2）沉淀应放置熟化。沉淀在其形成之后发生的一切不可逆变化称为沉淀的熟化。这些变化主要是结构变化和组成变化。当沉淀物与母液一起放置一段时间（必要时保持一定温度）时，由于细小的晶体比粗晶体溶解度大，溶液对大晶体而言已经达到饱和状态，而对细晶体尚未饱和，于是细晶体逐渐溶解，并沉积在粗晶体上，如此反复溶解、反复沉积的结果，基本上消除了细晶体，获得了颗粒大小较为均匀的粗晶体。此时孔隙结构和表面积也发生了相应的变化。而且，由于粗晶体总表面积较小，吸附杂质较少，使留在细晶体之中的杂质也随溶解过程转入溶液。此外，初生的沉淀不一定具有稳定的结构，例如草酸钙在室温下沉淀时得到的是 $CaC_2O_4 \cdot 2H_2O$ 和 $CaC_2O_4 \cdot 3H_2O$ 的混合沉淀物，它们与母液在高温下一起放置，将会变成稳定的 $CaC_2O_4 \cdot H_2O$。新鲜的无定形沉淀在熟化过程中逐步晶化也是可能的，例如分子筛、水合氧化铝等。

非晶形沉淀的形成条件如下：

1）在含有适当电解质、较浓的热溶液中进行沉淀。由于电解质的存在，能使胶体颗粒胶凝，又由于溶液较浓，温度较高，离子的水合程度较小，这样就可以获得比较紧密凝聚的沉淀，而不致于成为胶体溶液。在不断搅拌下，迅速加入沉淀剂，使之尽快分散到全部溶液中，于是沉淀迅速析出。

2) 待沉淀析出后，加入较大量的热水稀释，减小杂质在溶液中的浓度，使一部分被吸附的杂质转入溶液。加入热水后，一般不宜放置，应立即过滤，以防沉淀进一步凝聚，避免表面吸附的杂质裹在内部不易洗净。某些场合下也可以加热水放置熟化，以制备特殊结构的沉淀。例如，在活性氧化铝的生产过程中，常常采用这种方法，即先制出无定形的沉淀，根据需要，采用不同的熟化条件。生成不同类型的水合氧化铝（α-Al_2O_3·H_2O 或 α-Al_2O_3·$3H_2O$ 等），经煅烧转化为 γ-Al_2O_3 或 η-Al_2O_3。

2. 沉淀法的分类

随着催化实践的进展，沉淀的方法已由单组分沉淀法发展到多组分共沉淀法、均匀沉淀法、超均匀沉淀法、浸渍沉淀法、导晶沉淀法等。水热合成方法也是基于沉淀原理，在此也略加介绍。

（1）单组分沉淀法

单组分沉淀法是通过沉淀剂与一种待沉淀组分溶液作用以制备单一组分沉淀物的方法。由于沉淀物只含一个组分，操作不太困难，是催化剂制备中最常用的方法之一，既可用来制备非贵金属单组分催化剂或载体，如机械混合或与其他操作单元相配合，又可用来制备多组分催化剂。

（2）共沉淀法（多组分共沉淀法）

共沉淀法是将催化剂所需的两个或两个以上组分同时沉淀的一个方法。其特点是一次可以同时获得几个组分，而且各个组分的分布比较均匀。如果各组分之间能够形成固溶体，那么分散度更为理想。所以本方法常用来制备高含量的多组分催化剂或催化剂载体。共沉淀法的操作原理与沉淀法基本相同，但由于共沉淀物的化学组成比较复杂，要求的操作条件也就比较特殊。为了避免各个组分的分步沉淀，各金属盐的浓度、沉淀剂的浓度、介质的 pH 值以及其他条件必须同时满足各个组分一起沉淀的要求。

（3）均匀沉淀法和超均匀沉淀法

用沉淀法制备催化剂，想得到均匀分布的沉淀物是不容易的，甚至不可能。如在沉淀的溶液中加入某种试剂，此试剂可在溶液中以均匀速率产生沉淀剂的离子或改变溶液的 pH 值，从而得到均匀的沉淀物，这就是均匀沉淀法。例如在铝盐中加入尿素，加热到 363～373K，溶液中有如下反应：

$$(NH_2)_2CO + 3H_2O \longrightarrow 2NH_4^+ + CO_2 + 2OH^-$$

随着此反应的进行，溶液的 pH 值逐渐上升，同时在全部溶液中生成均匀的

Al(OH)$_3$沉淀。

超均匀共沉淀法的原理是将沉淀操作分成两步进行。首先，制备盐溶液的悬浮层，并将这些悬浮层（不只一层）立刻混合成为超饱和溶液，然后由此超饱和溶液得到均匀沉淀，两步之间所需时间，随溶液中的组分及其浓度而变化，通常需要数秒或数分钟，有的则需几小时。这个时间是沉淀的引发期。在此期间，超饱和溶液处于介稳状态，直到形成沉淀的晶核为止。立即混合是操作的关键，掌握好此步可防止生成多相结构和多相组成的沉淀。以下举一例。

超均匀共沉淀法制备硅酸镍催化剂。先将硅酸钠溶液（密度为 1.3 g/cm^3）放入混合器，再将20%的硝酸钠溶液（密度为 1.2 g/cm^3）慢慢倒至硅酸钠溶液液层之上，最后将含有硝酸镍和硝酸的溶液（密度为 1.1 g/cm^3）慢慢倒于前两个液层之上（图 10.10）。立即开动搅拌机，使其成为超饱和溶液。放置数分钟至几小时，便能形成超均匀的水凝胶式胶冻。用分离方法将水凝胶自母液分出或将胶冻破碎成小块，经水洗、干燥和煅烧即得所需催化剂。这样所得的硅酸镍催化剂和由

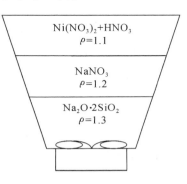

图 10.10　超均匀共沉淀法

氢氧化镍和水合硅胶机械混合所得的催化剂结构上是不同的。差热分析和红外光谱的结果都证明了这一点。

（4）浸渍沉淀法

浸渍沉淀法是在浸渍法的基础上辅以均匀沉淀法发展起来的一种新方法，即在浸渍液中预先配入沉淀剂母体，待浸渍单元操作完成之后，加热升温使待沉淀组分沉积在载体表面上。此法可以用来制备比浸渍法分布更加均匀的金属或金属氧化物负载型催化剂。

（5）导晶沉淀法

本法是借晶化导向剂（晶种）引导非晶型沉淀转化为晶型沉淀的快速而有效的方法。最近普遍用来制备以廉价易得的水玻璃为原料的高硅钠型分子筛，包括丝光沸石，Y型、X型合成分子筛。

（6）水热合成法

在常温常压水溶液中的沉淀理论，形成沉淀粒子的因素是溶度积和相对过饱和度，为了得到较大的过饱和度，水溶液温度升到常压沸点以上，为了保持液相，必须加压。在高压下水的气相和液相可以共存。水在高温、高压下时称之为水热状态。在此状态下合成无机化合物称为水热合成，此反应称为水热反应。

利用水热合成可以合成大的单晶和新的沸石分子筛。水热合成反应的温度在150℃以下时称为低温水热合成。温度在150℃以上的称为高温水热合成。较低

的温度有利于使较多的水结合到沸石中，可得到孔径较大的沸石。低温水热合成反应中得到的沸石大多是处于非平衡状态的介稳相，是自然界中所不存在的。

3．沉淀法制备催化剂举例

（1）Al_2O_3 的制备（单组分沉淀法）

在第九章已经对作为催化剂载体的 Al_2O_3 的性能作了介绍。Al_2O_3 的制备方法很多。多数情况都是先制成氧化铝的水合物，然后将其转化为 Al_2O_3。水合氧化铝一般有四种：

α-$Al_2O_3 \cdot 3H_2O$——水氧铝（gibbsite）

α-$Al_2O_3 \cdot H_2O$——水软铝石（boehmite）

β-$Al_2O_3 \cdot 3H_2O$——拜尔石（bayerite）

β-$Al_2O_3 \cdot H_2O$——水硬铝石（diaspare）

以下是它们的制法。

1）α-$Al_2O_3 \cdot H_2O$。将氢氧化铝凝胶在 pH＞12 的溶液中，于 353K 陈化，便得晶形很好的 α-$Al_2O_3 \cdot H_2O$。或将 $AlCl_3$ 溶液于 352.5～375K 以 NH_3-$(NH_4)_2CO_3$ 溶液沉淀。所得凝胶在 pH≥7.5 的母液中回流，亦可得到 α-$Al_2O_3 \cdot H_2O$ 的晶体。

2）α-$Al_2O_3 \cdot 3H_2O$。通常在 313～333K 将 CO_2 慢慢通入 $NaAlO_3$ 溶液中，在 pH＞12 时，即得 α-$Al_2O_3 \cdot 3H_2O$ 晶体。

3）β-$Al_2O_3 \cdot H_2O$。在热压釜中将氧化铝或其三水合物置于 548～698K、大于 14.1×10^3 kPa 压力下，则可转化为 β-$Al_2O_3 \cdot H_2O$ 晶体。

4）β-$Al_2O_3 \cdot 3H_2O$。室温下将 CO_2 快速通入 $NaAlO_2$ 溶液中，在 pH＞10 时，可得 β-$Al_2O_3 \cdot 3H_2O$ 的晶体。

不同类型的水合氧化铝在一定温度范围内煅烧，便可转化成不同晶型的 Al_2O_3（图 10.7）。

上面介绍的关于 Al_2O_3 的制备只是很概括的，具体操作并非如此简单。例如，在 293～313K，随溶液的 pH 值小于 8 或大于 10 而出现 5 种不同的产物。可见要得到结构一定的水合氧化铝要考虑许多影响因素，要得到物性稳定的氧化铝就更加不容易。常见的氧化铝按晶型可分为 8 种，即 α，γ，θ，δ，η，x，κ，ρ 型。这 8 种又可归纳为两类：

1）低温氧化铝（低于 873K 煅烧而得），包括 γ，η，x 和 ρ 型，统称 γ 族。

2）高温氧化铝（在 1173～1273K 下煅烧而得），包括 κ，θ，δ 三种类型，统称 δ 族。α-Al_2O_3 为终态，是高温煅烧而得的惰性 Al_2O_3，它是一种比表面较小的载体，又称刚玉。β-Al_2O_3 通常是指含碱金属或碱土金属氧化物的 Al_2O_3，是一种固溶体。一般所指的活性氧化铝有两种含义，其一是指 γ-Al_2O_3，另一种是

泛指 γ，η 和 x 型 Al_2O_3。

催化领域中，以 γ-Al_2O_3 和 η-Al_2O_3 应用最多。下面介绍它们的实验室制法。

1）γ-Al_2O_3。将 $Al(NO_3)_3$ 水溶液在不断搅拌情况下缓慢加到 NH_4OH 溶液中，将得到的沉淀立刻过滤、洗涤，并在 393K 下干燥 50h，便得 α-Al_2O_3·$3H_2O$。若再在 873K 下煅烧 24h，即得 γ-Al_2O_3。

2）η-Al_2O_3。将 $Al(NO_3)_3$ 水溶液在不断搅拌下缓慢加到 NH_4OH 溶液中，并在此过程中保持溶液的 pH 在 7 以上，沉淀过程完成后放置 4h，过滤后将滤饼倒入水内放置 12h，再过滤后，于 393K 下干燥 72h，得拜尔石 β-Al_2O_3·$3H_2O$，将此产物在 523K 空气气氛下煅烧 16h，再升温至 773K 煅烧 24h，即得 η-Al_2O_3。

上述是用沉淀法先得到水合氧化铝，然后在一定条件下将其转化为晶态 Al_2O_3，但如果改变沉淀条件，得到的水合氧化铝会以凝胶的形式出现，这就是铝胶。

（2）分子筛的制备

制备分子筛主要通过混合液成胶、晶化、洗涤、成型及活化等步骤。为了制备特定型号和性能的分子筛，还需进行离子交换操作。以下介绍影响分子筛制备的几个因素。

1）硅铝比。硅铝比是各类分子筛相互区别的主要指标之一，不同型号的分子筛都有其固定的硅铝比。如 A 型为 2.0 左右，X 型为 2.2～2.3，Y 型为 3.3～6.0，丝光沸石为 10～13。

2）基数。基数是指反应物料中氧化铝的摩尔浓度。生产一定型号的分子筛都需要一定的基数。A 型为 0.2～0.3mol/L，X 型为 0.2～0.23mol/L。

3）碱度。指晶化过程中，反应液中所含碱的浓度，一般以 Na_2O 的摩尔浓度表示。也有用过量碱的百分数 $G_{钠}$ 表示的。若碱度为 $M_{钠}$，基数为 $M_{铝}$，则定义过量碱的百分数为

$$G_{钠}\% = \frac{M_{钠}-M_{铝}}{M_{铝}}\%$$

生产 A 型分子筛要求碱度为 0.65～0.85mol/L，生产 X 型分子筛需 1.00～1.40mol/L，生产 Y 型，所需过量碱为 300%～1400%。

4）晶化温度和晶化时间。制备分子筛时，晶化温度和晶化时间的长短有密切关系。一般规律是，高温晶化需时短，低温晶化需时长。

5）成胶温度。实验表明，温度愈高愈易成胶，晶化也愈完全。一般，A 型分子筛成胶温度为 303K 以上，X 型和 Y 型在室温下即可成胶。

除上述诸因素外，搅拌、洗涤、交换温度、交换液浓度、成型时添加的黏合

剂以及活化条件等也会影响分子筛的性能。

分子筛制备举例。这两个例子中要制备的分子筛都具有重要的工业意义。

1) ZSM-5。将下面所列的 A 溶液和 B 溶液混合，

A：$Al_2(SO_4)_3$：7.6g，浓硫酸：21.4g，NaCl：24.9g，H_2O：100.8g

B：水玻璃：109.5g（SiO_2 和 Na_2O 的质量百分数比为 2∶3），H_2O：100g

C：溴丙烷：7.1g，三丙胺：11.0g，甲乙酮：12.6g

搅拌 3h，用 H_2SO_4 调节使 pH 不高于 9～9.5，然后将混合液转移至衬有氟塑料的釜内，加入温度为 373K 的 C 溶液，搅拌 48h，然后在 433K 下搅拌 24h，压力的数值在 $1.21×10^3$ kPa。将所得的白色固体过滤、洗涤后，于 383K 下干燥即成。

2) Y 型分子筛。将铝酸钠溶液和氢氧化钠溶液混合后，在成胶罐中放入一定量浓度合格的水玻璃。在搅拌下快速将上述混合液加入罐中。成胶过程保持在常温，搅拌 2h，升温至 373K，晶化 14h。将晶化后的产物水洗 1～2 次，过滤、干燥后即得 Y 型分子筛原粉。

分子筛的热稳定性和水热稳定性与其硅铝比有关。为了提高 Y 型分子筛的硅铝比，可在制备过程中加入晶化导向剂。将一定浓度的水玻璃、铝酸钠和氢氧化钠溶液按一定的比例混合、搅拌、老化即成导向剂。所谓晶化导向剂就是化学组成、结构类型与分子筛类似的，具有一定粒度的半晶化分子筛。这种外加晶种的方法称为导晶法。根据国内外几年来的生产实践经验，不加导向剂，不能由水玻璃直接合成满意的高硅分子筛，加入少量的晶种，便能收到良好的效果。如前所述，要注意加入晶种的粒度和数量，晶种的粒度和数量应与溶液的过饱和度相适应。无论是 NaM、NaY 或 NaX 分子筛，加入占总投料重量 3% 的导向剂浆液，效果就很显著。随着晶种用量的增加，晶化速度、结晶度和比表面都能继续提高。例如，不加半晶化分子筛的丝光沸石，要晶化 18h 才出现 NaM 沸石，加入 5% 晶种，12h 便合成出 NaM 沸石，14h 后基本上晶化完毕。但在超过 5% 以后，再增加导向剂的用量，不见明显的作用。故一般用量都选择在 5% 左右。晶化导向剂的制法请参阅有关的文献[5~8]。除此之外，晶化温度、晶化时间、搅拌速度、投料顺序等因素与产品质量也有一定的关系，应予以注意。

（五）共混合法

许多固体催化剂是用比较简便的混合法经碾压制成。其基本操作是将活性组分与载体机械混合后，碾压至一定程度，再经挤条成型，最后煅烧活化。以下举例说明合成硫酸所用 V_2O_5 催化剂的制备。

（1）活性组分（V_2O_5，K_2O）混合物的配制

按比例将含量为 86kg KOH 的饱和溶液与 55kg V_2O_5 混合，然后加水稀释，

得到悬浮液，用 1∶1 的硫酸溶液中和至 pH 为 2.4，备用。

（2）载体硅藻土的精制

将硅藻土原土先用水洗，使砂砾等杂质与硅藻土分离，再用 18％ 的 H_2SO_4 煮 8h，冷却后抽滤出固体物，用水洗多次，至无铁离子，在 373K 干燥后备用。

（3）活性组分与载体混合碾压

将 385kg 干硅藻土粉，同上述所得 V_2O_5-KOH 悬浮液混合。为了增加催化剂的孔隙率，在混合的同时，尚需加入 37kg 硫黄，以在煅烧时生成 SO_2，它逸出后在催化剂上留下孔隙。混合物先干燥，碾压 10～15min，然后依混合物干湿程度加适量水调节湿度，继续碾压至含水量≤15％后取出，挤条成型为圆柱状，在 300K 干燥后，再在（1000±2）K 下煅烧，冷却后即为产品。

（六）沥滤法（骨架催化剂的制备方法）

骨架催化剂是一类常用于加氢、脱氢反应的催化剂。这类催化剂的特点是金属分散度高、催化活性高。因其在制备过程中用碱除去不具催化活性的金属而形成骨架，活性金属原子在其中均匀地分散着，所以这类催化剂形象地称为骨架催化剂。常用的是骨架镍，此外还有骨架钴、骨架铁催化剂等。这类催化剂又称 Raney 催化剂。

骨架催化剂的制备一般分为三步，即合金的制取、粉碎及溶解。

1. 合金的制取

将活性组分金属和非活性金属在高温下做成合金。常作为活性组分的金属为 Fe，Co，Ni，Cu 和 Cr 等。作为非活性的金属为 Al，Mg 和 Zn 等。具有特殊意义的是 Ni-Al 合金。

上述得到的合金先经过粉碎。合金的成分直接影响粉碎的难易程度。

2. 合金的溶解

此步目的在于溶去非活性金属，最常用苛性钠来溶解这些金属。

3. 骨架镍制备举例

将金属镍和铝按 3∶7 比例混合，于 1173～1273K 熔融，然后浇铸成圆柱体，并破碎，用合适浓度和合适量的 NaOH 溶液处理此 Ni-Al 合金，使其中的 Al 以 $NaAlO_2$ 形式进入溶液而与 Ni 分开。NaOH 的浓度和用量对骨架镍催化剂的性质影响很大，本例中所用浓度为 3％，溶液与合金的重量比为 0.32∶1。

经碱处理后的骨架催化剂上的活性金属组分非常活泼，例如其中的镍原子活泼到可在空气中自燃的程度。这是因为催化剂表面上吸附有氢，所以应采取措施将其除掉，用水煮或放在乙酸中浸泡可达此目的，这种处理称钝化。钝化后的催化剂仍然很活泼，不能放在空气中，而应放在酒精等溶剂中。

（七）离子交换法

离子交换法是在载体上金属离子交换而负载的方法。具有表面羟基的二氧化硅凝胶，氧化处理过的活性炭，天然硅酸盐或人工合成的硅酸盐，其中含有大量的阳离子，有的易解离，因而可与其他阳离子交换。合成沸石分子筛一般也是先做成 Na 型，需经离子交换后方显活性。在石油催化裂解中所用的催化剂活性组分，一般是用稀土离子交换的分子筛。多价阳离子交换入分子筛后，便产生了酸性，因此而产生活性。与浸渍法相比，可得到高分散性的金属催化剂是其优点。

在离子交换法中，根据交换离子的种类和交换度的不同，需要注意交换温度、交换液浓度等因素。

1. SiO_2 表面上的离子交换

因为 SiO_2 的表面羟基有 H^+ 酸性，因而有阳离子交换能力。水溶液 pH 越高，阳离子交换量越增加。Ni^{2+}、Co^{2+}、Fe^{2+}、Cu^{2+}、Ag^+ 的硝酸盐浸渍、负载后烧成可变为氧化物。从硝酸盐甲酸离子交换制备的是以金属形式被负载的。阳离子吸附力的次序[1]为：$Fe^{3+} > Fe^{2+} > Cu^{2+} > Ni^{2+} > Co^{2+}$。

在负载贵金属的场合，使用的原料氯化物络盐成为阴离子，不能与阳离子交换型的 SiO_2 交换，所以必须使用铵盐配合物阳离子在高 pH 区域进行交换。用高分散度硅胶（170m^2/g）以 $[P_t(NH_3)_4]^{2+}$ 交换，300℃下还原得到 2.45％Pt（质量分数，粒径 1.4nm）/SiO_2；用 $[Pd(NH_3)_4]^{2+}$ 交换，25℃干燥，500℃下烧成后用 H_2 还原，得到 2.2％Pd（质量分数，1.4nm）/SiO_2，通常用浸渍法得到的 2％Pd（质量分数，2.2nm）/SiO_2，分散度差，而且粒径取决于载体微孔径的大小。离子交换法的粒径一定，负载量与金属表面积成正比，而且还原前在空气中的烧成温度可控制粒径大小。

2. SiO_2·Al_2O_3 表面上的离子交换

SiO_2·Al_2O_3 中的 H^+ 酸中心，与 SiO_2 不同，金属离子或金属铵络合物等阳离子不能与该 H^+ 酸中心直接进行离子交换。预先把 SiO_2·Al_2O_3 的 H^+ 用 0.1mol/L 氨水离子交换，成为 NH_4^+ 型，由 NH_4^+/SiO_2·Al_2O_3 与上述阳离子进行交换。用 $Ni(NO_3)_2$ 交换得到的 Ni^{2+}/SiO_2·Al_2O_3 在 300℃下用 H_2 还原可得到高分散贵金属 SiO_2·Al_2O_3 催化剂。表面活性中心数和 Pd 的粒径与空气中的烧成温度有关，晶格缺陷与还原温度有关。

3. 沸石分子筛的离子交换

(1) 固体酸催化剂的制备

合成沸石的基质是（SiO_4）四面体和（AlO_4）四面体形成的结晶，Na^+ 与（AlO_4）$^-$ 的负电发生中和，沸石的种类依 Si 和 Al 的比例即 Na 与 Al 当量比而变化。用 H^+ 置换或是用 2~3 价金属离子来置换 Na^+，由此变化静电场，发现具有固体酸活性。

(2) 金属离子/沸石催化剂的制备

用阳离子交换的沸石在适当温度下烧成时，Pt 族金属以阳离子形式存在。这种催化剂在丙烯氧化时经 π-配合物而生成丙酮。

(3) 利用离子交换法使沸石转型

如 4A 沸石（NaA 型沸石）在 75℃左右用 $CaCl_2$ 溶液交换 1~2h，过滤、洗涤数次除去 Cl^-，于 100℃烘干即得 5A 沸石。13X 沸石（NaX 型）与 $CaCl_2$ 溶液于室温下搅拌 30min，过滤，水洗除去 Cl^-，100℃烘干得 10X（CaX 型）沸石。

在离子交换过程中可用多次交换法或连续交换法来提高交换度。也可在封闭系统中进行交换，温度提高到 150~300℃，可提高交换度。

多种阳离子可以同时交换到沸石中，得到含有多种阳离子的沸石，常可得到性能更好的催化剂。此时应先交换选择性大的阳离子，再交换第二种阳离子。

4. 氧化处理活性炭

活性炭用浓硝酸煮沸数小时，在表面形成有离子交换可能的羧基。采用与 $SiO_2 \cdot Al_2O_3$ 同样方法制备 Pd/C 比浸渍法制备的 Pd/C 具有更高的分散度。

(八) 均相络合催化剂的固载化

1. 均相络合催化剂的固载化原理

将均相催化剂的活性组分移植于载体上，活性组分多为过渡金属配合物，载体包括无机载体和有机高分子载体。这类催化剂一般是不溶性的，形式上同于多相催化剂，但实质上可算作均相催化剂。这类催化剂所用过渡金属配合物同一般的均相络合催化剂相似；其使用条件也与均相络合催化剂相似。此类催化剂的化学性质也同于均相络合催化剂，即金属原子与周围发生的相互作用与均相络合催化剂在液相周围环境的相互作用也十分相似。均相络合催化剂的优点是活性组分的分散性好，而且可根据需要改变金属离子的配体，其缺点是催化剂与产物的分离比较困难。均相络合催化剂易于中毒，均相络合催化剂固载化以后，可以保持均相络合催化剂的优点，而克服它的某些缺点，因而近年来得到较快的发展。

2. 均相络合催化剂的固载化实例

1) 本例中制备的催化剂可用于烯烃的氢醛化反应，乙酰氧基化反应，聚合反应与齐聚反应。第一步是载体的制备。先用聚苯乙烯与二乙烯苯交联，并经氯甲基化，再经二苯膦化钾处理即得载体。

$$\text{聚苯乙烯} \xrightarrow{\text{二乙烯苯}} \text{聚苯乙烯} \boxed{\bigcirc} \xrightarrow[\text{SnCi}_4]{\text{CH}_3\text{CH}_2\text{OCH}_2\text{Cl}}$$

$$\text{聚苯乙烯} \boxed{\bigcirc} \text{—CH}_2\text{Cl} \xrightarrow{\text{KPPh}_2} \text{聚苯乙烯} \boxed{\bigcirc} \text{—CH}_2\text{PPh}_2$$

第二步是制备催化剂。将活性组分 $\text{PhCl(CO)(PPh}_3)_2$ 与上面得到的高分子载体混合并发生作用，即得固载化的络合催化剂。

2) 另一个例子是含 SiO_2 载体的制备。先将二苯基膦化氢与乙烯基三乙氧基硅烷在紫外光照射下得到膦苯基乙基三乙氧基硅烷，再将此硅烷的衍生物同硅胶作用便得所需载体：

$$\text{Ph}_2\text{PH} + \text{CH}_2 \!=\! \text{CH—Si(OC}_2\text{H}_3)_3 \xrightarrow{\text{紫外光}}$$
$$\text{Ph}_2\text{PCH}_2\text{CH}_2\text{Si(OC}_2\text{H}_3)_3 \xrightarrow{\text{硅胶}}$$
$$\text{Ph}_2\text{PCH}_2\text{CH}_2\text{Si(OC}_2\text{H}_3)_3 \text{— 硅胶} + 3\text{C}_2\text{H}_3\text{OH}$$

将此含 SiO_2 载体同活性组分配合物混合，即成所需催化剂。

3) 用氧化铝、活性炭等为载体的固载化络合催化剂也有较广泛的应用。丙烯氢醛化反应所用固载化络合催化剂即以 Al_2O_3 和活性炭为载体，而以 $(\text{Ph}_3)_2\text{PRh(CO)Cl}$ 为活性组分。

某些均相络合催化剂在固载化后，保持原来的活性，某些还有明显提高（表10.7）。

表 10.7　某些均相络合催化剂在固载化前后的活性比较

反应	反应物	均相络合物	高分子载体	活性比较
氢化反应	环己烯	$RhCl(PPh_3)_3$	⊢⟨○⟩—CH_2—PPh_3	相　等
氢化反应	1-己烯	$RhCl(PPh_3)_3$	⊢⟨○⟩—CH_2—PPh_3	固载化后提高到 1.8 倍
氢醛化反应	1-己烯	$Rh(CO)_2Cl$	⊢⟨○⟩—$CH_2N(CH_3)_2$	相　等
氢化反应	1-己烯	$Rh_2(OCOCH_3)_4$	聚丙烯酸	固载化后提高到 120 倍
氢化反应	环己烯	(二茂)—$TiCl_2$	⊢⟨○⟩—CH_2—(茂)—$TiCl_2$	固载化后提高到 6.2 倍

（九）气相合成法[1]

　　从气相得到的微粒具有纯度高、粒径均匀、凝集少、分散性好，可合成氮化物、碳化物之类的非氧化物等优点，今后，可期望作为催化材料加以利用。

　　气相合成法分为物理蒸发凝结法和气相化学反应法两种。前者是用等离子火焰把原料汽化再急冷凝结，可合成氧化物、碳化物和金属的超细粉末。后者是由挥发性金属氧化物蒸气的热分解或挥发性金属氧化物与其他气体反应，可得高纯度、分散性良好的氧化物、金属、氮化物、碳化物、硼化物等，适用于非氧化物微粒子的合成。用气相化学反应法要得到分散性良好的均匀的微粒，这与在液相中沉淀生成反应相同，要有均匀的核生成及核长大才能达到。气相固体粒子的生成可以是一种不均匀核的生成和成长过程，即在其他固体表面上形成薄膜，也有生成晶粒，要生成均匀的核需要小一些的过饱和度是十分重要的。使用金属氯化物的场合，该生成反应的平衡常数为 K_p（以金属氯化物 1mol 为基准），$K_p > 10^3$ 时得到微粒，而 $K_p < 10^2$ 时以不均匀晶核析出结晶。

　　金属氧化物微粒可由挥发性金属氯化物的氧化、加水分解、金属蒸气的氧化、金属化合物的热分解等方法合成。从 Si、Ti、Fe 的氯化物可得 $0.1 \sim 1\mu m$ 的氧化物微粒。在非氧化物中，从氯化物和 NH_3 可得氮化物，由氯化物和 CH_4 可得碳化物。

三、固体催化剂的热处理

　　制备各固体催化剂，无论是浸渍法，沉淀法还是共混合法，在活性组分负载于载体后，一般说来还不是催化剂所需要的化学状态，没有一定性质和数量的活性中心，也尚未具备较为合适的物理结构，对反应不能起催化作用，故称为催化剂的钝态。所以，催化剂在制备好以后，往往还要活化；除了干燥外，还都需要较高温度的热处理，也就是煅烧或再进一步还原、氧化、硫化、羟基化等处理使催化剂转变为活泼态，使钝态催化剂转变为活泼态催化剂的过程就是催化剂的活化。活化的目的在于使催化剂，尤其是它的表面，形成催化反应所需要的活性结构。活化方法视需要而定。常常要在高温下用氧化性或还原性气体处理催化剂。活化好的催化剂便可投入使用。

（一）煅烧

　　有的钝态催化剂经过煅烧就可以转变为活泼态，有的还需要进一步活化。

　　1. 煅烧的目的

　　1）通过热分解除掉易挥发的组分而保留一定的化学组成，使催化剂具有稳定的催化性能。
　　2）借助固态反应使催化剂得到一定的晶型、晶粒大小、孔隙结构和比表面。
　　3）提高催化剂的机械强度。

　　2. 煅烧过程中催化剂发生的变化

　　（1）化学变化

　　制备催化剂时，无论是浸渍法，沉淀法还是其他方法得到的固体物质在通常条件下是没有催化活性的，当经过煅烧后，就可使上述化合物加热分解，除去挥发成分而保留活性的组分。如除去化学结合水、挥发性的杂质（如 NH_3、NO、CO_2），使之转变为所需的化学成分，包括化学价态的变化。如异丁烷脱氢所用的铬钾铝就是经 823K 空气下煅烧而得的，其间的变化可表示为

$$Al_2O_3 \cdot H_2O \longrightarrow Al_2O_3 + H_2O$$
$$4CrO_3 \longrightarrow 2Cr_2O_3 + 3O_2$$
$$2KNO_3 \longrightarrow 2KNO_2 + O_2$$
$$\downarrow$$
$$K_2O + NO + NO_2$$

煅烧过程一般为吸热反应，所以提高温度有利于煅烧时分解反应的进行，降低压力亦有利。

　　（2）比表面的变化

　　由于煅烧中的热分解反应，使易挥发组分除去，在催化剂上留下空隙，由此

引起比表面的增加。例如在 823K 真空条件下煅烧碳酸镁，分解愈接近完全，其比表面就愈大（图 10.11）。在 $MgCO_3$ 分解率不高时，由于分解出的 CO_2 逸去后，留下的 Mg^{2+} 和 O^{2-} 仍处于原 $MgCO_3$ 晶格位置，即生成具有 $MgCO_3$ 晶格的 MgO 微晶核（假 $MgCO_3$ 晶格），所以比表面增加幅度不大，但这种不稳定的假晶格立刻被破坏，变成真正的 MgO 晶格。如果每个 $MgCO_3$ 微晶中含 n 个 MgO 晶格，则再结晶后产物中的微晶数目比原来的 $MgCO_3$ 微晶数多 n 倍，这可能使表面积剧增。如果煅烧温度过高，一旦发生了烧结，催化剂的表面积不但不增加，反而减少。所以要控制好煅烧温度。

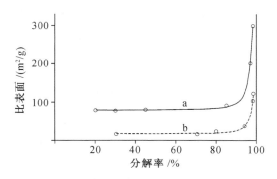

图 10.11　煅烧 $MgCO_3$ 时比表面与分解率的关系
a. 真空中；b. 空气中

（3）粒度变化

在煅烧过程中，随温度升高和时间的延长，晶粒变大。如一水软铝石转化为 γ-Al_2O_3，当煅烧温度由 773K 变化至 1273K 时，晶粒边长由 0.39nm 增至 0.62nm，煅烧时间均为 2h。当煅烧温度固定（1073K），煅烧时间从 1h 变至 48h，晶粒边长由 0.45nm 增至 0.67nm。

（4）孔结构变化

煅烧中，若发生烧结，微晶间发生粘附，使相邻微晶间搭成间架，间架所占的空间成为颗粒中的孔隙。随物质的不同，间架有不同的稳定性。若其间架结构稳定，其孔容不发生变化。如 SnO_2 在 773～1773K 内煅烧时的情况。若其间架结构不稳定，则煅烧温度提高时引起孔容连续下降，如 SiO_2 凝胶在 400～1400K 间煅烧的情况。

3. 催化剂的焙烧气氛

焙烧气氛对催化剂性能也有影响，根据 Delmon 报告焙烧气氛对 Pt 晶粒大小的影响，发现以 H_2 气氛焙烧时，由于在低温（250～300℃）下 Pt 就开始还原，有利于生成分散度很好的金属粒。在空气中焙烧时，有利于生成铂的氧化物，此氧化物与 Al_2O_3 作用，使氧化物有很高的分散度，颗粒度很小。在 N_2 下焙烧时，在低于 350℃下限制铂氨配合物的分解，以致金属容易凝结成较大的微晶。

焙烧气氛也可以引起其他的性质变化，如 TiO_2-SiO_2 催化剂在空气下焙烧，随温度升高表面酸性增大，若在真空中焙烧 400℃下出现 Ti^{3+}，500℃达最大值，再增加温度，Ti^{3+} 下降。因而焙烧气氛可影响催化剂的表面酸性和表面价态。

（二）催化剂的活化

经过煅烧后的催化剂，相当多的是以高价氧化物的形态存在的，如果要求所合成的催化剂为活泼的金属或低价氧化物，还必须用氢或其他还原性气体活化。催化剂的活化与活化温度、压力、程度和速度有关，与活化气氛也密切相关。

四、催化剂的成型

催化剂成型也是制备催化剂的关键步骤之一，它对催化剂的机械强度、活性和寿命等有影响。有的催化剂由于成型不得法而不能发挥其应有效能。

制成的催化剂颗粒大小和形状应根据原料性质和反应床层的需要决定。常用的反应床层为固定床和流化床，其他尚有移动床和悬浮床。工业上，固定床使用柱状、片状及球状等大小在 4mm 以上的催化剂。流化床使用直径在 $20～150\mu m$ 的球形催化剂。移动床催化剂颗粒为 3～4mm 大小。悬浮床催化剂颗粒最小，直径在 $1\mu m～1mm$ 间。除柱状、片状、球状外，催化剂还有粉状、环状、膜状及网状等。

催化剂的成型方法有下列数种。

（一）压片和挤条成型

把催化剂半成品粉末加压制片。压片时，为增加催化剂的比表面和颗粒体积，可加入适量惰性添加剂，为使粉末颗粒间结合良好，可加入黏合剂，如糊精、聚丙烯酸、醇等。成型时也常加入润滑剂，这是为了减少压片过程中的阻力。比如在生产 Al_2O_3 时，是在半成品 Al_2O_3 干胶中加入 2%～3% 的石墨，然后粉碎，压片成型。

压片时，粉末间主要靠 van der Walls 力结合，除这种力外，如有水存在，毛细管压力也会增加黏结能力。Rumpt 把抗拉强度引进粉末结合理论。他认为大小均匀的球形颗粒相互聚集的凝聚力即为颗粒的抗拉强度，它可用下式表示

$$\sigma_z = \frac{9(1-\theta)}{8\pi d^2}kH$$

其中，d 为颗粒直径（以 cm 表示），θ 为空隙率，k 为一个颗粒同周围颗粒接触数的平均值，$k \approx \pi \approx 3.1$，$H$ 为两个颗粒间的 van der Waals 力，当粒子之间距离 $a < 100nm$ 时，

$$H = \frac{Ad}{24a^2}$$

其中，A 是随物质变化的常数。将 H 的关系式代入 σ_z 的表达式，则有

$$\sigma_z = 0.05\frac{(1-\theta)A}{\theta da^2}$$

此式表明，催化剂的抗拉强度一般同粒子的直径与粒子间距离的平方乘积成反比。

成型压力会影响催化剂的压碎强度。例如 Al_2O_3 水合物在不同成型压力下，其压碎强度有很大的变化（图 10.12）。

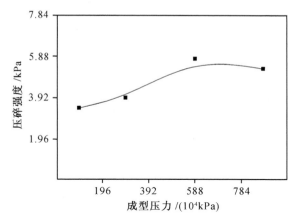

图 10.12　成型压力对压碎强度的影响

从以上介绍看出，催化剂成型时，必须选择好颗粒直径和成型压力。挤条成型的步骤，是将催化剂的粉末或湿料加入适量的黏合剂充分混合，从成型机的网或孔眼挤出，将挤出的条切断、干燥及煅烧，最后成柱状催化剂。

成型压力对催化剂的活性也有影响。当成型压力不很高时，对活性的影响是通过孔结构和表面积的变化而体现的；当成型压力太高时，会引起催化剂的化学结构变化，因而对活性的影响更明显。例如在 Bi_2O_3 催化剂上加 $5 \times 10^5 kPa$ 的压力，则 Bi_2O_3 可变成 $2Bi + 3/2O_2$。加压过程中，有关由于物理结构和化学结构变化对活性产生的影响，还未总结出系统的规律。

（二）喷雾成型

比如微球催化剂是把催化剂的半成品溶胶经喷雾干燥而得。如果把溶胶滴入加热的油中凝化，则得球状催化剂。

其他如铂网催化剂由铂丝编织而成，还有前面介绍过的滚涂法成型等。

催化剂成型是催化剂制造工艺中的课题，读者有兴趣可进一步阅读有关专著。

参 考 文 献

1　戚蕴石. 固体催化剂设计. 上海：华工理工大学出版社，1994
2　Delmon B，Jacobs D A，Poncelt G. 催化剂的制备. 上册. 汪仁等译. 北京：化学工业出版社，1982
3　向德辉，翁玉攀，李庆水等. 固体催化剂. 北京：化学工业出版社，1983
4　中国科学院长春应用化学研究所三室研究报告. 低压合成甲醇催化剂制备的研究. 1973，96
5　王国桢等. 石油化工，1974，3：218
6　Grace W R. USP，3.639.099.1972；3.671.191（1972）
7　南京石油化工厂等. 石油化工，1975，3：236
8　南京石油化工厂等. 石油化工，1977，4：351

第十一章 多相催化剂的评价

设计和制备催化剂以后，其性能优劣还要进行催化剂的评价。评价催化剂是指对适用于某一反应的催化剂进行较全面的考察。其主要考察的项目列于表 11.1。

表 11.1 催化剂的评价项目[1]

项目	主 要 影 响 因 素
活 性	活性组分，助剂，载体，化学结合状态，结构缺陷，有效表面，表面能，孔结构等
选 择 性	与上类似
寿 命	稳定性，机械强度，耐热性，抗毒性，耐污性，再生性
物理性质	形状，粒径，粒度分布，密度，导热性，成型性，机械强度，吸水性，流动性等
制备方法	制造设备，制备条件，难易性，重现性，活化条件，保存条件
使用方法	反应装置，催化剂装填方法，反应操作条件，安全程度，腐蚀性，再活化条件，分离回收
价 格	催化剂原料的价格，制备工序
毒 性	操作过程中的毒性，废物的毒性

一般来说，催化剂的活性、选择性和寿命是评价催化剂最重要的指标，这几个指标合格了，我们才能进而考虑其他的一些因素，当然这三项指标与其他一些指标是相互联系的，受其他指标的某种制约。我们首先讨论活性、选择性和寿命的评价。

关于活性、选择性的定义和表示方法请参考第一章。这里只介绍评价装置。

一、评 价 装 置

一个好的实验室反应器应能使反应床层内颗粒间和催化剂颗粒内的温度和浓度梯度降到最低，这样才能认识在传质、传热不起控制作用的情况下催化剂的真实行为。

根据反应器的特性，可以将其分成不同的类。以下是几种常见的划分方法。

(一) 固定床反应器和流化床反应器

按催化剂颗粒的流动状态，反应器有固定床反应器和流化床反应器两类。

当流体反应物以较低的流速穿过催化剂床层时，流体只穿过处于稳定状态的颗粒之间的空隙。流体通过床层的压力降 ΔP 与流体的线速 u 成正比，且床层高度不发生变化，这种情况即为固定床反应器（图 11.1）。

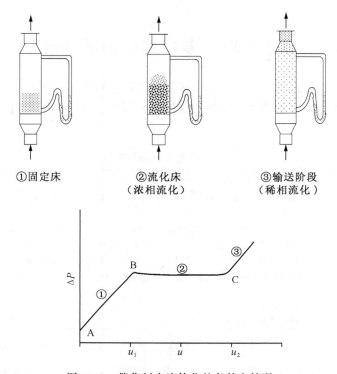

①固定床　　　②流化床　　　③输送阶段
　　　　　　（浓相流化）　（稀相流化）

图 11.1　催化剂床流体化的条件和情况

图中 AB 线对应的是固定床的 ΔP 与 u 的关系。

当流体的线速增加，催化剂颗粒相互离开而不接触，整个床层开始膨胀，流体穿过床层时，ΔP 不再随线速增加而增大，床层处于流化状态并随线速的增加不断膨胀，物层界面不断上移，但仍能保存明显的界面，此种情况为流化床阶段，又称浓相流化阶段。图中 B 点对应的线速下限 u_1 为开始流化的线速。

当流体的线速继续增大，达到或超过 C 点所对应的线速上限时（即超过 u_2），流体已进入输送阶段，颗粒被流体带走，故 u_2 也称带出速度。这种情况为稀相流化阶段。上述浓相流化阶段称为沸腾阶段。

催化剂床层所需下限流速，可通过一些公式由催化剂粒径、密度以及流体密度和黏度加以估算。粒径愈小、粒重愈轻，流体密度和黏度愈大，则流动所需流速下限愈小，愈易流化。一般用于流化床反应器的催化剂颗粒直径只有十分之几毫米，下限流速约为 0.1m/s。

固定床和流化床各有利弊，流化床中由于床层在翻腾，有利于控制床温，而在固定床中催化剂颗粒固定不动，传热不均，床层会出现热点；流化床中可用很细的催化剂颗粒，而固定床中为了减少阻力多用较大颗粒；流化床中流体通过膨胀的床层，反应物同催化剂颗粒的接触不如在固定床中充分；流化床中流体的流动不是理想的列流而是掺有不同程度的"回混"和"短路"，致使接触时间不易控制；流化床中催化剂和反应器壁磨擦，导致催化剂粒度分布向小粒径移动和反应器壁的磨损。

在工业上，固定床反应器的结构和型式变化多端，但比较典型的一种型式是列管式固定床反应器。在实验室内，一般用一根管子做成固定床反应器，用以测定催化剂性能沿床层的变化，求最适宜温度、压力、气体流速、催化剂粒度以及经验动力学方程等，以便为工业放大奠定基础。这种实验一般称为单管实验。

(二) 积分反应器和微分反应器

在实验室中，根据转化率可将反应器分为积分反应器和微分反应器（参见第四章第一节）。

(三) 静态反应器和动态反应器

根据物料运动方式，还可将反应器分为静态反应器和动态反应器。静态反应器采用间隙式操作，主要用于液相反应。动态反应器采用连续操作，反应器入口连续进入反应原料，反应器出口连续排出产物。从实验室角度看，动态反应器包括流动式反应器、脉冲式反应器和无梯度反应器。下面着重介绍一下脉冲反应器和无梯度反应器，这两者在实验室反应器中占有特殊的地位。

（1）脉冲反应器

脉冲反应器为固定床，每次用很少量的催化剂。操作时令某种惰性气体（He 或 H_2）或反应物之一连续流过催化剂床层，周期地将反应物用针筒或进样阀引入载气流。这种反应器用于催化剂筛选，测活性和选择性，也有用于动力学和机理研究的。由于是脉冲方式进样，因而反应气体在催化剂上的吸附、脱附行为与连续反应器内的行为有很大的区别。

常用的脉冲反应器有两种类型。图 11.2 是其中之一。微型反应管连在色谱柱之前，反应物从反应管前注入后，由载气带入反应管，反应所得产物经后面的色谱柱分出，最后经鉴定器定性和定量分析。

另一种脉冲反应器是没有单独的反应管，把催化剂直接装在色谱柱内，使色谱柱处于催化反应所需的条件（如温度、压力、催化剂量等）下，反应物在催化剂上反应后立即被分离，然后进入鉴定器被分析。

（2）无梯度反应器

无梯度反应器的具体形式有循环反应器和搅拌反应器两种。这种反应器由于避免了床层中可能存在的温度、浓度的梯度，因而使得到的数据准确性和重复性

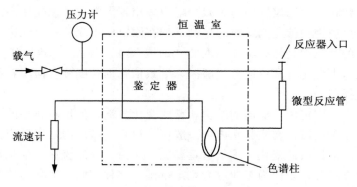

图 11.2　典型脉冲反应器

有很大提高，所以这种反应器特别适于进行动力学研究。以下介绍流动循环方法实现的无梯度反应器。图 11.3 画出了两种类型的流动循环无梯度反应器。

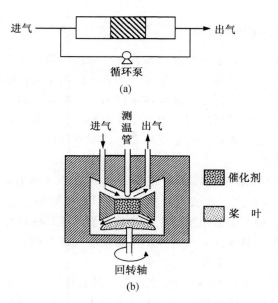

图 11.3　流动循环无梯度反应器
（a）外循环反应器；（b）内循环反应器

　　在此种反应器内，催化剂不动，反应气体以较高速率循环。反应后的物料大部分返回，小部分导出反应系统，返回的物料与补充的新鲜反应物混合后再进入催化剂床层反应。补充的新反应物料与导出的反应后的物料在数量上要匹配好，以使循环系统处于稳定态。当循环物料量与新反应物料量之比足够大时，则使混合物料在床层的进出口处的浓度差别很小，由于反应量小，在反应中产生的热效应也甚小，以致在实际上可以认为在催化剂床层中不存在浓度和温度梯度。

因无梯度反应器是一种微分型反应器，在等容情况下，此反应器内的速率表达式可近似地表示为

$$v = \frac{F_V(C_入 - C_出)}{V}$$

其中，F_V 代表体积流率，$C_入$ 和 $C_出$ 代表入口处反应物的浓度和出口处反应物的浓度，V 为反应体积（参阅第四章有关内容）。

（四）评价时要注意的几个因素

以上介绍了评价的装置，下面介绍评价时要注意的几个因素。

（1）要确保测定是在动力学区内进行，把催化剂床层内的温度梯度和浓度梯度降到最小

要确保测定是在动力学区内进行，必须把催化剂床层内的温度梯度和浓度梯度降到最小。无梯度反应器可以满足这个要求。其他反应器一般应考虑采取降低催化剂粒径、提高气流线速等措施。关于内外扩散效应的判断请参阅第四章第五节。

（2）消除管壁效应，避免床层过热

因为靠近反应器壁处的空隙率高于反应器中心处，因此管壁处的流率和线速可能会高于内部，提高反应器直径与催化剂颗粒直径的比值有利于管壁效应的消除。但这个比值不能过大，否则不利于反应热的导出，这个值一般控制在 6～12。对催化剂床层高度也有要求，床层高度和床层直径应有恰当的比例，一般情况下，高度应为直径的 2～3 倍左右。床层过短，势必要增加床层的横截面积，导致气流线速降低，影响热量和质量的传递，还影响流体在床层中流动的均匀性。

以上诸多因素常互相制约。比如降低催化剂粒径虽然有利于内扩散阻力的消除，但却使有效扩散系数下降，这可能又引起床层内温差增加。因此，要权衡各种因素的利弊，选择适宜的反应管直径、催化剂粒径与床层高度。

（五）全自动催化反应的实验系统[2]

催化剂的活性、寿命评价、吸附和脱附等催化剂物性实验，决定动力学常数的模型的选择，以及反应器的动态特性的测定等测试工作费时又费力。因此，这些过程的自动化可以快速实验，某些操作困难的实验也可进行，更可期待提高实验的效率、精度、重现性、安全性，而且可以提高数据的可靠性及客观性。

大规模集成电路的组合运用在分析仪器和测试仪器上，使温度控制、程序、定时和报警等部分自动化，简单的实验顺序的重复实验和模式实验范围自动化。20 世纪 80 年代，在国际上已经出现了商品化的全自动流动式反应装置和间歇式

的反应装置，分析装置采用色谱分析，不仅实现了反应操作和分析操作的无人化及数据的自动测定，而且数据的记忆、整理、保存等数据记录系统，数据的解析、评价、图表化等数据处理系统全部实现自动化。这些装置常被称为系统化。

1. 系统的构成

用来评价催化剂活性试验用的计算机操作全自动反应系统如图 11.4[2]。

图 11.4 系统中的组成部分为：反应装置部分，分析部分（GC 和色谱微处理机），数据的外部记忆部分（穿孔带读出机和软盘），输出部分（打印、显示、作图）及管理这些部分的集成电路，其周围机器（计时器，A/D，D/A 变换器，继电器等）以及相互的传输线（传输总线，I/O 通道等）。

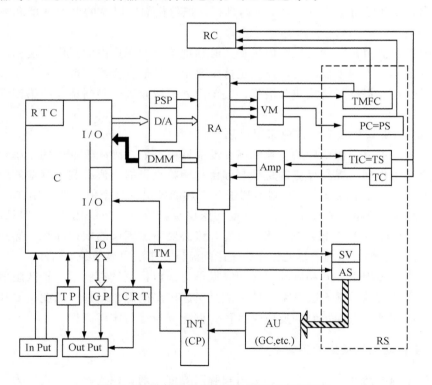

图 11.4 计算机操作全自动反应系统结构图

C：专用计算机；DMM：A/D 变换器；D/A：D/A 变换器；PSP：电力供给程序；RA：继电器精密转换；VM：电压记忆单元；Amp：电压增幅器；RS：反应装置部分；TMFC：热式质量流量控制器；TIC：温度控制器；TC：热电偶；PC：压力控制器；PS：压力传感器；SV：电磁阀门；AS：自动取样器；AU：分析装置部分（GC）；INT：色谱微处理器；CRT：显示器；TM：变送传感器（发送信号）；GP：图表制作；TP：磁盘；RC：记录仪；I/O：输入输出通道；RTC：计时器；⟺：传输总线；←：其他传输线；◁◁◁：送入气体。

　　下面列举图 11.5[2] 反应装置部分的例子——常压流动式反应位置。

　　计算机（C）在定时打开继电器后，使变更气路的电磁阀（SV）的开关、反应装置部分（RS）的各仪器开关切换，接着是电压记忆单元（VM）把温度与流量的设定值以电压送入控制器（TMFC，TIC，PC）。控制器根据设定值独立地进行控制。用继电器可节约 A/D，D/A 变换器和总传输线，使系统的构成比较简单。

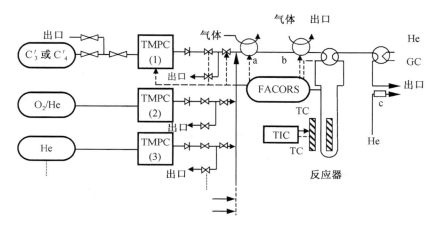

图 11.5　常压流动式或脉冲式反应装置

　　a. 脉冲用六通阀；　　　　　　b. 分步应答用四通阀；
　　c. 检测器（热导池）；　　　　FACORS：图 11.4 系统（参照）
　　▷◁─电磁阀　　　▷─单向阀　　　➝仅表示部分信号流动

　　计算机同样通过继电器读出以电压表示的温度流量等的测定值，进行温度、流量等的变换和实验状态的管理。例如，当操作条件与设定值一致并稳定后，通过继电器，三向电磁阀使氮气压力控制方式的自动六通阀切换，气体导入色谱分析仪（GC），同时 GC 的微处理机启动。在指定的时间后，六通阀退回，微处理机停止。

　　GC 的峰面积和保留时间送到计算机被记忆下来。这些资料变换成为转化率、收率等与操作条件、时间、实验编号一起作为一组数据集而记忆，打印出来。数据集依次被解析，并用来决定随后进行的适宜实验条件，判断实验是继续进行还是变更或停止，及制成图表。图表可随时在 ORT 中显示，而在报告书等中使用的最终的图表通常用单独绘图仪（GP）来描绘，同时被记忆下来。全部数据、图表移到穿孔带和软盘上保管起来，必要时可以再生。

　　一般不使用控制器和色谱微处理机，以计算机直接控制温度等并进行 GC 的计算，在原理上是可能的，但是这种场合下计算机有时被一种工作所独占，不能进行全局均衡地管理。这个系统的特征是计算机把任务尽可能分散到外围机器和装置，结果使计算机程序比较简明，有可能进行种种实验。

2. 系统的应用

几乎所有有关催化反应工程的实验即使目的不同，但操作变数（温度、流量、原料浓度等）对时间的应答性生成物的浓度、转化率等的测定点是相同的，操作的次序没有大的不同，而且反应装置基本相同，而根据程序的选择和组合能进行多种多样的实验。例如脉冲法、分步应答法都能适用的流动式反应装置部分可以进行如下的基础实验。

（1）催化剂的活性、寿命实验

以脉冲法、流动法、升温反应法、分压模式实验、温度周期性交变法等来测定反应条件和转化率、收率、生成物的分布等的关系，探索最优化反应条件，作出等收率线图和测定它们随时间的变化。

以 H_2O_2 滴定等的气体滴定和气体吸附实验来测定金属及氧化物等表面积和活性中心数，升温脱附和升温还原曲线的测定和解析等。

（2）动力学研究

初速度的测定，反应级数、速度常数、活化能等动力学参数的测定，速度方程式的验证和选择，分步应答等方法进行反应器和反应系统动态特性的测定和解析。

（3）催化剂和吸附剂的前处理，再生条件的研究

反应—再生，吸附—解吸等反复实验及其最优化等。

（4）其他

向反应系统通入某种气体研究对催化反应的影响，中毒实验，转化率等的控制等实验。用计算机对话形式对这些实验安排个别的程序，在进行了催化剂充填等前期准备后，按"实行"键，到图表化为止都是无人化按程序逐步进行。

3. 无人操作的例子——在 Al_2O_3 上乙醇脱水反应[2]

以下叙述最优化条件的探索实验作为例子。这个实验是以复合反应目的中间产物的收率作为评价参数，自动求取收率最大值的反应条件即最优化条件。结果见图11.6。该图是在实验结束后从穿孔带读出机中得到的数据集由作图仪描出的。

图11.6采用流动法在 Al_2O_3 上乙醇脱水反应的例子，作为评价参数选择乙醚的收率，操作变数选择温度，用温度交变法即升温、降温往返方法截取收率的最大值，研究最大收率和最适宜温度随时间的变化。选用最大值附近三点数据，以二级近似法推定最大收率和最适宜温度。在这个例子中，经3～5次温度搜索，就能得图示的最大值和最适宜温度。实验五次就结束。

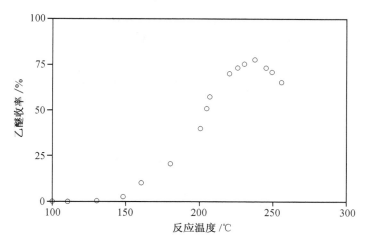

图 11.6　最适宜温度的探索实验

本图为在线作图而成

二、催化剂的失活、再生与寿命

(一) 催化剂的失活

在活性、选择性评价合格后，紧接着的一个必要考察项目就是催化剂的寿命。从开始使用到催化剂活性、选择性明显下降这段时间，称为催化剂的寿命。影响催化剂寿命的因素很多，也较复杂。在固定了催化剂的制法和成型方法之后，影响寿命的因素大概有：活性组分的升华、催化剂的中毒、半融和烧结、粉碎、反应副产物的沉积，如积炭等。由于催化剂在操作过程中有时会处于恶劣的环境中（如汽车尾气催化剂），以致其活性逐渐消失。任何会降低催化剂本征活性的化学或物理过程被称为减活作用，失活常伴有选择性的变化。催化剂的寿命长短不一。长的有几个月、几年，短的只有瞬间的活性，如像催化裂解催化剂。

在影响催化剂寿命的诸因素中首先简述催化剂的中毒问题。

1. 催化剂的中毒

中毒现象的本质是微量杂质与活性中心的某种化学作用，形成了没有活性的物种，如：反应原料中含有的微量杂质，使催化剂的活性、选择性明显下降，这就是中毒现象。比如在环己烯加氢反应中，2×10^{-6} mol 的噻吩就可毒化催化剂铂，使其活性降低 $70\% \sim 80\%$。

在气固多相催化反应中形成的是吸附络合物。对金属催化剂而言，H_2S、H_3P、SO_2^{2-}、CO、CN^-、Cl^- 等是毒物；对裂解催化剂，NH_3、吡啶等一些碱性物质是毒物。中毒是由杂质和活性中心的结构所决定的。Fe，Co，Ni，Ru，Rh，Pd，Pt 等金属催化剂，由于它们具有空的 d 轨道，因此能与具有未共用电子对的物质或含有重键的物质作用而发生中毒。

　　试看以下两类物质，第一类对金属催化剂有毒化作用，第二类则无，这显然与它们的电子结构有关。

　　　　第一类

$$H\!:\!\ddot{S}\!:\!H \qquad H\!:\!\overset{H}{\underset{}{P}}\!:\!H \qquad [O\!:\!\overset{O}{\underset{}{S}}\!:\!O]^{2-} \qquad H\!:\!\overset{H}{\underset{}{N}}\!:\!H$$

$$\overset{CH\!-\!CH}{\underset{\underset{\ddot{S}}{\diagdown\diagup}}{\parallel\quad\parallel}}_{CH\quad CH} \qquad :C \Leftarrow O: \qquad [:\ddot{C}l:]^- \qquad [N\equiv C]^-$$

　　　　第二类

$$\left[O\!:\!\overset{O}{\underset{O}{P}}\!:\!O \right]^{3-} \qquad \left[O\!:\!\overset{O}{\underset{}{S}}\!:\!O \right]^{2-} \qquad \left[H\!:\!\overset{H}{\underset{H}{N}}\!:\!H \right]^{+} \qquad \overset{CH\!-\!CH}{\underset{\underset{\underset{O\quad O}{S}}{\diagdown\diagup}}{\parallel\quad\parallel}}_{CH\quad CH}$$

　　中毒一般分为两类。第一类是可逆中毒或暂时中毒，这时毒物与活性组分的作用较弱，可用简单方法使催化剂活性恢复。第二类是永久中毒或不可逆中毒，这时毒物与活性组分的作用较强，很难用一般方法恢复活性。如合成氨的铁催化剂，由氧和水蒸气所引起的中毒作用，可用加热、还原方法恢复活性，所以氧和水蒸气对铁的毒化是可逆的，而硫化物对铁的毒化很难用一般方法解除，所以这种硫化物引起的中毒称为不可逆中毒。

　　在复杂反应中，催化剂中毒可能对其中一步的影响要甚于其他各步，因此有意识地添加某种毒物反而可以提高目的反应的选择性。尽管这样会牺牲一些活性。例如由乙烯氧化制环氧乙烷，当催化剂银中含 0.005% 的 Cl 时，可以抑制生成 CO_2 和 H_2O 的副反应，使主反应的选择性相对提高，为此在原料乙烯中加入适量的有机氯化物。

　　净化反应气体，脱除毒物可以预防中毒。中毒后的催化剂通过适当处理而使活性再生。根据再生机理选择再生方法。

　　2. 中毒与结构敏感性

　　有关负载型金属催化剂中毒的近期工作发展了"结构敏感失活"的概念，当然，这是出自于相应的在负载型金属上的结构敏感反应的概念。因此，随毒物量的不同，中毒过程本身可能对金属的化学计量是结构敏感的。金属的化学计量又随暴露的金属百分数而变。或者说，与未中毒催化剂的行为相比较，反应的表观结构敏感性随毒物量而变。已有实验观察到，某些结构不敏感的反应在中毒条件下也明显地变得结构敏感了。

Barbier 等研究了在金属暴露百分数范围在 $5\%\sim80\%$ 的 Pt/Al$_2$O$_3$ 催化剂上几种反应中毒的结构敏感性。苯加氢过程中 NH$_3$ 中毒的结果示于图 11.7 中，而在干净的 Pt 上这个反应被广泛引为一种结构不敏感型变化的例子。

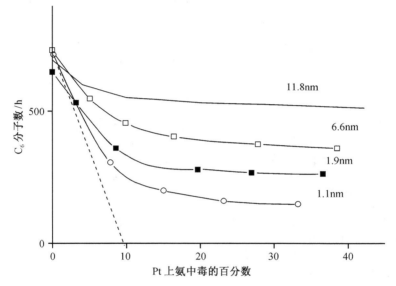

图 11.7　Pt 颗粒大小对苯加氢的氨中毒的影响

显然，在 Pt 被氨逐步毒化的过程中，它变为结构敏感型的了，因为较小的金属颗粒比较大的颗粒会更迅速地失活。作者以非均匀表面具有非均匀毒物吸附为依据来解释这些结果。另一种可能的解释是，苯的化学吸附需要若干个位置，所以在较小的微晶上单个的 NH$_3$ 分子就成为更具选择性的毒物了。人们注意到，后一个解释与 Herrington 和 Rideal 的观点是非常一致的。Zhegg 和 Kramer 研究了 Pt/SiO$_2$ 及 Pt/Al$_2$O$_3$ 的 NH$_3$ 中毒，他们也指出，失活的结构敏感性是由于反应物的化学吸附需要多个活性位置的原因。

研究结构敏感性失活过程的潜在技术意义在于它有可能依据形态学设计催化剂以诱导对中毒的阻抗，并使活性和选择性最优化。

3. 积炭

积炭是催化剂失活的另一因素。在烃类的催化转化中，原料中含有的或者在反应中生成的不饱和烃在催化剂上聚合或缩合，并通过氧的重排，逐渐脱去氢而生成含碳的沉积物。积炭中除碳元素外，还含有 H，O，S 一类物质。一般用燃烧法除去积炭。

4. 烧结

催化剂使用温度过高时，会发生烧结。烧结导致催化剂有效表面积的下降，使负载型金属催化剂中载体上的金属小晶粒长大，这都导致催化剂活性的降低。

影响负载型金属催化剂上的金属颗粒大小的重要因素与催化剂置于的气氛以及载体的组成有关。例如：在氧化（空气，氧）的气氛中，负载在 Al_2O_3，SiO_2 和 Al_2O_3-SiO_2 的 Pt 催化剂在温度大于 600℃ 时出现严重的烧结。负载的 Ru 和 Ir，在氧气中当温度为 400℃ 左右时，即出现严重的烧结。Pt/γ-Al_2O_3 体系当温度≤600℃时，在氧气气氛中处理会增加金属分散。烧结过程导致金属颗粒的增长，反之，通过降低金属颗粒的大小而增加具有催化活性的金属位置的数目，叫做"再分散"。再分散也是已烧结负载型金属催化剂的再生过程。在还原或惰性气氛中处理载体上的贵金属没有观察到明显的再分散作用（Pd 除外）。在同样的温度下，在还原或惰性气氛中的烧结速率要慢得多。

(二) 催化剂的再生

催化剂活性的再生对于延长催化剂的寿命，降低生产成本是一种重要的方法。在催化剂会快速失活的工业过程中，可采用下列措施之一。

1. 在流动或流化床反应器中再生

具有连续引出失活催化剂和连续输入再生催化剂的设备。这要求，催化剂在连续或周期性输入失活催化剂的设备中再生。

2. 在固定或流化床反应器中以连续反应循环方式操作

在反应循环之间，再生能在本体反应器中进行，或者在分开的设备中进行。即用几个反应器平行操作，系统出口处的转化速率可以保持恒定，为了确保这一点，当某些反应器是在反应周期时，其他的则正在进行催化剂的再生或者互换。

在加工碳氢化合物的工艺中，催化剂失活的原因主要是含碳物质在催化剂上的淀积，即积炭。在这些过程中，再生是通过利用空气或富氧空气使积炭燃烧来实现的。很显然，为了设计和模拟再生设备必须了解正确地描述再生过程的动力学方程，因此，许多文献和专著[1]已经报道了在裂解催化剂上焦炭燃烧反应的动力学研究。

裂解催化剂的再生是在等温流化床体系中进行的，而对于其他的工艺，再生则是在绝热固定床体系中进行。在后一种情形中，必须知道再生的动力学方程，以便计算燃烧热点的温度增值及其升温的速率，并决定最佳的再生条件，即是催化剂在再生中的烧结量为最小的条件。

通常，动力学数据已被凑成关于催化剂中焦炭含量和燃烧气中氧浓度的一级动力学方程。其动力学方程为

$$\ln(1-x)=-k_\mathrm{r}P_{\mathrm{O}_2}t=-k_\mathrm{p}t$$

其中，$x=1-C_\mathrm{C}/C_{\mathrm{CO}}$ 为燃烧后的转化率；t 为时间，min；P_{O_2} 为氧分压。

但是，在高温或大颗粒尺寸时，再生受空气在催化剂多孔结构中的内扩散限制的影响。

已有报道说明，在 $\mathrm{SiO_2/Al_2O_3}$ 催化剂的再生过程中和在 $\mathrm{SiO_2/Al_2O_3/Cr_2O_3}$ 催化剂的再生过程中，内部的燃烧速率和燃烧空气的内扩散影响到整个体系的行为。这些催化剂在乙醛二聚成丁烯醛的反应中由于积炭而失活。再生研究的结果证明，以 Dudukovic 和 Lamba 对非催化气-固反应提出的理论模型为依据的燃烧动力学模型是有效的。黄仲涛先生在他的"工业催化剂设计与开发"[1] 中已详细地讨论了反应模型的通用性。为此，将模型应用于不同多孔结构和不同粒度催化剂的再生过程，并在宽的再生温度范围内使用。

（三）催化剂的寿命考察

最直接的考察寿命的方法，就是在实际反应条件下（或接近这些条件）运转催化剂，直到它的活性、选择性明显下降为止。这种方法虽费时费力，但结果可靠。

要想在短时间内测定催化剂的寿命是比较困难的，但也有具体的方法估测寿命，这首先要判断出影响寿命的主要因素。如果中毒是影响寿命的主要因素，则可在反应体系中加入已知量的毒物，加到催化剂活性完全消失为止，然后根据加入毒物量及原料气中毒物含量估计寿命的长短。还有将催化剂在高于实际操作的温度下运转以加速其老化，预估其实际寿命。

在进行寿命实验中，主要问题是如何加速失活作用，快速而可靠地预测工业装置中催化剂的寿命。为此，在加速催化剂寿命实验中还应根据失活机理，确定失活原因，找出加速失活的因素、因素变化的范围，进而找出寿命实验方法。同时在加速寿命实验时需要大量的现代实验技术。表 11.2 列出了催化剂失活机理与加速寿命实验的研究。

目前主要应用两种类型的加速寿命实验。第一种称为连续实验（continuous test）或 C 实验，即活性和选择性记录为运转时间的函数，在大量增加了被认为是造成失活的参数后，所有其他的条件与工业反应器中的条件尽可能相似。第二种类型的寿命实验称为"前-后试验"（before-after test）或 BA 实验，它是在某些适当选择的深度处理之前和之后进行同样的标准操作。然后比较两次实验的催化剂活性及选择性，对机械性能可作类似的比较。所需的设备与 C 实验相同。

表 11.2　催化剂失活机理与加速寿命实验的研究[3]

失活的主要原因	测试内容	推荐技术	加速因素	因素变化	寿命实验的类型
化学中毒	表面元素 自由金属表面积	AES，XPS 选择性化学吸附	原料中的毒物浓度	10～100 倍	C（BA）
沉淀中毒	表面形态 自由金属表面积 沉淀元素 孔率 晶相 燃烧（碳）	SEM 选择性化学吸附 电子探针 化学分析 氮毛细管冷凝 汞浸入法 XRD 热分析法，TPD	温度 原料中的烃浓度 原料中的水含量	25%～50% 50%～100% 50%～100%	C
烧结 （热烧结） （化学熔结）	总表面积 金属表面积 表面形态 微晶大小	N₂ 吸附法 选择性化学吸附 SEM XRD，TEM	温度 原料中的反应杂质浓度	20%～100% 10～100 倍	BA（C） C（BA）
固态反应	晶相 金属氧化态	XPS，EPR， Mossbauer 光谱，UV-VIS 光谱	温度	20%～100%	BA（C）
活性组分的损失	失去的元素 蒸发动力学	化学分析法 TG	温度 原料的组成	20%～100% 50%～100%	C，BA

　　显然，对这两种类型的寿命试验来说，最重要的是正确地选择造成催化剂失活的参数。此外，必须适当地选择用于寿命实验的参数值，以便进行合理周期的操作运行。只有在对失活机理作了广泛研究后（主要包括表面和固态的化学及物理学），才能鉴明这些参数。如果几种失活原因同时存在时，就应分别对它们进行研究。

　　关于催化剂的制造方法、某些物理性质（如比表面、粒度、强度等）已在第三章和第九章作过介绍，请参考之。对它们的评价以及经济、环境保护方面的评价，需要实验室提供了像活性、选择性、寿命、制造工艺流程方案资料后，由有关专家进行。

　　总之，在实验室研究"成功"一个催化剂，可以说是一个新催化过程开发的最重要的一步，但要把它真正用到工业上去，还要做许多的工作，如：扩试、中试等，这就需要催化工作者应用催化技术的进一步工作了。

<h2 style="text-align:center">参 考 文 献</h2>

1　李荣生，甄开吉，王国甲. 催化作用基础. 第 2 版. 北京：科学出版社，1990. 343～349
2　戚蕴石. 固体催化剂设计. 上海：华东理工大学出版社，1994. 141～147
3　黄仲涛. 工业催化剂设计与开发. 广州：华南理工大学出版社，1991. 201～205

第十二章　酶催化作用和光催化作用简介

一、酶催化作用[1,2]

(一) 引言

　　酶作为催化剂使用（食品发酵剂）已经有了几个世纪的历史，但那时人们对酶的本性和功能并不了解。只到 20 世纪初，才证明所有的发酵过程均是由所用的酶促成的，因此酶也常被叫作酵素。

　　现已证明，酶是由长链氨基酸构成的蛋白质。许多酶的初级结构（氨基酸在酶中连结的顺序）已得到了确定，而且影响其催化能力的三维空间结构也已被证明。尽管获得了这些信息，关于酶作用机理的一些基本细节仍不甚明朗。比如，对于底物与酶结合的模式深层次信息的获得十分不易。例如，还不能肯定酶的活性中心是否包含着金属离子。可是像 O_2，CO_2，N_2 等一些小分子所参与的酶催化一般都是包含着金属中心的，这已在实验上得到证实。更有趣的是，像铑、铂、钯这些"普通"催化反应活性较高的金属元素，却不显示酶催化性能，而在普通的催化反应中作用不甚突出的锌、铜、铁和钼等元素反倒在酶催化过程中起着重要作用。

　　酶催化的意义，在于它参与生物体内的代谢过程。像生命现象这一重大科学课题，在不搞清酶催化的情况下，是无法解决的。

　　酶催化历来是生物化学的研究领域，在一般的催化书中很少讨论它。科学技术的发展与进步愈来愈深刻地揭示，酶催化与一般的催化是密切不可分的，酶催化也好，一般的催化也好，有共同的内涵，只是人们过去对此认识不够罢了。对酶催化的研究，了解其机制与功能，将其原理应用于化学、化学工业，可以改进现有的和开发新型的酶催化体系，从而创造出更大的经济与社会效益。

　　因此，一个催化科学工作者还应当具备起码的酶催化知识。这一节我们将简单介绍什么是酶的催化作用、它的作用机制以及应用情况。

(二) 酶的类型与应用

　　根据催化功能，酶可以分成六个组（表 12.1）。

　　作为催化剂，酶具有以下优点：

　　(1) 活性高

表 12.1　酶的分类

催化功能	酶的名称	例　子
氧化-还原	氧化还原酶	$CH \longrightarrow C{-}OH$ $CH(OH) \rightleftharpoons C{=}O$ $CH{-}CH \rightleftharpoons C{=}C$
官能团转移	转移酶	官能团从一个分子转移至另一分子，例如酰基、磷酰基和糖的转移
水解	水解酶	如酯、胺、酸酐和糖苷的水解
官能团脱除	连接酶	形成 $C{=}C$，$C{=}O$ 和 $C{=}N$ 键
异构	异构酶	包括消旋在内的各种类型的异构
分子的连接	连接酶	形成 $C{-}O$，$C{-}S$ 和 $C{-}N$ 键

酶催化反应的速率是相应的非酶催化反应的 10 倍。如过氧化氢酶，每分钟能分解约 5000 万个过氧化氢分子。

（2）选择性高

每种酶只适用于特定的反应类型、特定结构的底物，并只得到特定的产物。如有一种酶可以催化硬脂酸转化为油酸的反应，引入的双键恰巧处于碳链的中心部位。

（3）适用性高

酶可用于多种反应，几乎每一种类型的有机反应都有对应的酶催化反应存在，但烃的裂解、烯烃聚合、F-T 反应是例外。尽管这些反应在工业上十分重要，但至今尚未发现有类似的酶催化过程。反之，有个别过程，可以用酶催化，但工业上尚不能实现，比如类固醇的 11-羟化反应。

（4）反应条件温和

酶催化常在室温和近中性的 pH 条件下就可以发生。

（5）兼有均相和多相的特点

当然，酶催化作用的应用也受到限制。首先是酶的分离、提纯技术很昂贵。许多酶从活细胞中分离出来以后很不稳定，多数的酶都是以很稀的水溶液形式应用，因此其回收也不经济。在操作上，酶催化只能局限于间隙式，生产效率不如连续式。此外，许多酶还要与非蛋白质的辅酶配合使用才行。

为了把酶有效地应用于工业，需要着重解决两个问题：一是改善其稳定性，二是要开发出一种经济的非破坏性的回收酶的方法。酶的"固相化"是达到这些目的的理想途径。酶的固相化，是将酶负载于惰性载体上。这样，酶就可以反复使用，连续操作，而且酶的稳定性和活性都可得到改善和提高，产物的纯度也更高。

固相化的方法，有些类似于在第十章介绍的方法，不外乎是：将酶吸附于固体表面上，将酶负载在凝胶上或将酶与载体共价键合。

从成本和难易程度考虑，这些方法各有其利弊。

酶的固相化将开辟一个全新的酶催化领域，固相酶的催化集中了多相和均相催化的优点，而克服了各自的缺点，可以预见，将来固相化酶在工业上将发挥出巨大的威力。表12.2列出了某些固相酶在当前和未来的工业应用。

表 12.2　某些固相酶在当前与未来的工业应用

酶的种类	应　用
氨基酸酰基转移酶	DL-氨基酸的分离
葡萄糖淀粉酶，α-酰基转移酶	淀粉-葡萄糖转化
葡萄糖异构酶	葡萄糖-果糖转化
青霉素酰氨酶	半合成青霉素的生产
类固醇修饰酶	类固醇修饰

（三）酶催化的机理和动力学

在讨论酶催化和动力学之前，先介绍一下比较常用的表示酶催化活性的指标。一般以每微摩尔酶每分钟转化底物的微摩尔数来表示酶催化剂的活性。酶催化反应中酶催化剂可以降低由底物到其与酶形成的过渡态配合物所需要的活化能，但不能改变反应的总能量的变化。所以，酶催化反应的活化能比非酶催化反应的活化能要低得多，酶的催化效率比非酶催化反应要高得多。这与化学催化反应有相似之处。

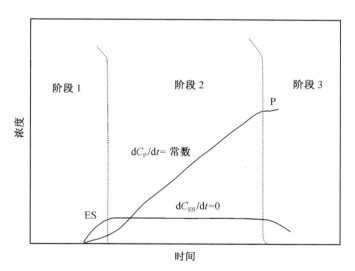

图 12.1　酶催化反应的三个阶段

1913 年 Michaelis 和 Menten 提出酶的作用机理，叫 Michaelis-Menten 机理。这一机理至今仍然是讨论酶催化作用的基础。

若以 E 代表酶，S 代表底物，总反应即为

$$E + S \longrightarrow P + E$$

其中，P 代表产物。实验表明，产物的生成速率与酶的浓度有关，而且还可以见到，一般的酶催化反应有三个阶段（图 12.1）。ES 代表酶与底物生成的中间配合物。于是酶催化反应的机理可以写成

$$E + S \underset{k_{-1}}{\overset{k_1}{\rightleftharpoons}} (ES) \overset{k_2}{\longrightarrow} P + E$$

其中，k 代表各相应步骤的速率常数。

产物的生成速率为

$$\frac{dC_P}{dt} = k_2 C_{ES}$$

其中，配合物的浓度可按下法求得。根据上述机理有

$$\frac{dC_{ES}}{dt} = k_1 C_E C_S - k_{-1} C_{ES} - k_2 C_{ES} \tag{12.1}$$

根据实验结果采用稳定态近似有

$$\frac{dC_{ES}}{dt} = k_1 C_E C_S - k_{-1} C_{ES} - k_2 C_{ES} \doteq 0$$

$$\therefore C_{ES} \doteq k_1 C_E C_S / (k_2 + k_{-1}) \tag{12.2}$$

其中，C_E 和 C_S 是游离的酶和底物的浓度。若以 C_{E_0} 代表酶的总浓度，则 $C_{E_0} = C_E + C_{ES}$，C_{E_0} 在整个过程中守恒。因此可得

$$C_{ES} = k_1 (C_{E_0} - C_{ES}) C_S / (k_2 + k_{-1}) \tag{12.3}$$

或者

$$C_{ES} = \frac{k_1 C_{E_0} C_S}{k_2 + k_{-1} + k_1 C_S} \tag{12.4}$$

于是可以写出产物的生成速率

$$r_P = \frac{dC_P}{dt} = \frac{k_1 k_2 C_{E_0} C_S}{k_2 + k_{-1} + k_1 C_S} = \frac{k_2 C_{E_0} C_S}{K_M + C_S} \tag{12.5}$$

（12.5）式即为著名的 Michaelis 方程。其中 K_M 称为 Michaelis 常数，等于 $(k_2 + k_{-1})/k_1$。由上式可看出，酶催化反应速率与加入的酶量有线性关系，并同时与现存的底物浓度有关。当 C_{E_0} 不变，反应速率 r_P 随 C_S 而增加，直到其极限值 $r_{P\max} = k_2 C_{E_0}$ 为止。从上式的倒数形式

$$\frac{1}{r_P} = \frac{1}{k_2 C_{E_0}} + \frac{K_M}{k_2 C_{E_0} C_S} \tag{12.6}$$

可以看出，在 $1/r_P$ 与 $1/C_S$ 间有线性关系。从 $1/r_P - 1/C_S$ 图中直线的斜率为 $K_M / k_2 C_{E_0}$，并由截距可求出 $r_{P\max}$ 和 K_M（图 12.2 和图 12.3）。

另外，在 Michaelis-Menten 关于酶反应速率理论的应用中，若假定：$k_2 \ll k_{-1}$，即在（12.1）式中的第一步近似存在一个平衡，那么 ES 解离为 E 和 S 的平

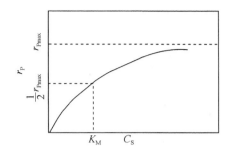

图 12.2　酶催化反应速率与底物浓度的关系

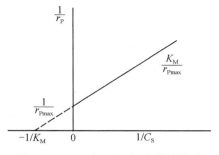

图 12.3　$1/r_P$ 与 $1/C_S$ 间有线性关系

衡常数则可写成

$$K_S = \frac{k_{-1}}{k_1} = \frac{C_E C_S}{C_{ES}}$$

因为 $C_{E_0} = C_E + C_{ES}$，所以

$$K_S = \frac{(C_{E_0} - C_{ES})C_S}{C_{ES}} = \frac{C_{E_0} C_S}{C_{ES}} - C_S$$

$$C_{ES} = \frac{C_{E_0} C_S}{K_S + C_S}$$

若以产物生成速率代表总反应的表观速率，则

$$r = \frac{\mathrm{d}C_P}{\mathrm{d}t} = \frac{k_2 C_{E_0} C_S}{K_S + C_S} \tag{12.7}$$

（12.7）式与（12.5）式形式类似，但内容不同，（12.7）式是用平衡近似法导出，（12.5）式是用定态法导出的。

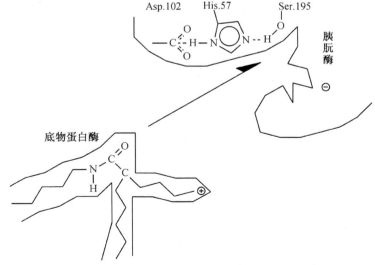

图 12.4　胰肮酶蛋白质的分解活性中心和底物的关系

作为对上述内容的补充，下面举个胰肽酶分解底物蛋白质的例子。从这个例子可从微观的角度形象地看到酶起催化作用的途径。胰肽酶是动物蛋白代谢所必须的蛋白质分解酶之一。它由 245 种氨基酸串连组成，形似一个"铸模"，它能接受底物蛋白的特定键（图 12.4）。在铸模中，胰肽酶的第 102 号氨基酸的天冬氨酸的—CO_2—，57 号组氨酸的咪唑基以及 195 号丝氨酸的—OH 比较有规则地显露出来成为催化活性中心。反应过程中，活性中心和底物间发生氢原子和电子交换。当底物的 N 和 C 之间的键断裂时，酶的活性中心复元，底物被分解（图12.5）。

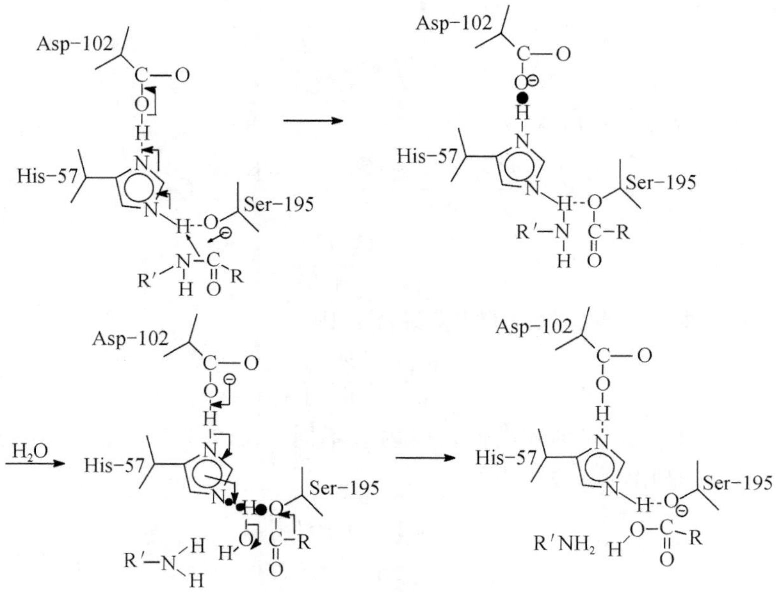

图 12.5　酶的催化作用机理

（四）　辅酶和辅基

除前述由单一蛋白质组成单一酶外，在酶催化作用中常应用由蛋白质组成的酶和非蛋白质的小分子相结合的酶，这类酶称为结合酶或全酶。可同酶结合的非蛋白质小分子如能在溶液中易于从酶蛋白中可逆解离出来而又能处于平衡时，也就是这些小分子同酶的结合是松弛的，则称为辅酶；另一种情况是，非蛋白质小分子同酶结合得很牢固，在溶液中不易解离出来，则称为辅基。但人们对有助于酶催化作用的非蛋白质小分子，无论它们同酶蛋白质结合的牢固程度如何，也不管它们在酶催化反应过程中是否发生变化以及变化后能否在后继过程中得以再生，统称为辅酶或辅因子（co-factor）。

1. 辅酶的分类及其作用

（1）金属离子辅酶

人们所熟知的酶中有近三分之一需要有金属离子以保持其催化性能。酶结构中含有金属离子的称为金属酶。需要加入金属离子或金属配合物才具有活性的酶叫金属活化酶。

（2）有机辅酶

种类很多，仅举三例。

1）腺苷三磷酸（ATP）。其分子由一个分子腺嘌呤，一个核糖分子和三个磷酸分子组成，这是一种具有转移磷酸根的辅酶。在底物增磷反应中，ATP 先给底物一个磷酸残基，使其转化成腺苷二磷酸（ADP），后者在第二个酶的作用下可重新生成 ATP。例如，

$$底物＋ATP \longrightarrow ADP＋底物磷酸酯$$
$$ADP＋酶＋底物磷酸酯 \longrightarrow ATP＋底物\text{-}酶的活性中间物$$

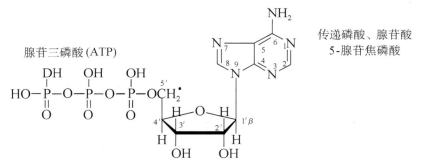

2）黄素腺嘌呤二核苷酸（FAD）。这是一个可以转移氢原子的辅酶，一般先从底物取得两个氢原子而转化成 $FADH_2$，当第二个底物在同一个酶分子上反应时，将 $FADH_2$ 中的两个氢原子再转移到该底物上而重新得到 FAD。

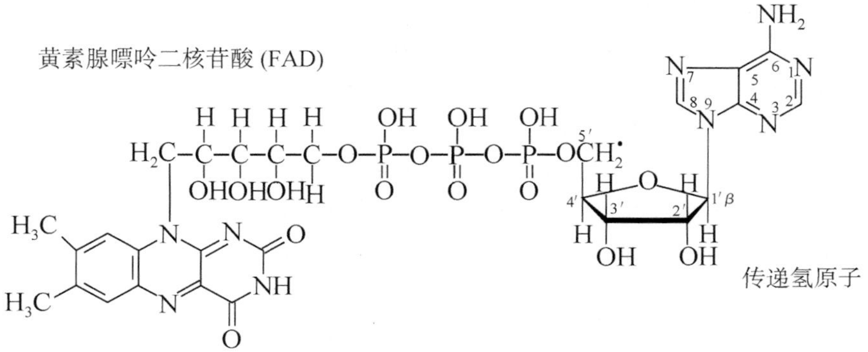

3）辅酶 A(CoA)。其结构是泛酸的羧基与 β-氨基乙硫醇以肽链相连，另一

端与腺苷二磷酸的焦磷酸相连。这种辅酶可以催化底物中酰基的转移，可应用于许多生物化学反应。其结构是含有泛酸的泛酰硫氢乙胺核苷酸。在相应的酶催化反应中，底物中的酰基先转移到辅酶 A 末端硫醇基—SH 上形成硫醚键，从而活化底物。硫醚键具有较高的能量，是相当活泼的中间物种。因此，可将此生成的含酰基辅酶 A 中的酰基转移到别的化合物（亦是底物），便完成了酰基转移的过程。可用下式表示：

$$CH_3-CO-R + HS-CoA \longrightarrow CH_3CO-S-CoA + H-R$$
$$CH_3CO-S-CoA + 另一个底物 \longrightarrow SH-CoA + CH_3CO- + 底物$$

2. 辅酶的应用举例

（1）以腺苷三磷酸（ATP）为辅酶

这种辅酶具有底物增磷的功能。反应中，ATP 先给底物一个磷酸残基，使其转化成腺苷二磷酸（ADP），后者在第二个酶的作用下可重新生成 ATP。例如，

$$底物 + ATP \longrightarrow ADP + 底物磷酸酯$$
$$ADP + 酶 + 底物磷酸酯 \longrightarrow ATP + 底物\text{-}酶的活性中间物$$

可见，这类辅酶只起辅底物的作用。腺苷三磷酸（ATP）可以促进磷酸基向

$R-O-$ 基的转移，生成 $R-O-\overset{\overset{O}{\|}}{\underset{\underset{OH}{|}}{P}}-OH$；腺苷酰基向 $R-\overset{\overset{O}{\|}}{C}-O-$ 基转移形

成 $R-\overset{\overset{O}{\|}}{C}-O-ATP$；焦磷酸基向 $R-O-$ 基的转移形成 $R-O-\overset{\overset{O}{\|}}{\underset{\underset{OH}{|}}{P}}-O-\overset{\overset{O}{\|}}{\underset{\underset{OH}{|}}{P}}-OH$

等。上述生成的底物磷酸酯再同第二个酶作用，可使 ATP 恢复。

（2）以黄素腺嘌呤二核苷酸（FAD）为辅酶

这种辅酶一般先从反应底物取走两个氢原子变成 $FADH_2$，而当第二个底物在同一个酶分子上反应时，则重新转化为 FAD。

在酶化学和酶催化的领域中，对于辅酶的研究及其开发也是引人关注的"附属"领域。同非酶催化化学一样，随着研究工作的不断深入，对酶催化所涉及的诸多理论和应用方面的问题必将取得越来越多的信息。

（五）阻化剂对酶催化的影响

某些杂质的存在将使酶催化的活性明显下降，这些杂质称为阻化剂。阻化作

用有两类：可逆阻化与不可逆阻化。可逆阻化是暂时的，经过处理，酶的固有催化活性可以恢复，而非可逆阻化则是永久的，酶与非可逆阻化剂结合以后，丧失其催化活性，且不能恢复。如氰化物、砷化物等可以产生很强的阻化作用，以致完全阻断了生物体内的各种酶催化过程，导致生命死亡。

可逆阻化又分三种情况：竞争阻化，非竞争阻化和未竞争阻化。

1. 竞争阻化

此时底物与酶的结合受到阻化剂的竞争，其机理可写成

$$E + S \overset{K_S}{\rightleftharpoons} ES \overset{k_2}{\rightleftharpoons} E + P$$

$$I + E \overset{K_I}{\rightleftharpoons} EI$$

其中，I 代表阻化剂，EI 代表酶与阻化剂的结合物，K_S 和 K_I 分别是 ES 和 EI 的解离平衡常数。从上述机理可得

$$C_{E_0} = C_E + C_{ES} + C_{EI}$$

$$K_S = \frac{C_E C_S}{C_{ES}}$$

$$K_I = \frac{C_E C_I}{C_{EI}}$$

进一步有

$$C_{E_0} = \frac{K_S C_{ES}}{C_S} + C_{ES} + \frac{K_S C_{ES}}{C_S} \frac{C_I}{K_I}$$

于是反应速率

$$r = k_2 C_{ES} = \frac{k_2 C_{E_0}}{1 + (K_S/C_S)[1 + (C_I/K_I)]} \tag{12.8}$$

取上式的倒数

$$\frac{1}{r} = \frac{K_S[1 + (C_I/K_I)]}{k_2 C_{E_0} C_S} + \frac{1}{k_2 C_{E_0}} \tag{12.9}$$

(12.9) 式表明，$1/r$ 与 $1/C_S$ 间有线性关系。若以 $1/r$ 对 $1/C_S$ 作图，应得图 12.6 中的 (a) 线（根据引入此种作图方法的作者姓名，此图称为 Lineweaver-Burk 图）。若无阻化作用，$C_{EI} = 0$，则 $1/K_I = 0$，则得图中的 (c) 线。(c) 与 (a) 相交于纵轴，因 $1/C_S = 0$ 时，阻化与无阻化有相同的 $1/r$ 值，即 $1/r_{max}$。(a) 的斜率较 (c) 的大，因为增加了一个 $(1 + C_I/K_I)$ 因子。

2. 非竞争阻化

其机理可写成

$$E + S \overset{K_S}{\rightleftharpoons} ES \overset{k_2}{\rightleftharpoons} E + P$$

$$I + E \xrightleftharpoons{K_I} EI$$

$$I + ES \xrightleftharpoons{K_I} ESI$$

$$S + EI \xrightleftharpoons{K_S} ESI$$

其中，EI、ESI 也是最终产物。这里假定 ES 的解离常数和 ESI 解离为 EI 和 S 的解离常数相等，EI 和 ESI 解离为 ES 和 I 的解离常数相等。于是可得反应速率

$$r = \frac{k_2 C_{E_0}}{[1 + (K_S/C_S)](1 + C_I/K_I)} \tag{12.10}$$

取其倒数

$$\frac{1}{r} = \frac{1 + (C_I/K_I)}{k_2 C_{E_0}} + \frac{1 + (C_I/K_I)K_S}{k_2 C_{E_0} C_S} \tag{12.11}$$

以 $1/r$ 对 $1/C_S$ 作图得直线（b）。它与直线（a）有相同的斜率。

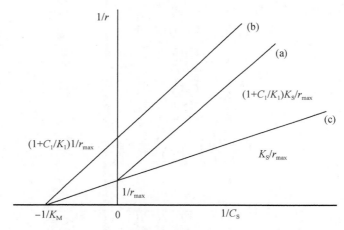

图 12.6　阻化与非阻化酶催化的 Lineweaver-Burk 图

3. 未竞争阻化

此时阻化剂并不直接与游离的酶结合，而是与酶-底物的结合物结合。

$$E + S \xrightleftharpoons{K_S} ES \xrightarrow{k_2} E + P$$

$$I + ES \xrightleftharpoons{K_I} ESI$$

根据此机理，所得速率表达式为

$$r = \frac{k_2 C_{E_0}}{1 + (C_I/K_I)} \Big/ \Big[1 + \frac{K_S}{1 + (C_I/K_I)C_S} \Big] \tag{12.12}$$

将（12.12）式与（12.8）式相比较，r_{max} 和 Michaelis 常数均缩小 $1/(1 + C_I/K_I)$ 倍。

阻化对酶催化产生的影响列于表 12.3 和表 12.4。

表 12.3 阻化下的最大速率和 Michaelis 常数

阻化方式	最大速率	表观 Michaelis 常数
无阻化剂	r_{max}	K_M
竞争阻化	r_{max}	$K_M/(1+C_I/K_I)$
非竞争阻化	$r_{max}/(1+C_I/K_I)$	K_M
未竞争阻化	$r_{max}/(1+C_I/K_I)$	$K_M/(1+C_I/K_I)$

表 12.4 Lineweaver-Burk 图中截距和斜率

阻化方式	与纵轴之截距	与横轴之截距	斜 率
无阻化剂	$1/r_{max}$	$-1/K_M$	K_M/r_{max}
竞争阻化	$1/r_{max}$	$-1/K_M(1+C_I/K_I)$	$K_M/r_{max}(1+C_I/K_I)$
非竞争阻化	$1/r_{max}(1+C_I/K_I)$	$-1/K_M$	$K_M/r_{max}(1+C_I/K_I)$
未竞争阻化	$1/r_{max}(1+C_I/K_I)$	$-1/K_M(1+C_I/K_I)$	K_M/r_{max}

（六） 酶的模拟

如前所述，酶催化作用具有突出的功效和特点，但也是相当复杂的。尽管酶催化作用的研究引起人们的关注并取得了相当的进展，但关于酶催化作用实质，就现阶段人们对其了解的程度，仍然处在逐步深入的阶段。酶催化剂的组成、结构、酶催化活性的调节等方面，同均相催化及多相催化有相当程度的共性。所以人们常借助对一般催化作用的认识来探讨酶催化作用的一些基本问题。因此，开辟了对酶的模拟体系的研究。

对酶催化剂进行模拟含有两层意思：

1) 模拟酶催化的活性组成；

2) 人工合成同酶催化剂功能类似的体系。

酶的模拟主要有以下几个方面：

1) 酶催化基团的模拟；

2) 酶结构的模拟；

3) 酶功能的模拟。

对酶的模拟也涉及很宽阔的领域。当今以氧化酶的模拟研究，尤其是单加氧酶细胞色素的模拟研究报道较多。能催化氧化反应的氧化酶存在于肝细胞微粒体内。由于它所催化的反应是在底物中加入一个氧原子，所以也称单加氧酶或羟化酶。氧化酶含有多种成分，其中之一是细胞色素 P450，简称 P450（Cytochromes）[5]。所谓 P450 是以铁卟啉环为辅基的蛋白质，其还原型与 CO 结合的配合物 $P450^{2+}$—CO 在 450nm 处有一强的吸收峰，故称作 P450。这种酶是所有需氧生物中存在的血红蛋白，可说是万能的。据统计，这种酶可以转化近 30 万种底物。

鉴于细胞色素单加氧酶的催化作用在酶催化氧化过程中的重要地位，对其模拟早已引起催化领域科学工作者的重视。对细胞色素 P450 酶的模拟主要是根据它的活性部位是同卟啉环配位的铁离子及其轴向半胱氨酸（$HSCH_2CHNH_2-COOH$）残基中的硫所组成，以致在轴向有提供电子的半胱氨酸和铁离子配位，所以氧分子中的 O—O 键较易于削弱和断裂。于是，可使氧原子加入底物分子。显然这是一个多步骤的复杂过程。为了对这种加氧酶催化过程进行模拟，有人以合成的卟啉配合物为催化剂，并用亚碘酰苯（PhIO）代替氧分子，进行烷烃羟化和烯烃环氧化反应，并从实验证明如图 12.7 所示的机理。其中，用分子氧进行反应时，所经过的几个中间步骤的中间物种除 5 外，3，4，6 等都已得到实验证实。

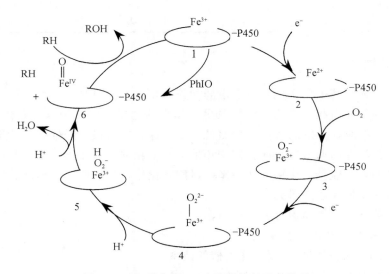

图 12.7　细胞色素 P450 催化加氢反应机理

应用单加氧模拟酶 P450 体系，还成功地实现了环己烯和环己二烯的环氧化生成环氧环己烷和环氧环己烯以及环己烷和环己烯的羟化反应。

（七）温度和 pH 值对酶催化反应的影响

1. 温度对酶催化反应的影响[6]

反应速率通常随温度升高而升高，但对酶催化剂而言，温度升高会影响其性质变化的速率，减慢反应速率，而最终使酶催化剂失活。这两种温度效应综合的结果，会使酶催化反应在一定的温度范围内出现速率最大值，这个温度最大值称为酶催化反应最适合温度。此外，酶催化剂的最适合温度会随反应时间的长短而改变。反应时间短，最适合反应温度较反应时间长所对应的最适合温度高。如图

12.8 所示，海鞘蛋白酶 10h 的最适合温度为 36℃，若反应时间缩短为 3h，最适合反应温度为 45℃。

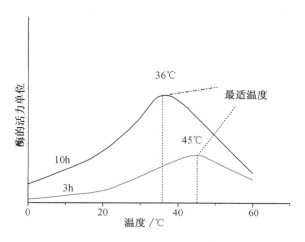

图 12.8 温度对海鞘蛋白酶的影响

2. pH 值对酶催化反应的影响

酶催化作用大都在中性、弱酸性或者弱碱性环境中进行。动物体内的酶反应最适合的 pH 值大多在 6.5～8.0 范围。但也有例外，如胃蛋白酶作用的最适合 pH 值为 1.5，而精氨酸酶则为 9.8 左右。pH 值的影响主要表现在酶和底物分子极性基团的解离过程。然而，只有酶活性中心的一些必需基团的解离状态与酶催化作用关系十分密切。因此，酶催化剂最适合的 pH 值可看作是底物与之相结合的酶活性中心内的必需基团解离数目最多时的溶液的 pH 值。

二、光 催 化[3,4]

(一) 引言

在谈及光催化作用时，有必要强调其复杂性以及同其他学科的相互关系。光催化作用——顾名思义，既需要有催化剂的存在，又需要光的作用。但有时光催化作用，还需要在一定的热环境中进行。由此可见，光催化作用比一般的催化作用涉及的问题要多得多。

首先，当有光存在时，要研究光是怎样起作用，通过什么方式起作用，又作用到何种物质上，是作用到反应物上，还是作用到催化剂上；在光和催化剂同时存在的条件下，将反应物转化成产物的有关基元过程，反应机理是什么，这些都是讨论光催化作用所需考虑的最基本的问题。

其次，还应注意区别在光催化过程中会遇到的光敏过程、光电效应等问题。

长久以来，人们对有光和催化剂存在时进行的反应用过几个名称。诸如，笼统地称为催化反应、引发反应、加速反应、激发反应等。这些称呼中有的并没有突出光所起的作用或催化剂所起的作用。究其原因，仍然是没有把光和催化剂在此类反应过程中的作用本质阐述清楚。

本章的目的在于向初涉催化作用领域的读者介绍作为催化作用的一个迅速发展的分支——光催化作用的基本概念。至于有关光催化作用的系统理论、基础研究、应用及前沿发展趋势等，读者可以参阅有关专著。

本书推荐一个可接受的关于光催化作用的定义，即在催化剂的存在下对一光化学反应的促进作用，或者是在催化剂的存在下加速的一个光化学反应。两种说法都可以简化为催化的光化学反应。尽管上述定义从理论上讲是没有毛病的，但在实际有光和催化剂存在时发生的化学反应中，要获得过程机理方面的细节，尤其是多相光催化体系机理方面的细节，仍是相当不容易的。而且，随着人们对有光和催化剂存在时发生的化学反应过程的认识，也会因研究手段和实验技术的不断发展而逐步加深的，从而也有助于对光催化作用给出更为准确的定义。

（二）光催化作用的类型[4]

起初人们认为，光催化作用中是催化剂先吸收一定能量的光被激活（这类似于热催化过程中作为催化剂的物质先吸收一定热能而被活化），再与反应物分子发生相互作用而使后者活化（伴随着能量的转移或者电子的转移）。活化后的反应物进一步转化为反应产物。然而随着人们对有催化剂和光同时存在条件下进行的反应过程逐步加深的认识中发现，有不少光催化反应过程，并非是催化剂先吸收光进行上述活化反应物分子并最终生成反应物的过程，而是光能先被反应物分子吸收，转变为活化态，催化剂再同被活化了的反应物分子进行作用，最终生成产物，作为催化剂的物质再分离出来。

迄今，可将光催化作用概括为下列五种类型。

1) 反应物分子首先吸收一定能量的光而被激活后，再在催化剂的作用下生成产物，而催化剂本身再分离出来。这类光催化反应可表示为

$$反应物 \xrightarrow{h\nu} 活化的反应物$$

$$活化的反应物 + 催化剂 \longrightarrow 反应中间物 \longrightarrow 反应产物 + 催化剂$$

根据这个机理，这类反应实际上是催化的光反应（catalyzed photoreaction）。

2) 催化剂首先吸收一定能量的光被激活，激活的催化剂再同反应物分子起作用而得到产物，催化剂再分离出来。这类光催化反应可表示为

$$催化剂 \xrightarrow{h\nu} 活化的催化剂$$

$$活化的催化剂 + 反应物 \longrightarrow 反应中间物 \longrightarrow 反应产物 + 催化剂$$

这类反应实质上是敏化的光反应 (sensitized photoreaction)。

3) 催化剂与反应物分子之间由于强相互作用而形成配合物, 后者吸收一定能量的光再生成反应产物并将催化剂分离出来。这类反应可表示为

$$催化剂 + 反应物分子 \longrightarrow 配合物$$

$$配合物 \xrightarrow{h\nu} 反应中间物 \longrightarrow 反应产物 + 催化剂$$

这类光催化反应常以金属有机化合物为催化剂, 而且常以均相催化过程进行。

4) 催化剂首先吸收光而经过几个步骤加以激活, 再同反应物分子作用, 生成中间物而最后生成产物并将催化剂分离出来。这类反应可表示为

$$催化剂 \xrightarrow{h\nu} (催化剂)^* \dashrightarrow (催化剂)'$$

$$(催化剂)' + 反应物 \longrightarrow 反应中间物 \longrightarrow 反应产物 + 催化剂$$

在这类光催化反应中, 催化剂吸收光能后经过几个激发步骤而形成活化态的过程, 叫做催化剂的光调节作用。

5) 光催化氧化-还原反应。这类光催化反应一般的情况是, 催化剂先吸收光形成活化态, 在活化态催化剂的作用下, 两种反应物分子分别被氧化和还原, 形成产物而将催化剂分离出来。这类反应可表示为

$$催化剂 \longrightarrow 活化态的催化剂$$

$$活化态的催化剂 + A^+ + B^- \longrightarrow A + B + 催化剂$$

上述五类光催化反应的具体基元步骤及反应机理, 需要根据具体反应加以分析和讨论。从上述的反应中, 我们可以看出, 需要回答的最重要的问题是

1) 反应中, 首先被光活化的是催化剂, 还是反应物分子, 其活化机理 (包括活化态) 是什么?

2) 被活化的催化剂或反应物分子通过什么途径完成整个光催化过程?

(三) 光催化反应中两个重要的参数[7]

因为光催化反应就其本质也隶属于光化学反应, 所以在研究光催化反应时也需考虑光能的利用率。尤其是可推广到生产规模的光反应还必须考虑光能所占的成本。为此, 有必要知道以下两个参数。

(1) 爱因斯坦的光化当量定律

在光化学反应中, 反应分子吸收一定频率的光, 进行化学反应。在光化学反应中, 初步过程是一个光子活化一个反应分子。这个分子被活化后进行分解或与别的分子化合。在光化学反应中活化一摩尔的反应物分子显然需要吸收 N 个量子 (N 为阿伏加得罗常数)。如用 U 代表 N 个量子的总能量, 则,

$$U = Nh\nu = \frac{Nhc}{\lambda}$$

其中，c 为光速（3×10^8 m/s），λ 为光的波长，单位为 cm。所以，

$$U = \frac{6.023\times10^{23}\times6.62\times10^{-27}\times3.0\times10^{10}\times10^8}{\lambda}$$

$$= \frac{1.196\times10^{16}}{\lambda}\ (\text{erg/mol})$$

$$= \frac{1.196\times10^{9}}{\lambda}\ (\text{J/mol})$$

U 为 1mol 物质所吸收的能量，叫做一个爱因斯坦。由上式可知，爱因斯坦的具体数值是由所吸收光的波长决定的。也就是说，对一具体光化学反应，论及反应物的爱因斯坦值时，必须给出所吸收光的波长值。表 12.5 列出一些光的爱因斯坦 (U) 值。

表 12.5　光的爱因斯坦值

颜色	波长/nm	频率/s^{-1}	光子能量/（10^5J）	U/(kJ/mol)
紫外	200	1.5×10^{15}	9.93	594.6
紫	300	1.0×10^{15}	6.62	397.8
蓝	420	7.14×10^{14}	4.73	284.7
青	470	6.38×10^{14}	4.22	254.9
绿	530	5.66×10^{14}	3.75	226.1
黄	580	5.17×10^{14}	3.42	206.4
橙	620	4.84×10^{14}	3.20	193.0
红	700	4.28×10^{14}	2.83	170.8
红外	1000	3.0×10^{14}	7.99	119.4

由上表可知，光的波长愈短，能量愈大。所以紫外光的爱因斯坦值最大，其对光化学反应具有较大的效率。

（2）量子产率

其定义为

$$\text{量子产率}(\psi) = \frac{\text{参加反应分子数}}{\text{被吸收的光量子数}}$$

根据适用于光化学反应的爱因斯坦光化当量定律，量子产率（quantum yields）应该为 1。但实际情况表明并非如此。有的光反应过程中，被光活化的分子进一步转化而在生成反应产物之前，可发射较低频率的辐射，或与一个普通分子碰撞而将一部分活化能转化为该普通分子的动能，此活化分子就变为非活化分子，当然，就无法参加反应。即使这种情况不很多，量子产率也小于 1。另一种情况是，如果光活化的分子分解成原子后，后续步骤不易进行，则所分解的原子会再结合成分子，量子产率会更低。

　　然而在光参与的化学反应中，如被活化的分子进一步反应进行得很快，则会出现量子产率大于1的情况。涉及光吸收的化学反应都需要考虑上述两个参数。

　　光催化反应除了有光参加外，还有催化剂参加而使反应加速，或提高所需反应产物的选择性，因此还需像讨论普通催化反应一样，要给出所研究的光催化反应有关反应物的转化率和目标产物的选择性及收率。此外，还应该像分析普通催化反应一样，对光催化反应的机理和反应动力学给出相应的结论。

（四）半导体化合物的基本性质

　　光催化反应也有多相及均相之分。近几年来，多相光催化反应（包括液-固相和气-固相反应）有着较迅猛的发展，而且越来越多地应用半导体化合物作为催化剂。这里仅以这类催化剂为讨论重点。关于半导体化合物的结构、性质及分类，第八章已有叙述。本章结合光催化作用再提一下。

　　1．本征半导体

　　这类半导体是完全不含有杂质或缺陷的半导体。这种半导体的能级分布特别简单，即只有导带和价带。在绝对零度时，由于完全未被激发，所以价带被电子充满，又称满带；而导带则完全是空的，又称空带，因此这类半导体呈电中性。当温度升高时，半导体可受激发，则价带中的电子可被激发到导带，而同时在价带留下一个空穴。在此条件下，仅发生价带的电子向导带的激发，所以导带中的电子数目等于价带的空穴数目，见图12.9。在应用半导体材料为光催化剂时，则代替热激发可应用一定能量的光激发。在受光激发时，只要光的能量等于或大于半导体的禁带宽度，便可实现半导体价带电子向导带跃迁。

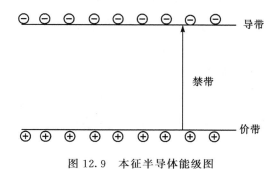

图12.9　本征半导体能级图

　　2．n型半导体和p型半导体

　　在第八章中已经介绍过非计量化合物半导体和杂质半导体是形成n型半导体和p型半导体的主体。

（1）非计量化合物

如 ZnO 是锌离子过剩，可以产生准自由电子，在适当温度范围内，是 ZnO 导电的来源，所以称为 n 型半导体。相反，NiO 中一般是氧离子过剩，可以产生准自由空穴，在适当温度范围内决定 NiO 的导电性质，所以称其为 p 型半导体。

（2）杂质半导体

有施主杂质半导体和受主杂质半导体之分。

1）施主杂质半导体。施主杂质半导体的施主能级位于半导体的禁带中靠近导带底部下端（如图 12.10）。在这类半导体中，在一定条件下，除了发生电子由价带向导带激发，即本征激发外，还可以发生施主杂质中的电子向导带激发的过程，这个过程称为杂质电离。显然，在只含施主杂质的半导体化合物中，电子由价带向导带的激发和电子由施主能级向导带的激发所需克服的能量分别是本征半导体的禁带宽度和施主杂质的电离能。这两个能垒一般相差两个数量级，而在较低温度下，主要发生的是电子由施主杂质能级向导带激发的电离过程，所以也是 n 型半导体。

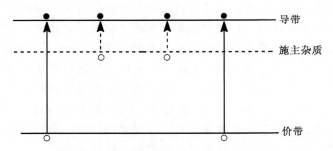

图 12.10　施主杂质半导体能级图

2）受主杂质半导体化合物。受主杂质半导体的受主能级处在半导体禁带中靠近价带顶部上端。在一定温度范围，特别是在适合受主杂质电离的温度下，价带的空穴来自受主杂质的电离。导电性质决定于由受主能级激发的空穴，所以称为 p 型半导体，如图 12.11 所示。

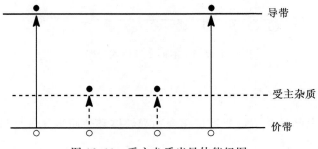

图 12.11　受主杂质半导体能级图

（3）半导体的能带弯曲

当半导体表面吸附其他物质而带正电荷或负电荷，则在表面的附近一个区域会附有数量相等而电性相反的电荷。这就构成了人们所熟悉的表面空间电荷区。显然，表面空间电荷区的外表面所带的电荷可以是正的，也可以是负的。根据理论分析得知，在此空间电荷区内电势 ϕ 同距表面的距离 x（$x=0$ 为表面，$x=x_0$ 为体相边界）呈抛物线的变化关系。如图 12.12 所示，因为电场的方向是从正到负，场强是由大到小的，所以当表面电荷区带有正电荷时，表面电势 $\psi_s<0$，如图 12.12（a）所示。相反，如表面区带有负电荷，则表面电势 $\psi_s>0$。由于表面电荷区内电势的变化，所以在表面电荷区内载流子（电子过空穴）的势能也必然有别于体内载流子的势能。所以在考虑电子的能量时，必须计入由于表面电荷区电势变化带来的静电势能（$-e\psi_s$）。显然，当 $\psi_s>0$，则 $e\psi_s<0$；当 $\psi_s<0$，$e\psi_s>0$。前者导致原有能带向下弯曲，后者导致原有能带向上弯曲。

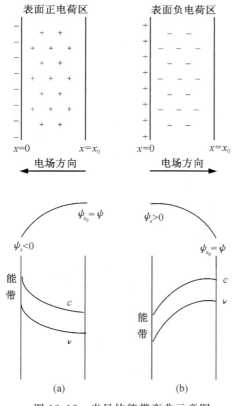

图 12.12　半导体能带弯曲示意图

由于外界环境的改变，特别是杂质的存在，使半导体表面的能带发生弯曲，可导致在表面所发生的反应性能的改变。这在半导体催化作用领域（也包括其光催化性能）是经常采用的调变措施。

（4）光激电子和空穴的自发复合及捕获[4]

如前所述，半导体材料受光照激发分别在其导带生成的电子和在价带生成的空穴，可以发生两类复合过程。

1) 电子和空穴的简单复合。相当于引发电子和空穴的反过程，也称去激活。

$$e^- + A^{n+1} \longrightarrow A^n$$
$$h^+ + A^n \longrightarrow A^{n+1}$$

由上式可见，这类简单复合过程发生之后，体系中并不发生化学变化，即体系的物种并未改变，仍保持与进行复合前相同。在此例中，电子和空穴复合前后体系中的物种均为 A^n 及 A^{n+1}。

2) 电子或空穴的捕获。

$$e^- + X^{n+1} \longrightarrow X^n$$
$$h^+ + M^m \longrightarrow M^{m+1}$$

将上述两式合并，则有

$$X^{n+1} + M^m \xrightarrow{h\nu} M^{m+1} + X^n$$

可明显看出，由于这种复合过程的发生，体系的物种发生了变化，即物种 M^m 和 X^{n+1} 分别变为 M^{m+1} 和 X^n。

以 n 型半导体 TiO_2 来说，导带电子被捕获是很快的过程，一般在 30ps（10^{-12} s）内完成；而捕获价带中的空穴则是相当慢的，平均需时 250ns（10^{-9} s）。而生成的空穴同电子再结合对不同的半导体需时不等（$10^{-11} \sim 10^{-5}$ s）。对一个光催化还原过程，表面的吸附质捕获导带电子的过程必须很快，才能在电子同空穴再结合之前完成光催化还原过程。同样，对一光催化氧化过程，表面的吸附质捕获价带空穴的过程必须快于电子与空穴再结合的过程，才能完成该光催化氧化过程。

（5）抑制光激电子-空穴对再结合的方法[4]

由以上讨论可见，电子与空穴再结合对半导体材料的光催化反应十分不利。所以必须减缓或者消除这种光激发电子-空穴对的再结合过程。迄今，在半导体材料用作光催化剂的领域中，科学工作者已经找到有效的途径抑制电子-空穴对的再结合过程。以下简单介绍几种方法。

1) 制备具有表面缺陷结构的材料。由于表面上出现不规则的结构，与之对应的则是形成相应的表面电子态，其能量不同于规则结构半导体相应能带上的能量。于是，这种表面电子态便可捕获作为载流子的电子或空穴，从而有利于抑制光激发电子-空穴对的再结合。

2) 减少颗粒大小（即利用量子尺寸效应）。对半导体的微粒子来讲，颗粒大小在 $10 \sim 100\text{Å}$（即 $1 \sim 10\text{nm}$）范围内会发生量子尺寸效应。这种效应的重要标志是当半导体材料颗粒尺寸在一定范围内小到一定的程度时，会导致其禁带宽度增大。例如 CdS 的禁带宽度同其颗粒直径之间有如图所示的变化规则。CdS 体相的禁带宽度为 2.6eV，而表面缺陷形成的类似簇的 CdS，其禁带宽度增至 3.6eV，禁带宽度增大了近一个 eV，这就使光激发产生的电子-空穴对的再结合加大了难度。PbS 体相禁带宽度仅为 0.4eV。当其颗粒直径由 15nm 降至 1.3nm 时，其禁带宽度可达 2.8eV。可见，如能设计并合成颗粒直径在几个 nm 范围的半导体物质，对开发优良的半导体光催化剂是十分有意义的。

3）制成复合半导体。现以 CdS-TiO$_2$ 复合半导体为例加以说明。所制复合材料经电镜检测，表明众多的 CdS 颗粒可以同 TiO$_2$ 颗粒表面直接结合。选用仅能激发 CdS 价带电子到其导带的能量显然不能使 TiO$_2$ 价带电子被激活（因二者的禁宽不同）。但在 CdS 导带生成的光激电子却可转移到 TiO$_2$ 导带，这就会十分明显地增大电荷的分离并提高光催化剂的效率。

4）掺杂染料分子作为光敏剂以改进半导体作为光催化剂的效率。例如在 n 型半导体 TiO$_2$ 上先吸附一些有机染料分子，如氧杂萘邻酮（cumarin）

作为光敏剂。染料大分子中的电子激发后可以生成相应的单重和三重激发态。处于激发态染料分子中的电子便有可能进入半导体 TiO$_2$ 的导带。此时如有有机电子受体物质存在，则可很方便地接受来自半导体导带的电子。

5）掺杂金属离子的半导体催化剂。实验证明，在 TiO$_2$ 半导体中掺杂原子分数为 0.2% ~ 10% 的 Fe^{3+} 形成的光催化剂，对

$$N_2 + 3H_2O \longrightarrow 2NH_3 + 3/2O_2$$

反应是有效的。但纯的 TiO$_2$ 和纯 Fe$_2$O$_3$ 对此反应都是没有活性的。

（五）光催化作用举例

1. 多相光催化反应

（1）CO 在 ZnO 半导体催化剂上与 O$_2$ 反应生成 CO$_2$ 的反应

将 ZnO 经紫外光照射激发产生了电子和空穴，所产生的空穴可与 CO 作用生成中间物种 CO$^+$，而产生的 e 则与 O 原子结合生成 O$^-$，最后 CO$^+$ 与 O$^-$ 复合便得到 CO$_2$。这个反应过程可分步如下：

$$ZnO \xrightarrow{h\nu} ZnO + e^- + h^+$$
$$h^+ + CO \longrightarrow CO^+$$
$$O + e^- \longrightarrow O^-$$
$$CO^+ + O^- \longrightarrow CO_2$$

还需指出，为将 O$_2$ 分解成 O，必须在加热情况下进行，所以此反应需在一

定温度（473K）下进行，以保证

$$O_2 \xrightarrow[\Delta]{473K} 2O$$

动力学研究结果表明，此反应的速率方程为

$$r_{CO_2} = kP_{CO}P_{O_2}$$

如果使用 N_2O 代替 O_2，将 CO 氧化成 CO_2，其反应速率方程为

$$r_{CO_2} = K'P_{CO}{}^{0.4}P_{N_2O}{}^{0.4}$$

此反应的有关步骤如下：

$$ZnO \xrightarrow{h\nu} e^- + h^+$$
$$h^+ + CO \longrightarrow CO^+$$
$$N_2O + e^- \longrightarrow N_2 + O^-$$
$$CO^+ + O^- \longrightarrow CO_2$$

总的反应为

$$CO + N_2O \xrightarrow[ZnO]{h\nu} CO_2 + N_2$$

比较以上两反应的速率方程可见，应用不同氧化剂，即使都以 ZnO 为催化剂，其反应的机理也是不同的。

除了 ZnO 外，TiO_2、SnO_2、WO_3 等在 373～603K 温度范围内对 CO 同 O_2 作用氧化成 CO_2 也有很好的光催化性能。

通过上例还可看出，一个光催化过程有时需在一定的温度条件下进行，但并非都如此。

（2）光催化分解水生成 H_2 和 O_2 的反应

应用 n 型半导体 TiO_2 粉末，以波长为 400nm（能量约为 3eV）的光照射，在半导体的导带生成 e^-，而在其价带形成 h^+。水经解离而生成的 H^+ 被 e^- 还原而得到 H_2，而 OH^- 可被 h^+ 氧化成 O_2，最终达到光解水制 H_2 和 O_2 的目的。

为了提高应用半导体催化剂进行光解水制 H_2 及 O_2 的效率，人们还采取以金属或金属氧化物修饰的 TiO_2 半导体催化剂。例如，将 Pt 胶粒附于 TiO_2 材料上，在光的作用下，H_2O 可通过如下过程被分解而得到 H_2 和 O_2。如图 12.13 所示，TiO_2 材料受光照后在导带形成的 e^- 可迁移到金属 Pt 上，将 H^+ 还原成 $1/2H_2$，而价带上形成的 h^+，则将 H_2O 解离生成的 OH^- 离子氧化成 $1/2O_2$，总的反应则是

$$H_2O \xrightarrow[TiO_2\text{-}Pt]{h\nu} 1/2O_2 + H_2$$

当将金属氧化物如 RuO_2 添加到 TiO_2 中进行光解水制 H_2 和 O_2，可发生如图 12.14 所示的反应。

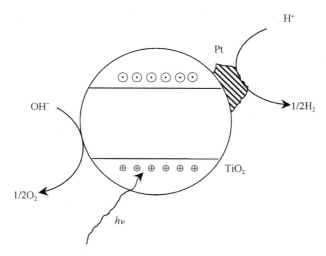

图 12.13　Pt-TiO$_2$ 杂质半导体上 H$_2$O 光解制氢和氧

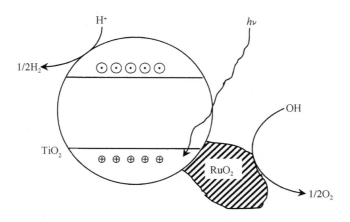

图 12.14　RuO$_2$-TiO$_2$杂质半导体上 H$_2$O 光解制氢和氧

　　光激发 TiO$_2$ 导带生成的 e$^-$ 同 H$^+$ 作用生成 1/2H$_2$，而在价带生成的 h$^+$ 可迁移到 RuO$_2$ 表面，从而将 OH$^-$ 氧化成 1/2O$_2$。所以可把这个光催化反应过程表示为

$$H_2O \xrightarrow[\text{TiO}_2\text{-RuO}_2]{h\nu} 1/2O_2 + H_2$$

　　除此之外，也可应用 Pt-RuO$_2$-TiO$_2$修饰型半导体催化剂进行光解水制 H$_2$ 和 O$_2$。如图 12.14 所示，在此反应中光激发 TiO$_2$ 后在其价带生成 h$^+$，而在其导带生成 e$^-$，h$^+$ 和 e$^-$ 分别迁移到 TiO$_2$ 表面上的 RuO$_2$ 和 Pt，并分别将水分子解离生成的 OH$^-$ 和 H$^+$ 氧化成 O$_2$ 和还原为 H$_2$。而 TiO$_2$ 只起到光敏剂的作用，而其上

所附的 Pt 及 RuO₂ 才是严格意义上的光催化剂。

（3）以 TiO₂ 作为光催化剂的其他类型的反应[8]

1）氧化反应。

$$CH_3CH_2OH \xrightarrow[O_2]{TiO_2{}^*} CH_3CHO$$

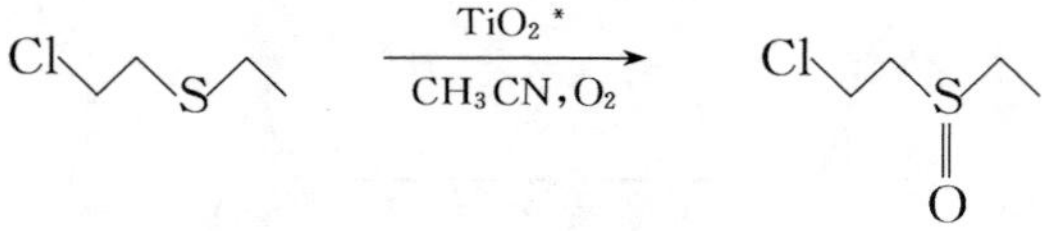

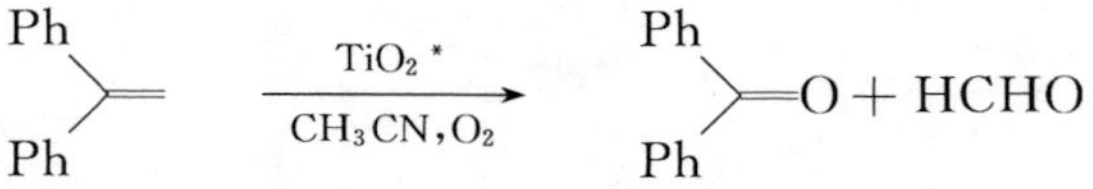

2）还原反应。

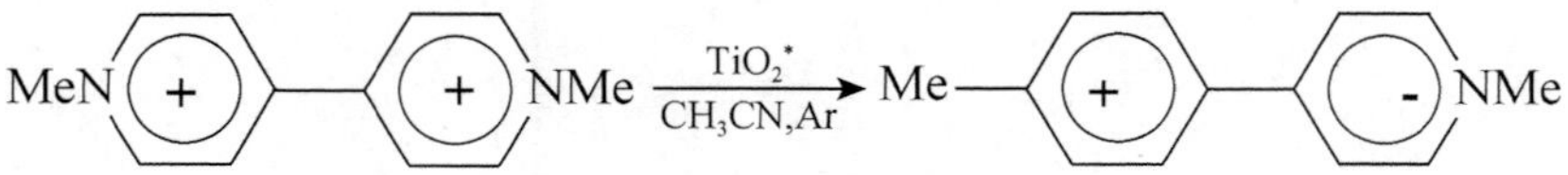

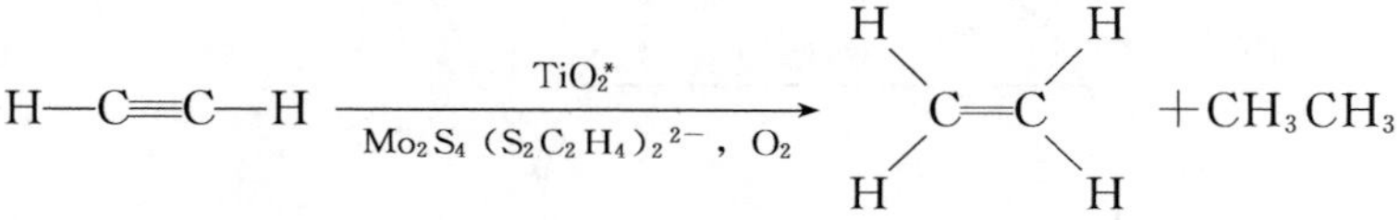

3）异构化反应。

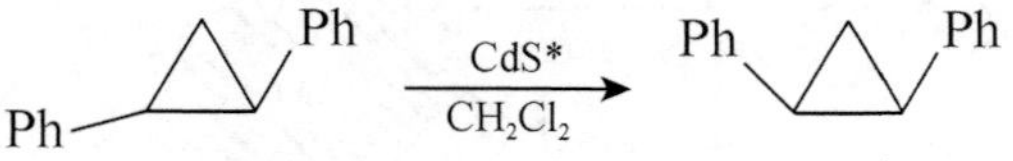

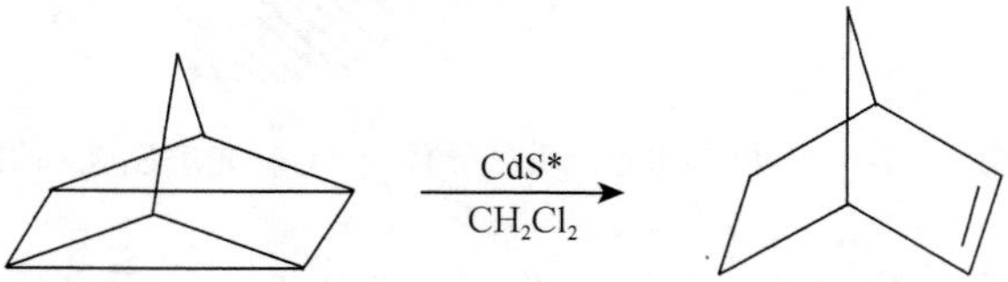

4）取代反应。

$$(C_6H_5)_3CH \xrightarrow[AgF,\ CH_3CN]{TiO_2{}^*} (C_6H_5)_3CF$$

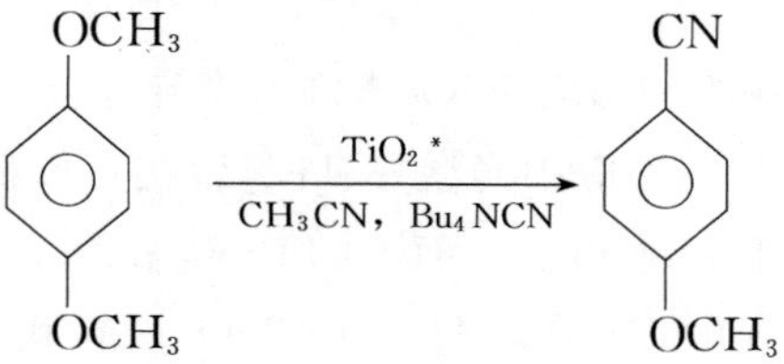

5）聚合反应。

此外，在环境治理方面，应用半导体材料进行光催化转化的也有不少。通过光催化作用可脱除污水中的有机化合物，使其转化为 CO_2、H_2O、NO_2 以及其他的物质。人们使用半导体光催化剂的另一个原因则是这类材料价格比较便宜，无毒害，且能够连续使用而不失活。

迄今，悬浮在含有空气的水中的 TiO_2 对水中许多有机污染物的消除是最活泼的光催化剂，而且锐钛矿型的构型比金红石构型的 TiO_2 有更高的活性。例如，2-乙氧基乙醇在光照的 TiO_2 催化作用下，可被有效地除去。但在相同条件下，CdS 和 ZnS 消除这种有机物质的光催化活性就比较差。

2. 均相光催化反应

像普通的催化反应一样，在光催化领域里，均相光催化也具有重要的地位，而且发展很迅猛。在这个光催化作用的分支里，金属配合物催化剂是最常使用的。这里举几个简例加以说明。

1）以 $Fe(CO)_5$ 为催化剂在光作用下进行烯烃加氢的反应。

$R-CH=CH_2 \longrightarrow Fe(CO)_4(CH_2-CH-R)+CO$

$Fe(CO)_4(CH_2-CH-R) \longrightarrow Fe(CO)_3(CH_2-CH-R)+CO$

$$Fe(CO)_3(CH_2-CH-R) \rightleftharpoons \underset{H}{\overset{H}{Fe(CO)_3(RCH=CH_2)}}$$

$$\underset{RCH_2CH_2}{\overset{H}{Fe(CO)_3(RCH=CH_2)}} \rightleftharpoons \underset{RCH_2CH_2}{\overset{H}{Fe(CO)_3}}$$

$$\underset{RCH_2CH_2}{\overset{H}{Fe(CO)_3}} \rightleftharpoons \underset{RCH_2CH_2}{\overset{H}{Fe(CO)_3(RCH=CH_2)}}$$

$$\underset{RCH_2CH_2}{\overset{H}{Fe(CO)_3(RCH=CH_2)}} \longrightarrow RCH_2-CH_3+Fe(CO)_3(RCH=CH_2)$$

2）以 $Pt_2(-\mu P_2O_5H_2)_4$ 配合物为催化剂，由异丙醇光催化制丙酮：

$$Pt_2(-\mu P_2O_5H_2)_4^{4-} \longrightarrow [Pt_2(-\mu P_2O_5H_2)_4^{4-}]^*$$

$$[Pt_2(-\mu P_2O_5H_2)_4^{4-}]^* + (CH_3)_2CHOH \longrightarrow H\ Pt_2(-\mu P_2O_5H_2)_4^{4-}$$
$$+ (CH_3)_2\!-\!C\!-\!OH$$

$$H\ Pt_2(-\mu P_2O_5H_2)_4^{4-} + (CH_3)_2\!-\!C\!-\!OH \longrightarrow H_2\ Pt_2(-\mu P_2O_5H_2)_4^{4-}$$
$$+ (CH_3)_2C = O$$

$$H_2\ Pt_2(-\mu P_2O_5H_2)_4^{4-} \longrightarrow Pt_2(-\mu P_2O_5H_2)_4^{4-} + H_2$$

参 考 文 献

1　Pearce R，Patterson W R. Catalysis and Chemical Processes. Leonard Hill，1981

2　庆伊富长. 触媒化学. 东京化学同人，1981

3　钟邦克. 精细化工催化作用. 北京：石油工业出版社，2002

4　吴越. 催化化学. 北京：科学出版社，1998

5　沈同，王镜岩. 生物化学. 第2版. 下册. 北京：高等教育出版社，1991

6　南京医学院. 生物化学. 北京：人民卫生出版社，1979

7　黄子卿. 物理化学. 北京：高等教育出版社，2002

8　Fox M A，Dulay M T. Chem Rev，1993，93：341

第十三章 新催化材料

除了前几章介绍的传统催化剂外，一些新型催化剂材料发展也十分迅速，而且，在理论研究和应用研究等方面都取得了有价值的成果。本章仅向读者简要介绍常见的几种。

一、金属碳化物及氮化物

人们对金属氧化物和硫化物是很熟悉的，而且对其在催化领域中的应用也掌握了很多信息，并已经积累了大量的实验结果。人们在长期研究金属或金属氧化物在催化反应中的应用时，发现在其上生成的碳化物都具有类似贵金属的催化性能。这一发现启发人们对金属碳化物（也包括氮化物）作为催化剂在催化领域中的研究。另一方面，人们曾使用 Mo 或 W 的氮化物，如 γ-Mo_2N 和 β-W_2N 作为切割工具的材料，因为它们有很高的硬度和耐高温属性。然而作为多相催化剂来讲，碳化物或氮化物都必须具有高的比表面积。1985 年，M. Boudart 等人成功地合成了可作为催化剂使用的碳化钼和氮化钼，从而掀起了对这两类催化材料的深入研究。

（一）金属碳化物和金属氮化物的结构[1]

在这两类化合物中金属原子组成面心立方晶格（fcc），六方密堆积（hcp）和简单六方（hex）晶格结构，而碳原子和氮原子则位于金属原子晶格的间隙位置。一般情况下，碳原子或氮原子占据晶格中较大的间隙空间，如 fcc 和 hcp 结构中的八面体空隙，hex 结构中的棱形空间等。这种结构的化合物称为间充化合物（interstitial compound）。如图 13.1 所示。

金属碳化物或氮化物的结构是由密切相关的几何因素及电子因素决定的。讨论其几何因素是根据 Häag 经验规则，即当非金属原子与金属原子的球半径比小于 0.59 时，就会形成简单的晶体结构（如 fcc、hcp 及 hex 等）。IVB～VB 族金属碳化物和氮化物就属于这类结构。尽管这些碳化物和氮化物也形成这类晶体结构，但与纯金属形成的晶体结构还有不同之处，例如金属 Mo 是体心立方结构（bcc），而稳定的 Mo 的碳化物是六方密堆结构（hcp），稳定的 Mo 的氮化物是面心立方结构（fcc）。讨论电子因素时常利用 Engel-Brewer 原理来解释它们的结构。根据这一原理，一种金属或一种合金的结构与其 s-p 电子数有关。定性地说，随着 s-p 电子增加，晶体结构便由 bcc 转变为 hcp（hexyl closs package）再转变为 fcc。对碳化物或氮化物而言，C 原子或 N 原子的 s-p 轨道同金属的 s-p-d 轨道混合或再杂化将会增加化合物中 s-p 电子总数，其增加顺序是金属→碳化物→氮化物。一个典型的例子是 Mo 转变为金属碳化钼进而向氮化钼结构的转变过程，即 Mo（bcc）→Mo_2C（hcp）→Mo_2N（fcc）结构上的转变。IVB～VB 族过渡金属及相应碳化物和氮化物晶体结构的转变也呈这种趋势。

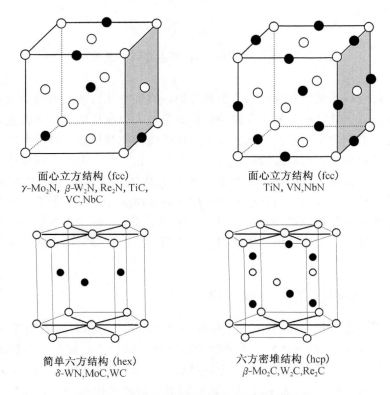

面心立方结构（fcc）
γ-Mo_2N，β-W_2N，Re_2N，TiC，VC，NbC

面心立方结构（fcc）
TiN，VN，NbN

简单六方结构（hex）
δ-WN，MoC，WC

六方密堆结构（hcp）
β-Mo_2C，W_2C，Re_2C

图 13.1　典型的过渡金属碳化物和氮化物结构
（空心圆和实心圆分别代表金属和非金属）

（二）金属碳化物和氮化物的催化性能

由于金属氮化物和碳化物中 N 原子和 C 原子填充金属晶格中的间隙原子，而使金属原子间的距离增加，晶格扩张，从而导致过渡金属的 d 能带收缩，费米能级态密度增加，这就使碳化物和氮化物表面性质和吸附性能同Ⅷ族贵金属的性质十分相似。所以早期关于金属氮化物和碳化物催化性能的研究总是在同贵金属的特征催化性能的比较中进行的，其目的是寻找可替代贵金属 Pt、Pd 等非贵金属催化剂。已有的研究结果表明：Mo_2N、Mo_2C、WC 以及 TaC 等对己烯加氢、己烷氢解、环己烷脱氢等反应都有很高的催化活性，其稳定的比活性可同 Pt、Ru 相当，WC 和 Mo_2N 对 F-T 合成反应生成 $C_2 \sim C_4$ 烃类的选择性相当高，而且具有较强的抗中毒能力。金属碳化物和氮化物对 CO 氧化、NH_3 的合成、NO 还原、新戊醇脱水等也表现出良好的催化能力。碳化物和氮化物对加氢脱氮（HDN）和加氢脱硫（HDS）反应也有很高的活性。例如，Mo_2N 和 Mo_2C 对喹啉的 HDN 反应活性可与商品硫化态的 $NiMo/Al_2O_3$ 催化剂齐名。氮化钼对 HDN 和 HDS 反应所具有的鲜明特点，在石油炼制过程中脱除有机硫化物和有机氮化物可大大降低氢的消耗，因此有十分重要的经济意义。

（三）金属碳化物及氮化物的合成方法

因为在催化反应中须应用高比表面积的金属碳化物或氮化物，下面介绍几种常用的方法。

（1）金属或其氧化物同气体反应

碳化物　　　$M + 2CO \longrightarrow MC + CO_2$

氮化物　　　$MO + NH_3 \longrightarrow MN + H_2O + 1/2H_2$

（2）金属化合物的分解

碳化物　　　$W(CO)_n + H_xC_y \longrightarrow WC + H_2O + CO$

氮化物　　　$Ti(NR_2)_4 + NH_3 \longrightarrow TiN + CO + H_2O$

（3）程序升温反应方法

碳化物　　　$MoO_3 + CH_4 + H_2 \longrightarrow Mo_2C + 3H_2O$

氮化物　　　$WO_3 + NH_3 \longrightarrow W_2N + H_2O$

（4）利用高比表面的载体加以负载

碳化物　　　$Mo(CO)_6/Al_2O_3 \longrightarrow Mo_2C/Al_2O_3$

氮化物　　　$TiO_2/SiO_2 + NH_3 \longrightarrow TiN/SiO_2$

（5）金属氧化物蒸气同固体碳反应

碳化物　　　$V_2O_5(g) + C(s) \longrightarrow VC + CO$

（6）液相方法

碳化物　　　$MoCl_4(THF)_2 + LiB(Et)_3H \longrightarrow Mo_2C$

氮化物　　　$[(Me)_3SiN]_3La + NH_3 \longrightarrow LaN$

上述方法中，以程序升温方法制备的碳化物和氮化物应用较多，所以将用程序升温方法从 MoO_3 出发制备 Mo_2N 或 Mo_2C 的过程示于图 13.2。

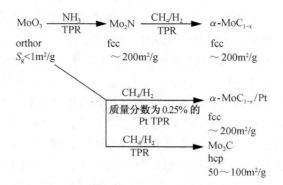

图 13.2　由 MoO_3 合成 Mo_2C 的图示

（四）金属碳化物和氮化物在催化中的应用举例

1. $\beta\text{-}Mo_2N_{0.78}$ 对噻吩加氢脱硫的催化性能[2]

噻吩加氢脱硫反应是一个典型的加氢脱硫探针反应。在没有催化剂存在的条件下，即使在 420℃也检测不到 C_4 烃类，表明噻吩在此条件下不发生裂解反应，在 $\beta\text{-}Mo_2N_{0.78}$ 催化剂存在时，可在 320℃检测到较强的 C_4 烃类的色谱峰，表明 $\beta\text{-}Mo_2N_{0.78}$ 对噻吩有良好的加氢脱硫活性，其反应过程可用下式表述：

$$\text{（噻吩）} \xrightarrow{\ H_2\ } S + C_4^0$$

而且，$\beta\text{-}Mo_2N_{0.78}$ 与常用的 MoS_2 催化剂相比，对噻吩也有更好的加氢脱硫催化活性，如图 13.3 所示。而且 $\beta\text{-}Mo_2N_{0.78}$ 经 9h 的反应后，其晶体结构依然同反应前相同。

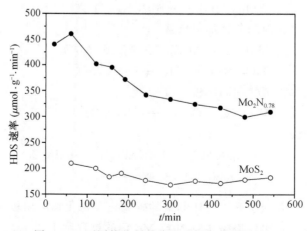

图 13.3　不同催化剂催化噻吩加氢脱硫的活性

2. 吡啶在 Mo_2N 上的加氢脱氮反应[3]

吡啶加氢脱氮也是一个用于研究加氢脱氮反应的探针反应。由于吡啶分子中含 N 的原子比以及加氢脱掉 N 原子之后生成的产物十分明确，所以人们常应用吡啶考察所研制催化剂的加氢脱氮性能。

应用 Mo_2C 催化剂进行吡啶加氢脱氮生成的产物主要为 NH_3 和环戊烷，其可能的机理如图 13.4 所示：

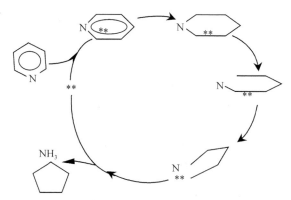

图 13.4　吡啶在 Mo_2C 催化剂上的 HDN 反应过程

吡啶分子同 Mo_2C 表面上两个活性中心结合成重键，经过加氢使吡啶环变得饱和，再经断裂 C—N 键后，N 原子和五碳中间物种分别同上述两个活性中心结合。吡啶环中的 2-、6-位的两个碳原子接近到相当的程度便可生成环戊烷分子，而中间 N 物种经加氢后生成 NH_3。

3. $Mo_2C(hcp)$ 和 $Mo_2C(fcc)$ 两种催化剂上 CO 加氢反应

（1）$Mo_2C(hcp)$ 和 $Mo_2C(fcc)$ 的制备

MoO_3 先经 H_2 还原成金属 Mo，接着用 CH_4/H_2 混合气体进行炭化而得 $Mo_2C(hcp)$。将 MoO_3 在 NH_3 中还原便可得到 $Mo_2N(fcc)$，将 $Mo_2N(fcc)$ 在 CH_4/H_2 混合气中加热便可转变为 $Mo_2C(fcc)$。

（2）$Mo_2C(hcp)$ 和 $Mo_2C(fcc)$ 对 CO 加氢反应的催化性能

如图 13.5 所示，在 $Mo_2C(hcp)$ 催化剂上生成甲烷的速率在反应的最初 50min 内随时间增长迅速而后缓慢下降，经 16h 后达到稳定的速率。但乙烯和乙烷的生成速率却从开始便低于甲烷的生成速率，但二者一直保持平行。$Mo_2C(fcc)$ 催化剂与 $Mo_2C(hcp)$ 催化剂对 CO 加氢反应有相似的催化性能，其主要区别在于，在 $Mo_2C(fcc)$ 催化剂上甲烷的生成速率虽然也是在 50min 左右时间内增加迅速，但随后增加缓慢，一直到 250min 之后也不出现速率的最大值。同样，乙烷和乙烯生成速率也远低于甲烷生成速率，乙烷的生成速率高于乙烯生成速率，而且两个反应速率一开始就保持平行。

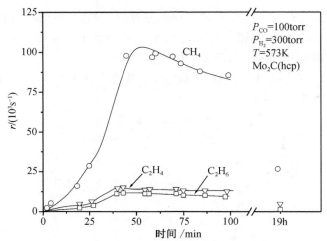

图 13.5　Mo₂C(hcp) 上 CO 加氢的稳定态活性

注：torr 为非法定单位，1torr≈1.333×10²Pa。

4. Mo₂C(hcp) 和 Mo₂C(fcc) 上 C₂H₆ 氢解反应[4]

反应如图 13.6 所示，Mo₂C(hcp) 和 Mo₂C(fcc) 催化剂在相同条件下（$P_{C_2H_6}$ ＝ 100torr，P_{H_2} ＝ 500torr，573K）乙烷氢解的反应速率起始时都很小，但随时间却都迅速增加，在 24h 之后都能继续增长。但 Mo₂C(hcp) 样品上乙烷的氢解速率比 Mo₂C(fcc) 对此反应速率高达 200 倍。

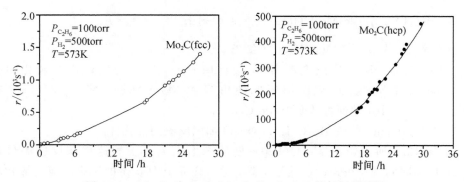

图 13.6　Mo₂C (fcc) 和 Mo₂C (hcp) 上乙烷氢解的活性

关于在 Mo₂C(hcp) 和 Mo₂C(fcc) 上 C₂H₆ 氢解反应速率有如此大的差别，一个可能的解释是由于这两个催化剂表面结构的区别。经低能电子衍射测试的结果表明：Mo₂C(hcp) 表面暴露主要是（101）面，而 Mo₂C(fcc) 表面暴露以（200）面为主。如图13.7A、图13.7B所示，Mo₂C(hcp)的（101）面上 Mo 原子与

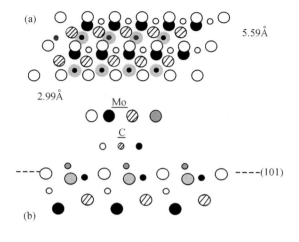

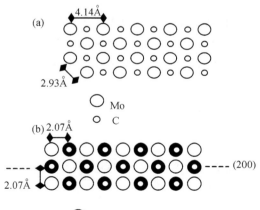

Mo

◨ 在 (101) 面下 0.388Å

⬤(灰) 在 (101) 面下 2.27Å

● 在 (101) 面下 2.65Å

○ 在纸面上

C

◍ 在 (101) 面上 0.94Å

● 在 (101) 面下 0.20Å

○ 在 (101) 面下 1.32Å

图 13.7A　Mo₂C(hcp)（101）面示意图

（a）（101）顶视图；（b）（101）侧视图（虚线）

图 13.7B　Mo₂C(fcc)（200）面示意图

（a）（200）顶视图；（b）（200）侧视图（虚线）

○ Mo 在纸面上

● Mo 在纸面下 2.07Å

○ C 在纸面上

Mo 原子间最临近的距离是 2.99Å，而 $Mo_2C(fcc)$ 的（200）面上最临近 Mo 原子之间的距离为 2.93Å。$Mo_2C(hcp)$ 的（101）面比 $Mo_2C(fcc)$ 的（200）面更曲折而宽松。另一方面，已知乙烷在氢解反应中于 C—C 键断裂之前先解离出 $(6-x)H$，生成 C_2H_x 物种，而且 H 原子与 C_2H_x 与之结合的活性位是不同的，再者就是两类不同的活性位必须相距较近。同时考虑上述两类 Mo_2C 催化剂上主晶面两方面的区别，可以解释为在 $Mo_2C(hcp)$ 的（101）面上乙烷有更高的氢解活性。

二、非晶态合金（金属玻璃）催化剂

非晶态合金因其具有独特的各向同性的结构特征，而不具备长程有序排布，所以具有优良的催化性能。由非晶态合金代替传统的工业用催化剂，不仅有利于提高催化效率，而且可大大降低对环境的污染，是 21 世纪有望开发的一类高效、新型而且环境友好的催化剂。制备非晶态合金一般有两种方法：一是骤冷法，即将金属高温蒸发后骤然冷却使之生成金属粒子；二是化学还原法，将金属离子用适当的还原剂进行还原而得。但因骤冷法制备的非晶态合金的颗粒较大，所以导致比表面积小，热稳定性差。化学还原法制得的非晶态合金虽然可得到纳米级的颗粒，但热稳定性也不好。尽管后一方法制得的非晶态合金对一定的催化反应有较高的活性和产物的选择性，但由于成本高以及难以分离和再生使用，所以工业应用也多有不便。

为了解决非负载型非晶态合金材料用作催化剂的上述问题，近年来发展了负载型非晶态合金催化剂。非晶态合金催化材料迄今以 P 或 B 同金属构成的为多。负载的非晶态合金催化剂可大大降低生产成本，改善热稳定性，优化催化性能，为这类催化材料的工业应用提供了一条途径。另一方面，对阐述非晶态合金催化活性中心的本质及几何因素、电子因素的影响，也奠定了一定的研究基础。

（一）负载型非晶态合金的制备

1. 负载型 M-P 非晶态合金催化剂的制备（化学镀法）

将载体在含金属盐和 NaH_2PO_2 的溶液中进行化学镀制。用此方法可制备 Ni-P、Co-P、Ni-Co-P、Ru-P、Ni-W-P、Ni-Pd-P 等二元、三元甚至多元负载型非晶态合金催化剂。

2. 负载型 M-B 非晶态合金催化剂的制备（化学还原法）

将载体先浸渍含金属盐的溶液，然后滴加 KBH_4（含 B 源）进行还原。用此方法可制备 Ni-B、Co-B、Fe-B、Ru-B、Pd-B、Ni-M-B（M：Co、Mo、W、Fe、Ru、Cu、Pd 等）二元、三元甚至多元负载型非晶态合金催化剂。

（二）负载型非晶态合金催化剂在催化中的应用

1. 负载型 NiB 非晶态催化剂上常压气相苯加氢反应[5]

苯加氢可生成环己烷，后者是生产尼龙纤维及许多化工产品的重要原料。尽管 Ni/Al₂O₃ 催化剂用于苯加氢制环己烷的工艺比较成熟，但活性低，易于中毒。负载型 NiB 非晶态催化剂既具有高活性和选择性，又有良好的热稳定性。

以 NiB/SiO₂ 为催化剂，常压下在 100～200℃温度范围内，苯的转化率和环己烷的选择性都可达 100％。NiB 的负载量在 10％～16％范围内，苯的转化率仍保持在 100％（如图 13.8 所示）。

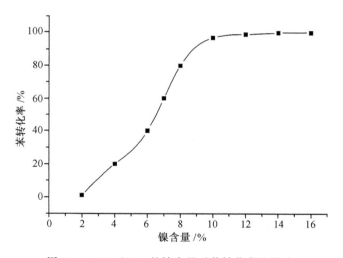

图 13.8 NiB/SiO₂ 的镍含量对苯转化率的影响

负载型 NiB 的抗硫性能也相当优越。例如，苯中含 CS₂ 为 5μg/g 时，催化加氢经 400h 后，活性依然不变，CS₂ 含量增加一倍，苯加氢活性依然可维持 250h。

苯加氢生成环己烷的反应机理：一般认为这个反应是按 H—L 机理进行的。

$$C_6H_6 + Cat \Longrightarrow C_6H_6 - Cat \qquad ①$$
$$H_2 + Cat \Longrightarrow 2H - Cat \qquad ②$$
$$C_6H_6 - Cat + H - Cat \longrightarrow C_6H_7 - Cat \qquad ③$$
$$C_6H_7 - Cat + H - Cat \longrightarrow C_6H_8 - Cat \qquad ④$$
$$C_6H_8 - Cat + H - Cat \longrightarrow C_6H_9 - Cat \qquad ⑤$$

$$C_6H_9 - Cat + H - Cat \longrightarrow C_6H_{10} - Cat \qquad ⑥$$

$$C_6H_{10} - Cat + H - Cat \longrightarrow C_6H_{11} - Cat \qquad ⑦$$

$$C_6H_{11} - Cat + H - Cat \longrightarrow C_6H_{12} - Cat \qquad ⑧$$

其中，①大大快于②，而③是控速步骤。④～⑧是快速反应步骤。这样，Ni 负载量太低时，催化剂上就没有足够活性位用于吸附 H_2，而没有被吸附的 H_2 是不能与苯反应的。因此，催化剂活性很差甚至没有活性。当苯不是完全转化时，强吸附的苯牢牢占据着活性位，于是催化剂很快失活。停止通苯后，用氢气吹扫，当残留的苯被反应掉后，活性很快就恢复了。

2. NiB/SiO_2 环戊二烯加氢制环戊烯[6]

因为环戊烯中的双键具有很高的化学活性，所以是化学工业中重要的基本原料。由于环戊二烯加氢生成环戊烯需经两步进行，其中第一步的活化能比第二步的活化能高，所以不可能在常规的气-固相反应条件下使这一加氢过程完全生成环戊烯，而且在第一步未转化的环戊二烯易于聚合而使催化剂失活以及使环戊烯的收率下降。因此，需研制适合工业生产需要的适用于此反应的高效催化剂，使环戊二烯的转化率达 100％时，环戊烯的选择性也可接近 100％。NiB/SiO_2 催化剂就具有这种异常良好的性能。

（1）NiB/SiO_2 催化剂的制备

将 10g 硅胶（比表面积：200m^2/g，平均孔径：17.5nm，网目：40～60）放在 1mol/L 的 KBH_4 溶液中（pH＝13），经 2h 后将硅胶取出，用 95％乙醇洗涤后，在室温下经空气干燥以除去硅胶上非吸附的 KBH_4。将吸附 KBH_4 的硅胶加入 10mL 2mol/L $NiCl_2$ 溶液中并搅拌 4h，黑色颗粒用 15mL 0.01mol/L KBH_4 水溶液洗涤，再用蒸馏水彻底洗涤后，将硅胶浸渍物放在 N_2 中于 70℃干燥 2h。经 ICP（诱导耦合等离子光谱法）测试表明，所制备催化剂中 Ni 含量为 4.3％，相当于 $Ni_{0.80}B_{0.20}$，此外应用 X 射线衍射技术测定所制样品的结构，如图 13.9 所示，样品的 XRD 谱图表明，载体 SiO_2〔(a)〕只在 $2\theta＝28°$ 左右出现一特征宽峰；反应后 NiB/SiO_2〔(b)〕和 NiB/SiO_2 在 120℃加氢反应 500h 后〔(c)〕几乎有相同的峰谱，即在 $2\theta＝45°$ 左右出现弥散的 NiB 峰；在氮气中于 400℃处理 2h 后的 NiB〔(d)〕与 (c) 有相同的弥散峰，显示出这种样品有一定的热稳定性；但经 450℃于氮气中处理 2h 后的 NiB/SiO_2 则出现结晶态 Ni 的衍射峰 (e)。

（2）环戊二烯加氢反应的催化性能

应用内径为 0.8cm 的玻璃管状固定床反应器进行加氢反应，环戊二烯在 95℃经蒸发后以 $N_2＋H_2$ 的混合气为载气通入反应器。在 NiB/SiO_2 催化剂上环戊二烯加氢制环戊烯的催化性能示于图 13.10。该图给出反应温度对环戊二

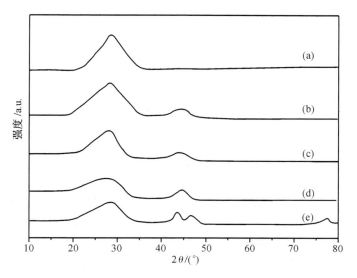

图 13.9　XRD 谱图

（a）SiO₂；（b）新 NiB/SiO₂；（c）120℃加氢反应 500h 后 NiB/SiO₂；（d）400℃经
氮气处理 2h 后 NiB/SiO₂；（e）450℃经氮气处理 2h 后 NiB/SiO₂

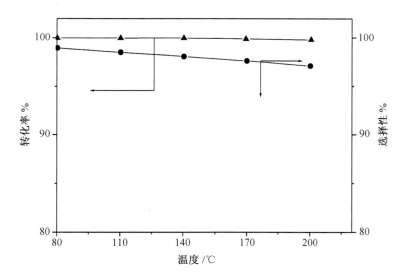

图 13.10　反应温度对 CPD 转化率和 CPE 选择性的影响

［CPD 进料量＝10g・(g cat)⁻¹・h⁻¹；H₂：CPD＝1.6：1；GHSV＝24000⁻¹］

（CPD）转化率和环戊烯（CPE）选择性的影响。由图可知在 80～200℃范围内，
环戊二烯的转化率几乎不变，而且环戊烯的选择性仅有 1～2 个百分点的降低；
进一步升高温度导致催化剂的性能降低。这是由于环戊二烯在 NiB/SiO₂ 表面上发生聚合的结果。在相同的反应条件下，如应用传统的 Pd/Al_2O_3 催化剂，环戊二烯转化率和环戊烯选择性分别只有 33% 和 70%。

实验还表明，NiB/SiO_2 催化剂在此加氢反应中，在 120℃ 经 500h 运转，环戊烯的收率仍在 97% ~ 100%，环戊烯的进料量仍可保持在 $10g \cdot (g\,cat)^{-1} \cdot h^{-1}$。

为了进一步考察 NiB/SiO_2 催化剂对环戊二烯加氢生成环戊烯反应的催化性能，还对载气流速对环戊二烯转化率和环戊烯选择性的影响进行了研究。因为加氢反应是一个强放热反应（$\Delta H_1 = -99.35kJ/mol$，$\Delta H_2 = -112.2kJ/mol$），所以在反应中需用介质将释放的热量导出。本反应中是以 N_2/乙醇混合物作为热导介质。另一方面，还可借改变 N_2/乙醇混合物的流速来调解反应的接触时间。由图 13.11 可见，当 N_2 的流速在 40 ~ 160mL/min 范围内变化时，环戊二烯的转化率和环戊烯的选择性保持不变。以上实验结果充分说明，负载型非晶态的 NiB/SiO_2 是十分理想的环戊二烯的加氢催化剂。

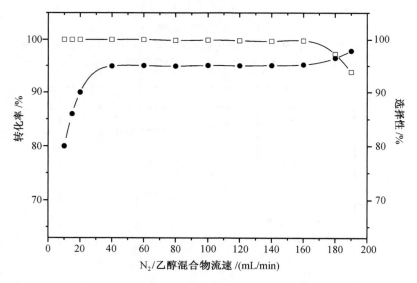

图 13.11　N_2 进料量对 CPD 转化率和 CPE 选择性的影响

[CPD 进料量 $=10g \cdot (g\,cat)^{-1} \cdot h^{-1}$，$H_2 : CPD = 1.4 : 1$，温度：120℃]

3. CO 氧化反应

在 $Pd_{33}Zr_{67}$ 非晶态合金催化剂和传统的 ZrO_2 负载的 Pd 催化剂对 CO 氧化反应显示出不同的催化性能，对 $CO + 1/2O_2 \longrightarrow CO_2$ 的催化活性就等于生成物 CO_2 的选择性[7]。如图 13.12 所示，$Pd_{33}Zr_{67}$ 催化剂比传统的 Pd/ZrO_2 催化剂对 CO 氧化有较高的转化频率（TOF）。产生这种差别的原因是在氧气存在下，在反

应过程中 $Pd_{33}Zr_{67}$ 可能会转化成 Pd/ZrO_2（金属-金属氧化物），从而产生相当大的界面面积，而传统制得的 Pd/ZrO_2 就不会出现这样大的界面。由于这种在表面构造上的差别，$Pd_{33}Zr_{67}$ 非晶态合金对 CO 的氧化显示出优异的催化性能。

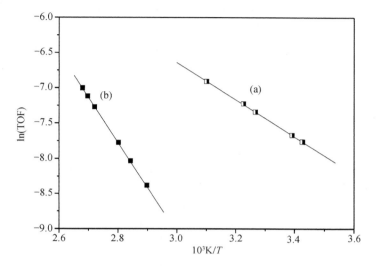

图 13.12　由无定形 $Pd_{33}Zr_{67}$ 经原位活化制备的 Pd-Zr 催化剂上 CO 氧化活性的比较
(a) 常规浸渍法；(b) 分别浸渍
反应气：氮气氛中 CO 1700ppm，O_2 1700ppm；流量 150cm³/min（S. T. P. ）；
催化剂用量：(a) 0.37g；(b) 1.24g

三、不对称（手性）合成催化剂[8～11]

(一) 简介

为了认识这一催化合成反应的重要分支，有必要先从化合物的手性（chirality）说起。所谓手性，即一个分子可以有两个主体异构形式。这两个主体异构形式如同左手和右手的关系，即是对映的关系。例如乳酸分子具有两个互成镜像关系的结构：

$$
\underset{\text{镜面}}{
\begin{array}{c}
\text{COOH} \\
\text{HO} - \text{C} - \text{H} \\
\text{CH}_3
\end{array}
\quad \Bigg| \quad
\begin{array}{c}
\text{HOOC} \\
\text{H} - \text{C} - \text{OH} \\
\text{H}_3\text{C}
\end{array}
}
$$

具有手性主体异构形式的化合物称为对映异构体（Enantiomers）。化合物的手性主体异构体的一般物理性质及化学性质相同，唯一区别是可使偏振光分别向左或向右偏移。右旋和左旋分别以"d"和"l"或者"＋"和"－"表示。此外还可以用国际通用的"D"和"L"或者"S"和"R"表示右旋和左旋化合物异构体。

自然界存在的糖为 D 构型，氨基酸为 L 构型，蛋白质和 DNA 的螺旋构像又都是右旋的。许多药物、食品添加剂等也都是手性化合物[10]。以药物为例，约 50％以上的市售药物具有手性。这些手性药物的相应两个对映体有着不完全相同的甚至截然相反的生理活性及药理作用。例如，在 20 世纪 60 年代销售的一种称为 Thalidmide 的药物，它的左旋异构体是治疗妊娠反应的镇定剂，但其右旋异构体服用后会造成胎儿畸形。可见手性化合物的生理和药理作用同其光学物性有着密切关系[11]。

（二）手性化合物的制备

很久以来人们主要依靠生物手段、酶技术或者化学分析方法由天然物质得到手性化合物。近些年来，随着生命科学特别是生物化学和药物化学的发展，对光学纯物质的需要量日益增多，所以人们便探索制备这类化合物的新方法。在探索人工合成手性化合物方面，尽管所得产物常以对映体结构出现，但为了某一特定目的又常常期望某一光学纯的旋光体有高的收率，所以手性合成又称为不对称合成（asymmetric synthesis）。在不对称合成化学的领域中，最有效和最具有经济价值的则是不对称催化合成。

（三）不对称催化合成反应的重要评价指标

1. 对映体过量（Enantiomer Excess），记为 ee

在不对称催化合成反应中得到的手性分子，它的两对映体可将偏振光分别左旋及右旋到相等且方向相反的角度。因此，如果某一手性化合物的一种旋光体的数量（分子的数目）超过了另一种旋光体的数量，则此手性化合物就可能是光学活性的。

对映体过量：

$$ee/\% = \frac{[R]-[S]}{[R]+[S]} \times 100$$

其中，R 和 S 分别代表互为镜像的左旋和右旋两种旋光体的量。

2. 光学收率（Optical Yield），记为 yo

$$yo/\% = [\alpha]_m / [\alpha]_p \times 100$$

其中，$[\alpha]_m$ 和 $[\alpha]_p$ 分别为所合成的手性化合物（两种对映体共存）使偏振光偏转的角度及纯光学物质（两个对映体中的一个）使偏振光偏转的角度。

总的来说，不对称合成是相对于拆分技术制造手性化合物有机合成的另一个门类。不对称合成技术与拆分技术有两方面的区别：其一是机理方面的区别，其二是操作方面的区别。拆分技术可看作是物理方法，用来分离已经合成出来的对映体；而不对称合成则是由前手性底物（prochiral substracts）制成含一个或者多个手性中心的化合物。

（四）不对称催化合成的分类

和普通催化过程一样，不对称催化合成也有均相催化、多相催化和酶催化之分。关于不对称催化合成反应的研究工作日益增多，而且发展迅速。随着新的有机合成方法和精湛的分析技术的出现，合成纯光学对映体分子已经能在实验室进行。其中有的因已具有生存性的活力以致有着工业应用的可行性。例如，以Sharpless 命名的不对称环氧化反应、不对称加氢反应以及不对称环丙烷化反应等等是具有代表性的。

（五）不对称合成的催化剂[9]

不对称合成所使用的催化剂，不但应具备较高的选择性和活性，而且还应使产物具有较高的光学纯度。最早使用的一类是酶催化剂。近来，陆续出现了不对称金属配合物和生物碱等不对称合成催化剂。另一类则是经手性助剂修饰的金属手性合成催化剂。

1. 金属配合物催化剂中的金属

表 13.1 给出一些不对称金属配合物催化剂所使用的金属及其适用的催化合成反应，其中作为配合物中心的原子都为过渡金属。

表 13.1　一些不对称金属配合物催化剂所使用的金属及其适用的催化合成反应

反应类型	Ni	Cu	Co	Rh	Pd	Pt	Ir	Ru	Mo	Tl	Fe	V
C＝O 氧化反应			+	+	+	+		+				
C＝N 氧化反应	○	○	○	○+			+	+				
C＝C 氢硅化反应												
C＝O 氢硅化反应				+	+							
C＝N 氢硅化反应				+								
环丙烷化反应		+	+									
聚合反应	+									+		
环氧化反应								+				+
异构化反应		+						+				
胺基化反应				+								

＋均相金属催化剂；○ 非均相金属催化剂

2. 金属配合物催化剂中的配体

手性膦化物、手性胺类、手性醇类、手性酰胺类、手性二肟、手性亚砜、手性冠醚等都可作为金属配合物的配体，而其中应用最广、影响最大的则是手性膦化物配体。例如：

PAMP　L-1　　　　　　　CHRAPHOS　L-5　　　　　　NORPHOS　L-10

（六）不对称催化合成反应[9]

1. 不对称催化加氢反应

例如，可用 Rh/D10P［Rh/L-4］手性催化剂由 α-酰基氨基丙烯酸加氢生成 α-酰基氨基丙烷：

$$R_4-C(COOR_1)=C-NHCOR_2 + H_2 \xrightarrow{Rh/D10P} R_4-CH(R_3)-CH(COOR_1)-NHCOR_2$$

此反应所用手性配合物的配体 D10P 是二齿配体：

具有 C_2 对称性，产物的光学收率可接近 100%。

另一个例子是利用不对称加氢方法，以 Rh/DIPAMP 为催化剂，合成治疗帕金森病的药物 L-dopa：

ee 94%

其中，Ph/DIPAMP 结构如下所示：

Ru[(R)-BINAP](OCOCH$_3$)$_2$ 可用于合成多种生物碱的中间物——四氢异喹啉：

其中，R-BINAP 的结构如下所示：

L-14

2. 不对称催化环氧化反应

最著名的手性环氧化反应是 Sharpless 等于 1980 年发现的，可以说是当今最重要的不对称催化合成反应之一。现以丙烯基醇在 D-酒石酸二乙酯和四异丙氧基钛为催化剂，在 CH$_2$Cl$_2$ 溶剂中，以叔丁基过氧化氢为供氧剂的环氧化反应为例加以说明：

由上述反应模式可知，选取不同旋光性的酒石酸二乙酯为催化剂可得到不同结构的异构体。

3. 不对称催化环丙烷化反应

烯烃环丙烷化反应是形成 C—C 键的反应。在许多天然和人工合成的化合物中都含有手性环丙烷的结构，其中多数都具有重要的生理活性。许多含有三元环化合物都有抗肿瘤活性，例如许多包括农药在内的生物制品也都含有手性环丙烷基。可见合成不对称环丙烷化合物具有重要的应用价值。环丙烷化反应还可以推广到共轭的二烯体系。在合成杀虫剂——拟除虫菊酯的前驱体菊酸酯的催化合成过程中就用到这类反应。菊酸酯的结构中含有环丙烷基。

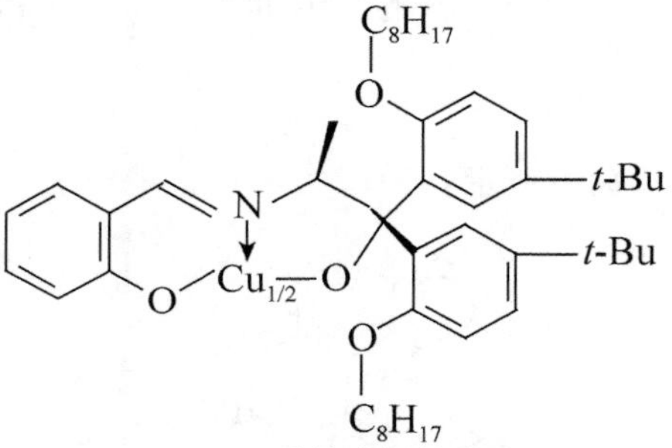

51 手性水杨基醛胺

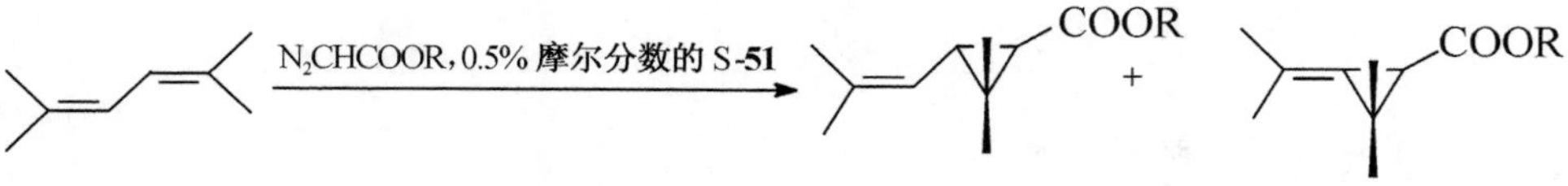

52 菊酸酯

（七）手性配合物的固载化

同普通用于均相配合物催化剂固载化相似，不对称均相催化剂（不对称金属配合物）也可经固载化手段转化成负载型的不对称合成催化剂。其载体可为不溶的高聚物、硅胶以及分子筛等。应用固载化手性配合物的催化反应具有多相催化的特征。例如，将配体同 Rh 或 Ni 的配合物固载到硅胶或者 USY 分子筛的硅醇基上，可对 N-酰基脱氧苯基丙胺酸衍生物的加氢反应有一定催化活性

其中，Rh 基配体为

（结构式）
NH(CH₂)₃Si(OEt) — 图中为带有吡咯烷环的结构

四、纳米催化材料

（一）纳米粒子概述[12]

纳米粒子（nano-particles）又可称作超小粒子、超微粒子、量子点或团簇等，一般是指尺寸在 1～100nm 之间的粒子，是介于原子簇和宏观物体颗粒之间过渡区域的粒子，因此也叫做介观粒子（mesoscopical particles）。纳米粒子的物理化学性能同体相材料的物理化学性能截然不同，而且还具有一些体相材料根本不具备的性质。

纳米粒子是一种自然界存在的物质形态，只不过人们对它的认识是随着科学技术以及工业生产的发展提供了对纳米粒子研究的手段而逐渐加深的。对于纳米粒子的研究可以追溯到 20 世纪 30 年代，日本学者用真空蒸发技术制成第一批超微铅粉，但是限于试验水平，当时无法对其粒径进行测量。20 世纪 60 年代，原始的真空蒸发技术得到了发展而出现了气体冷凝法（gas condensation method）或称为气体蒸发法（gas evaporation method），并可用电子衍射及电镜测试技术对所制成的金属纳米粒子的晶体结构及形貌进行研究。20 世纪 80 年代后期，纳米粒子领域的研究发展成为国际性的热门课题。直至 90 年代初，作为一个全新的科学技术领域——纳米科学和技术诞生了。

（二）纳米粒子的结构及特性

纳米粒子的颗粒尺寸通常为数十纳米，具有各类结构缺陷，如孪晶界、层错、位错等，甚至存在亚稳相。而当粒子尺寸小到几个纳米时，会以非晶态存在。纳米粒子具有壳层结构，其表面层的粒子的数量占很大比例，其实际状态更接近气态。而粒子的内部则存在周期排布完好的结晶。但这种结晶仍然有别于常规的体相结构。由于纳米粒子有着不同于体相结构的特点，所以具有四个特殊效应：

1. 体积效应

当粒子的尺寸与传导电子的德布罗意波长相当或更小时，其周期性的边界条件会被破坏，从而导致粒子的熔点、磁性、热阻及光学性能、化学性能比普通的颗粒有很大的差别，这就是纳米粒子的体积效应。

2. 表面效应

纳米粒子的表面原子数与粒子所含原子总数之比，随粒子直径变小而急剧增大，如表 13.2 所示。这种变化会导致粒子性质的诸多变化，称为纳米粒子的表面效应。表面原子的份额随粒子大小的减小而增多，但因其周围缺少相邻的原子，所以有许多悬空键（dangling bond），不饱和性增强，所以易于与其他原子相结合而稳定下来，因此有很高的化学活性。

表 13.2　纳米粒子尺寸与表面原子的关系

粒径/nm	包含的原子总数/个	表面原子所占比例/%
20	2.5×10^5	10
10	3.0×10^4	20
5	4.0×10^3	40
2	2.5×10^2	80
1	30	99

3. 量子尺寸效应

粒子颗粒小到一定数值时，其费米能级附近的电子能级由准连续能级转变为分立能级的现象，称为量子尺寸效应。可利用下列关系式求得金属纳米粒子能级间的距离 δ，$\delta = 4E_f/3N$，式中 E_f 为费米能级，N 为粒子中所含原子的数目。由上式可知，宏观体相因为有无限多个原子，δ 值趋向于零。而对纳米粒子，因含有原子的数量有限，N 值较小以至 δ 有一定数值，表示能级间有一定距离。由于纳米粒子具有能级分立的现象，能使一系列特殊的光电性能由之产生。例如光学非线性提高等等。

4. 宏观量子隧道效应

所谓隧道效应是指微观粒子贯穿势垒的能力。近年来，人们发现，一些宏观物理量，如磁化强度等具有隧道效应。这些宏观物理量的隧道效应称作宏观量子隧道效应（macroscopic quantum tunneling）。研究纳米粒子的宏观量子隧道效应对于材料科学基础理论和应用研究都有十分重要的意义。例如，磁盘和磁带储存信息的时间极限就同粒子的宏观量子隧道效应密切相关。

（三）纳米粒子的制备

可以用物理方法和化学方法制备纳米粒子。其关键是控制所制粒子的颗粒尺寸和粒径的分布。表 13.3 列出制备纳米粒子的主要方法。

表 13.3　纳米粒子的制备方法

方　法		制　备	特　点
物理方法	蒸发冷凝法	用真空蒸发、激光、加热、电弧高频感等方法使原料汽化或形成等离子体，然后骤冷使之凝结	纯度高、结晶组织好、粒度可控，但技术设备要求高
	物理粉碎法	通过机械粉碎、电火花爆炸等法制得纳米粒子	操作简单、成本较低但易引进杂质，降低成品纯度，颗粒分布也不均匀
	机械合金法	利用高能球磨方法，控制适当的球磨条件以制得纳米级晶粒的纯元素、合金或复合材料	
化学方法	气相合金法	利用挥发性金属化合物蒸气的化学反应来合成所需的物质	原料精炼容易、产物纯度高、粒度分布窄，可制备碳化物、硼化物的纳米粒子
	沉淀法	把沉积剂加入到金属盐溶液中反应后将沉淀热处理。它包括直接沉淀、共沉淀、均一沉淀等	操作简单，但易引进杂质，难以制得粒径小的纳米粒子
	水热合成法	高温高压下在水溶液或蒸汽等流体中合成物质，再经分离和热处理得到纳米粒子	粒子纯度高、分散性好、晶形好且大小可控
	溶胶凝胶法	胶体化学法：即经过离子反应生成沉淀后经化学絮凝和胶溶制得水溶胶，再以 DBS 处理、有机溶剂萃取、减压蒸馏后热处理即得纳米粒子	可获得粒径很小的纳米粒子且粒径分布窄
		金属醇盐水解法：醇盐在不同 pH 值的水解剂中水解可获得不同粒径的纳米粒子	制得粒子的纯度高、粒度小、粒度分布窄
	溶剂蒸发法	把溶剂制成小滴后进行快速蒸发，使组分偏析最小，制得纳米粒子。一般采用喷雾法（包括冷冻干燥法、喷雾干燥法及喷雾热分解法）	粒子的粒径小、分散性好，但操作的要求高
	微乳液法	金属盐和一定的沉淀剂形成微乳状液，在较小的微区内控制胶粒成核和生长，热处理后得到纳米粒子	粒子的单分散性好但粒径较大，粒径的控制也较困难

（四）纳米粒子在催化领域中的应用

在催化领域中，纳米粒子在载体制备和活性组分的制备两个方面能发挥重要的作用。只要能应用有效的方法制成纳米级的催化剂，对优化现有的催化剂体系和开发研制新型高效的催化材料并进而开发新型催化反应及推动催化科学的发展都有突出的理论意义。

1. 纳米金属粒子[13]

纳米级的金属粒子可以显示断裂 H—H、C—H、C—C 及 C—O 键的催化性能，显然概括了氢解反应、脱氢反应和裂解反应等许多催化过程。另一方面，应用适当的制备技术制成的大表面积和纳米级初级结构的载体材料，对传统无机氧化物载体如 Al_2O_3、Fe_2O_3、MgO、SiO_2、TiO_2 等是一个挑战。例如纳米级金催化剂。人所共知，金是很惰性的金属，通常被视为没有催化性能，但将金制成高分散的粒子或将其负载于某些金属氧化物的表面时，可显示很高的催化活性，而且其催化性能与金的颗粒大小、载体的类型和性能以及金颗粒同载体相互作用的情况有密切关系。制备 Co_3O_4 负载型的纳米级金颗粒，可将一定浓度的 $HAuCl_4$ 和 $Co(NO_3)_2 \cdot 6H_2O$ 的水溶液在搅拌下缓慢加入到沉淀剂 K_2CO_3 的水溶液中，沉淀完全后，经洗涤，干燥，以 $4℃/min$ 的升温速率加热至 $200 \sim 500℃$ 焙烧，最后得到 Au/Co_3O_4。负载型纳米级 Au/Co_3O_4 可在较缓和的条件下将 CO 氧化成 CO_2 的催化活性评价结果表明：催化剂的焙烧温度对其氧化性能有显著影响。$200 \sim 300℃$ 之间焙烧的催化剂在 $10 \sim 14℃$ 对此反应有较好的效果；其次，这种负载型的纳米级金催化剂还显示了明显的低温催化性能，例如，$1\%Au/Co_3O_4$ 在 $0℃$ 即可将 CO 完全氧化，$3\%Au/Co_3O_4$ 可在 $-5℃$ 实现 CO 的完全氧化，如表 13.4 所示。为了比较，表中亦将 Fe_2O_3 负载的 Au 催化剂列出。以不同含金的前驱体制成的 $3\%Au/Co_3O_4$，在适当温度即可将含 $1\%CO$ 完全转化成 CO_2。但能在 $0℃$ 进行完全转化的催化剂所用含金的前驱体为 $Au(PPh3)NO_3$ 配合物，见表 13.5。

表 13.4　　金负载量对催化活性的影响

催化剂	金负载量/%	反应温度/℃
Au/Co_3O_4[1]	0	30
Au/Co_3O_4[1]	1	0
Au/Co_3O_4[1]	3	-5
$Au9/Fe_2O_3$[2]	0	>100
Au/Fe_2O_3[2]	1	15
Au/Fe_2O_3[2]	3	-5

1），2）：分别在 300℃ 和 400℃ 焙烧。

表 13.5　　活性组分前驱体对催化活性的影响

前驱体	反应温度/℃	CO 转化率/%
$HAuCl_4$	50	0
$Au(PPh_3)Cl$	50	0
$Au(PPh_3)CH_3$	70	76.5
$Au(PPh_3)C_2H_5$	70	72.4
$Au(PPh_3)Ph$	70	74.9
$Au(PPh_3)NO_3$	0	100

催化剂：$3\%Au/Co_3O_4$；焙烧温度：300℃。

2. 纳米级分子筛[14]

ZSM-5、$AlPO_4$-5、TS-1 等类型分子筛，可通过提高合成体系的碱度、添加导向剂或晶种、添加碱金属盐类、添加表面活性剂及有机溶剂以及改善合成工艺条件等措施制成纳米级的粒子。目前可应用纳米级分子筛进行苯的烷基化反应、烯烃齐聚反应、苯酚羟化反应、加氢裂解反应、硫化催化裂解、由甲醇合成汽油（MTG）等。纳米分子筛作为一类新催化材料，近些年来发展迅速，已被喻为第四代催化剂，其开发研制的重要目标是制成颗粒度分布窄、热稳定性及水热稳定性好的纳米级分子筛。例如在乙烯齐聚反应中，不同颗粒大小的 HZSM-5 分子筛显示不同的容纳积炭的能力、使用寿命和反应稳定时间。如表 13.6 所示（表中寿命是指乙烯转化率降至 85％所需的时间）。可见分子筛颗粒愈小，反应寿命愈长，容纳积炭能力愈大，并能经受住长时间运转。

表 13.6　在乙烯齐聚中超细 HZSM-5 分子筛的特点

颗粒大小/nm	寿命/h	结焦量/%	反应时间/h
30	41.6	11.6	15.1
40	13.6	10.2	4.5
50	9.3	8.9	4.0

3. 纳米级钙钛石型复合氧化物

钙钛石型复合氧化物用于低碳烃完全氧化、烃类选择氧化以及甲烷重整制合成气反应都显示良好的催化性能。由不同方法制成的纳米级复合氧化物，因其体相结构特别是表面结构上的特点，又提供了优化这一类型催化剂的手段。例如，纳米级 $La_{0.8}Sr_{0.2}FeO_{3-\lambda}$ 催化剂对甲烷彻底燃烧成 H_2O 和 CO_2 具有很好的催化效果[15]。如图 13.13 所示，此反应中甲烷的转化率同纳米级 $La_{0.8}Sr_{0.2}FeO_{3-\lambda}$ 粒子的平均粒径呈明显的反变关系。

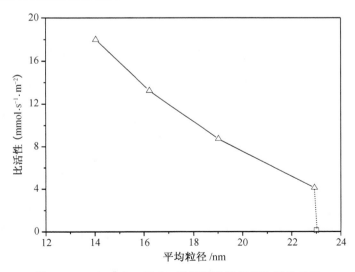

图 13.13　$La_{0.8}Sr_{0.2}FeO_{3-\lambda}$ 样品平均粒径与比活性关系
△溶胶-凝胶法；□沉淀法

4. 纳米级 NiO 催化剂

乙烷氧化脱氢制乙烯（ODE）是综合利用天然气中第二重要成分乙烷的重要途径。尽管已经有一些较好的催化剂体系用于此反应，但反应温度都偏高。如 Sm_2O_3 在 660℃可使 C_2H_4 的收率达到 18%；LaOF 在 650℃，乙烯的收率可达 26.1%等等。人们正在寻求能在较低温度实现 ODE 反应的催化剂。人所共知，p 型半导体 NiO 在 400℃可使 C_2H_4 的收率达到 13%，这当然与催化剂结构有关。应用溶胶-凝胶方法制成 Ni 基催化剂的前驱体，经 380℃焙烧制得的 NiO 具有纳米级粒子大小，即可限定在 7～10nm。这种方法制得的纳米级 NiO 催化剂在 275℃就可显示常规 NiO 催化剂在 400℃给出的催化性能[16]，如表 13.7 所示。

表 13.7　纳米颗粒和大颗粒 NiO 对乙烷氧化脱氢反应的催化性能（反应时间：30min）

催化剂	反应温度/℃	转化率/%		选择性/%		C_2H_4 收率/%
		C_2H_6	O_2	C_2H_4	CO_2	
纳米颗粒 NiO	230	1.0	5.5	41.7	58.3	0.4
	245	2.2	10.6	44.1	55.9	1.0
	260	5.6	27.2	44.1	55.9	2.5
	275	25.8	94.3	54.0	46.0	13.9
	290	27.0	94.6	55.3	44.7	14.9
	305	27.4	95.3	56.0	44.0	15.4
大颗粒 NiO	400	25.1	95.0	51.8	48.2	13.0

5. 纳米级杂多酸催化剂 $H_3PW_{12}O_{40}/SiO_2$

表 13.8　酸醇比（摩尔比）对收率的影响

水杨酸：异丙醇	收率/%
1:1.2	54.3
1:1.5	65.8
1:1.8	75.6
1:2.0	85.2
1:2.5	76.2

水杨酸：0.2mol；催化剂：3.0g；反应时间：8h；反应温度：110℃。

尽管杂多酸的分子较大，人们也能成功地将其制成纳米级颗粒。这里介绍的是应用溶胶-凝胶方法制备负载在 SiO_2 表面上纳米级的 $H_3PW_{12}O_{40}$ 催化剂并考察其对水杨酸和异丙醇酯化反应的催化性能[17]。

所合成的催化剂其颗粒直径在 30～50nm 之间，平均粒径为 40nm，其比表面积为 218.9 m^2/g。这比非负载型 $H_3PW_{12}O_{40}$ 的比表面积高出许多。酯化反应催化活性评价结果表明：纳米级 $H_3PW_{12}O_{40}/SiO_2$ 催化剂用于水杨酸经异丙醇酯化反应生成水杨酸异丙醇酯的最佳试验条件为：反应温度 110℃，水杨酸与异丙醇的摩尔比为 1:20，催化剂用量为反应底物水杨酸的 1/10，经 8h，水杨酸异丙醇酯的收率可达 85.2%，见表 13.8。当然，在优化此催化剂的催化性能方面尚有一些可调变的条件，例如，

$H_3PW_{12}O_{40}$ 在 SiO_2 表面上的分散度以及改用其他类型载体等。

　　6. 纳米级金属氧化物在光催化中的应用

　　如在光催化作用有关章节介绍的半导体型过渡金属氧化物对光催化反应有良好的催化性能，例如 TiO_2、ZnO 等。由于纳米级粒子的特殊物理化学性质，近年来也相继推出纳米级的 TiO_2、ZnO 及 Fe_2O_3 等一系列半导体材料。应用这类催化材料可以在比较缓和的条件（室温，大气压条件）下实现低浓度有机挥发物质的消除，显然对环境污染的处理有重要意义。表 13.9 给出 TiO_2、ZnO 及 Fe_2O_3 样品的晶粒尺寸、晶型和比表面积[18]。其中明显可见，TiO_2 的两种晶型（锐钛矿型和金红石型）在不同焙烧温度时发生了相变，而 ZnO 和 Fe_2O_3 则分别为单一的闪锌石型和赤铁矿型。图 13.14 给出了三种样品对正庚烷光催化降解反应速率常数的比较，以及样品焙烧温度的影响。

表 13.9　三种催化剂样品的晶粒尺寸、晶型及比表面积

样品	$\theta/℃$	d/nm	晶体结构	$S_{BET}/(m^2/g)$
TiO$_2$	320	12.8	锐钛矿	56.7
	480	13.8	91.2%锐钛矿＋8.8%金红石	52.6
	550	16.7	90.5%锐钛矿＋9.5%金红石	43.1
	700	30.1	金红石	23.8
ZnO	320	17.5	闪锌矿	47.3
	430	34.4	闪锌矿	35.5
	550	30.2	闪锌矿	22.6
	700	37.8	闪锌矿	13.8
Fe$_2$O$_3$	480	24.7	赤铁矿	9.6
	550	30.8	赤铁矿	—
	700	34.1	赤铁矿	—

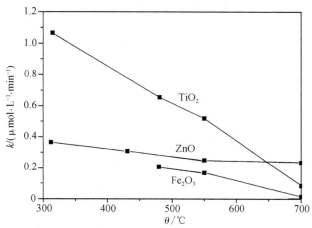

图 13.14　不同催化剂样品催化降解正庚烷的反应速率常数与焙烧温度的关系

五、介孔分子筛

美国 Mobil 公司的研究人员 Kresge 等于 1992 年在英国自然杂志上首次报道了以阳离子表面活性剂为模板，在碱性条件下合成出硅（铝）酸盐介孔分子筛 (mesoporous molecular sieves)[19]。这种介孔分子筛是长程有序，并具有均匀的孔道结构，大小可在 1.5～10nm 范围调变，比表面积超过 $700m^2/g$。Mobil 公司的研究人员把它们称为 M41S 家族，其中包括六方对称的 MCM-41、立方对称的 MCM-48 和层状的 MCM-50。

实际上，有序介孔材料的合成早在 1971 年就已开始。日本科学家在 1990 年以前也已经进行了介孔材料的合成，但他们的工作还没有系统化和理论化。Mobil 公司的研究不仅得到了规整的介孔材料，更重要的是他们把表面活性剂的理论与介孔材料合成的机理进行了有效的关联，使人们在较深层次上理解介孔分子筛的形成机制，取得了理论上的突破，具有重要的指导意义，因此引起了科学工作者的广泛关注。

众所周知，微孔分子筛的合成和应用，使人类社会从中获得了极大的收益，作为新型催化材料，对推动石油化工领域反应过程的改进和技术进步取得了不可替代的重要作用。但微孔分子筛较小的孔径，限制了其在大分子反应中的催化应用。而介孔分子筛的开发，则打破了这一限制。对于具有大分子参与的催化过程或需要较大孔径和比表面积催化剂的催化反应是一个重要的选择。介孔分子筛表面固有的酸性、取代杂原子的催化活性以及大比表面积所具有的载体性质为其在催化反应中的应用创造了条件。当然，利用介孔分子筛特有的性质，也可使其在诸如半导体、生物、光学、电磁学、化学分离等领域得到应用。

（一）介孔分子筛的合成

1. 生成机理

1992 年 Mobil 公司的研究人员为解释 MCM-41 的形成机理，提出液晶模板 (LCT) 机理[19]，因为他们发现 MCM-41 的 X 射线衍射谱和高分辨电子显微镜的成像结果与表面活性剂在水中的液晶相的相应试验结果极为相似。液晶模板机理把表面活性剂形成的液晶作为 MCM-41 结构的模板，并认为这种表面活性剂的液晶相可能在两种情况下形成（图 13.15）：①在无机硅（铝）酸物种在表面活性剂上缩合之前生成；②在无机硅（铝）酸物种与表面活性剂作用之后形成。前一种机理很快就被否定，因为一般表面活性剂在水中生成液晶相需要较高的浓度，但是试验证明，在很低的表面活性剂浓度下 MCM-41 就能被合成出来，这是由于无机物种与表面活性剂之间发生作用所导致的，然后在表面活性剂自组装作用下使无机物种与表面活性剂进一步有序化，形成 MCM-41 分子筛物相。

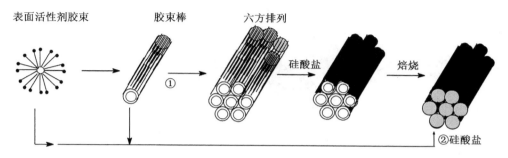

图 13.15　MCM-41 形成的液晶模板机理

在解释介孔分子筛形成机理时，Davis[20] 和 Stucky[21,22]等提出了各自不同的观点。Davis 等人认为无序的表面活性剂棒状胶束首先与硅酸盐物种作用，围绕着棒状胶束外表面形成两三层氧化硅层，然后自发地聚集成有序的六方结构，在无机物缩聚到一定程度后就生成了 MCM-41 物相（图13.16）。而 Stucky 等则

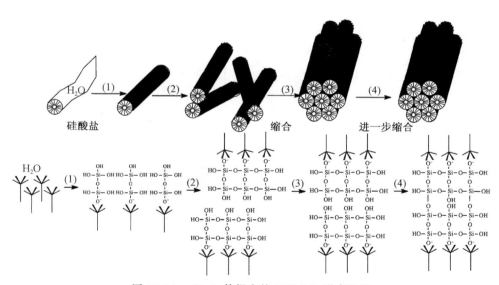

图 13.16　Davis 等提出的 MCM-41 形成机理

认为无机物与表面活性剂在形成液晶相之前即可协同生成三维有序排列结构（图13.17）。多聚的硅酸盐阴离子与表面活性剂阳离子发生作用时，在界面区域的硅酸根聚合改变了无机层的电荷密度，使表面活性剂的疏水长链之间相互接近，而无机物和有机表面活性剂之间的电荷匹配控制整体的排列方式。随着反应的进

行，无机层的电荷密度将发生变化，整个无机和有机组成固相也随之改变，最终的物相由反应进行的程度来决定。Stucky 等的机理具有一定的普适性。

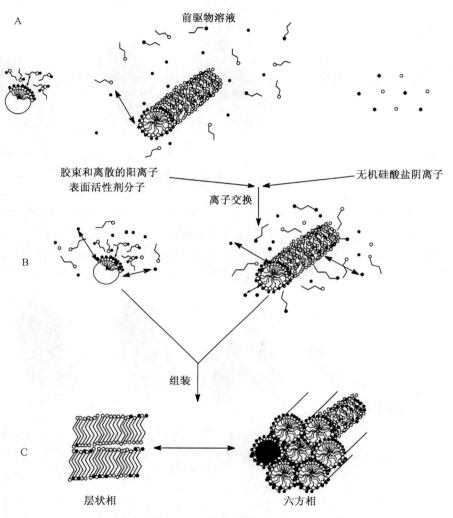

图 13.17　无机-有机协同作用形成介孔分子筛机理

2. 影响介孔分子筛合成的因素和无机-有机物种的作用

决定介孔相的因素有很多，如反应物的组成、反应温度和时间、表面活性剂的分子堆积参数等。从本质上考虑，Mobil 公司的研究人员最初认为只有表面活性剂的浓度能控制产物的结构，因为他们发现在一定浓度的表面活性剂存在的情况下，生成的物相是六方对称的，增加表面活性剂的浓度则形成立方相介孔材料，进一步增加表面活性剂浓度，会导致层状相材料生成。但是，后来人们发现，表面活性剂的分子堆积参数（G）能够作为一个指标来解释合成产物的结构。实际上，$G=V/A_oL$，其中 V 是指表面活性剂分子的整个体积，A_o 指表面活性剂头的有效面积，L 是表面活性剂有机长链的长度。当 G 值在 1/3 和 1/2 之间时，将导致六方 MCM-41 物相生成；当 G 值在 1/2 和 2/3 之间时，生成的是 MCM-48 立方相；当 G 值接近 1 时，可以生成层状相 MCM-50。

　　根据众多的实验事实和研究，Stucky 等人认为，在介孔分子筛的合成中，无机与有机物种的相互作用是合成的关键因素，为了有效地合成介孔分子筛，调整表面活性剂头的性质以适应无机组分是很重要的。通过研究，Stucky 和 Huo 等人[23]总结了无机-有机相互作用的几种形式。一种是 S^+I^- 作用。比如，在碱性溶液中，氧化硅物种是低聚的硅酸根阴离子 I^-，使用表面活性剂阳离子 S^+ 能使带负电荷的无机物种 I^- 有序化，形成介孔材料。而另一种 S^-I^+ 作用是阳离子聚合的无机离子与阴离子表面活性剂相互作用。以上两种无机-有机相互作用是发生在具有相反电荷的无机与有机物种之间，相同电荷的无机-有机作用也是可能的，这时候需要一相反电荷的存在，形成 $S^+X^-I^+$ 的作用形式，进而生成介孔分子筛，这种情况一般发生在强酸性介质的合成中。与此相对应，还有 $S^-M^+I^-$ 作用。还有一种 S^0I^0 的作用也很常见，其中没有电荷的参与，一般用中性的有机表面活性剂来合成各种氧化物形式的介孔分子筛就属于此类。无机与有机物种甚至可通过 S-I 共价键的作用实现介孔材料的合成。

（二）介孔分子筛的组成、结构和表征分析

1. 介孔分子筛的组成

　　介孔分子筛按组成分类可以分为硅系和非硅系两类。硅系介孔分子筛开始是指纯氧化硅（或硅酸盐）和硅铝酸盐介孔材料，后来人们将其他非硅和铝的杂原子如 Ti、Zr、V、Cr、Mo、W、Mn 等引入硅酸盐分子筛骨架，拓展了硅系介孔分子筛的组成。这些杂原子一般具有氧化-还原能力，因而成为氧化-还原催化反应活性中心。非硅系介孔分子筛主要是指一些非硅氧化物和 $AlPO_4$ 材料。例如 WO_3、Fe_2O_3、PbO、ZrO_2、Al_2O_3、TiO_2、VPO 化合物、$AlPO_4$ 等。这些介孔材料目前还存在着稳定性的问题。但是，由于它们的特殊组成，如果能形成较稳定的介孔材料，作为催化剂和催化活性中心的载体，将发挥巨大的作用，因此是一类值得进一步开发和研究的介孔新材料。

2. 介孔分子筛的结构

　　介孔分子筛结构的最大特点是具有孔径分布均匀的规则孔道、大比表面积和

孔体积。但是，它的孔壁一般是无定形的，这使它的稳定性受到一定影响，酸性也不如晶体骨架沸石分子筛强。然而从另一方面讲，无定形的孔壁减小了对骨架原子的限制，因而使得各种氧化物和其他无机化合物甚至金属有可能生成介孔材料。考虑到无定形孔壁的劣势，一些研究者也在试图合成具有晶体性质的孔壁介孔材料，目前已经取得了一定的进展[24~27]。

3．介孔分子筛的表征技术

多晶 X 射线衍射技术是用于表征介孔分子筛的基本手段，它主要被用来进行晶相的指认、晶体属性的分析等。电子显微镜是表征介孔分子筛的又一个强有力的手段，用于探测介孔分子筛的形貌、晶体和孔径结构、晶体对称性等。结合电子探针技术，还可以进行微区化学组成的分析。固体核磁共振用来对介孔分子筛的骨架和非骨架元素进行微环境和配位状况鉴定，这一技术甚至可以用来研究介孔分子筛的生长机理。N_2 等低温小分子的物理吸附和脱附测量可以对介孔分子筛的孔径、孔体积、比表面、孔道结构等进行分析，给出非常明确的信息。红外光谱可以用来了解介孔分子筛的骨架振动和基团振动情况，以此分析介孔分子筛的骨架结构和基团信息。此外，利用碱性气体吸附的红外光谱和 TPD 方法可以分析介孔分子筛酸中心类型、强度和含量。热分析技术也被广泛用于介孔分子筛的表征，用以研究表面活性剂的分解、相转移和骨架结构的稳定性。

（三）介孔分子筛的应用

1．催化应用

介孔分子筛本身作为催化剂的最初尝试应该是在酸催化反应方面。即使是纯硅的介孔分子筛，由于表面存在着大量的硅羟基，也可以显示弱酸性。在一些需要非常弱酸催化的反应中能够发挥其作用。铝的引入，则可以给介孔分子筛带来中等强度的酸中心，因而可以用于很多酸催化反应，特别是涉及到大分子的酸催化反应，介孔分子筛比起微孔分子筛具有明显的孔径优势，可以消除孔径的限制。但是，由于介孔分子筛的无定形孔壁引起的较弱的酸性和较沸石分子筛低的稳定性，一定程度上限制了它的催化应用。近来，人们在改善介孔分子筛的酸性和稳定性方面开展了一系列的研究工作，如介孔孔壁的结构单元化和微孔介孔的复合增强酸性，介孔孔壁的高缩聚和厚度增加提高稳定性等，取得了很好的研究成果。但是，对于那些需要很高稳定性特别是高水热稳定性催化剂的催化反应，如催化裂解，介孔分子筛还是不能胜任，需要进一步改进。介孔分子筛的磺酸功能化研究也有一些工作，这对于拓展介孔分子筛的酸中心种类具有一定的理论和实际意义。

除了酸催化作用以外，碱金属交换的 Na-MCM-41 和 Cs-MCM-41 等作为碱催化剂也有很好的功能。另外还有一些诸如碱金属氧化物负载在 MCM-41 上的材料，由于可以更多地负载碱活性中心，表现出了更好的碱催化性能。此外，近来研究较多的有机-无机杂化介孔材料可以进行有机胺的功能化，由此获得的碱催化剂在 Knoevenagel 缩合反应中显示了很好的催化活性。

当硅基介孔分子筛中的硅被具有氧化-还原功能的过渡金属取代以后会表现出氧化-还原催化性质。具有代表性的如 Ti-，V-，Cr- 等杂原子取代的 MCM-41 分子筛。Corma 等[28]在研究 Ti-MCM-41 的催化氧化-还原反应中发现，这种材料虽然在本征催化氧化活性方面不如 Ti 同晶取代的沸石分子筛活性高，但对于大分子参与特别是以叔丁基过氧化氢作为氧化剂的催化氧化反应，Ti-MCM-41 比 Ti 取代的沸石分子筛活性更高，这主要归功于介孔分子筛的大孔特性。

由于介孔分子筛的高比表面和存在功能化的基团，介孔分子筛是很好的催化剂载体。首先，一些酸碱活性组分如杂多酸、碱金属氧化物和胺等能被负载在介孔分子筛的表面，从而表现出酸碱催化性能。例如这些负载的酸碱介孔分子筛催化剂在酸催化的烷基化反应和碱催化的 Knoevenagel 缩合反应中显示了良好的催化性能。作为载体介孔分子筛可以负载大量的金属组分，如 Pt、Ni、Mo、Fe、Pd 等。这些金属负载的催化剂可以用于催化加氢和脱氢、加氢裂解、齐化以及环境催化等。其他的活性组分特别是那些可以与介孔材料表面基团相互作用的络合物分子也可以在介孔分子筛上担载，以实现均相催化剂的固载化。

2. 介孔分子筛用于化学分离

将 MCM-41 填充于色谱柱，可以很好地分离有机物，如苯、甲苯、乙苯、丙苯、丁苯等，其分离效果比常规的色谱柱要好。特别指出的是，介孔材料还可以用于手性分子的分离。Stucky 等人利用氨基化的不同孔径的介孔分子筛，通过调节溶液的离子强度，实现了对不同大小的蛋白质的分离。复旦大学赵东元教授[29]通过在 SBA-15 介孔分子筛上进行 C_{18} 修饰充当柱子填料，实现了对生物小分子、多肽以及蛋白质分子的良好分离。

Mooney 等人把介孔分子筛进行 3-硫基丙基功能化，使得该材料对水溶液中的重金属离子汞和银离子具有非常好的分离效果。该技术可以用于环境的有效治理。另外，有人用具有配体功能的基团对 MCM-41 进行改性，得到的材料对金属离子 Cu^{2+} 和 Zn^{2+} 有很高的吸附能力。如果对配体进行合适的筛选，可以使不同的目标分离物质进行分离。这种方法尤其适用于分离有毒的金属离子。

3. 介孔分子筛在其他方面的应用

首先人们可以利用介孔分子筛的有序孔道作为模板或可控纳米反应器，制备纳米线或其他纳米功能材料。此外，介孔分子筛还可用于光学和电磁学研究。Ozin 等制备的硅-二氧化硅复合薄膜具有光致发光性质，其发光寿命达到了纳秒级。Stucky 等研究的涂有染料分子的介孔纤维具有优良的光学特性。这方面还有许多研究工作可以引用。近来 Ozin 等人还把介孔氧化钇-氧化锆等复合材料用于燃料电池，显示了良好的性能。Antonelli 等利用氧化铌介孔材料在磁性研究方面也取得了很好的结果。总之，介孔分子筛的应用研究近 10 年来已取得了相当丰硕的成果。虽然到目前为止还没有出现成功的商业化例子，但是，正如前面所叙述的，由于介孔分子筛具有独特的孔道结构和物理化学性质，在催化、纳米技术、半导体、化学分离、生物、光学和电磁学等方面的潜在应用前景是非常广阔的。

六、低温反应催化剂

在众多类型的催化反应中，除了利用高效、长寿命的催化剂之外，在反应工艺方面，人们还寻求可行的节能措施，以获得更好的经济效益。最令人关注的降低能耗问题之一是降低反应温度，更确切地说，是开发可在较低温度下显现良好催化性能的催化剂。下面举几个例子加以说明。

（一）一氧化碳氧化

一氧化碳的低温（<100℃）消除，在许多方面都有重要的使用价值。在封闭体系（飞机、潜艇和航天器等）中的微量 CO 的消除，CO_2 激光器中气体的净化，以及呼吸用气体净化装置等方面都有重要的应用前景[30]。

1. 贵金属催化剂

这是研究较早的一类用于 CO 氧化的催化剂，其中 Pd 基催化剂，需在高温条件下才能获得高的 CO 转化率。后来，人们从提高贵金属粒子的分散度方面改进了这类催化剂的制备方法，并发现负载在 SnO_2 上的 Pd、Pt 催化剂对 CO 氧化有高活性，但反应温度仍然很高。其后，Thormahlen[31] 发现在 Pt/Al_2O_3 中添加 CoO_x 助剂可提高催化剂的活性，甚至可在 200K 的低温获得很高的 CO 转化率。再后来，Carcia[32] 利用 CeO_2 的良好贮氧功能制备了一系列 $Pd-Ce/Al_2O_3$ 催化剂，发现 Pd 和 CeO_2 含量分别在 0.5％和 39％时，333K 就可将 CO 完全氧化。此外，王桂英等[33] 应用负载型纳米 Au 粒子也有低温甚至在室温完全氧化 CO 的活性。$Au/\alpha\text{-}Fe_2O_3$ 在 0℃便可将 CO 完全氧化；Au/ZnO 在常温常湿（含有一定量的水蒸气）条件下可维持 1650h 的 CO 氧化活性。

2. 非贵金属催化剂体系

(1) 单一氧化物和简单混合氧化物

例如 CeO_2、La_2O_3 等在中等温度下对 CO 都有很好的催化氧化性能。CeO_2-SnO_2 的混合物可在 $150\sim450℃$ 具有氧化 CO 的性能。$5\%Cu/SiO_2$ 催化剂能在 $150℃$ 使 90% 的 CO 转化成 CO_2。

(2) 复合氧化物

自从 1971 年 Libby 等提出利用 La、Co 等形成的复合氧化物作为控制汽车尾气转化的催化剂以来，日本学者寺冈靖刚等合成了 $Ln_{0.6}Sr_{0.4}CoO_3$（Ln：La，Pr，Nd，Sm，Gd 等）系列钙钛矿型复合氧化物催化剂，并发现其完全氧化 CO 的性能与稀土元素的原子序数密切相关。马建泰等人研制了四元钙钛矿型复合氧化物 $La_{1-x}Sr_xCo_{1-x}B_xO_3$（B：Fe，Ni，Cr），其中含 Fe 和 Cr 的催化剂对 CO 的转化率随 x 增大而降低；当 $x=0.4\sim0.5$ 时，473K 可将 CO 完全转化。

由上述二例可以看出，非贵金属氧化物用于消除 CO 一般需要较高温度。所以，可用于低温转化 CO 的这类催化剂，还有待于进一步开发。

3. 分子筛催化剂

稽天浩等[34]应用 $[Pd(NH_3)_4](NO_3)_2 \cdot H_2O$ 作为离子交换前驱物，利用微波交换-氢还原技术合成了嵌入 Y 型分子筛中的簇合物。含量为 0.410% 的该簇合物催化剂经氢还原，在空速 $2000h^{-1}$ 和室温下即可使 CO 完全转化。Okumura 等[35]研究的纳米金粒子/MCM-41 分子筛，在 310K 时就有很高的转化 CO 的活性。又如 Cu-TS 分子筛比 Pt，Rh 贵金属催化剂对 CO 转化有更好的催化性能。而 Rh，Ce 的添加更有助于提高 Cu-TS 分子筛对 CO 的氧化活性。

(二) 饱和烷烃的催化转化

饱和烷烃，尤其是正构烷烃，稳定性相当高。传统使用的催化活化和转化饱和烷烃的过程，一般都是在较高或很高的反应温度下进行。例如，迄今甲烷无论是经哪一种方法重整制合成气（部分氧化，水蒸气或同 CO_2 作用）都需要在近 1000K 的高温。近些年来人们便开始研究开发能在低温条件下（即使能将反应温度下降百十来度也是好的，当然越多越好）可以转化烷烃的催化剂。这无论从工艺流程还是节能角度都有重要的应用背景。现举例如下。

1. 低温液相活化甲烷

甲烷分子中的 C—H 键可在均相催化剂存在的条件下异裂，尤其对甲烷部分氧化制甲醇和甲醛，这一步是很重要的，但并不能生成其他烷烃。甲烷可在

393K 和 6atm 下以 H_2PtCl_4/Na_2PtCl_4 为催化剂生成甲醇和氯甲烷。用三氟乙酸溶解的丙酸钯为催化剂，也可在同样条件下得到类似结果。

也有人用钯的化合物溶在三氟乙酸中及大气压下转化甲烷，得到甲醇。反应如下：

$$Pd(II)(O_2CCF_3) + CH_4 \longrightarrow H_3CPd(II)(O_2CCF_3)$$

$$H_3CPd(II)(O_2CCF_3) \longrightarrow Pd(O) + CH_3O_2CCF_3$$

$$CH_3O_2CCF_3 + H_2O \longrightarrow CH_3OH + HO_2CCF_3$$

此外，还有人应用 Pt(II) 和 Pt(IV) 的配合物进行甲烷选择氧化制甲醇。他们的研究结果表明，尽管甲烷的转化率为 0.2%～5.0%，但甲醇的选择性为 60%～100%。

Periana 等发现了 Hg^{2+} 和浓硫酸形成的 $Hg(OSO_3H)_2$ 在 373K、1.8MPa 条件下可使甲烷转化为 CH_3HgOSO_3H，经在硫酸存在下生成甲基硫酸，后者水解生成甲醇。反应机理如图 13.18。

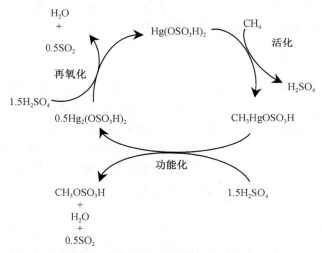

图 13.18　$Hg_2(HSO_4)_2$ 催化甲烷氧化成甲醇反应机理

2. 饱和烷烃的低温氢解

Basset 等应用 Zr、Ti 或 Hf 的金属有机配合物在 423K 下进行新戊烷、异丁烷和丙烷选择氢解。以 Zr 基催化剂为例，新戊烷首先被 $[Zr]_s$—H 活化断掉一个 C—H 键形成 $[Zr]_sCH_2$—C—$(CH_3)_3$，并生成 H_2，进一步断掉 C—C 键形成 $[Zr]$—CH_3，同时生成 CH_2＝C—$(CH_3)_2$。$[Zr]CH_3$ 加氢脱掉 CH_4，而使 $[Zr]_s$—H 恢复。此外，CH_2＝C$(CH_3)_2$ 还可同 $ZrCH_3$ 作用生成 $[Zr]$—C—CH_2—CH_3，后者在 H_2 作用下生成 2-甲基丁烷，在这一催化剂上，$[Zr]$—H 还

可与 $CH_2=C-(CH_3)_2$ 生成 $[Zr]CH_2-CH-(CH_3)_2$，后者在 H_2 存在下分解生成异丁烷，如图 13.19 所示。

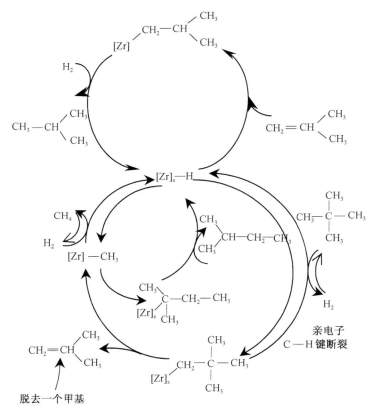

图 13.19 新戊烷在 $[Zr]_s-H$ 金属有机化合物表面上的氢解机理

（三）低温合成碳酸二甲酯所用 CaO 催化剂[38]

碳酸二甲酯（DMC）是重要的绿色化学品，无毒，而且易于降解。其制备方法有多种。酯交换法是日益引起人们关注的方法。常规的催化剂主要有碱金属盐类及其氢氧化物，聚合物负载的三苯基膦催化剂，碱性分子筛和水化石类固体碱催化剂。但这些催化剂所需的反应温度都很高。研究发现，经过高温煅烧的碳酸钙得到的氧化钙对碳酸丙烯酯和甲醇的酯交换反应生成碳酸二甲酯具有优异的催化性能。如图 13.20 所示，在 $10\sim20℃$ 时碳酸二甲酯的选择性先迅速升高，而后随时间下降。当温度高于 $20℃$ 时碳酸二甲酯的选择性随时间一直单调下降。同时，达到平衡后碳酸二甲酯的选择性随温度升高而略有下降。这证实了反应中间体羟丙基甲基碳酸酯（HPMC）的存在和碳酸丙烯酯（PC）聚合的影响。由图 13.21 可见，甚至在 $10℃$ 进行 $1h$ 即可达到平衡。

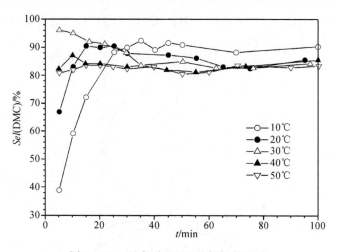

图 13.20　温度对 DMC 选择性的影响

反应条件：$w(\text{cat})=0.90\%$，$n(\text{MeOH})/n(\text{PC})=4$

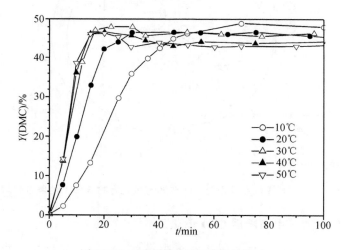

图 13.21　温度对 DMC 收率的影响

反应条件：$w(\text{cat})=0.90\%$，$n(\text{MeOH})/n(\text{PC})=4$

（四）甲烷低温燃烧催化剂

传统催化燃烧甲烷都需在很高温度进行。由于同样的节能的目的，人们极为关注研制用于甲烷燃烧的低温催化剂。$Au\text{-}Pt/Co_3O_4$ 体系便是一个可满足这一需要的催化剂。表 13.10 给出用此类催化剂进行甲烷燃烧反应的催化性能[39]。其中所列的每个催化剂的制备与活性评价都至少重复两次。表 13.10 中催化剂的活性以甲烷 2%、50%、90% 及 100% 燃烧时的温度（定义为起燃温度）表示。由表可见，纯 Co_3O_4 对甲烷燃烧已显示出较好的活性，当用共沉淀法将 Pt、Pd 或

Au 担载于其上，活性会得到不同程度的提高，在 Pt、Pd 或 Au 担载量接近的条件下，其活性顺序为 Pt/Co$_3$O$_4$＞Pd/Co$_3$O$_4$＞Au/Co$_3$O$_4$。Au/Co$_3$O$_4$ 催化剂对甲烷完全氧化的活性升高幅度较小，这可能与催化剂的制备技术有关。

在 Co$_3$O$_4$ 担载的 Au 催化剂中引入少量 Pt 后，活性得到显著提高。随着 Pt 和 Au 含量的增加，其催化甲烷燃烧的起燃温度和完全转化温度也随之降低并达到最低值（起燃温度约为 218℃，完全转化温度约为 360℃）。比较表 13.10 中 No.8、9 和 7 的数据可以看出，当 Au 与 Pt 的总含量（质量分数约 0.61%）明显低于 Pd 含量（1.92%）时，Au-Pt/Co$_3$O$_4$ 催化剂催化甲烷完全氧化的活性已与 Pd/Co$_3$O$_4$ 相当。而对于含量为 1.9% Au 和 0.19% Pt 的 Au-Pt/Co$_3$O$_4$ 催化剂，其甲烷完全氧化对应的温度已低于质量分数为 1.92% Pd/Co$_3$O$_4$ 催化剂。当 Au 的含量进一步增加到 4.76% 时，活性略有下降，这说明 Pt 和 Au 的担载量之间存在最佳比。

表 13.10　Co$_3$O$_4$ 担载 Au、Pt 和 Pd 催化剂对甲烷的催化燃烧活性结果

No.	催化剂	Au 含量 /%	Pt 或 Pd 含量/%	BET 比表面积/(m²/g)	催化活性/℃			
					T_2	T_{50}	T_{90}	T_{100}
1	Co$_3$O$_4$	—	—	57.1	250	325	376	420
2	Au/Co$_3$O$_4$	0.18	—	55.3	241	317	370	420
3	Au/Co$_3$O$_4$	1.91	—	52.2	241	314	369	418
4	Pt/Co$_3$O$_4$	—	0.21	64.5	238	312	358	400
5	Pt/Co$_3$O$_4$	—	1.96	72.6	235	308	348	385
6	Pd/Co$_3$O$_4$	—	0.19	62.3	228	307	350	392
7	Pd/Co$_3$O$_4$	—	1.92	66.2	224	304	338	376
8	Au-Pt/Co$_3$O$_4$	0.38	0.23	59.2	228	305	340	379
9	Au-Pt/Co$_3$O$_4$	1.90	0.19	59.8	232	303	338	368
10	Au-Pt/Co$_3$O$_4$	1.92	1.63	61.0	218	295	332	360
11	Au-Pt/Co$_3$O$_4$	4.76	1.67	64.1	222	296	336	364
12	Au-Pd/Co$_3$O$_4$	1.90	1.48	48.5	241	317	363	388
13	Pd/Al$_2$O$_3$	—	1.58	139.8	264	338	367	387

以 Co$_3$O$_4$ 为载体，且贵金属含量接近时，Pd 比 Pt、Au 的活性都好。为了比较，在 Au/Co$_3$O$_4$ 中也引入 Pd，考察其对甲烷的燃烧活性。结果发现，其甲烷完全转化温度与 Pd/Co$_3$O$_4$ 完全相同，而起燃温度为 241℃，接近于以 Au/Co$_3$O$_4$ 为催化剂时的起燃温度。对于 Au/Co$_3$O$_4$ 和 Pd/Co$_3$O$_4$，在甲烷的起燃温度时，其氧化速率由 Au 或 Pd 本身的活性所控制，因此可以推测，当 Au 和 Pd 同时担载于 Co$_3$O$_4$ 时，Au 和 Pd 之间发生相互作用，并抑制了甲烷氧化的活性。而 Au-Pt/Co$_3$O$_4$ 催化剂的完全氧化甲烷的活性分别高于 Au/Co$_3$O$_4$ 和 Pd/Co$_3$O$_4$，说明在 Co$_3$O$_4$ 载体上 Pt 和 Au 之间存在的协同作用提高了氧化甲烷的活性。

参　考　文　献

1　魏昭彬，张耀军. 化学通报. 1996，2：17
2　龚树文，陈皓侃，李文等. 催化学报，2003，24（9）：687
3　Choi J G，Brenner J R，Thomson L T. J Catal，1995，33：154
4　G S Ranhotra，A T Bell，J A Reimer. J Catal，1987，108：40
5　王卫江，李永江，夏鑫等. 第九届全国催化会议论文集，北京，1998. 485
6　Wang W，Qiao M，Yang J，et al. Appl Catal A General，1997，163：101
7　Baiker A. Faraday Discussion Chem Soc，1989，87：239
8　Smabasivarao K. Tetrahedron，1994，50（12）：3639
9　钟邦克. 精细化工过程催化作用. 北京：中国石化出版社，2002
10　徐小红，吕士杰，付宏祥. 分子催化，1996，10（5）：391
11　左晓斌，刘汉范. 分子催化，1997，11（4）：309
12　李泉，曾广斌，席树泉. 化学通报，1995（6）：29
13　邹叙华，齐柿学，贺红军，等. 分子催化，2003，17（4）：264
14　张维萍，韩秀文，包信和等. 分子催化，1999，13（5）：393
15　钟子宜，陈立刚，颜其洁等. 分子催化，1997，11（1）：55
16　于英，陈铜，曹小东等. 催化学报，2003，24（6）：403
17　张卫华，徐扬子，周立群等. 分子催化，2003，17（4）：306
18　尚静，朱永法，徐自立等. 催化学报，2003，24（5）
19　Kresge C T，Leonowicz M E，Roth W J et al. Nature，1992，359：710
20　Chen C Y，Burkett S L，Li H X et al. Micro Mater，1993，27
21　Stucky G D，Monnier A，Schüth F et al. Mol Cryst Liq Cryst，1994，240：187
22　Stucky G D，Huo Q S，Firouzi A et al. Stud Surf Sci Catal，1997，105：3
23　Huo Q S，Margolese D I，Ciesla U et al. Nature，1994，368：317
24　Kloetstra K R，van Bekkum H，Jansen J C. Chem Commun，1997，2281
25　Li G，Kan Q B，Wu T H et al. Stud Surf Sci Catal，2003，146：149
26　Zhang Z T，Han Y，Zhu L et al. Angew Chem Int Ed，2001，40：1258
27　Inagaki S，S Guan，T Ohsuna et al. Nature，2002，416：304
28　A Corma，M T Navarro，J Pérez-Pariente. Stud Surf Sci Catal，1994，84：69
29　J W Zhao，F Gao，Y L Fu，et al. Chem Commun，2002，752
30　毕玉水，吕功煊. 分子催化，2003，17（4）：312
31　Thormahlen P，Skoglundh M，Fridell E. J Catal，1999，188：300
32　Carcia M F，Arias A M，Salamanca L N. J Catal，1999，187：474
33　王桂英，张文祥，催云琛. 催化学报，2001，22（4）：408
34　稽天浩，孟宪平，吴念粗. 高等学校化学学报，1997，18（1）：6～10
35　Okumura M，Tsubota S，Iwamoto M. Chem Lett，1998，315
36　Akhmedov V M，Khowaiter S. Catal Rev，2002，44（3）：455
37　LGuizi R A，Van Santen K V. Sarma Catal Rev，1996，38（2）：249
38　魏彤，王谋华，魏伟，等. 催化学报，2003，24（1）：52
39　廖少俊，邓友全. 分子催化，2001，15（4）：263

第十四章 催化过程中应用的几种耦合技术

在化学工业生产过程中，要实现高效率、零排放的绿色化学过程，往往需要通过多种反应和分离过程的联合才能达到目的。如将催化反应同产物分离联合考虑，则可简化流程、降低能耗、提高单程转化率。例如催化精馏，现已有了工业化的流程。催化同超临界流体联合考虑，也已有中试报道。催化与膜技术联用（通称膜催化）近来也已引起国内外工业界、特别是应用催化领域的重视，现正逐步迈向工业化。又如，将放热反应过程与吸热反应过程联合考虑，可有利于综合利用反应的热效应。上述几种"联合考虑"，有一个专门的术语，即"耦合"。本章介绍催化与膜技术的耦合，催化与超临界流体的耦合及催化作用中的能量耦合。

一、催化与膜技术的耦合

（一）引言

人们从膜技术在分离工艺、生物工程以及电子工业中的广泛应用得到了启发，并将这一技术引入催化领域。膜技术在催化领域中的应用，涉及膜催化剂、膜反应器和膜分离技术的适当的组合，而不像一般化学工艺中采用的膜分离或膜反应器那样单一化。膜反应器是用膜材料制成反应器，同一般的催化反应器的区别仅在于此。膜催化剂是应用膜式催化剂，可以用膜的反应器，也可以用普通的反应器。所以从这个情况来看，在催化领域中应用的膜技术，既可以是催化剂和反应器分别"膜化"，也可将二者结合起来。

膜反应器和膜分离技术是人们对其应用和认识比较早的，而膜催化剂——即把具有化学活性的基质制成膜作为催化剂进行反应物的化学转化，甚至进行选择性的化学转化是一个新催化技术[1]，从而启发人们利用膜科学和工艺，去实现化工过程以及种类繁多的有机化合物多种多样的催化转化过程。

膜材料从孔结构可分为致密膜、多孔膜、微孔膜和超微孔膜等，而从材质上分又可分为无机膜（如金属膜、固体电解质、陶瓷膜和玻璃膜）和有机膜等。这些都可用作制备多相催化剂和膜反应器。因为膜催化可以打破催化反应过程无法突破的化学平衡问题，膜催化已经逐渐发展成为催化科学的重要研究领域之一。

（二）几种重要的无机膜[2]

1. 金属合金膜

最常用的金属膜是 Pd 合金膜，而较少使用的是 Ag 合金膜。从 19 世纪中

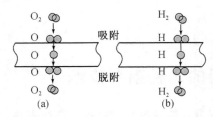

图 14.1　金属膜内的迁移机理

(a) 银膜；(b) 钯膜

叶，Pd 合金膜就为人所知，这种膜可使 H_2 完全有选择地透过，而 Ag 合金膜则可使 O_2 选择性地透过。如图 14.1(a) 所示，O_2 分子可解离吸附于 Ag 膜上并以 O 原子形式穿过膜体到达膜的另一侧，然后再复合成 O_2 分子后，由膜表面脱附到气相中。图 14.1(b) 表明，H_2 分子极易解离吸附在 Pd 膜上，然后以 H 原子形式扩散到膜的另一侧，最后复合成 H_2 分子而脱附到气相中。

2. **固体电解质膜**

这类膜可使 H_2 和 O_2 选择性地传送，例如，ZrO_2、ThO_2 或 CeO_2 膜等。此外，还有可使 F、C、N、S 等选择性传送的新型固体电解质膜，以及可使 Na^+ 选择性透过的 β-Al_2O_3 膜。图 14.2(a)、(b) 给出 O_2 或 H_2 透过固体电解质膜的机理。两种分子解离吸附在膜的一侧后，原子态的吸附物种可以在膜体上离子化直至失去电荷（对 O 原子获得电子，对 H 原子失去电子），然后迁移到电解质膜的晶体，再以原子形式相结合成分子态，而从膜的另一侧脱附下来。

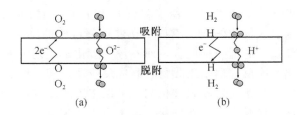

图 14.2　固体电解质膜内的迁移机理

(a) 氧导体；(b) 质子导体

3. **多孔膜**

分子透过这种膜材料的机理与空隙尺寸、温度、压力、膜及透过分子的性质有关。这种膜材料比致密膜材料可透过的化合物分子多，所以它的应用获得更大的发展。现将分子透过这类膜的机理（见图 14.3）简述如下。

图 14.3(a)，当膜材料平均孔直径大于分子的平均自由程，致使分子之间的碰撞比分子同孔壁碰撞的机会多，因此不能使分子分离。这种透过机理叫做黏滞扩散或泊苏里扩散。

图 14.3(b)，膜的孔径变小，或分子的平均自由程变大，则分子同孔壁碰撞的机会大于分子之间的碰撞，于是不同分子可以相对独立地流过孔隙。分子的这种流动模式称为努森扩散。

图 14.3(c)，当分子流经孔隙时，其中一种分子可物理吸附或化学吸附在孔

壁上，于是不发生这种吸附的分子便可选择性地流过孔隙。

图14.3(d)，当一种分子同孔隙表面有强烈的相互作用可形成有多层吸附的情况下，另一种分子可以扩散过去。

图14.3(e)，为孔隙毛细管凝聚现象，一种分子在毛细管中凝聚，另一种分子不能扩散。这种现象一般发生在孔隙非常细和温度相对低的情况。

图14.3(f)，孔隙十分细，只允许直径小的分子透过，被视为分子筛。

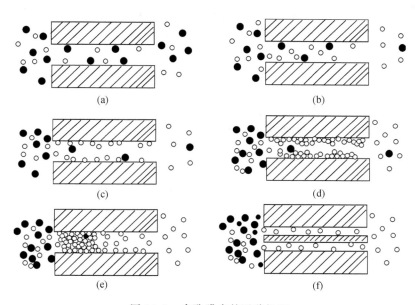

图14.3　多孔膜内的迁移机理

(a) 黏性流动；(b) 努森流动；(c) 表面扩散；(d) 多层扩散；(e) 毛细管凝聚；(f) 分子筛

（三）膜同催化剂的组合类型

1）作为分立的组成部分，把膜与催化剂分开；

2）把催化剂装在管状膜反应器中，把具有催化性能的材料制成膜；

3）将具有催化性能的组分负载在膜载体上。

后两种组成了膜催化剂，或称催化膜。膜催化剂具有较小的扩散阻力，易于控制反应温度，并对反应物或产物分子具有选择渗透性能，所以目标产物的选择性非常高。

（四）膜催化反应举例

1. 催化脱氢反应

1）膜催化剂用于芳烃脱氢的研究工作是十分重要的膜催化脱氢反应。俄罗

斯学者 Грязнов 等[1]早在 20 世纪 70 年代就利用 Pd-Rh 金属膜催化剂研究了环己二醇脱氢制苯二酚，其收率为 95%，而且没有苯酚生成。

2）日本学者伊滕等应用 Pd 膜反应器研究了环己烷脱氢制苯的反应。Pd 膜的厚度为 200μm，应用 0.5%（质量分数）的 Pt/Al$_2$O$_3$ 为脱氢催化剂。反应器的结构如图 14.4 所示，Pd 膜管既可作为催化剂的容器，也是氢气扩散的膜材料，使氢气脱离催化剂而扩散出去，从而促进反应向产物的生成方向进行。反应中应用 Ar 气为载气以便使脱出的氢气被带离反应区。采用这种膜催化技术可使环己烷的转化率达到 100%，如果使用常规的反应器，则在同样的温度下，环己烷的平衡转化率仅为 18.7%。

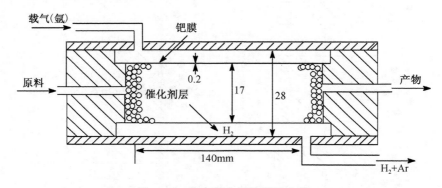

图 14.4　装有催化剂的膜反应器

2. 膜催化氧化反应

1）甲烷的催化转化是当今 C$_1$ 化学催化领域中极为引人瞩目的课题。国际上很多学者都致力于在甲烷氧化偶联反应中引入膜催化技术。俄罗斯学者 Anshits 等研究了在 Ag 膜上甲烷氧化偶联生成 C$_2$ 烃的反应。研究结果表明，Ag 膜的表面上有两类 O 原子：一种具有强成键能力，是 C$_2$ 烃类生成的主要氧种；另一类成键能力微弱，虽然也可参与生成 C$_2$ 烃类的反应，但主要导致甲烷深度氧化。当 CH$_4$：O$_2$ 的摩尔比高，甲烷转化率低时，生成乙烷的选择性接近 100%，而乙烷再经过气相脱氢可生成乙烯。

2）在催化氧化反应中，可选制透氧膜以利用其特殊的高温条件下透过氧离子的性能实现烃类的选择氧化。不同过渡金属和碱土金属氧化物组成的钙钛矿石型复合氧化物膜就具备这种性能。近年来，在膜催化技术领域里也有迅速的发展。现以 Ba-Sr-Fe-Co-O 复合氧化物膜材料在甲烷氧化偶联反应中的应用加以说明[3]。

所用 Ba-Sr-Fe-Co-O 膜材料是将所需过渡金属和碱金属量按一定原子比例称取相应盐类制成溶液后，加入 EDTA-柠檬酸溶液，并添加分散剂、黏合剂或增塑剂等，在适当条件下处理后，形成浆糊状生料，再经挤管机制成管状物，最后在 1373～1573K 烧结 3～5h，便得到致密的透氧膜管。利用这种膜催化剂进行甲烷氧化偶联反应时，反应气体甲烷和氧或空气是分别通入反应器的。由于这种膜只能使氧透过而对 N_2 无透过能力（如用空气作氧源便需考虑这个问题）。氧透过膜壁后即同甲烷发生反应，而且氧是以离子形式（如 O^-，O_2^-，O_2^{2-} 和 O^{2-} 等）透过膜的。这些氧种都对甲烷氧化生成 C_2 烃类有利，从而可提高甲烷氧化偶联反应中 C_2 烃类的选择性。在膜催化剂上甲烷氧化偶联反应机理如下：

$$O_2(g) + 2V_O^{\cdot\cdot} \Longleftrightarrow 2O_O^x + 4h^{\cdot} \qquad ①$$

$$CH_4(g) \Longleftrightarrow CH_4(s) \qquad ②$$

$$CH_4(s) + 2O_O^x + 4h^{\cdot} \Longleftrightarrow 2CH_3^{\cdot} + H_2O + V_O^{\cdot\cdot} \qquad ③$$

$$2CH_3^{\cdot} \longrightarrow C_2H_6(g) \qquad ④$$

$$C_2H_6(g) \Longleftrightarrow C_2H_6(s) \qquad ⑤$$

$$C_2H_6(s) + O_O^x + 2h^{\cdot} \Longleftrightarrow C_2H_4(g) + H_2O + V_O^{\cdot\cdot} \qquad ⑥$$

$$2O_O^x + 4h^{\cdot} \Longleftrightarrow O_2(g) + 2V_O^{\cdot\cdot} \qquad ⑦$$

其中，$V_O^{\cdot\cdot}$ 为膜催化剂中晶格氧缺位，$h^{\cdot}$ 为接受电子的空穴。

3. 硝基苯经氢气还原的反应

Mischenko 等将反应器用 Pd-Ru（92%～97%：8%～3%）膜分隔开来，如图 14.5 所示。将硝基苯从膜的一边注入，将氢气从膜的另一边导入。H_2 扩散过膜区，活化后再同硝基苯作用，加氢的产物由反应器出口导出。因为扩散过 Pd-Ru 金属膜的 H_2 可被活化，从而提高了活化氢的浓度，最终提高了产物苯胺的收率，甚至可将其提高近 100 倍。

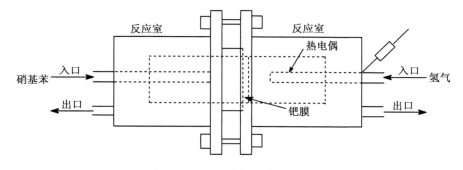

图 14.5 二室式加氢膜反应器

（五）膜反应器[4]

为了有效地利用有限的能源以及提高产品质量，从化学反应平衡的角度，设法消除这种平衡带来的影响，往往能提高反应的转化率。采用膜反应器可使反应产物有选择地离开反应体系或向反应体系有选择地供给反应物。这样，不仅会使反应产物得以提纯，还可使产物避免二次反应以及防止副反应的发生。

　　膜反应器基本上有两大类：一类是部分或全部反应产物能通过膜而选择分离出反应体系，从而使化学平衡向正反应方向移动；另一类是反应物能选择地透过而控制反应进行的膜反应器。

　　（1）涉及氢的膜反应器

　　化学工业的许多重要的催化过程都与氢有关。例如多烯加氢，烷烃脱氢，单烯脱氢制多烯，丙烷脱氢环化，环己烷脱氢制苯等。表 14.1 给出一些涉及氢催化反应的实例。

表 14.1　涉及氢的膜反应器应用的研究成果

膜反应	膜材料	催化剂	试验结果	备　　注
制氢 $CH_4 + H_2O$ $\Longrightarrow CO + 3H_2$	钯膜	$Fe_2O_3\text{-}Cr_2O_3$	膜厚 $100\mu m$，973K，0.45MPa 时，转化率为 95%；膜厚 $20\mu m$，773K，0.5MPa 时，转化率为 100%[5]	700℃，0.45MPa 时，平衡转化率为 77%
制氢 $CO + H_2O$ $\Longrightarrow CO_2 + H_2$	钯膜/多孔玻璃	$Fe_2O_3\text{-}Cr_2O_3$	膜厚 $20\mu m$，673K，0.5MPa 时，转化率为 98%[6]	400℃，0.5MPa 时，平衡转化率为 77%
丙烷脱氢	陶瓷膜 Membralox™	Pt/Al_2O_3	停留时间 2s，管内压力 10MPa，管外压力 0.5kPa，无扫气，853K 时，转化率 40%，选择性 85%；973K 时，转化率 50%，选择性 72%	无膜，条件同左，580℃时，转化率 20%，选择性 70%；600℃时，转化率 26%，选择性 60%
环己烷脱氢	钯膜	Pd-Ag 合金	398K 即可反应。473K，空速 $20\sim1000cm^3/mol$ 时，转化率 40%～100%	条件同左，无膜时，转化率约 20%[5~7]
	多孔硼化玻璃	Pt/Al_2O_3	453K，空速 $10\sim30cm^3/mol$ 时，转化率 15%～30%；488K，空速 $5\sim40cm^3/mol$ 时，转化率 40%～75%	条件同左，无膜时，转化率约 10%[5~8]
	Pd-Au(9：1)	Pd-Au	613K，膜厚 $70\mu m$，收率 91%	文献[9]

　　（2）用于氧化反应的膜反应器

　　氧化反应中氧物种可有 O_2^-、O^-、O^{2-}、O_2 等，致使反应不易控制，副产物多，目标产物选择性低。为了克服这一弊端，可用膜反应器。经 Y_2O_3 稳定的 ZrO_2(YSZ)，由于三价 Y 离子的加入，少一正电荷。为了维持电中性，这种材料就产生氧离子空穴，从而有利于传导氧离子。表 14.2 列出一些用于氧化反应的膜反应器。此外，还有兼具催化性能和反应器功能的材料用于催化领域，这里就不讨论了。

表 14.2 氧化型膜反应器应用的研究情况

膜反应	催化剂	试验结果	备 注
甲烷氧化偶联	$MnNa_aCa_bZr_cO_x$	1123K 时,转化率 30%～50%,生成 C_2^+ 的选择性＞50%;转化率为 30% 时,生成 C_2^+ 的选择性为 60%[10]	无膜条件下,用 $SnCe_{0.9}Yb_{0.1}O_{2.9}$ 作催化剂,750℃ 时 C_2 的选择性最高可达 60.1%,C_2 的收率为 31.6%[10]
	3.0%Li/MgO	973～1023K 时,转化率为 35%～45%,对 C_2 的选择性为 50%～60%[10]	
	$PbO-MgO/Al_2O_3$	1123K,甲烷转化率为 370mmol/(h·m²) 时,对 C_2 的选择性＞90%;甲烷转化率为 7900mmol/(h·m²) 时,对 C_2 的选择性为 55%	
	$PbO-K_2O$	膜厚 3μm,1123K,甲烷转化率为 34mmol/(h·m²) 时,C_2 选择性为 100%;甲烷转化率为 3000mmol/(h·m²) 时,C_2 选择性为 54%	
乙烯氧化制环氧乙烷	Ag	523～673K,1.0～2.0MPa,转化率为 10% 时,选择性＞75%[10]	无膜工业生产情况:空气法:转化率 30%～60%,选择性 75%;氧气法:转化率 8%～10%,选择性 80%～85%。膜发展情况较好
丙烯氧化制环氧丙烷	Ag	573～773K,转化率＜15% 时,选择性＞30%;银盐中加 Ca,Ba 可提高选择性,加稀释剂(甲烷,乙烷,丙烷等)可提高转化率[10]	直接氧化法选择性约 3%～10%[11]
丙烯氧化脱氢二聚	$(Bi_2O_3)_{0.85}$ $(La_2O_3)_{0.15}$	873K,闭回路时,二聚选择性为 60%～70%;开回路、反应时间较短时,选择性可达 75%,但随反应停留时间增长选择性很快下降	相同条件下,粉状催化剂的选择性约 25%～35%[11]
丙烯氧化制丙烯醛	MoO_3 $Bi_2Mo_3O_{12}$ Bi_2MoO_6	比无膜法的活性高数千倍 比无膜法的活性高几十倍 比粉状催化剂活性高一倍	文献 [11]
1-丁烯脱氢制丁二烯	WO_3/Sb_2O_3 Mo,Bi	735K 时,转化率 30%,选择性 92%; 778K 时,转化率 57%,选择性 88%[10] 723K 时,选择性可达 95% 以上[11]	传统反应的选择性约 80%
丁烯氧化	$Pb_{0.88}Bi_{0.08}MoO_4$	氧气通量 1～5mmol/(h·g 催化剂),生成氧化物的速率为 0.01～0.5mmol(h·g 催化剂),选择性:丁二烯 30%～45%,甲乙酮 1%～35%,丁烯醛 1%～10%[11]	此法的特点在于直接制备有用氧化物,产物的比例可通过调节氧的流量控制

二、催化与超临界流体应用的耦合

（一）临界温度和临界压力

　　要使一种气体液化，必须先把温度降到某一定值，当气体的温度高于此值时，无论用多大压力都不能将此气体液化，则这个温度叫作该气体的临界温度。在临界温度以下，将该气体液化所需要的最低压力叫作该物质的临界压力。例如，CO_2 的临界温度为 304.7K，临界压力为 7.3MPa；C_2H_4 的临界温度为 283K，临界压力为 5.0MPa。而超临界流体（supercritical fluids）则是在物质的温度和承受的压力均超过其相应临界温度和临界压力时而存在的单相。在超临界条件下，这种单相兼有在常规条件下存在的气体和液体的性质。

（二）超临界流体的一些特点

　　1）超临界流体具有与普通液体和气体不同的性质，而且其性质可借助改变压力和温度加以调节。

　　2）物质在接近临界点时，其密度和黏度有很大的变化。

　　3）超临界流体的溶剂化能力比常规流体小得多。

（三）超临界流体的应用领域

　　由于超临界流体结构及性质上的特点，其应用早已扩展到萃取、分离、色谱分析等化工单元操作领域，而且还被用来作为反应的介质。

　　由于超临界流体可同气体反应物共同形成单相的混合物，有时可使反应避免因传质决定的速控步骤，从而提高反应速率。

　　超临界流体许多物理性质都介于相应的气相和液相物理性质之间[12]。例如，对传热和传质起重要作用的扩散系数、黏度、热导、热容等等。表 14.3 列出了物质的液态、气态以及在临界区间某些物理性质的数据。表 14.4 给出了化学反应中最常使用的一些物质的超临界数据。由表 14.3 可以看出超临界流体的扩散

表 14.3　临界区附近液体、气体和超临界流体的物理性质的比较

物理性质	气体（一般条件）	超临界流体（T_c，P_c）	液体（一般条件）
密度 $\rho/(kg/m^3)$	0.6～2	200～500	600～1600
动态黏度 $\eta/(mPa/s)$	0.01～0.3	0.01～0.03	0.2～3
动力学黏度 $\nu^{1)}/(10^6 m^2/s)$	5～500	0.02～0.1	0.1～5
扩散系数 $D/(10^6 m^2/s)$	10～40	0.07	0.0002～0.002

　　1）动力学黏度由动态黏度和密度按 $\nu=\eta/\rho$ 计算。

系数和黏度更类似于气体的临界范围的扩散系数和黏度，而其密度则同液态的密度相近。所以，如某一反应在液相进行时是由扩散控制时，则可在超临界条件下得到改善，因为在超临界条件下，扩散系数比较大，而且气/液相界面和液/液相界面也都消失了。超临界流体的另一个特性是其密度可由相应蒸气的密度调节到相应液体的密度。

表 14.4　化学反应中常用的超临界流体的临界数据（温度，压力，密度）

溶　剂	$T_c/℃$	$P_c/MPa^{1)}$	$\rho_c/(kg/m^3)^{2)}$
六氟化硫(SF_6)	45.5	3.77	735
氧化亚氮(N_2O)	36.4	7.255	452
水(H_2O)	373.9	22.06	322
氨(NH_3)	132.3	11.35	235
二氧化碳(CO_2)	30.9	7.375	468
甲醇(CH_3OH)	239.4	8.092	272
乙烷(C_2H_6)	32.2	4.884	203
乙烯(C_2H_4)	9.1	5.041	214
乙醇(C_2H_5OH)	240.7	6.137	276
丙烷(C_3H_8)	96.6	4.250	217
丙烯(C_3H_6)	91.6	4.601	233
1-丙醇($CH_3CH_2CH_2OH$)	263.6	5.170	275
2-丙醇($CH_3CHOHCH_3$)	235.1	4.762	273
氙(Xe)	16.5	5.84	1110

1) 给出的位数表明计算的准确度；

2) 虽然只给出三位数，但其准确度只有百分之几的误差。

（四）超临界技术在催化剂制备方面的应用

超临界流体技术的应用为催化剂材料和载体的制备提供了极好的机遇。人们所熟知的由溶液溶胶-凝胶路线制备气溶胶的过程中，超临界干燥技术是关键步骤。一般，将溶胶-凝胶中间产物用蒸发的手段进行干燥，会使溶胶-凝胶的结构由于毛细管压力的变化而发生严重破坏。这种毛细管压力可借助将溶剂转为超临界态或者用超临界 CO_2 将溶剂取代而解除。溶胶-凝胶方法同超临界干燥技术相结合，也为制备混合氧化物或者金属/金属氧化物催化剂提供了很好的可行的技术。

超临界流体在合成催化材料中的应用的另一特性是前者的诸多性质在温度和压力变化不大的条件下可得以调节。这就可用来控制催化材料的颗粒大小和形貌。

超临界流体在颗粒成型技术中的应用已形成了超临界流体迅速膨胀技术（rapid expansion of supercritical fluids，RESF）和超临界反溶剂技术（supercritical anti-solvent，SAS)[13]。

1. 超临界流体迅速膨胀技术

在超临界压力附近，压力的微小增加可导致溶解度急剧上升。难挥发性溶质在超临界条件下的溶解度可比在相同温度、压力下的溶解度大一百万倍。很多难挥发性溶质的超临界流体通过喷嘴、毛细管、小孔等减压过程，可在极短时间内（≤10^{-5} s）完成。超临界流体的快速膨胀导致很高的过饱和度，并伴随着以音波传播的机械扰动。前者产生一致的成核条件，并形成很窄的粒径分布；后者则导致产生微小颗粒。

2. 超临界反溶剂技术

对于一些物质由于与溶剂互溶而难以浓缩或提取，则可用超临界流体作为反溶剂。这些物质在超临界流体中的溶解度很小。当加入超临界流体后，使溶液稀释膨胀，降低原溶剂对该物质的溶解度，而在短时间内形成较大的过饱和度，而使溶质析出，形成高纯度、颗粒分布均匀的微粒。

(五) 超临界流体在多相催化反应中的应用

1. 烷基化反应

Gao 等研究了 Y 型分子筛上苯同乙烯进行烷基化生成乙基苯的反应。在此反应中积炭导致催化剂失活是一个严重的问题，作者比较了三种不同的相（液相反应，反应混合物的超临界相以及应用超临界 CO_2 为溶剂的条件）中反应进行的情况。

实验结果表明，在所用的两个超临界流体相中进行反应时，催化剂失活缓慢了，而且因为抑制了副产物二甲苯的生成而使乙苯的选择性得到改善。进一步研究还表明，在超临界相存在时，此催化剂失活减慢是因为生成的多核芳烃的溶解度提高了，扩散系数增大了，从而使其易于从催化剂表面离去。又如，在 Y 型分子筛催化剂上研究超临界条件下异戊烷（$T_c=461$K，$P_c=3.6$MPa）和异丁烯烷基化以及异丁烷（$T_c=406$K，$P_c=3.6$MPa）和异丁烯烷基化反应[15]。在这两个反应中所用石蜡烃既是反应物，又是超临界流体。应用超临界流体技术进行烷基化反应的结果显示出较液相或气相反应更高的催化活性以及更长的寿命。

如图 14.6 所示，异戊烷同异丁烯反应中，在烯烃进料量为 15mmol/g cat（2.4h）时，用液相反应烷基化产物的生成速率可下降到零，而烯烃的齐聚产物 C_8 和 C_{12} 的生成速率增加迅速。如果用超临界技术，尽管烷基化反应的初活性较液相烷基化反应的初活性低，但是催化剂的失活现象并不明显。不但如此，在应用超临界技术时，烯烃齐聚产物的速率可压制到一个低的水平。

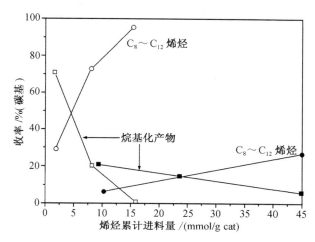

图 14.6 超临界溶剂对 H-USY 催化剂（450℃焙烧）异丁烯烷基化的影响

W/F＝40g·h·mol^{-1}；i-C$_4'$/C$_5$＝1/50；超临界相：200℃，4.6MPa；液相：50℃，3.5MPa

图 14.7 给出异丁烷同异丁烯烷基化反应的结果，图中同时对比了气体烷基化、液相烷基化和超临界条件下的烷基化反应。液相反应的结果表明：催化剂有很高的初活性，2,2,4-三甲基戊烷的收率达 70%，但当烯烃的进料量达到 20mmol/g cat 时，活性消失。气相反应也有类似现象，即烯烃进料量达到一定数值时，催化剂活性也会显著下降。然而，在超临界条件下进行此烷基化反应时，当烯烃进料量近 35mmol/g cat（5.6h）时，烷基化产物的收率仍高于 10%。

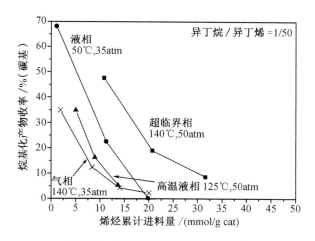

图 14.7 物相对烷基化反应的影响

i-C$_4'$/C$_4$＝1/50；W/F＝40g·h·mol^{-1}；焙烧温度：450℃

虽然烷基化产物收率随时间下降，但异丁烯的转化率几乎达 100%。在另一条件下进行的液相烷基化反应（393K 和 5MPa）表明，催化剂失活的行为同气相烷基化反应的失活行为相似。

2. 加氢反应

在一些多相催化加氢过程中，氢气是同液态反应底物和固体催化剂混合在一起的。氢气和液相之间的传质阻力可因处于超临界条件而被清除。氢气在大多数有机溶剂中的溶解度是相当低的，但在超临界流体存在的条件下，氢气与超临界流体可以完全互溶。

在给定的气体压力下，在超临界溶液中氢气的浓度能比在常规的溶剂中高一个数量级。于是氢气在催化剂表面的浓度也增加很多，从而使加氢反应速率比在常用的液相反应中显著增加。

为了调节反应物溶解的问题，还可以使用所谓"共溶剂（co-solvent）"。主要的共溶剂有超临界态 CO_2、超临界态丙烷和超临界态乙烷等。然而，超临界流动相的溶剂化能力（solution power）一般低于相应的液相，这就带来了超临界流动相的应用问题。

为了消除应用超临界流动相带来的溶解度问题，常采用添加共溶剂来调节溶剂的性质。但目前关于在多相催化反应中应用共溶剂来调节超临界流动相的溶解度问题尚不能给予清晰的说明。Hitzler 和 Plliakoff 应用连续流动反应器，并以超临界态 CO_2 或者丙烷为共溶剂进行环己烯、乙苯酮等加氢反应，并比较了几种市售负载型 Pd 催化剂。研究结果表明：在两种超临界流动相中，环己烯加氢速率异乎寻常的快，而且不需对反应器从外部加热便可诱发反应。在环己烯流速大于 1.5mL/min，催化剂床层的温度超过 573K，这个温度超过了环己烯的临界温度（$T_c = 560.3K$，$P_c = 4.3MPa$），其原因是加氢反应所放出的热量所致。反应中只需要很小量的超临界 CO_2 就可维持此加氢反应的进行。

3. 氧化反应

超临界流体在多相催化氧化反应中也显示了其特点，特别对部分氧化反应尤为如此。例如，应用氧化-还原型或酸性催化剂并使用超临界态 CO_2 为溶剂进行甲苯经 O_2 氧化成苯甲酸的反应。在此反应中，负载型的 CoO 系催化剂，特别是 Co(Ⅲ) 物种是最具活性和高选择性的催化剂。反应在 8MPa，$293 \sim 493K$ 超临界态 CO_2 存在下进行。在此条件下甲苯能够转化成苯甲醛、苯甲醇和苯甲酚的异构体。其中苯甲醛的选择性比低压的气固相反应所得的苯甲醛的选择性高出许多。但反应速率较低，测得的反应活化能为 21kJ/mol，表明有过氧苯自由基参加了这个反应。

　　Fujimoto 等[15]报道了异丁烷氧化成叔丁醇的催化和非催化反应，并考察了应用气相异丁烷、液相异丁烷和超临界态异丁烷对反应的影响。研究表明：无论是非催化反应过程，还是催化反应过程，使用超临界流体的异丁烷，可使异丁烷和氧的转化率得以提高。但是目标产物叔丁醇以及异丁烯却没有大幅度增加。关于这个反应的机理，他们认为，在超临界流体中，氧分子可以攻击异丁烷分子中最活泼的 H 原子而形成叔丁基过氧化氢，在超临界异丁烷中叔丁基过氧化氢与分子氧共存。叔丁基过氧化氢可以均裂分解为叔丁氧基和羟基自由基，所生成的叔丁氧自由基同另一异丁烷分子中的 H 原子结合而生成叔丁醇。图 14.8 给出异丁烷经空气在 SiO₂-TiO₂ 催化剂上选择氧化（P_c＝3.65 MPa，T_c＝408K）成叔丁醇（TBA）反应中不同流化态的影响。图中垂直横轴的虚线为异丁烷的临界温度。该图表明，在超临界流动相中异丁烷的转化率比在液相中有明显增加。但

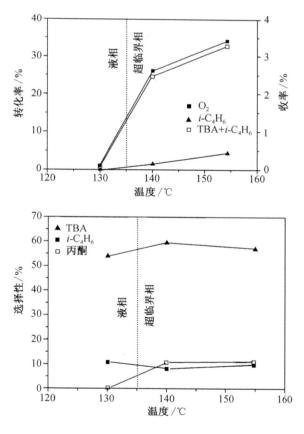

图 14.8　TiO₂-SiO₂ 催化剂上空气氧化异丁烷成异丁醇反应中反应混合物流动态变化的影响

反应条件：5.4MPa，W/F＝10g·h·mol⁻¹；催化剂重量：0.5g；异丁烷/空气＝3(mol/mol)

在超临界流动相中 TBA 和异丁烯的选择性增加微弱。尽管如此，超临界反应条件下 TBA 和异丁烯的收率均有所增加。

超临界 H_2O 相对以空气或纯氧为氧化剂的催化氧化反应也是十分有效的。尤其在消除废水中污染物时超临态水相有着广泛的应用。应用超临态水相处理废水中的有机污染物可加速反应速率。生成的是单一流动相以及非极性的有机物（如污染物是非极性的），同超临态水相可完全互溶。关于多相催化剂对于超临界流动水相中有机物氧化反应的作用已有专论给予介绍，读者可参考阅读。

由上面所举的几例中可知，在多相催化反应中使用超临界流动相所起的作用可概括为：

1）改善流动相的行为，消除气/液和液/液间传质阻力；
2）提高由外扩散控制的反应中反应物分子的扩散速率；
3）改善传热性能；
4）使反应产物较易分离；
5）可借调压来调节溶剂性质；
6）显示压力对反应速率的影响；
7）通过溶剂-溶质（反应物）的相互作用来控制反应的选择性。

（六）超临界流体在均相催化反应中的应用

由于均相催化作用的催化剂的结构可借助分子设计手段来调节，以致使这类催化剂有很大的调变范围，从而使其对反应的选择性也有很宽阔的调变余地。均相催化剂这方面的优势远高出多相催化剂。虽然酶催化剂的选择性是比较高的，但可得到并易于利用的酶催化剂，数量是有限的。

将均相催化剂同超临界流动相结合起来以调控均相催化反应的性能，自然成为催化化学家们可以采用的有效手段之一。

由于气体在超临界介质中的互溶性远大于在相应液体溶剂中的溶解度，所以应用超临界流动相无疑会改善均相催化剂的性能，尤其会改善一级反应的催化性能。

异构反应——正己烷可在 $AlBr_3$ 催化剂作用下，并在超临界己烷-CO_2 混合相中异构生成甲基戊烷及二甲基丁烷的反应在 313～423K 和 14MPa 压力下进行，在反应体系中加入高浓度的氧可使催化剂的异构选择性超过裂解产物的选择性，从而提高前一产物的效率。应用这类超临界流动相可使氢百分之百地"溶"于反应物相之中。应用超临界流动相的己烷-HCl 或己烷-HBr 也可达到同样效果。

1. CO_2 加氢

CO_2 同 H_2 在均相催化剂作用下可以生成烃类、甲醇及甲酸等化合物，是 C_1 化学中的主要反应之一。

Noyori 等[12]报道在 50mL 超临界 CO_2 中溶解三乙胺，$0.306g/dm^3$ 的 RuH_2 [$P(CH_3)_3$]$_4$ 和 8.5MPa 的 H_2 （总压力为 21MPa）可迅速地生成甲酸；而当三乙胺和 RuH_2[$P(CH_3)_3$]$_4$ 的比例为 1∶2 时，在 323K 反应的转换频率（TOF）为 $680h^{-1}$，如在超临界 CO_2 中添加 $0.18g/dm^3$ 的水，可使此反应的转换频率增至 $1400h^{-1}$，在超临界 CO_2 中添加少量的 CH_3OH 则使此反应的 TOF 增到 $4000h^{-1}$，相当于单独使用超临界 CO_2 相中反应时 TOF 值 $680h^{-1}$ 的 6 倍。如图 14.9 所示。

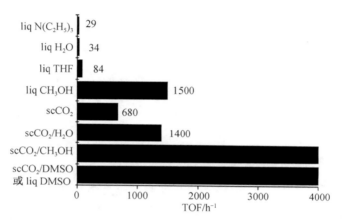

图 14.9　不同介质中超临界 CO_2 加氢反应的起始速率

反应在 DMSO，$scCO_2/CH_3OH$ 和 $scCO_2/DMSO$ 中均于 0.5h 内完成，其 TOF 高于 $4000h^{-1}$

条件：$3\mu mol$ $N(C_2H_5)_3$；$0.1mmol H_2O$；8.5MPa H_2；总压：21MPa；50℃

2. 加氢反应

在许多液相加氢反应中，反应速率都与氢的浓度成正比而且受 H_2 由气相向液相扩散速率的限制。但是这两个问题都可借助使用超临界流体加以解决。液态烃类和 H_2 以及均相催化剂都可溶解在超临界水相。第一个关于在超临界相中进行有机物均相催化加氢的研究专利是利用超临界水相进行烃类萃取物的催化加氢反应。在这项研究中所用的 H_2 溶于超临界水相之中，同时还溶解有可溶性的催化剂，如，NaOH、Na_4SiO_4 或 KBO_2 等。加氢反应在水的 T_c 和 P_c 以上进行。在此条件下，反应产物可以很方便地从溶剂中分离出来，液态的加氢产物可获得 50％的收率。

三、催化过程中的能量耦合

这种方式的耦合一般用于热效应很高的放热反应和吸热反应的联用。例如，一个强放热反应，所需的反应器是比较难于设计的，而且大量的热能也需很好地利用。但如能选一个需要吸收很多热量的反应与之"配合"，则可使热量充分地利用起来，从而达到节能和减少反应器设计上的麻烦。这样，一举两得，甚至一举多得。

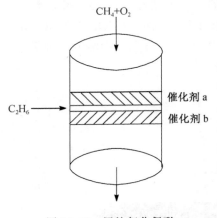

图 14.10　甲烷氧化偶联
和乙烷-CO_2重整耦合制乙烯

现以甲烷氧化偶联与乙烷经二氧化碳脱氢耦合[16]为例，加以说明。

甲烷氧化偶联反应制乙烯是综合利用天然气的一个重要的反应过程。自 20 世纪 80 年代初 Keller 和 Bhasin 首先报道这一催化反应过程以来，全世界近百个实验室进行此反应过程的研究，并取得许多结果。然而遇到的最大的困难是乙烯的浓度太低，分离的成本过高，以及强放热反应的反应器设计比较困难。但可用耦合技术来解决这个难题。具体做法是把乙烷经二氧化碳脱氢与甲烷氧化偶联反应结合起来。如图 14.10 所示。甲烷氧化偶联反应是强放热过程。而乙烷经二氧化碳脱氢反应是吸热过程。将此两个反应设计在一起，可实现反应的能量耦合。为此，乙烷和二氧化碳是来自前段反应甲烷偶联的产物。反应器可设计成便于进行上述两个反应，而且中间又不经过热交换与分离。所得结果如图 14.11 所示。由图可见，耦合起到很好的作用，两个反应的主要产物均为乙烯。乙烯的总的生成速率显著高于两个反应单独进行的迭加。产品中乙烯的浓度大幅度提高。这个实验中，反应条件如下：甲烷/氧＝2.7，反应温度 800℃，甲烷流量为 1700mL/min，乙烷流量为 500mL/min，原料气中甲烷/乙烷（摩尔比为 77.3/22.7），产物的摩尔百分数：乙烯约占 17%，乙烷约占 8%。甲烷总转化率达 26%，乙烷转化率

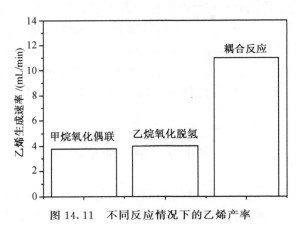

图 14.11　不同反应情况下的乙烯产率

达 67％，乙烯收率为 27％。上述结果是经 130h 的稳定操作得到的。值得指出的是，乙烯的收率超过了目前其他方法取得的结果。

参 考 文 献

1　黄仲涛，温镇杰. 化学反应工程与工艺，1991，7(2)：177

2　Saracco Aspechia. Catal Rev，1994，36(2)：305

3　王海辉，丛铀，杨维慎等. 催化学报，2003，24(3)：169

4　胡云光. 石油化工，1994，23(6)：400

5　菊地英一. Chemical Engineering，1990，35(4)：287

6　大久保达也，草壁克己等. Chemical Engineeing，1991，36(3)：207

7　Wood B J. J Catal，1968，11(1)：30

8　Shinji O，Miono M，Yoneda Y. Bull Chem Soc Jpn，1982，55(9)：2766

9　Armor J N. Appl Catal，A. General，1989，49(1)：1

10　Hazbun E A. US Patent，4791079. 1988

11　竹平，胜臣. 表面，1990，28(4)：278

12　Takao I，Ryoji N，Philip G J. Chem Rev，1999，99(2)：475

13　阎立峰. 绿色科技学术讨论会文集. 1997，3，44

14　Li F. Ind Eng Chem Res，1997，36. 1458

15　Alfans B. Chem Rev，1999，99(2)：453

16　杨维慎，林励吾. 第十届全国催化会议论文集. 太原：山西科技出版社，2000. 1105

第十五章　环　境　催　化

由于人口急剧增加，资源消耗日益扩大，人类赖以生存的耕地、淡水、资源占有量逐渐减少，人口与资源的矛盾越来越尖锐，人类的物质生活随着工业化的发展，人为排放的大量生活污染物和工业污染物导致人类的生存环境迅速恶化。这种严重现实迫使人们必须寻找一条既不破坏环境又可实施可持续发展的道路。当今，全球面临十大环境问题：①大气污染；②臭氧层破坏；③海洋污染；④气候变暖；⑤淡水资源紧缺和污染；⑥土地退化和沙漠化；⑦森林面积锐减；⑧生物多样性减少；⑨环境公害；⑩有毒化学品和危险废物的排放。其中，至少 1～5 和 9～10 七个问题直接与化学和化工生产有关。如前所述，催化反应占整个化工生产的很大比例，而催化剂的研制与开发又是催化过程的心脏。面对上述这些环境问题，催化化学所能发挥的作用是显而易见的，而且肩负着责无旁贷的任务。本章仅从两方面作些介绍。

一、治理环境污染的一些热点催化课题[1]

环境催化的任务是研究为了治理环境污染所需的催化过程和相应的催化剂。由于人类活动和工业生产的发展而使环境污染日趋严重。催化科学和技术的发展，也促进了环境催化的科学和技术的发展。仅就石油化工而言，在经历了 20 世纪 40～50 年代石油炼制技术大发展阶段和 70～80 年代石油化工大发展阶段之后，接着到来的便是环境催化的大发展。

自 20 世纪 90 年代以来，人们已经成功地将催化手段用于汽车尾气的净化，氧化碳类（CO_x）、氧化氮类（NO_x）和氧化硫类（SO_x）的消除以及易挥发有机物（VOCs）的氧化或燃烧消除等过程。

迄今为止，一些备受关注的和极为重要的治理环境污染的催化问题有如下几个方面。

（一）富氧条件下消除 NO_x

NO_x（包括 NO、NO_2 和 N_2O 等）主要来自煤和油料的燃烧。全世界人为排放 NO_x 的总量每年近亿吨。NO_x 可形成酸雨，破坏高空臭氧层以及引起温室效应，所以消除 NO_x 可说是重中之重。消除 NO_x 的主要催化方法如下。

1. 选择催化还原

当含氧量低于 5％时，以 NH_3 为还原剂，以 Ti 基化合物为催化剂，在 200～450℃便可使 NO_x 还原成 N_2 和水，但这是昂贵的技术。

2. NO_x 直接催化分解[2]

目前已经有三类催化剂可用于 NO_x 的消除：一是负载型金属复合氧化物，如 $La_{2-x}SrCuO_4/Al_2O_3$；二是负载型贵金属催化剂，如 Rh/Al_2O_3；三是离子交换型的 Cu-ZSM-5 沸石或 Pt(Pd)-ZSM-5 沸石。但这种直接催化分解需在较高温度下进行，而且有效温区较窄（约为 550～600℃）。

3. 烃类还原消除 NO_x

利用 CH_4、C_2H_4、C_2H_6 及 C_3H_6 等为还原剂，可在富氧燃烧的排出气中净化 NO_x，而且反应温度也比将其直接分解的温度低。

（二）SO_x 的消除及一步法同时消除 NO_x 和 SO_x 的混合物[3]

SO_x（SO_2 和 SO_3）同样是酸雨的主要来源，主要来自含硫燃料（煤和石油）的燃烧。其他的生产过程，如含硫矿石的加工和应用含硫化合物进行生产的化工厂排放的废气等，也都是 SO_x 的来源。但目前尚无被广泛接受的既省钱又高效消除 SO_x 的技术。已经出现的治理 SO_x 的催化方法有：

1）以活性氧化铝或 Fe 基催化剂作催化剂，以 H_2S 同 SO_x 反应生成 H_2O 和单质 S，但这种方法产生一定量的 S，而且还需使用 H_2S。如果不解决未反应的 H_2S 的回收和利用问题，则又导致新的污染。

2）以 V_2O_5 为催化剂将 SO_2 氧化成 SO_3，再经 H_2O 吸收生成硫酸，这个方法成本依然很高。

3）NO_x 和 SO_x 同时消除，可在室温下应用活性炭纤维共吸附和氧化 NO_x 和 SO_x，最后将生成的硫酸和硝酸回收。一种新的同时消除 NO_x 和 SO_x 的技术是将 NO_x 的选择催化还原和 SO_2 的氧化结合起来。

（三）VOCs 废气的催化消除

VOCs 废气来自一些化工厂，例如生产甲醛、丙烯腈、顺丁烯二酸酐的厂家以及造纸厂、漆包线厂、轮胎厂、胶印厂等。此外工业废水中也常含有一些有机污染物，如烷烃、烯烃、芳烃、卤代烷以及含氧有机物等。这些污染物对人类身体危害极大。一般治理 VOCs 废气所用催化剂有负载于无机载体或陶瓷蜂窝型载体上的金属催化剂，如 $Cu-Mn/Al_2O_3$、$Cu-Cr/Al_2O_3$ 等。

此外，还可用光催化技术来消除废气和废水中的污染物，但总的来说，大多数的光催化技术距大规模的应用，尚有相当的距离。

(四) 机动车尾气的治理[4]

三效催化剂（three way catalyst）的优化。所谓三效催化剂是指在消除尾气中的 CO 和 HC（氧化过程）的同时，可将 NO_x 分解成 N_2 和 O_2 或还原成 N_2、CO_2 和 H_2O（即利用废气中的 CO、CH_4、C_2H_4 等为还原剂）。但实现这种同时进行氧化和还原过程的必要条件是保持废气中空气与燃料的比值在 14.7 附近。高于此值，对 NO_x 的还原不利；低于此值，对 CO 和 HC 的氧化不利。所以人们对此类催化剂的研究[5,6]都集中在：

　　1) 探索在富氧的条件下对 NO_x 还原高效的催化剂；
　　2) 用过渡金属氧化物、稀土金属氧化物部分取代贵金属（Pt、Rh 等）；
　　3) 提高催化剂的热稳定性，以延长寿命；
　　4) 开发低温催化剂。

(五) 氟氯烃类的催化分解

制冷剂、发泡剂、气溶胶的喷射剂及清洗剂等化学品都是从含氟氯的烃类制成。现已确认，由于大气对流层内 CFCs、卤化物、CO、N_2O、CH_4 等气体的积累，使地球表面吸收太阳光反射的红外线有所增加，以致妨碍了热量向宇宙的扩散，这便产生了温室效应。CFCs 化合物是很稳定的化合物，很难在大气对流层中分解。当 CFCs 扩散到距地球表面 $10\sim15km$ 的平流层中，由于受紫外线照射而分解。在 CFCs 分解的过程中，一个 Cl 原子可破坏一万个臭氧分子（自由基反应），从而大大减少大气层中的臭氧，以致形成臭氧"空洞"。其后果是使有害的紫外线透过这种"空洞"直射到地球表面。这类破坏大气臭氧层的物质统称为臭氧耗尽物质（ozone depletion substances，简称 ODS）。所以制止生产和使用 ODS 已经成为实施可持续发展战略的组成部分。

能够破坏 CFCs 的化学手段有氧化、水解、加氢及氢解等。CFCs 水解反应所用的催化剂有 PO_4/ZrO_2、TiO_2-ZrO_2 或 H-丝光沸石等。CFCs 加氢反应所用的催化剂有 Pd/C 等。

(六) 低层大气中臭氧的催化消除[7]

众所周知，高层大气中臭氧的浓度逐渐下降，相反，在近地面大气中臭氧的浓度却逐年增加。造成这种现象的原因，主要是工业排放的碳氢化合物与 NO_x 发生光化学反应生成臭氧（O_3）。为了催化消除臭氧，常用一些过渡金属氧化物作为催化剂而使 O_3 分解出 O_2。例如，负载于玻璃布或陶瓷载体上的 MnO_2 是有

效的消除 O_3 的催化剂。

（七）CO_2 的利用

在过去相当长的时期内，人们一直以为 CO_2 是很稳定的化合物，无所谓对环境的污染。但是，自 20 世纪末以来，随着工业，特别是化学工业的突飞猛进的迅速发展，CO_2 的排放量每年以很快的速度递增。CO_2 的大量排放所产生的严重后果是温室效应，破坏生态平衡。因此，人们开始关注对 CO_2 的治理。CO_2 的排放量很大，换句话说 CO_2 的资源很多。从保护环境的角度出发，不仅要治理 CO_2，而且应积极将其转化为有用的产品。这也是 CO_2 的综合利用已经发展成为 C_1 化学中重要课题的原因之一。CO_2 的催化转化有多种途径，以下列出 7 种：

　　1）低碳烃类与 CO_2 重整制合成气；
　　2）甲烷与 CO_2 反应制乙酸；
　　3）CO_2 加氢制含氧有机化合物[8]；
　　4）低碳烃类与 CO_2 氧化脱氢制烯烃；
　　5）环氧化合物与 CO_2 合成环状碳酸酯；
　　6）丙烯与 CO_2 合成甲基丙烯酸；
　　7）甲醇与 CO_2 合成碳酸二甲酯。

由于篇幅所限，这里不作更多的介绍。

二、化学工业领域亟待开发的环境友好的催化过程

出于对环境的爱护和保护，必须积极预防环境污染。而最根本的战略措施是应从治标转向治本。应从相关工业生产每一流程的源头考虑和制定防止环境污染的措施。也就是说，必须开发清洁工业生产技术，生产环境友好产品。例如，采矿、冶炼、印染、燃料、造纸、香料、化肥以及燃油燃烧等，数不胜数。现仅以化学工业中呼声最高的几大类催化反应为例，作一简单介绍[9]。

（一）异丁烷和丁烯烷基化制高辛烷值的化合物[10~12]

传统使用的浓硫酸和氢氟酸催化剂尽管有很好的催化性能，但对环境的污染十分严重。因此人们早已经关注、研究开发用于此反应的新型催化剂，如固体酸催化剂等。对这类催化剂的要求是：

　　1）具有高酸强度；
　　2）酸中心分布均匀；
　　3）具有在异丁烷和正碳离子之间的转移能力；

4）比表面大且孔径也大。

（二）金属氮化物上加氢脱氮（HDN）和加氢脱硫（HDS）[13,14]

由于对燃料的高标准要求，燃料的深度加氢脱氮和加氢脱硫都有很大发展。众所周知，油品中的二苯并噻吩的衍生物中的键十分稳定，但常用的硫化物催化剂的预硫化过程也给环境带来严重污染。因此，开发金属氮化物催化材料用于加氢脱氮和加氢脱硫反应已经取得相当的效果。其中一些单金属或双金属氮化物对吡啶的加氢脱氮催化活性同传统的需经预硫化的 Co-Mo/Al$_2$O$_3$ 催化剂相比，显示出很好的效果。尤其是 Co-Mo 氮化物对吡啶的转化率和脱氮产物的收率分别达到 89% 和 72.5%，比传统硫化的 Co-Mo/Al$_2$O$_3$ 高出许多。

（三）非晶态合金催化剂用于有机化合物的加氢

传统用于有机化合物加氢反应的瑞内-镍催化剂对环境污染很严重的废液处理问题，一直未得到很好的解决。所以开发适用于连续反应、活性高而且选择性亦高的催化剂早已迫在眉睫。研究结果表明，镍基非晶态合金催化剂具有很好的加氢能力，但对其优化的重点在于提高比表面和热稳定性。现已有代号为 R-Ni-P 非晶态合金催化剂[15]，比常规的非晶态合金的比表面高出两个数量级而且其耐热性能可提高 80℃。例如，R-Ni-P 催化剂用于己二腈制己二胺（尼龙 66 的重要中间体），其选择性与常规的几乎相同，但前者的活性却是后者的 50 倍。其原因是 R-Ni-P 催化剂的比表面特高。

（四）烃类选择氧化[16~18]

几乎已经形成共识，由烃类制备含氧化合物，产物纯度的高低，在很大程度上决定于催化剂对该产物的选择性（选择性越高，副产物越少，废气和废物也越少，对环境的污染也就越少）。研究表明，TiSi-1 分子筛对生成氢醌、环氧丙烷和环己酮肟等产物的选择性有很大改进。尤其是一种经原位栽培技术支配的负载型纳米级 TiSi-1 分子筛晶粒的效果更为明显。将这种催化材料用于丙烯经过氧化氢环氧化生成环氧丙烷的反应，在 0.7MPa、333K 条件下，过氧化氢的转化率和有效利用率分别达到 94.7% 和 96.5%，环氧丙烷的选择性达到 88.5%。传统的 TiSi-1 分子筛对此反应，在相同试验条件下，过氧化氢的有效利用率仅为 89.8%。

近年来，一种 V-P-O 系列催化材料也是很有前途的环境友好催化剂。例如，丁烷选择氧化制顺丁烯二酸酐，在此催化剂上，产物的选择性在很大程度上决定于催化剂表面上晶格氧的分布。应用超临界干燥技术制备的 V-P-O 纳米颗粒，经过表面修饰后，对丁烷氧化生成顺丁烯二酸酐的选择性可达 89%，丁烷转化率为 34％。而用传统方法制备的 V-P-O 催化剂可达到的相应指标分别为 84％ 和 60％，说明反应副产物的生成，后者比前者高出很多[19]。

（五）烯烃羰基合成[20～22]

迄今，90％ 以上的长链烯烃羰基合成反应仍沿用传统 Co 基催化剂。这类催化剂效果不好，而且可导致对环境的污染。取代传统的钴基催化剂，研制新型高效的催化剂已成为世界催化界关注的热点问题，其重点在于开发水相/有机相——相转移型催化。例如，Rh 基配合物对 1-十二烯的羰基化反应中，1-十二烯的转化率和 1-十二醛的收率分别达到 95％ 和 90％，而且催化剂易于从反应体系分离出来，再行使用。

三、其　他

（一）光降解和生物降解塑料

以往处理所谓白色污染的塑料废物，都惯于填埋或焚烧。这两种处理方法分别带来对环境的污染。我国八五科技攻关的一项重大成果，就是生产光-生物双降解塑料。韩国一科研单位应用转基因技术从生产效率高的细菌中得到遗传基因转移到大肠杆菌中，使其大量繁殖，得到大量的高分子材料，用以制造可自然分解的塑料。但目前存在的价格问题仍需解决。

（二）洁净煤技术

这方面的任务主要是：煤燃烧前的净化技术，煤燃烧中的净化技术，煤燃烧后的净化技术以及煤炭的转化技术。

参　考　文　献

1　赵攘. 工业催化，1993，2：48；1993，4：52
2　Iwamoto M. Proc. Meeting of Catalytic Technology for Removal of Nitrogen Monoxide. Japan，Tokyo，1990，17～22
3　Armor J N. Appl Catal A，1991，78：141～173
4　Cooper B J. Platinum Metals Review，1994，8（1）：2～10
5　林木秀昭. 触媒，1992，34（4）：225
6　Lin P，Skoglundh M，Lowendahl L，et al. Appl Catal B，1995，6：237
7　Heck R M，Farranto R J，Lee H C. Catal Today，1992，13：43
8　Inu T. Interl Forum on Environ Catal，Japan，Tokyo，1993，8～11
9　闵恩泽，何鸣元. 第十届全国催化会议论文集. 太原：山西科学技术出版社，2000，1123
10　Corma A，Martines A. Catal Rev Sci Eng，1993，35（4）：483

11　He Y，lL F，Wang P. E Min Preprinnts. Division of petroleum Chemistry. ACS 42. 1997，722
12　He Y，Li F，Min E. CN，1184797A. 1988
13　Zhang Y，Wei Z，Yan W et al. Catal Today，1996，30：135
14　Li Y，Zhang Y，Raval R et al. Catal Lett，1997，48：23
15　Li Y，Wang W，Zong B et al. Chem. Lett. 1998，371
16　Guo X，Li G，Zhang X，Stud Surf Sci Catal，1997，112：499
17　Wang H，Guo X，Wang X. J Mol Catal，1998，12：321
18　Zeng L，Ji W，Chen Y. Proceedings of the Ninth Chinese National Catalysis Conference，Beijing，October 5～9，1998. 909
19　Jing Z，Zheng X，Fell B. J Mol Catal，1997，116：55
20　Zheng X，Jang J，Jing Z. Catal Today，1998，44：175
21　Chen R，Liu X，Jing J. J Org Chem，1998，571：201
22　Jing J，Zheng X. In：Cornils B，Herrnann W A eds. Aqueous Phase Organometallic Catalysis. Wiley/VCH，1998. 233